普通高等教育"十一五"国家级规划教材
市政与环境工程系列丛书

城市污水处理构筑物设计计算与运行管理

韩洪军　徐春艳　刘硕　主编

哈爾濱工業大學出版社

内 容 提 要

本书主要阐述城市污水中污染物的形成、污染特征、污染指标以及地面受纳水体的自净规律和数学模型。对城市污水处理工程的各种工艺流程、处理方法、处理技术，从理论基础到各种构筑物的设计和计算等方面作了全面、系统的阐述；并对城市污水处理工程的一级处理、二级处理、三级处理、污泥处理及城市污水处理工程的总体设计，以及对近几年涌现出来的城市污水处理工程新工艺、新技术作了比较深入的介绍。

本书可作为高等学校市政工程专业和环境工程专业的教学参考书，也可供从事市政工程、环境工程工作的技术人员在设计、施工和运行管理中参考使用。

图书在版编目(CIP)数据

城市污水处理构筑物设计计算与运行管理/韩洪军主编.
—哈尔滨:哈尔滨工业大学出版社,2011.2(2017.1 重印)
ISBN 978-7-5603-2875-1

Ⅰ.①城… Ⅱ.①韩… Ⅲ.①城市污水-污水处理-建筑物-设计计算 Ⅳ.①X505

中国版本图书馆 CIP 数据核字(2011)第 018911 号

责任编辑 贾学斌
出版发行 哈尔滨工业大学出版社
社　　址 哈尔滨市南岗区复华四道街 10 号 邮编 150006
传　　真 0451-86414749
网　　址 http://hitpress.hit.edu.cn
印　　刷 哈尔滨工业大学印刷厂
开　　本 787mm×1092mm 1/16 印张 22 字数 540 千字
版　　次 2011 年 2 月第 1 版 2017 年 1 月第 2 次印刷
书　　号 ISBN 978-7-5603-2875-1
定　　价 38.00 元

前　　言

20 世纪后期以来，由于人口增长和工农业的快速发展，加剧了这种影响，水已成为 21 世纪最有争议的城市问题。据联合国预测，全世界将有 10 多亿人得不到清洁的饮用水，由于水资源短缺而给人们生活和经济方面造成的损失是十分巨大的。随着城市规模的不断扩大和人口的增加，水环境污染成了一个重要问题。“环境保护”是我国的基本国策，是维持社会经济可持续发展的必要组成部分。对此，各级政府给予了高度重视，加大了对城市污水处理工程的投资力度，引进了许多国外先进的系统设计技术和设备；国内科技人员也研究出了许多城市污水处理工程的新工艺、新技术，为我国城市污水处理事业迅速发展起到了推动作用。

由于我国城市污水处理工程起步较晚，与其他行业相比，尚缺少成熟的设计计算与运行管理经验；设计技术人员经验不足，许多城市污水处理工程建成后难以达到预期的运行效果，环境效益和社会效益难以实现，这些情况制约了我国城市污水处理工程的发展进程。

本书主要是针对从事市政工程专业和环境工程专业的设计人员、运行管理人员，以及大专院校师生而编写的。全书注意吸收了城市污水处理工程的设计计算和运行管理新理论和新技术，同时，力求理论与设计相结合。编写时，参考了全国高等学校给水排水工程专业教材编审委员会制定的教学基本要求和编者所在学校的教学大纲与教材。全书编写的指导思想是简明、准确、方便、实用，以满足实际设计与运行的需要为原则，具有相当的实用性。

本书由韩洪军编写第 1、2、3、4 章；韩洪军、徐春艳、刘柏音编写第 5 章；张立秋、韩洪军、马文成编写第 6 章；王冰、韩洪军编写第 7 章；刘硕编写第 8、9、10、11 章；徐春艳编写第 12、13 章。

本书可作为高等学校市政工程专业和环境工程专业的本科教学使用，也可作为相关专业的设计、运行管理人员参考。

编　者

2011 年 1 月

目　录

第一章　城市污水处理工程规划 ……………………………… (1)

第一节　污水处理工程设计的基本原则 ……………………………… (1)

第二节　污水处理工程设计的基本资料和设计文件 ……………………………… (2)

第三节　设计步骤 ……………………………… (3)

第四节　设计的基本要求 ……………………………… (10)

第五节　污水处理工程的厂址选择 ……………………………… (19)

第六节　污水处理工艺流程的选择 ……………………………… (20)

第二章　城市污水特征与水体自净能力 ……………………………… (22)

第一节　污水的特征 ……………………………… (22)

第二节　污水的排放标准 ……………………………… (26)

第三节　地面水体的自净能力 ……………………………… (26)

第四节　污水处理程度计算 ……………………………… (29)

第五节　污水处理程度计算实例 ……………………………… (30)

第三章　一级处理工艺设计 ……………………………… (34)

第一节　水量调节及调节池 ……………………………… (34)

第二节　沉砂池 ……………………………… (40)

第三节　沉淀理论与沉淀池 ……………………………… (46)

第四节　气浮池 ……………………………… (60)

第五节　水解酸化沉淀池 ……………………………… (65)

第四章　二级处理工艺设计 ……………………………… (67)

第一节　普通活性污泥法 ……………………………… (67)

第二节　完全混合活性污泥法 ……………………………… (75)

第三节　生物接触氧化法 ……………………………… (78)

第四节　曝气系统设计 ……………………………… (90)

第五节　二次沉淀池设计 ……………………………… (101)

第五章　污泥处理工艺设计 ……………………………… (109)

第一节　污泥的基本性质 ……………………………… (109)

第二节　污泥调理 ……………………………… (113)

第三节　污泥浓缩 ……………………………… (114)

第四节　污泥厌氧消化池 ……………………………… (121)

第五节 污泥脱水 …… (131)
第六章 污水处理工程的平面布置及高程布置 …… (138)
第一节 污水处理工程的平面布置 …… (138)
第二节 污水处理工程的高程布置 …… (142)
第三节 公用设施及辅助建筑物 …… (149)
第四节 污水处理工程设计举例 …… (153)
第七章 城市污水处理新工艺 …… (184)
第一节 A_1/O 生物脱氮工艺 …… (184)
第二节 A_2/O 生物除磷工艺 …… (191)
第三节 A^2/O 生物脱氮除磷工艺 …… (197)
第四节 曝气生物滤池工艺 …… (200)
第五节 多段进水强化生物脱氮工艺 …… (206)
第六节 AB 生物吸附降解工艺 …… (211)
第七节 SBR 间歇性活性污泥法工艺 …… (216)
第八节 氧化沟工艺 …… (221)
第九节 水解-好氧处理工艺 …… (226)
第十节 厌氧-好氧处理工艺 …… (229)
第十一节 LINPOR 工艺 …… (232)
第八章 城市污水处理构筑物的调试运行 …… (236)
第一节 初步验收入和单体试车 …… (236)
第二节 通水和联动试车 …… (237)
第三节 微生物的培养和试运行 …… (239)
第四节 城市污水处理厂运行与监测考核指标 …… (243)
第五节 工艺控制参数及规程的确定 …… (246)
第九章 一级处理构筑物的运行管理 …… (248)
第一节 格栅的运行管理 …… (248)
第二节 沉砂池的运行管理 …… (249)
第三节 初沉池的运行管理 …… (251)
第十章 二级处理构筑物的运行管理 …… (254)
第一节 曝气池的运行管理 …… (254)
第二节 二沉池的运行管理 …… (258)
第三节 活性污泥法运行中的异常现象与对策 …… (260)
第四节 城市污水处理新技术的运行管理 …… (264)
第十一章 污泥处理工艺的运行管理 …… (274)
第一节 污泥浓缩池的运行管理及工艺控制 …… (274)

第二节　污泥消化池的运行管理 ……………………………… (277)
第三节　污泥脱水干化的运行管理 ……………………………… (280)
第四节　污泥综合利用与最终处置 ……………………………… (281)
第十二章　城市污水厂的监测 ……………………………… (282)
第一节　水样的采集和处理 ……………………………… (282)
第二节　处理构筑物的监测指标 ……………………………… (284)
第三节　污水处理厂化验检测方法 ……………………………… (286)
第十三章　污水处理工程设计参考资料 ……………………………… (307)
第一节　有关设计的参考资料 ……………………………… (307)
第二节　室外排水设计规范(污水处理厂部分,GBJ14-87) ……………… (319)
第二节　工程设计标准规范及要求 ……………………………… (332)
参考文献 ……………………………… (341)

第一章　城市污水处理工程规划

城市污水处理工程规划是在城市总体规划的指导下进行的城市污水处理系统的专项规划设计。规划设计应具备完整的基础资料，应从系统工程的角度，结合当地的情况，因地制宜地确定城市排水体制；城市污水处理工程的系统布置，应从工程经济的角度来进行规划，并综合考虑工程技术、社会经济、环境保护等多方因素。

第一节　污水处理工程设计的基本原则

进行城市污水处理工程的设计，应从水污染综合防治的总体上考虑。首先，应对污水处理工程的工艺制定切实可行的方案，并在制订方案的同时进行一定的科学研究，使处理方案不断完善。

一般来说，污水可分为生活污水和工业废水。

生活污水是指可直接被输送到城市污水处理设施中进行二级处理后排入水体的污水。根据污水的流量和受纳水体对有机物的允许排放负荷或浓度来确定污水处理的深度和规模，以及进行污水处理工程的规划。目前，城市污水处理工程以二级生物处理为主，一般仅能去除生物可降解的有机物，而不能去除难以生物降解的有机物及氮磷等营养物质，处理后的水排入水体仍会造成轻度污染。最近，也有少数城市污水处理工程加设有脱氮除磷的处理设备。

工业废水是工业企业在生产过程中排放的废水，这类废水具有成分复杂，水质变化较大，水量少而不稳定，处理难度高等特点，而且工业废水处理的投资和平时运行的费用均比生活污水处理的费用高，特别是重金属废水、化工废水、轻工业废水、放射性废水，除了含有一些重金属离子等无机有毒物质外，还含有一些难以生物降解的有机毒物，这种废水必须尽可能与其他废水分流，进行单独处理，尽量采用封闭循环系统。

工业废水处理的出路，根据废水的情况，大致可以从三条途径考虑处理。

1）当废水中含的有毒物质少，酸碱度呈中性，有机物含量少，且悬浮状的颗粒物含量高时，这类工业废水只需经过格栅、沉砂池、初沉池、气浮池、隔油池等设施的简单处理后，就能使废水基本上呈现生活污水的水质，在环保部门的许可下，送往城市污水处理系统处理。

2）当一些企业的工业废水，其浓度高，水量较大而且能生化处理时，可以利用生活污水作为稀释水，从某种角度看是有一定的合理性，但运行的费用增加，因此，应比较后再予以接纳采用。

3）当工业废水对环境污染较生活污水严重时，将有毒有害的工业废水独立进行二级处理后排放，不仅从处理效果上较为理想，而且还能减少对城市污水处理系统处理效果的影响，避免不必要的负荷冲击。

选择工业废水处理途径时，需要进行工程投资对比和环境质量评价，确定一种切实可行的处理途径，然后进行工业废水处理工程设计。

城市的发展规划，在进行工业废水处理设计之前，还应遵守下列基本原则：

1）应该对该生产规模、产品结构及生产工艺中可能引起和产生的污染源做调查研究，并掌握第一手资料。

2）必须对该生产过程中的排水情况及生活污水情况做调查研究，确定其流量及变化情况。

3）必须对该厂的生产废水的水质情况，包括 COD、BOD、pH、SS 等有害物质浓度有所了解，此外，还必须对废水的腐蚀性或水质变化规律有所了解，并确定处理对象的水质情况。例如，医院污水中含有病原体、传染病毒等，需要采取强化处理手段。

4）应根据国家排放标准和环保部门的要求，确定处理后出水水质要求，来最终选定合理的工艺设计方案，并在试验基础上确定必要的设计参数，供工程设计使用。

总之，在进行城市污水处理工程设计时，除了有上级主管部门对有关工程投资的批文外，必须满足和适应实际污水处理的需要，对处理工程的工艺设计和工程设计进行广泛的调研，确保设计更合理。

第二节　污水处理工程设计的基本资料和设计文件

在污水处理工程进行规划、设计之前，必须明确任务，进行充分的调查研究，以使规划、设计建立在完整、可靠资料的基础上。一般在规划、设计污水处理工程时，应当收集的原始资料，大致可分为下列四种。

一、有关明确设计任务和方向的资料

1）工程设计范围和设计项目资料，主要包括污水处理工程设计范围、设计深度、设计时间和工程内容，此外，还包括工艺路线选定后要具体设计的各种处理构筑物、设备、管道系统和水泵机房等内容。

2）目前城市的污水排放情况、工业废水污染所造成的危害情况和排水管道系统分布情况，以及今后城市的发展规划等资料。

3）工业废水和生活污水的水量、水质及其变化情况，污水回收利用等方面资料。

4）处理后水的重复利用及污泥处理、综合利用领域方面的有关资料。

二、有关自然条件的资料

1）本地区气象特征数据、气象资料、雨量资料、土壤冰冻资料和风向玫瑰图等。

2）水文资料，有关河流的水位（最高水位、平均水位、最低水位等）、水体本身自净能力、水质变化情况及环境卫生指数等。

3）水文地质资料，包括该地区地下水位及地表水和地下水相互补给情况。

4）地质资料，包括污水处理工程所处地区的地质钻孔柱状图、地基的承受能力、地下水位、地震等级等资料。

三、有关地形资料

污水处理工程所处地段的地形图（通常为1：500～1：1 000的地形图）及室外给水排水管网系统图和总排放口位置的地形图。

四、有关编制概算、预算和组织施工方面的资料

1）关于当地建筑材料（钢材、水泥和木材）、设备的供应情况和价格。

2）关于施工力量（技术水平、设备、劳动力）的资料。

3）关于编制概算、预算的定额资料，包括地区差价、间接费用定额、运输费用等情况。

4）关于污水处理工程所处地段周围建筑物情况，施工前拆迁补偿等规章和办法。

第三节　设计步骤

城市污水处理工程的设计步骤可分为三个设计阶段。

一、可行性研究阶段

可行性研究是设计的前期工作，是对工程的深入调查研究，进行综合论证的重要文件，主要是论证工程项目的必要性、工艺技术的先进性与可靠性、工程的经济合理性，为项目的建设提供科学依据，保证所建项目具有良好的社会效益、经济效益和环境效益。

对城市污水处理工程来说，可行性研究报告的主要内容如下。

1. 前言

说明工程项目提出的背景、建设的必要性和经济意义，简述可行性研究报告的编制过程。

2. 总论

（1）编制依据

编制可行性报告的主要依据有上级部门的有关文件、主管部门批准的项目建议书及有关方针政策方面的文件，委托单位提出的正式委托书和双方签订的合同，环境影响评价报告书和城市总体规划文件等。

（2）编制范围

编制合同（或协议书）中所规定的范围和经双方商定的有关内容和范围。

（3）城市概况

概述城市历史特点、行政区域、城市规模及自然条件。自然条件要涉及地形、河流湖泊、气象、水文、工程地质、地震资料等，以及城市排水现状与规划概况及水域污染概况。

3. 方案论证

1）工艺流程选择及论证。

2）处理方案及处理效果选择及论证。

3）污水处理厂位置选择及论证。

4. 方案设计

1)设计原则。

2)工程规模、规划区包含的人数及排水量定额的确定。

3)污水处理程度的确定。

4)污水处理构筑物尺寸计算,主要设备选型计算。

5)建筑结构设计。

6)供电安全程度、自动化管理水平、电器与仪表设计。

7)采暖方式、采暖热媒、耗热量以及供热来源等。

5. 管理机构、劳动定员及建设进度设想

1)污水处理厂的管理机构设置和人员编制。

2)工程项目的建设进度要求和建设阶段的划分。

6. 环境保护与劳动安全

1)污水处理厂内的绿化要求和可能产生的污染物的处置。

2)劳动安全、卫生保护和防范措施。

7. 投资估算及资金筹措

(1)投资估算

编制依据与说明,工程投资总估算表(按子项列表)和近期工程投资估算表(按子项列表)。

(2)成本分析

根据电耗和药剂费、人工费、维护费,计算处理吨水的运行费用,以及根据运行费用和土建设备折旧费、摊销费、贷款利息等计算总成本费用。

(3)资金筹措

资金来源(申请国家投资、地方自筹、贷款及偿付方式等)和资金的构成(列表)。

8. 财务及工程效益分析

(1)财务预测

资金运用预测(列表说明),根据建设进度表确定项目的分年度投资、固定资产的折旧(列表说明)和污水处理生产成本(列表说明),算出单位水量的费用(元/m^3),以及处理后水费收取标准的建议(元/m^3)。

(2)财务投资分析

计算出投资效益和投资回收期(列表说明)。

(3)工程效益分析

工程效益分析包括节能效益分析、经济效益分析、环境效益及社会效益分析。

9. 结论和存在的问题

(1)结论

在技术、经济、效益等方面论证的基础上,提出污水处理工程项目的总体评价和推荐方案意见。

(2)存在的问题

说明有待进一步解决的主要问题。

10. 附图纸和文件

所附的图纸和文件包括总平面图、方案比较示意图、主要工艺流程图、水厂或泵站平面图、各类批件和附件。

二、扩大初步设计

扩大初步设计应当在可行性研究报告批准后进行，扩大初步设计包括确定工程规模、建设目的、总体布置、工艺流程、设备选型、主要构筑物、建筑工期、劳动定员、投资效益、主要设备清单及材料表。扩大初步设计应能满足审批、投资控制、施工准备和设备定购的要求。

对城市污水处理工程来说，扩大初步设计的内容如下。

1. 概述

(1)设计依据

说明设计任务书(计划任务书)、设计委托书、环境影响评价报告及厂址选择报告等有关设计文件的批准机关、文号、日期和批准的主要内容，以及委托设计范围与主要要求，包括工程项目、服务区域与对象、设计规模与标准、设计期限与分期安排及对水量、污水水质的要求和设计任务书提出的必须考虑的问题。

(2)主要设计资料

主要设计资料必须标明资料名称、来源、编制单位及日期，一般包括用电协议、卫生防疫及环保等部门的意见书，河流环境治理研究报告等。

(3)城市概况及自然条件

说明城市现状和规划发展情况，包括城市性质、人口分布、工业布局、建筑层次、道路交通及供电条件、发展计划及分期建设的考虑等；概述当地地形、地貌、水文、水文地质资料以及地震烈度、环境污染情况和主要气象参数(如气候、风向、风速、温度、降雨量、土壤冰冻深度等)。

(4)现有排水工程概况

现有污水处理厂、管网等排水设施的利用程度，污水水质、排水量标准和工业排水量、重复使用率以及排水设施中存在的主要问题。

2. 污水水量设计

(1)污水水量计算

说明设计年限内的近期、远期排水量，确定生活污水量标准、变化系数以及未预见水量、公共建筑排水量。

(2)天然水体

说明当地水源情况，包括地面水、地下水的地理位置、走向及其水文、水文地质条件、水体流量、流速和水质资料、卫生状态、水资源开发利用情况等。对选用的水体进行方案论证和技术经济比较，确定受纳水体的位置。

3. 污水处理厂工艺设计

1)说明污水处理厂位置及选择厂址考虑的因素，如地理位置、地形、地质条件、防洪标准、卫生防护距离、占地面积等。

2)根据进污水处理厂的污水量和污水水质,确定 2 ~ 3 种污水处理和污泥处置采用的方案进行选择,确定工艺流程和总平面布置的原则,以及预计处理后达到的污水标准。

3)按流程顺序说明各构筑物的方案比较、主要设计参数、构筑物尺寸、构造形式及其所需设备类型、台数与技术性能及采用新技术的工艺原理和要求,并进行方案技术经济对比,择优推荐方案。

4)说明采用的污水消毒方法或深度处理的工艺及其有关说明。

5)选择泵站的位置,确定紧急排出口设施及泵站的形式,计算泵站主要尺寸、选定水泵型号、台数与性能,写出运行要求、主要设计数据。

6)说明处理后污水、污泥的综合利用及对排放水体的卫生环境影响。

7)简要说明厂内主要辅助建筑物(如化验室、药剂仓库、办公室、值班室、辅助车间及福利设施)的建筑面积及其使用功能,以及厂内给水、排水、道路、绿化等设计。

4. 其他设计

(1)建筑设计

根据工艺要求或使用功能确定建筑物的平面布置、层数、层高、装饰标准,并说明对室内通风、消防、节能所采取的措施。

(2)结构设计

对工程所在地区的风荷、雪荷、工程地质条件、地下水位、冰冻程度、地震基本烈度及场地的特殊地质条件(如软弱地基、膨胀土、滑坡、溶洞、冻土、采空区、抗震的不利地段等)应分别予以说明。

根据构筑物的使用功能,确定使用荷载、土壤允许承载力、设计抗震烈度等,阐述对结构有特殊要求的位置,如抗浮、防水、防爆、防震、防腐蚀等;说明地基处理、基础形式、伸缩缝、沉降缝和抗震缝的位置;说明特殊使用要求的结构处理要求,主要结构材料的选用,以及新技术、新结构、新材料的采用方式。

(3)采暖、通风设计

说明室外主要气象参数、各建筑物的计算温度、采暖系统的形式及其组成,以及管道敷设方式、采暖热媒、采暖耗热量、节能措施,并计算总热负荷量,确定锅炉设备选型、供热介质和设计参数及锅炉用水水质软化与消烟除尘措施,简述锅炉房组成、附属设备的布置,通风系统及其设备选型与降低噪音措施。

(4)供电设计

说明电源电压、供电来源、备用电源的运行、内部电压选择、用电设备种类,并以表格说明设备容量;计算负荷数值和自然功率因数,介绍功率因数补偿方法、补偿设备以及补偿后功率因数;说明采用的继电保护方式、控制工艺的过程,交待各种遥测仪表的传递方法、信号反应、操作电源等简要动作原理和连锁装置,确定防雷保护措施、接地装置及计量装置。

(5)仪表、自动控制及通信设计

说明仪表、自动控制设计的原则和标准,仪表、自动控制测定的内容,各系统的数据采集和调度,标明通信设计范围及通讯设计内容。

(6)机械设计

注明机械设备的规格、性能、安装位置及操作方式,非标准机械的构造形式、原理、特点以及有关设计参数。

(7)环境保护及劳动安全

说明污水处理厂所在地点对附近居民的影响,锅炉房消烟除尘措施和预期效果,运转设备的降低噪音措施;提出操作工人的劳动安全保护措施。

5. 人员编制及经营管理

提出需要的管理机构和职工定员编制;提出年总成本费用,并计算每 m^3 水的处理成本。

6. 工程概算书

编制工程概算和单位水量的造价指标,并说明编制概算所采用的定额、取费标准、工资标准、材料价格以及确定施工方法和施工费用的依据。

7. 主要材料及设备表

提出全部工程及分期建设需要的三材、管道及其他主要设备、材料的名称、规格、型号、数量等(以表格方式列出清单)。

8. 设计图纸

(1)规划布置图

规划布置图图纸比例一般采用1∶5 000～1∶25 000,图上表示出地形、地物、河流、道路、风玫瑰、指北针等;标出坐标网,列出主要工程项目表。

(2)污水处理工程平面图

污水处理厂、泵站等枢纽工程平面图比例采用1∶200～1∶1 000,图上标出坐标轴线、等高线、风玫瑰、指北针、厂区平面尺寸、现有的和设计的厂区平面布置,包括主要生产构筑物和附属建筑物及管(渠)、围墙、道路等主要尺寸和相关位置。列出生产构筑物和附属建筑物一览表及工程量表。

(3)工艺流程图

工艺流程图的比例采用1∶100～1∶200。表示工艺流程中各种构筑物及其水位标高的关系。

(4)主要构筑物工艺图

表示工艺布置、设备、仪表及管道等安装尺寸、相关位置、标高等图纸的比例一般采用1∶100～1∶200。列出主要设备一览表,并注明主要设计技术数据。

(5)主要构筑物建筑图

一般采用比例为1∶100～1∶200的图纸来表示出结构形式、基础做法、建筑材料、室内外主要装饰(门窗)等建筑轮廓尺寸及标高,并附技术经济指标。

(6)主要辅助建筑物建筑图

综合楼、车间、仓库、车库等主要辅助建筑物建筑图可参照上述要求。

(7)供电系统布置图

供电系统布置图应表示出变电、配电、用电启动保护等设备位置、名称、符号及型号规格,附主要设备材料表。

(8)自动控制仪表系统布置图

仪表数量多时,绘制系统控制流程图;当采用微机时,绘制微机系统框图。

(9)通风工艺、锅炉房及供热系统布置图

根据通风工艺、锅炉房及供热系统布置图要求画出必要的图纸。

三、施工图设计

施工图设计在扩大初步设计或方案设计批准之后进行,其任务是以扩大初步设计的说明书和图纸为依据,根据土建施工、设备安装、组(构)件加工及管道安装所需要的程度,将扩大初步设计精确具体化,除污水处理厂总平面布置与高程布置及各处理构筑物的平面和竖向设计之外,所有构筑物的各个节点构造、尺寸都必须用图纸表达出来,每张图均应按一定比例与标准图例精确绘制。施工图设计的深度应满足土建施工、设备与管道安装、构件加工、施工预算编制的要求。施工图设计文件以图纸为主,还应包括说明书、主要设备材料表、施工图预算。

对城市污水处理工程来说,施工图设计的内容如下。

1. 设计说明书

(1)设计依据

摘要说明扩大初步设计批准的机关、文号、日期及主要审批内容,以及扩大初步设计审查中变更部分的内容、原因、依据等。

(2)设计说明

说明采用的扩大初步设计中批准的工艺流程特点、工艺要求以及主要的设计参数。在设计中采用的新技术工作原理、设计要求、安装调试的注意事项。

(3)施工说明

说明设计中采用的平面位置基准点和标高的基准点、图例和符号的表示意义、施工安装注意事项及质量验收要求,有必要时,介绍主要工程的施工方法、验收标准、运转管理注意事项。

2. 施工图预算

施工图完成后,应按照施工图的工程量进行工程预算的编制。

3. 主要材料及设备表

(1)三材一览表

按照施工图工作量准确提出全部工程所需要的钢筋、木材和水泥,列出一览表表格。

(2)管线一览表

将施工图中所有的管线列于表格,包括管道编号、介质性质、管径、管材、长度、工作压力、管件、法兰以及阀门等。

(3)设备一览表

设计中参考选用的主要设备列于表格,包括设备位置、设备名称、规格、运转功率、额定功率、运行数量、备用数量以及材质、型号。

4. 设计图纸

(1)总平面布置图

总平面布置图采用的比例为1∶2 000~1∶25 000,内容基本与扩大初步设计相同,但要求更为详尽,要求注明平面位置的基准点和高程的基准点。

(2)处理工程总体图纸

1)工程总平面图采用的比例为1∶100～1∶500,包括风玫瑰图、指北针、等高线、坐标轴线、构筑物、建筑物、围墙、绿地、道路等的平面布置,注明厂界四角坐标及构筑物四角坐标或相对距离和构筑物的主要尺寸,各种管渠及室外地沟尺寸、长度、地质钻孔位置等,并附构筑物一览表、工程量表及有关图例。

2)工艺高程示意图采用的比例尺为1∶100～1∶500,应表示出工艺流程中各构筑物间高程关系及主要规模指标。工程规模较大且构筑物较多时,应绘制建筑总平面图,并附厂区主要技术经济指标。

3)工艺流程系统图应表示出工艺流程图中各构筑物间的所有管道的走向、连接方法,包括构筑物名称、位置,所有管道的名称、管径、位置、阀门和管件数量,以及全部设备的名称、位置。工艺流程系统图也可以和管道仪表流程图(PID图)合画一起。

4)地形复杂的净水厂和污水厂应进行竖向设计,应画出竖向布置图,内容包括厂区原地形、设计地面、设计路面、构筑物高程及土方平衡表。

5)厂内管线平面布置图应表示各种管线的平面位置、长度及相互尺寸、管线节点、管件布置、断面、材料、闸阀及附属构筑物(闸阀井、检查井等)、节点的管件、支墩,并附工程量及管件一览表。

6)厂内给水排水管纵断面图应表示出各种给水排水管渠的埋深、管底标高、管径、坡度、管材、基础类型,以及接口方式、检查井、交叉管道的位置、高程、管径等。

7)管道综合图应绘出各管线的平面布置,注明各管线与构筑物、建筑物的距离尺寸和管线的间距尺寸;管线交叉密集的地点,应适当增加断面图,表明各管线的交叉标高,并注明管线及地沟等的设计标高。

8)绿化布置图比例同总平面图,表示出植物种类、名称、行距和株距尺寸、种栽范围、各类植物数量及其与构筑物、建筑物、道路的距离尺寸,并标出建筑小品和美化构筑物的位置、设计标高。

(3)单体构筑物设计图

1)工艺图　包括平面图、剖面图及详图,图纸比例一般采用1∶50～1∶100,表示工艺布置、细部构造及设备、管道、阀门、管件等的安装方法,并详细标注出各部尺寸和标高、引用的详图和标准图,图中附设备管件一览表以及必要的说明和主要技术数据。

2)建筑图　包括平面图、立面图、剖面图及各部构造详图、节点大样,图纸比例一般采用1∶50～1∶100;图中注明轴线间各部尺寸、总尺寸、标高、设备或基座位置、尺寸与标高、预留位置的尺寸与标高等;表明室外装饰材料、室内装饰做法及有特殊要求的做法。应用的详图、标准图应做必要的说明。

2)结构图　包括结构整体及结构详图,配筋情况,各部分及总尺寸与标高,设备或基座等位置、尺寸与标高,留孔、预埋件等位置、尺寸与标高,地基处理、基础平面布置、结构形式、尺寸、标高、墙柱、梁等位置及尺寸,屋面结构布置及详图,图纸比例一般采用1∶50～1∶100。引用的详图、标准图、汇总工程量表、主要材料表、钢筋表应做必要的说明。

3)采暖、通风、照明、室内给水排水安装图　表示出各种设备、管道、路线布置与建筑物的相关位置和尺寸;绘制有关安装详图、大样图、管线透视图,并附设备一览表、管件一览表和必要的设备安装表。

4）辅助建筑物图　包括综合楼、维修车间、锅炉房、车库、仓库、宿舍、各种井室等，设计深度参照单体构筑物。

（4）电气控制设计图

1）厂区高、低压变配电系统图和一、二次回路接线原理图　包括变电、配电设备等型号、规格、编号，附设备材料表，用以说明工作原理、主要技术数据和要求。

2）各构筑物平面图、剖面图　包括变电所、配电间、操作控制间及电气设备位置、供电控制线路敷设、接地装置等，以及设备材料明细表和施工说明及注意事项。

3）各种保护和控制原理图、接线图　包括系统布置原理图，引出或引入的接线端子板编号、符号和设备一览表以及动作原理说明。

4）电气设备安装图　包括材料明细表，以及电气设备的制作或安装说明。

5）厂区室外线路照明平面图　包括各构筑物的布置、架空和电缆线路、控制线路及照明线路的布置。

6）自动控制图　包括带有工艺流程的检测与自控原理图，仪表及自控设备的接线图和安装图，仪表及自控设备的供电、供气系统的管线图，控制柜、仪表屏、操作台及有关自控辅助设备的结构图和安装图，仪表间、控制室的平面布置图，仪表自控部分的主要设备材料表。

（5）非标准机械设备

在非标准机械设备图及说明中应表明非标准机械构造部件组装位置、技术要求、设备性能、使用须知及其注意事项，以及加工详细尺寸、精度等级、技术指标和措施。

第四节　设计的基本要求

一、图纸幅面与标题栏

在污水处理工程中，常用的图底幅面为 A_0、A_1、A_2、A_3、A_4、A_5，它们的具体规格见表 1.1。

表 1.1　图纸幅面　mm

基本幅面代号	0	1	2	3	4	5
$b\times l$	841×1189	594×841	420×594	297×420	210×297	148×210
c	10			5		
a	25					

标题栏应放置在图纸右下角，宽 180 mm，高 40 ~ 50 mm，应包括设计单位名称区、签字区、工程名称区、图名区、图号区和注册建筑师、注册结构师设计者签名区。

二、比例

1. 方式

1）数字比例尺，工程图纸上常采用 1：50、1：100 等数字表示。

2）直线比例尺，用带数字的线段表示，标明直线上每单位长度代表实地多少距离，地形图上常用。

2. 一般规定

(1)给水排水工程图比例

1)给水排水工程图所用的比例,参见表1.2规定选用。

表1.2 给水排水工程图比例

名　称	比　例
区域规划图	1∶50 000、1∶10 000、1∶5 000、1∶2 000
区域位置图	1∶10 000、1∶5 000、1∶2 000、1∶1 000
厂区(小区)平面图	1∶2 000、1∶1 000、1∶500、1∶200
管道纵断面图	横向1∶1 000、1∶500; 纵向1∶200、1∶100
水处理厂(站)平面图	1∶1 000、1∶500、1∶200、1∶100
水处理流程图	无比例
水处理高程图	无比例
水处理构筑物平剖面图	1∶60、1∶50、1∶40、1∶30、1∶10
泵房平剖面图	1∶100、1∶60、1∶50、1∶40、1∶30
室内给水排水平面图	1∶300、1∶200、1∶100、1∶50
给水排水系统图	1∶200、1∶100、1∶50
设备加工图	1∶100、1∶50、1∶40、1∶30、1∶20、1∶10、1∶2、1∶1
部件、零件详图	1∶50、1∶40、1∶30、1∶20、1∶10、1∶5、1∶3、1∶2、1∶1、2∶1

2)给水排水工程图一般用(阿拉伯)数字比例尺表示比例,注写位置要求为:某图的比例与图名一起放在图形下面的横粗线上;整张图纸只用一个比例时,可以注写在图标内图名的下面;详图比例须注写在详图图名右侧。

3)给水排水工程图的管线轴测图和管线系统图可以不按准确比例尺绘制,只示意性表示走向。

(2)机械(设备)图比例

1)绘制机械图样的比例参见表1.3。

2)同一部件或设备的不同视图,应采用相同的比例。

3)当在图样上绘制直径或厚度小于2.0 mm的孔或薄壁时,以及较小的斜度和锥度时,允许该部分不按比例画出。

表1.3 机械图的比例(n为正整数)

与实物相同	1∶1
缩小的比例	1∶2、1∶2.5、1∶3、1∶4、1∶5、1∶10^n、1∶(2×10^n)、1∶(5×10^n)
放大的比例	2∶1、2.5∶1、4∶1、5∶1、10∶1、10^n∶1

三、图线

1)图面的各种线条的宽度可根据图幅的大小确定,一般以图中的粗实线宽度(b)来确定其他线条的宽度,见表1.4。

表1.4　图线形式(b=0.4~1.2 mm)

<table>
<tr><th>序号</th><th colspan="2">名　　称</th><th>线　　号</th><th>宽度</th><th>适　用　范　围</th></tr>
<tr><td>1</td><td rowspan="3">实　　线</td><td>粗实线</td><td></td><td>b</td><td>1. 新建各种工艺管线
2. 单线管路线
3. 轴测管路线
4. 剖切线
5. 图名线
6. 钢筋线
7. 机械图可见轮廓线
8. 图标、图框的外框线</td></tr>
<tr><td>2</td><td>中实线</td><td></td><td>$b/2$</td><td>1. 工艺图构筑物轮廓线
2. 结构图构筑物轮廓线
3. 原有各种工艺管线</td></tr>
<tr><td>3</td><td>细实线</td><td></td><td>$b/4$</td><td>1. 尺寸线、尺寸界线
2. 剖面线
3. 引出线
4. 重合剖面轮廓线
5. 辅助线
6. 展开图中表面光滑过渡线
7. 标高符号线
8. 零件局部的放大范围线
9. 图标、表格的分格线</td></tr>
<tr><td>4</td><td rowspan="3">虚线(首末或相交处应为线段)</td><td>粗虚线</td><td></td><td>b</td><td>1. 新建各种工艺管线
2. 不可见钢筋线</td></tr>
<tr><td>5</td><td>中虚线</td><td></td><td>$b/2$</td><td>1. 构筑物不可见轮廓线
2. 机械图不可见轮廓线</td></tr>
<tr><td>6</td><td>细虚线</td><td></td><td>$b/4$</td><td>土建图中已被剖去的示意位置线</td></tr>
<tr><td>7</td><td rowspan="3">点画线
(首末或相交处应为线段)</td><td>粗点划线</td><td></td><td>b</td><td>平面图上吊车轨道线</td></tr>
<tr><td>8</td><td>中点划线</td><td></td><td>$b/2$</td><td>结构平面图上构件(屋架、层面梁、楼面梁、基础梁、边系梁、过梁等)布置线</td></tr>
<tr><td>9</td><td>细点划线</td><td></td><td>$b/4$</td><td>1. 中心线
2. 定位轴线</td></tr>
<tr><td>10</td><td colspan="2">折断线</td><td></td><td>$b/4$</td><td>折断线</td></tr>
</table>

2）图样中所用各种图线的宽度，可根据粗实线的宽度（b）而定，通常在 $b=0.4\sim1.2$ mm 范围内选用（按图形大小与复杂程度）。给水排水工程图的 b 值常选用0.6或0.8，同一图样中同类型线条的宽度应基本上保持一致。

四、尺寸注写规则

1. 尺寸注写的基本规则

1）尺寸界线应自图形的轮廓线、轴线或中心线处引出，与尺寸线垂直并超出尺寸线约2 mm；

2）一般情况下尺寸界线应与尺寸线垂直，当尺寸界线与其他图线有重叠情况时，允许将尺寸界线倾斜引出；

3）尺寸线应尽量不与其他图线相交，安排平行尺寸线时，应使小尺寸在内，大尺寸在外；

4）轮廓线、轴线、中心线或延长线，均不可作为尺寸线使用。

2. 单位

工程图中除标高以米（m）为单位外，其余一般均以毫米（mm）为单位，特殊情况需用其他单位时，须注明计量单位。

3. 构筑物或零件的真实大小

应以图样上所注的尺寸为依据，与图形的大小及绘图的准确度无关。

4. 尺寸标注

一个图形中每一个尺寸一般仅标注一次，但在实际需要时也可重复注出。

五、标高

一般地形图是以大地水准面为基础，即把多年平均海水平面作为零点，它又称为水准面。各地面点与大地水准面的垂直距离，称为绝对高程。各测量点与当地假定的水准面的垂直距离，称为相对高程，同一工程应采用一种标高来控制，并选择一个标高基准点。目前，我国水准点的高程是以青岛水准原点为依据，按1965年计算结果，原点高程定为高出黄海平均海水面72.290 m。

标高符号一律以倒三角加水平线形式表达，在特殊情况下或注写数字的地方不够时，可用引出线（垂直于倒三角底边）移出水平线；总平面图上室外水平标高，必须以全部涂黑的三角形标高符号表示。

在立面图及剖面图上，标高符号的尖端可向上指或向下指，注写的数字可在横线上边或下边；在一个详图中，如需同时表示几个不同的标高时，除一个标高外，其他几个标高可注写在括弧内，标高应以米为单位，应注写到小数点后第三位为宜。

六、坐标

地形图或平面图通常用坐标网来控制地形地貌或构筑物的平面位置，因为任何一个点的位置，都可以根据它的纵横两轴的距离来确定。需注意的是，数学上通常以横轴作 X，纵轴作 Y，而地形图和平面图上经常以纵轴作 X，横轴作 Y，二者计算原理相同，但使用的象限不同。

七、方向标

1)在工程设计平面图中,一般以指北针表明管道或建筑物的朝向,指北针用细实线绘制,圆的直径为 24 mm,指北针头部为针尖形,尾部宽度为 3 mm,用黑实线表示。

2)风玫瑰图,又称风向频率玫瑰图,可指出工程所在地的常年风向频率、风速及朝向。风向是指来风方向,即从外面吹向地区中心,风向频率指在一定时间内各种风向出现的次数占所有观测次数的百分比。

八、设计说明

1)同一张图形中的特殊说明部分应用设计说明进行详细阐述,设计说明标注在图形的下方或者右侧,用文字表示图形中不明之处。

2)同一工程中的具有共性的特殊说明部分可用设计总说明进行详细阐述,设计总说明包括设计内容、设计范围、设计条件及资料、设计引用标准、工艺设计说明、辅助设计说明、施工说明,以及验收方法。

九、图纸绘制方法

1)平面图中的建筑物、构筑物及各种管道的位置,应与总图、专业的总平面图、管线综合图一致,图上应注明管道类别、坐标、控制尺寸、节点编号及各种管道的管径、坡度、管道长度、标高等。

2)高程图应表示各工艺构筑物之间的联系,并标注其控制标高,一般应注明顶标高、底标高和水面标高。

3)管道节点图可不按比例绘制,但节点的平面位置与平面图一致,节点图中应标注管道标高、管径、编号和井底标高。

十、索引标志

1)图上某一部分或某一构件、局部剖面等的详图索引标志见表 1.5。

表 1.5　详图索引标志

详图索引标志	局部剖面详图索引标志	详　图　标　志
图上某一部分或某一构件另有详图时,用直径 8 ~ 16 mm 的细实线圆圈表示	图上某一局部剖面另有详图时,用直径 8 ~ 10 mm 的细实线单圆圈及剖切线表示	详图的编号用外细内粗的双圆圈表示,内圈直径 14 mm,外圈直径 16 mm

续表 1.5

详图索引标志	局部剖面详图索引标志	详　图　标　志
（详图编号） 1 — 详图在本张图纸上	（剖面详图编号） 1 — 局部剖面详图在本张图纸上	（详图编号）　1∶20 1 被索引图样在本张图纸上
（详图编号） 2 4 （横线下为详图所在图纸编号） 详图不在本张图纸上	（剖面详图编号） 2 4 （横线下为剖面详图所在图纸编号） 局部剖面详图不在本张图纸上	（详图编号）　1∶10 2 3 （横线下为被索引图样的所在图纸编号） 被索引图样不在本张图纸上
（标准图册编号和标准详图编号） J103　3 5 （横线下为详图所在图纸编号或采用标准详图号）	注：粗线（剖切线）表示剖视方向，必须贯穿所切剖面的全部。如粗线在引出线之上，即表示该剖面的剖视方向是向上	

①引出线应采用水平的、垂直的、45°的或 60°的细实线表示，且应对准索引标志的圆心。

②如有文字说明，一般可注写在引出线的横上面，引出线同时索引几个相同部分时，各引出线应尽量平行。

2）设备、金属零件或构件、管道及其配件等编号，以细实线引出，在短横实线上加数字表示。

3）建筑物轴线以引出线加细实线单圆圈（直径 6～8 mm）表示。

十一、图例

（1）管道连接

管道连接的图例见表 1.6。

表 1.6 管道连接图例

序号	名称	图例	序号	名称	图例
1	法兰连接		9	喇叭口	
2	承插连接		10	转动接头	
3	螺纹连接		11	管接头	
4	活接头		12	弯管	
5	管堵		13	正三通	
6	法兰堵盖		14	斜三通	
7	偏心异径管		15	正四通	
8	异径管		16	斜四通	

(2)管道及附件

管道及附件图例见表 1.7。

表 1.7 管道及附件图例

序号	名称	图例	说明	序号	名称	图例	说明
1	管道		一张图只有一种管道	18	拆除管		
2	管道	J P	汉语拼音字头表示管道	19	地沟管		
3	管道		图例表示管道类别	20	防护套管		
4	交叉管道		管道交叉不连接	21	管道立管	XL-1 XL-1	X 管道类别，L 立管 1 编号
5	三通管道			22	排水明沟	坡向	
6	四通管道			23	排水暗沟	坡向	
7	流向			24	弯折管		管道向后弯 90°
8	坡度			25	弯折管		管道向前弯 90°
9	管道伸缩器			26	存水管		
10	弧形伸缩器		用于加热管道	27	检查口		
11	防水套管			28	清扫口	平面 系统	

续表 1.7

序号	名称	图例	说明	序号	名称	图例	说明
12	软管			29	通气帽	成品　铅丝球	防水帽
13	可绕曲橡胶接头			30	雨水斗	YD—　YD— 平面　系统	
14	管道固定支架		指支架、吊架、支墩	31	排水漏斗	平面　系统	
15	管道滑动支架			32	弯折管		
16	保温管		用于防结露管	33	方形漏斗		
17	多孔管			34	自动冲洗水箱		

(3)阀门

阀门图例见表 1.8。

表 1.8　阀门图例

序号	名称	图例	序号	名称	图例
1	阀门		19	球阀	
2	角阀		20	隔膜阀	
3	三通阀		21	气开隔膜阀	
4	四通阀		22	气闭隔膜阀	
5	闸阀		23	温度调节阀	
6	蝶阀		24	压力调节阀	
7	截止阀	DN≥50　DN≤50	25	电磁阀	M
8	电动阀		26	止回阀	
9	液动阀		27	消声止回阀	
10	气动阀		28	常闭阀	
11	减压阀		29	弹簧安全阀	
12	延时自闭冲洗阀		30	平衡锤安全阀	
13	底阀		31	自动排气阀	平面　系统
14	旋塞阀	平面　系统	32	室外消火栓	

续表 1.8

序号	名称	图例	序号	名称	图例
15	脚踏开关		33	水泵接合器	
16	放水龙头	平面　系统	34	消防喷头	平面　系统
17	皮带龙头	平面　系统	35	消防报警阀	
18	化验龙头		36	浮球阀	平面　系统

(4)卫生器具及水池

卫生器具及水池的图例见表 1.9。

(5)设备及仪表

设备及仪表的图例见表 1.10。

表 1.9　卫生器具及水池图例

序号	名称	图例	序号	名称	图例
1	水盆水池		15	饮水器	
2	洗脸盆		16	淋浴喷头	平面　系统
3	立式洗脸盆		17	矩形化粪池	平面　系统
4	浴盆		18	圆形化粪池	
5	洗涤盆		19	除油池	
6	带蓖洗涤盆		20	沉淀池	
7	盥洗槽		21	降温池	
8	污水盆		22	中和池	
9	妇女卫生盆		23	雨水口	
10	立式小便器		24	检查井	
11	挂式小便器		25	放气井	M
12	蹲式大便器		26	水封井	
13	坐式大便器		27	跌水井	
14	小便槽		28	水表井	

表 1.10 设备及仪表图例

序号	名称	图例	序号	名称	图例
1	泵	平面 系统	13	水锤消除器	
2	离心水泵		14	浮球液位器	平面 系统
3	真空泵		15	搅拌器	
4	手摇泵		16	温度计	平面 系统
5	定量泵		17	水流指示器	平面 系统
6	管道泵		18	压力表	
7	热交换器		19	自动记录压力表	
8	水-水热交换器		20	电接点压力表	
9	开水器		21	流量计	
10	喷射器		22	自动记录流量计	
11	磁水器		23	转子流量计	
12	过滤器		24	减压孔板	

十二、图纸折叠方法

1)不装订的图纸折叠时,应将图面折向外方,并使右下角的图标露在外面。图纸折叠后的大小,应以 4 号基本幅画的尺寸(297 mm×210 mm)为准。

2)需装订的图纸折叠时,折成的大小尺寸为 297 mm×185 mm,按图的顺序装订成册。

第五节 污水处理工程的厂址选择

城市污水处理工程的厂址选择应遵循下列各项原则:

1)应与选定的污水处理工艺相适应,尽量做到少占农田和不占良田。

2)厂址必须位于集中给水水源的下游,并应设在城镇、工厂厂区及生活区的下游和夏季主风向的下风向。为保证卫生要求,厂址应与城镇、工厂厂区、生活区及农村居民点保持约 300 m 以上的距离,但也不宜太远,以免增加管道长度,提高造价。

3)当处理后的污水或污泥用于农业、工业或市政时,厂址应考虑与用户靠近,或者便于运输。当处理水排放时,则应与受纳水体靠近。

4)厂址不宜设在雨季易受水淹的低洼处,靠近水体的处理工程,要考虑不受洪水威胁。厂址尽量设在地质条件较好的地方,以方便施工,降低造价。

5)要充分利用地形,应选择有适当坡度的地区,以满足污水处理构筑物高程布置的需要,减少土方工程量。若有可能,宜采用污水不经水泵提升而自流入处理构筑物的方案,以节省动力费用,降低处理成本。

6)根据城市总体发展规划,污水处理工程厂址的选择应考虑远期发展的可能性,有扩建的余地。

第六节　污水处理工艺流程的选择

城市污水处理工艺流程是指在达到所要求的处理程度的前提下,污水处理各操作单元的有机组合,确定各处理构筑物的形式,以达到预期的处理效果。

城市污水处理工艺流程如图1.1所示,工艺流程由完整的二级处理系统和污泥处理系统所组成。

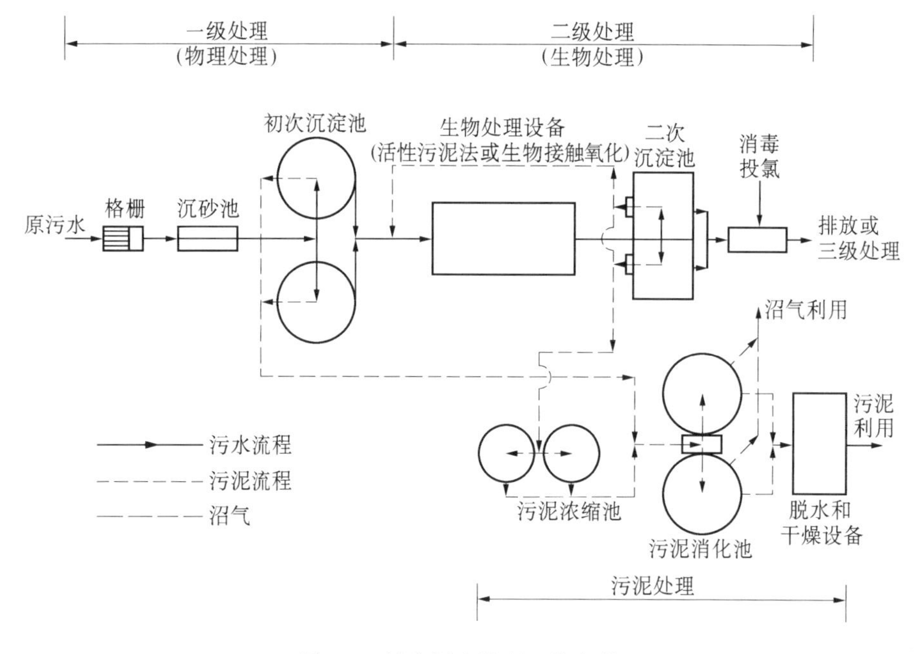

图1.1　城市污水处理工艺流程

该流程的一级处理是由格栅、沉砂池和初次沉淀池所组成,其作用是去除污水中的固体污染物质,从大块垃圾到颗粒粒径为数毫米的悬浮物。污水的BOD值通过一级处理能够去除20%～30%。

二级处理系统是城市污水处理工程的核心,它的主要作用是去除污水中呈胶体和溶解状态的有机污染物(以BOD或COD表示)。通过二级处理,污水的BOD_5值可降至20～30 mg/L,一般可达到排放水体和灌溉农田的要求。

各种类型的生物处理技术,如活性污泥法、生物膜法,以及自然生物处理技术,只要运行正常,都能够取得良好的处理效果。

污泥是污水处理过程的副产品,也是必然的产物。如从初次沉淀池排出的沉淀污泥,从生物处理系统排出的生物污泥等。这些污泥应加以妥善处置,否则会造成二次污染。在城市污水处理系统中,对污泥的处理多采用由厌氧消化、脱水、干化等技术组成的系统。处理后的污泥已去除了其中含有的细菌和寄生虫卵,并可以作为肥料用于农业。

选择污水处理工艺流程时,工程造价和运行费用也是工艺流程选择的重要因素,当然,处理水应当达到的水质标准是前提条件。以原污水的水质、水量及其他自然状况为已知条件,以处理水应达到的水质指标为约束条件,而以处理系统最低的总造价和运行费用为目标函数,建立三者之间的相互关系。

减少占地面积也是降低建设费用的重要措施,从长远考虑,它对污水处理工程的经济效益和社会效益有着重要的影响。

当地的地形、气候等自然条件也对污水处理工艺流程的选定具有一定的影响。在寒冷地区应当采用低温季节也能够正常运行,并保证取得达标水质的工艺,而且处理构筑物都应建在露天,以减少建设与运行费用。

对污水处理工艺流程选择还应与处理后的污水流入水体的自净能力及处理后污水的出路有关。根据水体自净能力来确定污水处理工艺流程,既可以充分利用水体自净能力,使污水处理工程承受的处理负荷相对减轻,又可防止水体遭受新的污染,破坏水体正常的使用价值。不考虑水体所具有的自净能力,任意采用较高的处理深度是不经济的,将会造成不必要的投资。

处理后污水的出路,往往是可以取决于该污水处理工艺的处理水平。若处理后污水的出路是农田灌溉,则应使污水经二级生化处理后在确定无有毒物质存在的情况下考虑排放;如污水经处理后须回用于工业生产,则处理深度和要求根据回用的目的不同而异。

第二章　城市污水特征与水体自净能力

水是人类生活和生产活动中不可缺少的物质资源，水在人类各种活动中丧失了使用价值被废弃外排，并以各种形式进入受纳水体，使受纳水体受到污染。污染的水体通过物理、化学和生物因素的共同作用，使进入水体污染物的总量减少或浓度降低，曾受污染的受纳水体部分地或完全地恢复原状，这种现象称为水体净化或水体自净。如果排入水体的污染物超过水体的净化能力，就会导致受纳水体污染。

第一节　污水的特征

污水中的污染物种类可分为固体污染物、需氧污染物、营养污染物、酸碱污染物、有毒污染物、油类污染物、生物污染物、感官性污染物和热污染等。

为了表征污水水质，规定了许多水质指标，这些指标主要有：有毒物质、有机物质、悬浮物、细菌总数、pH 值、色度、温度等。一种水质指标可能包括几种污染物，而一种污染物也可以属于几种水质指标。

一、固体污染物

固体污染物常用悬浮物和浊度两个指标来表示。

悬浮物是一项重要的水质指标，它的存在不但使水质浑浊，而且使管道及设备阻塞、磨损，干扰污水处理及回收设备的工作。由于大多数污水中都有悬浮物，因此，去除悬浮物是污水处理的一项基本任务。

浊度是对水的光传导性能的一种测量，其值可表征污水中胶体和悬浮物的含量。

固体污染物在水中以三种状态存在：溶解态（直径小于 1 nm）、胶体态（直径介于 1 ~ 100 nm）和悬浮态（直径大于 100 nm）。水质分析中把固体物质分为两部分：能透过滤膜（孔径约 3 ~ 10 μm）的叫溶解固体（DS）；不能透过的叫悬浮固体或悬浮物（SS），两者合称为总固体（TS）。必须指出，这种分类仅仅是为了污水处理技术的需要。

二、需氧污染物

污水中能通过生物化学和化学作用而消耗水中溶解氧的物质，统称为需氧污染物。

水中需氧的无机物主要有 Fe、Fe^{2+}、S^{2-}、CN^-等，但这类物质污水中含量不高，污水中绝大多数的需氧污染物还是有机物，因而，在一般情况下，需氧污染物即指有机物。

1. 生化需氧量（BOD）

在有氧条件下，由于微生物的活动，降解有机物所需的氧量，称为生化需氧量，单位为单位体积污水所消耗的氧量（mg/L）。图 2.1 表示有机物氧化过程的需氧关系。该图因假定有机物仅含 C、H、O、N 元素，P、S 等极少，未予考虑；内源呼吸产生的氨的氧化和硝化菌内源呼吸消耗的氧未考虑。

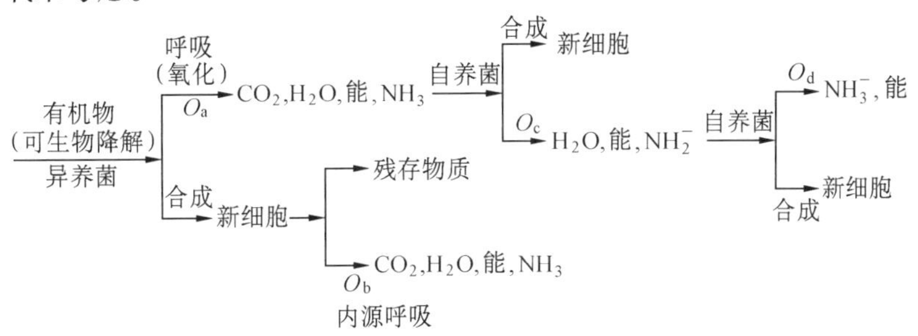

图 2.1　好氧生物降解示意图

可见，污水中有机物的分解，一般可分为两个阶段。第一阶段（碳化阶段），是将有机物中的碳氧化为二氧化碳，将有机物中的氮氧化为氨的过程。碳化阶段消耗的氧量称为碳化需氧量，用 L_a 或 BOD_u 表示，其值等于 O_a 和 O_b 之和。第二阶段（硝化阶段），氨在硝化细菌作用下，被氧化为亚硝酸根和硝酸根，硝化阶段的耗氧量称为硝化需氧量，用 L_N 或 NOD_u 表示，其值等于 O_c 和 O_d 之和。

上述有机物生化耗氧过程与温度、时间有关。在一定范围内，温度越高，微生物活力越强，消耗有机物越快，需氧越多；时间越长，微生物降解有机物的数量和深度越大，需氧越多。由于温带地区地面平均温度接近于 20 ℃，故在实际测定生化需氧量时，温度规定为 20 ℃，此时，一般有机物需 20 d 左右才能基本完成第一阶段的氧化分解过程，其需氧量用 BOD_{20} 表示，它可视为完全生化需氧量 L_a。在实际测定时，仍嫌 20 d 太长，一般采用 5 d 作为测定时间，称为 BOD_5。各种废水的水质差别很大，其 BOD_{20} 与 BOD_5 相差悬殊，但对某一种污水而言，比值相对固定，如生活污水的 BOD_5 约为 BOD_{20} 的 0.7 左右。因此，把 20 ℃温度下 5 d 测定的 BOD_5 作为衡量污水的有机物综合浓度指标。

BOD_5 作为有机物浓度指标，基本上反映了能被微生物氧化分解的有机物的量，较为直接、确切地说明了问题。但仍存在一些缺点：①当污水中含大量的难生物降解的物质时，BOD_5 测定误差较大；②反馈信息太慢，每次测定需 5 d，不能迅速及时指导实际工作；③污水中如存在抑制微生物生长繁殖的物质或不含微生物生长所需的营养物质时，将影响测定结果。

2. 化学需氧量（COD）

化学需氧量是指在酸性条件下，用强氧化剂将有机物氧化为 CO_2、H_2O 所消耗的氧量，氧化剂一般采用重铬酸钾。由于重铬酸钾的氧化作用很强，所以，能够较完全地氧化水中大部分有机物和无机性还原物质（但不包括硝化所需的氧量），此时，化学需氧量用 COD_{Cr} 或 COD 表示。如采用高锰酸钾作为氧化剂，则写为 COD_{Mn}。

与 BOD_5 相比，COD_{Cr} 能够在较短的时间内（规定为 2 h）较精确地测出废水中耗氧物质的含量，不受水质限制。缺点是不能表示可被微生物氧化的有机物量，此外，污水中的还原性无机物也能消耗部分氧，造成一定误差。

如果污水中各种成分相对稳定，那么 COD 与 BOD 之间应有一定的比例关系。一般说来，$COD>BOD_{20}>BOD_5>COD_{Mn}$。其中，$BOD_5/COD$ 比值可作为污水是否适宜生化法处理的一个衡量指标，比值越大，越容易被生化处理。一般认为 BOD_5/COD 大于 0.3 的污水才适宜采用生化处理。

3. **总需氧量(TOD)**

有机物中的主要元素是 C、H、O、N、S 等,在高温下燃烧后,将分别产生 CO_2、H_2O、NO_2 和 SO_2,所消耗的氧量称为总需氧量 TOD,TOD 的值一般大于 COD 的值。

TOD 的测定方法是向含氧量已知的氧气流中注入定量的水样,并将其送入以铂为触媒的燃烧管中,在 900 ℃高温下燃烧,水样中的有机物即被氧化,消耗掉氧气流中的氧气,剩余氧量可用电极测定并自动记录。氧气流原有氧量减去剩余氧量即得总需氧量 TOD。TOD 的测定仅需几分钟。

4. **总有机碳(TOC)**

有机物都含有碳,通过测定废水中的总含碳量可以表示有机物含量。总有机碳(TOC)的测定方法是向含氧量已知的氧气流中注入定量的水样,并将其送入以铂为触媒的燃烧管中,在 900 ℃高温下燃烧,用红外气体分析仪测定在燃烧过程中产生的 CO_2 量,再折算出其中的含碳量,就是总有机碳 TOC 值。为排除无机碳酸盐的干扰,应先将水样酸化,再通过压缩空气吹脱水中的碳酸盐。TOC 的测定时间也仅需几分钟。

三、营养性污染物

污水中所含的 N 和 P 是植物和微生物的主要营养物质。当污水排入受纳水体,使水中 N 和 P 的质量浓度分别超过 0.2 mg/L 和 0.02 mg/L 时,就会引起受纳水体的富营养化,促进各种水生生物(主要是藻类)的活性,刺激它们的异常增殖,这样会造成一系列的危害。

N 的主要来源是氮肥厂、洗毛厂、制革厂、造纸厂、印染厂、食品厂和饲养厂等。P 的主要来源是磷肥厂和含磷洗涤剂等。生活污水经普通生化法处理,也会转化出无机 N 和 P。此外,BOD、温度、维生素类物质也能促进和触发营养性污染。

四、酸碱污染物

酸碱污染物主要由工业废水排放的酸碱,以及酸雨的降落形成。水质标准中以 pH 值来反映其含量水平。

酸碱污染物使水体的 pH 值发生变化,破坏自然缓冲作用,抑制微生物生长,妨碍水体自净,使水质恶化、土壤酸化或盐碱化。各种生物都有自己的 pH 适应范围,超过该范围,就会影响其生存。对渔业水体而言,pH 值不得低于 6 或高于 9.2,当 pH 值为 5.5 时,一些鱼类就不能生存或生殖率下降。农业灌溉用水的 pH 值应为 5.5 ~ 8.5。此外,酸性废水也对金属和混凝土材料造成腐蚀。

五、有毒污染物

污水中能对微生物引起毒性反应的化学物质,称有毒污染物。工业上使用的有毒化学物已经超过 12 000 种,而且每年以 500 种的速度递增。

毒物是重要的水质指标,各类水质标准对主要的有毒污染物都规定了限值。

废水中的毒物可分为三大类:无机化学毒物、有机化学毒物和放射性物质。

1. **无机化学毒物**

无机化学毒物包括金属和非金属两类。金属毒物主要为汞、铬、镉、铅、锌、镍、铜、钴、锰、钛、钡、钼和铋等,特别是前几种危害更大。如汞进入人体后被转化为甲基汞,在脑组织内积累,破坏神经功能,无法用药物治疗,严重时能造成死亡;镉中毒时引起全身疼痛,腰关节受损、骨节变形,有时还会引起心血管病。

非金属毒物有砷、硒、氰、氟、硫、亚硝酸根等。如砷中毒时能引起中枢神经紊乱,诱发皮肤癌等;亚硝酸盐在人体内还能与仲胺生成亚硝胺,具有强烈的致癌作用。

必须指出的是,许多毒物元素往往是生物体所必需的微量元素,只是在超过一定限值时才会致毒。

2. 有机化学毒物

有机化学毒物大多是人工合成的有机物,难以被生化降解,且大多是较强的三致物质(致癌、致突变、致畸),毒性很大。主要有农药(DDT、有机氯、有机磷等)、酚类化合物、聚氯联苯、稠环芳烃(如苯并芘)、芳香族氨基化合物等。以有机氯农药为例,首先,其具有很强的化学稳定性,在自然环境中的半衰期为十几年到几十年,其次,它们都可能通过食物链在人体内富集,危害人体健康。如 DDT 能蓄积于鱼脂中,浓度可比水体中高 12 500 倍。

3. 放射性物质

放射性是指原子核衰变而释放射线的物质属性,主要包括 X 射线、α 射线、β 射线、γ 射线及质子束等。污水中的放射性物质主要来自铀、镭等放射性金属生产和使用过程,如核试验、核燃料再处理、原料冶炼厂等。其浓度一般较低,主要引起慢性辐射和后期效应,如诱发癌症,对孕妇和婴儿产生损伤,引起遗传性伤害等。

六、油类污染物

油类污染物包括“石油类”和“动植物油”两项。油类污染物能在水面上形成油膜,隔绝大气与水面联系,破坏水体的复氧条件。它还能附着于土壤颗粒表面和动植物体表,影响养分的吸收和废物的排出。当水中含油 0.01 ~0.10 mg/L 时,对鱼类和水生生物就会产生影响。当水中含油 0.3 ~0.5 mg/L 时,就会产生石油气味,不适合饮用。

七、生物污染物

生物污染物主要是指污水中的致病性微生物,它包括致病细菌、病虫卵和病毒。未污染的天然水中细菌含量很低,当城市污水、垃圾淋水、医院污水等排入水体后将带入各种病原微生物。如生活污水中可能含有能引起肝炎、伤寒、霍乱、痢疾、脑炎的病毒和细菌,以及蛔虫卵和钩虫卵等。生物污染物污染的特点是数量大,分布广,存活时间长,繁殖速度快,必须予以高度重视。

水质标准中的卫生学指标有细菌总数和大肠菌群总数两项,后者反映水体受到动物粪便污染的状况。

八、感官性污染物

污水中能引起异色、浑浊、泡沫、恶臭等现象的物质,虽无严重危害,但能引起人们感官上的极度不快,被称为感官性污染物。对于供游览和文体活动的水体而言,感官性污染物的危害则较大。

第二节 污水的排放标准

自然水体是人类可持续发展的宝贵资源,必须严格保护,免受污染。因此,当污水需要排入受纳水体时,应处理到允许排入受纳水体的排放标准,以降低对受纳水体的不利影响。我国有关部门为此制定了污水综合排放标准,并于1998年1月开始实施。

目前,广泛使用的是国家《污水综合排放标准》(GB 8978—96),该标准根据污水中污染物的危害程度把污染物分为两类。第一类污染物,不分行业和污水排放方式,也不分受纳水体的功能类别,一律在车间或车间处理设施排放口采样;第二类污染物,在排污单位总排放口采样。这两种污染物的最高允许排放浓度都应达到国家《污水综合排放标准》的要求。

上面提到的排放标准都是浓度标准。这类标准存在明显的缺陷,它不论污水受纳水体的大小和状况,不论污染源的大小,都采取同一个标准。因此,即使满足排放标准,如果排放总量大大超过接纳水体的环境容量,也会对水体造成不可逆的严重后果。

第三节 地面水体的自净能力

污水排入受纳水体并完全混合后的稀释平均质量浓度,可由下式求得,即

$$C_m = \frac{QC_R + qC_{SW}}{Q + q} \tag{2.1}$$

式中 C_m—— 混合后的稀释平均质量浓度(mg/L);

Q—— 河水流量(m^3/s);

q—— 污水流量(m^3/s);

C_R—— 河水中污染物质的质量浓度(mg/L) 或其他参数(如水温、溶解氧浓度等);

C_{SW}—— 污水中污染物质的质量浓度(mg/L) 或其他参数。

以上公式中河水流量 Q 是河水的全部流量,即假定污水与河水完全混合。污水排入受纳水体后,由于微生物降解水中有机物质而消耗水中的溶解氧,称为耗氧。与此同时,大气中的氧也可溶入水中,称为复氧。

一、水体的耗氧曲线

污水排入受纳水体,水中的污染物增加,同时水中的微生物也得到增殖,微生物降解水中污染物的时候也消耗了水中溶解氧。当河水流量与污水流量稳定,河水温度不变时,则有机污染物降解的耗氧量与该时期污水中存在的有机污染物量成正比,即呈一级反应,其表达式为

$$\frac{dL}{dt} = -K_1 L_t \tag{2.2}$$

$$L_t = L_0 \cdot 10^{-K_1 t}$$

式中 K_1—— 耗氧速率常数;

L_t—— 时间为 t 时的生化需氧量 BOD_t(mg/L);

L_0—— 起始点(排放口处)的有机物质量浓度(mg/L);

t—— 河水与污水混合后,流至某断面的时间(d)。

耗氧速率常数 K_1 因污水性质和水温不同而异,须经实验确定,生活污水排入河流后 K_1 值见表2.1。

表2.1　生活污水耗氧速率常数 K_1

污水水温/℃	0	5	10	15	20	25	30
K_1	0.039 99	0.050 2	0.063 2	0.079 5	0.1	0.126 0	0.158 3

不同水温时的 K_1 值也可以表示为

$$K_{1(T)} = K_{1(20)} \cdot \theta^{(T-T_{20})} \tag{2.3}$$

式中　$K_{1(20)}$—— 为水温20 ℃时的耗氧速率常数;

θ—— 温度系数,$\theta = 1.047$;

T—— 河水与污水混合后的水温(℃)。

水体的耗氧曲线,见图2.2。

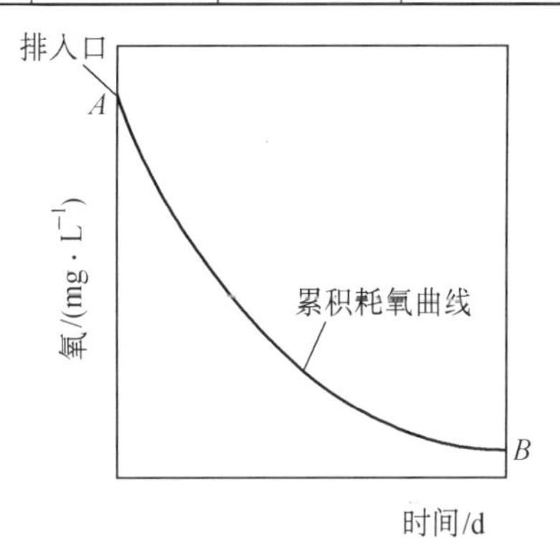

图2.2　水体的耗氧曲线图

二、水体的复氧曲线

在受纳水体流动过程中,空气中的氧通过流动水体水面不断地溶入水中,使得水中溶解氧逐步得到恢复,当其他条件一定时,复氧速率与水体的复氧量成正比,即

$$\frac{dD}{dt} = K_2 D \tag{2.4}$$

式中　K_2—— 复氧速率常数,见表2.2;

D—— 亏氧量,$D = C_0 - C$;

C_0—— 一定温度下,水中饱和溶解氧含量(mg/L),见表2.3;

C—— 水体中溶解氧含量(mg/L)。

当水体温度为 t 时,可按表2.2求出不是20 ℃时的 K_2 值,即

$$K_{2(T)} = K_{2(20)} \cdot 1.024^{(T-20)} \tag{2.5}$$

式中　$K_{2(20)}$—— 为水温20 ℃时的复氧速率常数;

T—— 河水与污水混合后的水温(℃)。

水体的复氧曲线,见图2.3。

表2.2　复氧常数 K_2

水　体　类　型	20 ℃时的 K_2 值
小池塘和受阻回流的水	0.043 ~ 0.1
迟缓的河流和大湖	0.1 ~ 0.152
低流速的大河	0.152 ~ 0.2
正常流速的大河	0.2 ~ 0.3
流动快的河流	0.3 ~ 0.5
急流和瀑布	> 0.5

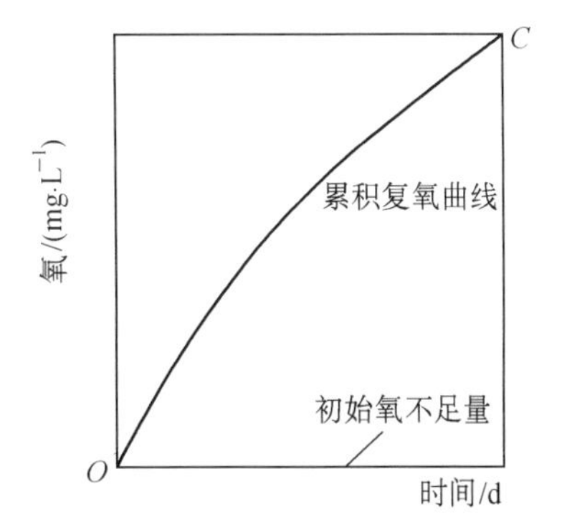

图2.3　水体的复氧曲线图

表 2.3　饱和溶解氧的数据

温度/℃	饱和溶解氧值/$(mg \cdot L^{-1})$ 氯化物质量浓度/$(mg \cdot L^{-1})$					温度/℃	饱和溶解氧值/$(mg \cdot L^{-1})$ 氯化物质量浓度/$(mg \cdot L^{-1})$				
	0	5 000	10 000	15 000	20 000		0	5 000	10 000	15 000	20 000
0	14.62	13.79	12.97	12.14	11.32	16	9.95	9.46	8.96	8.47	7.99
1	14.23	13.41	12.61	11.82	11.03	17	9.74	9.26	8.78	8.30	7.84
2	13.84	13.05	12.28	11.52	10.76	18	9.54	9.07	8.62	8.15	7.70
3	13.48	12.72	11.98	11.24	10.50	19	9.35	8.89	8.45	8.00	7.56
4	13.13	12.41	11.69	10.97	10.25	20	9.17	8.73	8.30	7.86	7.42
5	12.80	12.09	11.39	10.78	10.01	21	8.99	8.57	8.14	7.71	7.28
6	12.48	11.79	11.12	10.45	9.78	22	8.83	8.42	7.99	7.57	7.14
7	12.17	11.51	10.85	10.21	9.57	23	8.68	8.27	7.85	7.43	7.00
8	11.87	11.24	10.61	9.98	9.36	24	8.53	8.12	7.71	7.30	6.87
9	11.59	10.97	10.36	9.76	9.17	25	8.38	7.96	7.56	7.15	6.74
10	11.33	10.73	10.13	9.55	8.98	26	8.22	7.81	7.42	7.02	6.61
11	11.08	10.49	9.92	9.35	8.80	27	8.07	7.67	7.28	6.88	6.49
12	10.83	10.28	9.72	9.17	8.62	28	7.92	7.53	7.14	6.75	6.37
13	10.60	10.05	9.52	8.98	8.46	29	7.77	7.39	7.00	6.62	6.25
14	10.37	9.85	9.32	8.80	8.30	30	7.63	7.25	6.86	6.49	6.13
15	10.15	9.65	9.14	8.60	8.14						

注：表中淡水和海水中饱和溶解氧值的条件是：在总压力为 0.76 kPa 下，干空气中含氧为 20.90%，一般工程计算可直接采用表中数据，中间数值可近似地用线性插入法求得。

三、水体的自净能力

当污水排入受纳水体后，污水中的有机物会消耗水体中的溶解氧，同时，大气中的氧会不断地溶入水体中。污水排放口下游水体中溶解氧的质量浓度随流行距离而不断变化，水体溶解氧在耗氧和复氧的共同作用下的变化速率可表示为

$$\frac{dC}{dt}=\frac{dL}{dt}+\frac{dD}{dt}=-K_1L_t+K_2(C_0-C) \tag{2.6}$$

开始时，由于 BOD_u 较高，耗氧速率大于复氧速率，故水体中的溶解氧不断减少，由于水体中有机物被微生物不断地降解，因而 BOD_u 不断地减小，耗氧速率也随之减小。假如起始的 BOD_u 不是过高，总会有某一点的耗氧速率会等于复氧速率，这一点称为临界点。由起始点到这一点流行的距离称为临界距离；由起始点流到临界点所需的时间称为临界时间。水体流过临界点以后，耗氧速率即小于复氧速率，此后，水体中的溶解氧会不断增加，假如没有新的污染，溶解氧会恢复到未受污染前的状态。以纵坐标代表溶解氧，以横坐标代表流行距离，所

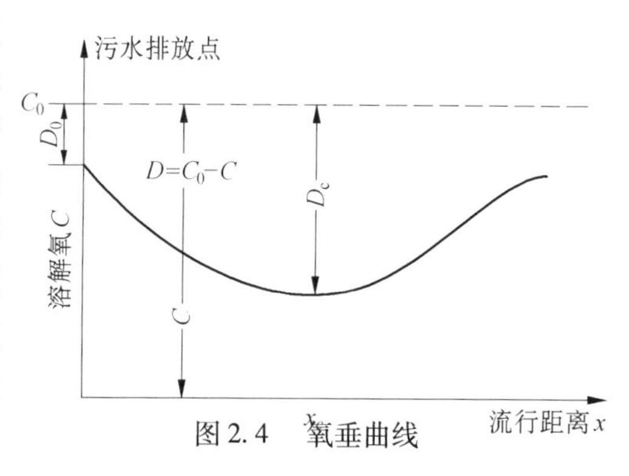

图 2.4　氧垂曲线

画出的曲线称为氧垂曲线，见图2.4。

将式(2.6)积分推导，流经污水排放口的下游某断面任一时间 t 的亏氧量可表示为

$$D_t = \frac{L_1 L_0}{K_2 - K_1}(10^{-K_1 t} - 10^{-K_2 t}) + D_0 10^{-K_2 t} \tag{2.7}$$

式中　D_t——t 时刻水体的亏氧量(mg/L)；

D_0——在污水排放口处，时间 $t = 0$ 的起始点亏氧量(mg/L)。

在临界点处的亏氧量可表示为

$$D_c = \frac{K_1}{K_2} L_0 10^{-K_1 t_c} \tag{2.8}$$

式中　t_c——临界时间(d)。

临界时间 t_c 的计算式为

$$t_c = \frac{1}{K_2 - K_1} \lg\left\{\frac{K_2}{K_1}\left[1 - \frac{D_0(K_2 - K_1)}{K_1 L_0}\right]\right\} \tag{2.9}$$

根据临界点溶解氧的量不得低于国家规定标准(4 mg/L)的要求，可确定临界点的亏氧量 $D_c = (C_0 - 4)$，再应用公式(2.8)和公式(2.9)，可求得起始点水体与污水的混合浓度 L_0(以 BOD_u 表示)。再根据 L_0 确定污水的处理程度。

以上公式只考虑了污水排入水体后，微生物降解耗氧与大气复氧两种因素对水体中溶解氧的影响，这种方法只是工程上常用的一种粗略计算方法，忽略了藻类光合作用的产氧量、藻类呼吸耗氧和污泥沉降等影响，但对某些水体，这些因素的耗氧是不容忽视的。

第四节　污水处理程度计算

一、计算允许排放的悬浮物浓度

1. 按水体中悬浮物允许增加量计算排放的悬浮物浓度

可用下式计算污水排放口处允许排放的SS浓度

$$C_e = p\left(\frac{Q}{q} + 1\right) + b \tag{2.10}$$

式中　C_e——污水排放口处允许排放的SS质量浓度(mg/L)；

p——污水排入水体与河水完全混合后，混合水中SS允许增加量(mg/L)；

q——排入水体的污水流量(m^3/s)；

b——污水排入河流前，河流中原有的SS质量浓度(mg/L)；

Q——河流95%保证率的月平均最小流量(m^3/s)。

2. 按《污水综合排放标准》计算排放的悬浮物浓度

根据国家《污水综合排放标准》(GB 8978—96)中新建城镇二级污水处理工程一级排放标准，最高允许排放的悬浮物质量浓度为 $C_e = 20$ mg/L。

二、计算允许排放的 BOD_5 质量浓度

1. 按水体中溶解氧的最低允许质量浓度，计算允许排放的 BOD_5 质量浓度

根据临界点溶解氧浓度不得低于 4 mg/L 的要求，在已知条件下，利用式(2.8)和式(2.9)可求得未知数 L_0 和 t_c。由于解联立方程较繁琐，一般用试算法计算，也可应用计算机进行计算。

2. 按水体中 BOD_5 的最高允许质量浓度，计算允许排放的 BOD_5 质量浓度

根据水体和污水的实际温度，并将 K_1 值按温度做必要的调整后，再进行计算。有时为了简化计算，往往假定河水和污水温度皆为 20 ℃，然后进行粗略计算，这两种算法皆可应用公式表示

$$L_{5e}=\frac{Q}{q}\left(\frac{L_{5ST}}{10^{-K_1t}}-L_{5R}\right)\frac{L_{5ST}}{10^{-K_1t}} \tag{2.11}$$

式中 L_{5e}—— 排放污水中 BOD_5 的允许质量浓度(mg/L)；

L_{5R}—— 河流中原有的 BOD_5 质量浓度(mg/L)；

L_{5ST}—— 水质标准中河水的 BOD_5 最高允许质量浓度。

$$L_5=L_0\cdot 10^{-K_1\cdot 5} \tag{2.12}$$

式中 L_5——BOD_5 的允许质量浓度(mg/L)；

L_0——BOD_u 的允许质量浓度(mg/L)；

K_1—— 耗氧速率常数。

计算时往往按水体上某一验算点(例如，水源地、取水口)进行计算，故式(2.11)中的 t 为由污水排放口流到计算断面的流行时间，其计算式为

$$t=\frac{x}{v}$$

式中 t—— 流行时间(d)；

x—— 由污水排放口至计算断面的距离(km)；

v—— 河水平均流速(m/s)。

3. 按《污水综合排放标准》计算允许排放的 BOD_5 质量浓度

根据国家《污水综合排放标准》(GB 8978—96)中新建城镇二级污水处理工程一级排放标准，最高允许排放的 BOD_5 质量浓度为 20 mg/L。

第五节　污水处理程度计算实例

城市污水的水质与水体要求相比，一般至少要高出一个数量级，因此，在排放水体之前，都必须进行适当程度的处理，使处理后的污水水质达到允许的排放浓度。

污水的处理程度的计算式为

$$E/\%=\frac{C_i-C_e}{C_i}\times 100 \tag{2.13}$$

式中　E—— 污水的处理程度(%)；

C_i—— 未处理污水中某种污染物的平均质量浓度(mg/L)；

C_e—— 允许排入水体的已处理污水中该种污染物的平均质量浓度(mg/L)。

城市污水处理程度的主要污染物指标一般用 BOD_5 及 SS 表示。有时,当工业废水影响较大时,尚可辅以 COD 作为参考指标。

【例】　某城市的城市污水总流量 $q = 5.0\ m^3/s$,污水的 BOD_5 质量浓度为450 mg/L,SS 质量浓度为380 mg/L,污水温度 $T = 20$ ℃,污水经二级处理后 DO_{SW} 质量浓度为1.5 mg/L。处理后的污水拟排入城市附近的水体,在水体自净的最不利情况下,河水流量 $Q = 19.5\ m^3/s$,河水平均流速 $v = 0.6$ m/s,河水温度 $T = 25$ ℃,河水中原有溶解氧 $DO_R = 6.0$ mg/L,BOD_5 质量浓度为 3.0 mg/L,SS 质量浓度为 55 mg/L,SS 允许增加量 $P = 0.75$ mg/L,设河水与污水能很快地完全混合,混合后20 ℃ 的 $K_1 = 0.1$；$K_2 = 0.2$。在污水总出水口下游35 km 处为集中取水口的卫生防护区,要求 BOD_5 不得超过4 mg/L。

【解】

1. 求 SS 的处理程度

(1) 按水体中 SS 允许增加量计算排放的 SS 质量浓度

① 计算污水总出水口处 SS 的允许质量浓度

$$C_e/(mg \cdot L^{-1}) = p(\frac{Q}{q} + 1) + b = 0.75(\frac{19.5}{5.0} + 1) + 55 = 58.6$$

② 求 SS 的处理程度

$$E/\% = \frac{C_i - C_e}{C_i} \times 100 = \frac{380 - 58.6}{380} \times 100 = 84.6$$

(2) 按《污水综合排放标准》计算排放的 SS 质量浓度

1) 国家《污水综合排放标准》(GB 8978—96) 中规定新建城镇二级污水处理工程的一级排放标准,最高允许排放的 SS 质量浓度为

$$C_e/(mg \cdot L^{-1}) = 20$$

2) 求 SS 的处理程度

$$E/\% = \frac{C_i - C_e}{C_i} \times 100\% = \frac{380 - 20}{380} \times 100\% = 94.7\%$$

(3)SS 的处理程度

取计算中处理程度高的值,SS 处理程度为

$$E = 94.7\%$$

2. 求 BOD_5 的处理程度

(1) 按水体中 DO 的最低允许质量浓度,计算允许排放的 BOD_5 质量浓度

1) 求排放口处 DO 的混合质量浓度及混合温度

$$\rho_{DO_m}/(mg \cdot L^{-1}) = \frac{QC_R + qC_{SW}}{Q + q} = \frac{19.5 \times 6.0 + 5.0 \times 1.5}{19.5 + 5.0} = 5.1$$

$$t_m/℃ = \frac{19.5 \times 25 + 5.0 \times 20}{19.5 + 5.0} = 24.0$$

2) 求水温为24.0 ℃ 时的常数 K_1 和 K_2 值

$$K_{1(24)} = K_{1(20)} \times \theta^{(24-20)} = 0.1 \times 1.047^4 = 0.120$$

$$K_{2(24)} = K_{2(20)} \times 1.024^{(24-20)} = 0.2 \times 1.024^4 = 0.219$$

3）求起始点的亏氧量 D_0 和临界点的亏氧量 D_c

查表得出 24 ℃ 时的饱和溶解氧 DO_s 的质量浓度为 8.53 mg/L,则可得

$$D_0/(\mathrm{mg \cdot L^{-1}}) = 8.53 - 5.1 = 3.43$$

$$D_c/(\mathrm{mg \cdot L^{-1}}) = 8.53 - 4.0 = 4.53$$

4）用试算法求起始点 L_0 和临界时间 t_c,第一次试算

设临界时间 $t'_c = 1.0\mathrm{d}$,将此值及其他已知数值代入式(2.8),即

$$D_c = \frac{K_1}{K_2} L_0 10^{-K_1 t_c}$$

$$L_0/(\mathrm{mg \cdot L^{-1}}) = D_c \frac{K_2}{K_1} 10^{K_1 t_c} = 4.53 \frac{0.219}{0.120} 10^{0.12 \times 1} = 10.87$$

$$L_0/(\mathrm{mg \cdot L^{-1}}) = 10.87$$

将 $L_0 = 10.87$ mg/L 代入式(2.9) 得

$$t_c/\mathrm{d} = \frac{1}{K_2 - K_1} \lg\left\{\frac{K_2}{K_1}\left[1 - \frac{D_0(K_2 - K_1)}{K_1 L_0}\right]\right\} =$$

$$\frac{1}{0.219 - 0.120} \lg\left\{\frac{0.219}{0.120}\left[1 - \frac{3.43(0.219 - 0.120)}{0.120 \times 10.87}\right]\right\} =$$

$$1.316\ \mathrm{d} > t'_c = 1.0$$

第二次试算

设临界时间 $t'_c = 1.523$ d,代入式(2.8),得出

$$L_0 = 12.59\ \mathrm{mg/L}$$

将上值代入式(2.9),得出

$$t_c = 1.523\ \mathrm{d} = t'_c$$

符合要求(一般 $|(t_c - t'_c)| \leqslant 0.001$ 即符合要求)。

5）求起点容许的 20 ℃ 时 BOD_5

$$L_{5m}/(\mathrm{mg \cdot L^{-1}}) = L_0(1 - 10^{-K_1 t}) = 12.59(1 - 10^{-0.1 \times 5}) = 8.61$$

6）求污水处理厂允许排放的 20℃ 时 BOD_5

$$L_{5e}/(\mathrm{mg \cdot L^{-1}}) = L_{5m}\left(\frac{Q}{q} + 1\right) - \frac{Q}{q} L_{5R} = 8.61\left(\frac{19.5}{5.0} + 1\right) - \frac{19.5}{5.0} \times 3.0 = 30.5$$

7）求处理程度

$$E/\% = \frac{450 - 30.5}{450} \times 100 = 93.2$$

(2) 按水体中 BOD_5 的最高允许质量浓度,计算允许排放的 BOD_5 质量浓度

1）计算由污水排放口流到 35 km 处的时间

$$t/\mathrm{d} = \frac{x}{v} = \frac{1\,000 \times 35}{86\,400 \times 0.6} = 0.675$$

2）将 20 ℃ 时,L_{5R}、L_{5ST} 的数值换算成 24 ℃ 时的数值

20 ℃ 时的 $L_{5ST} = 4$ mg/L,则

$$4 = L_0(1 - 10^{-0.1\times5})$$

$$L_0/(\mathrm{mg\cdot L^{-1}}) = \frac{4}{0.684} = 5.85$$

计算 24 ℃ 时的 L_{5ST},即

$$L_{5ST}/(\mathrm{mg\cdot L^{-1}}) = 5.85(1 - 10^{-0.12\times5}) = 5.58 \times 0.749 = 4.38$$

又因为 20 ℃ 时的 $L_{5R} = 3$ mg/L,则

$$L_0/(\mathrm{mg\cdot L^{-1}}) = \frac{3}{0.684} = 4.39$$

计算 24 ℃ 时的 L_{5R},即 $L_{5R}/(\mathrm{mg\cdot L^{-1}}) = 4.39 \times 0.749 = 3.29$

3) 求 24 ℃ 时的 L_{5e} 值

$$L_{5e}/(\mathrm{mg\cdot L^{-1}}) = \frac{Q}{q}\left(\frac{L_{5ST}}{10^{-K_1t}} - L_{5R}\right) + \frac{L_{5ST}}{10^{-K_1t}} =$$

$$\frac{19.5}{5.0}\left(\frac{4.38}{10^{-0.12\times0.675}} - 3.29\right) + \frac{4.38}{10^{-0.12\times0.675}} = 13.5$$

4) 将 24 ℃ 时的 L_{5e} 转换成 20 ℃ 时的数值

$$L_0/(\mathrm{mg\cdot L^{-1}}) = \frac{13.5}{0.749} = 18.02$$

其 20 ℃ 时的 L_{5e} 为

$$L_{5e}/(\mathrm{mg\cdot L^{-1}}) = 18.02 \times 0.684 = 12.33$$

5) 计算处理程度

$$E/\% = \frac{450 - 12.33}{450} \times 100 = 97.3$$

(3) 按《污水综合排放标准》计算排放的 BOD_5 质量浓度

1) 国家《污水综合排放标准》(GB 8978—96) 中规定的新建城镇二级污水处理工程的一级排放标准,最高允许排放的 BOD_5 质量浓度为

$$L_{5e} = 20 \text{ mg/L}$$

2) 计算处理程度

$$E/\% = \frac{450 - 20}{450} \times 100 = 95.5$$

(4) BOD_5 的处理程度

取计算中处理程度高的值,BOD_5 处理程度为

$$E = 97.3\%$$

第三章 一级处理工艺设计

第一节 水量调节及调节池

城市污水的水质和水量随时间而变化，污水量越小，其水质和水量变化程度越大。城市工业废水的水质和水量，也会随着企业的性质不同而变化，污水的水量变化对污水处理设备，特别是生物处理设施正常发挥其净化功能是不利的，甚至还可能遭到破坏。在这种情况下，经常采取的措施是，在污水处理系统之前，设均和调节池，用以进行水量的调节和水质的均和，以保证污水处理设施的正常运行。此外，调节池还可以起到临时贮存事故排水的作用。

调节池的形式和容量的大小，随城市污水排放过程的特点和规律，以及对调节、均和要求的不同而异。如污水的水质变化不大，对污水处理没有影响，而只是需要在水量上有所贮存，则此时只需要设置简单的水池，作为水量调节之用，贮存盈余，补充短缺，使生物处理设施在一日内都能够得到均和的进水量，保证正常运行。

调节池作为污水处理设施，常位于生物处理设施之前，用以调节水量和均和水质之用，调节系统包括集水池、格栅和调节池。

一、集水池

集水池是汇集准备输送到调节池或其他处理构筑物去的污水或污泥的一种小型贮水池。

1. 集水池有效容积

集水池有效容积根据进水水量变化、水泵能力和水泵工作情况等因素确定，一般不得小于最大一台水泵 5 min 的出水量。如水泵机组为自动控制时，每小时开启水泵不得超过 6 次。中途排水泵站集水池的容积，应按上下游泵站联合工作的制度决定。雨水泵房的集水池有效容积，一般为最大一台水泵 30 s 的出水量。

2. 集水池最低水位

自灌式泵站中不同类型水泵的吸水喇叭口的安装条件及叶轮的淹没深度，参见图 3.1，当喇叭口流速 v = 1.0 m/s 时，h = 0.4 m；v = 2.0 m/s 时，h = 0.8 m；v = 3.0 m/s 时，h = 1.6 m。非自灌式泵站，应根据水泵的允许吸上高度和吸水管系统的水头损失确定。水泵轴线与集水池最低水位的高差 h_s 应符合下式要求，即

$$h_s = \frac{H}{\gamma} - h_1 - \frac{v^2}{2g} - h_2 \tag{3.1}$$

式中 h_s—— 水泵轴线与集水池最低水位的高差(m);
H—— 当地大气压力水柱高(m);
γ—— 污水相对密度(1.0 ~ 1.005);
v—— 水泵进口处的最大流速(m/s);
h_1—— 吸水管水头损失(m);
h_2—— 设计水温条件下的饱和蒸汽压力水头(m)。

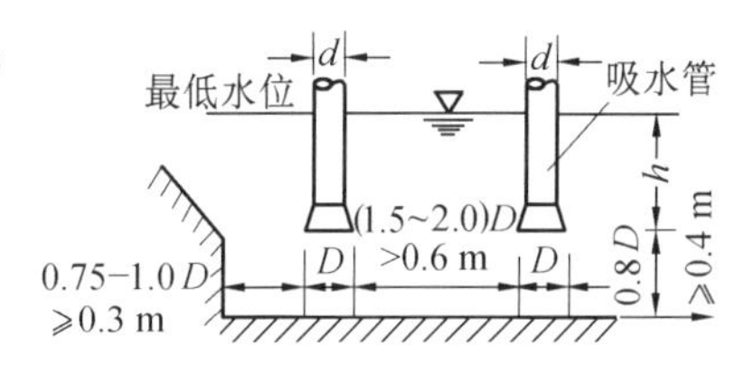

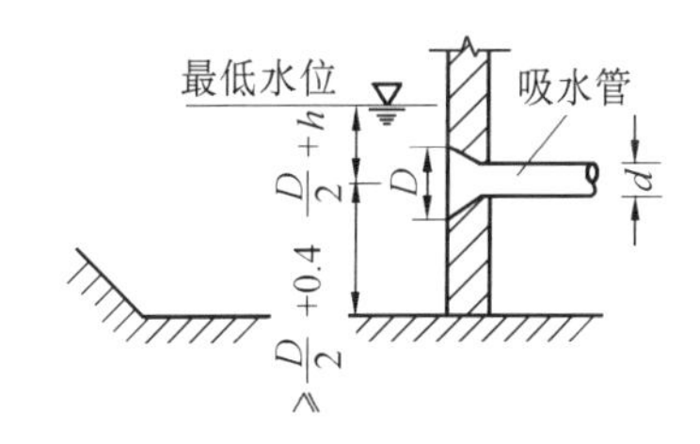

图3.1 集水池最低水位

雨水泵房集水池的最低水位应与进水管管底相平。

3. **集水池最高水位**

污水泵房集水池的最高水位应满足有效容积的要求,一般可采用与进水管渠的设计水面标高相平。在任何情况下集水池最高水位不得超过进水管的管顶。在具有中途泵站的排水系统中,对下游污水泵站集水池的最高水位,还应考虑水泵突然停止工作后,水流涌水高度的影响。雨水泵站集水池的最高水位应与进水管管顶相平,如雨水管道部分受压时,其最高水位可高出进水管管顶,但应低于格栅平台0.5 m。

4. **集水池的构造**

集水池内应保证水流平稳,流态良好,不产生涡流和滞流,必要时可设置导流墙。水泵吸水管按集水池的中轴线对称布置,每台水泵在吸水时应不干扰其他水泵的工作。雨水泵站集水池的底板应保持水平,以保证水流平稳,其流速以0.3 ~0.8 m/s为宜,最大不得超过1.2 m/s。

5. **集水池内水泵吸水喇叭口的布置**

每台水泵应设单独的吸水管及吸水喇叭口,喇叭口直径宜为水泵吸水管直径的1.5倍;喇叭口外缘与集水坑边缘的净距采用喇叭口直径的0.75 ~1.00倍;喇叭口与集水坑底的距离,以喇叭口直径的0.8倍为宜;相邻两喇叭口的中心距离应根据水泵机组布置的要求确定,但不得小于喇叭口直径的2.5倍。

集水池池底标高一般采用进水管管底标高以下1.5 ~2.5 m。集水坑深度以0.5 ~0.7 m为宜,池底坡度不应小于5%,坡向集水坑。集水池内应设置防止污泥沉积和腐化的设施以及冲洗装置。

6. **出水设施**

集水池配套水泵的出水管宜接入压力井或敞开式出水井,不宜在室外直接与压力管连接。采用敞开式出水井时,若每台泵分别设出水压力管,则出水井内应分格,以免互相干扰或串联,发生倒灌。出水井涌水高度可按调压塔原理计算,亦可按排入水体的最高水位加超高(0.5 m)估算。出水井容积,一般以最大出水量的10 ~20 s计算;出水井高度应保持在任何情况下不溢水,有效水深应与出口干管管径相同,出水井中应设放空管。

二、格栅

格栅是由一组平行的金属栅条制成的框架,斜置在污水流经的渠道上,或泵站集水井的进口处,用以截阻大块的呈悬浮或漂浮状态的污物,见图3.2。

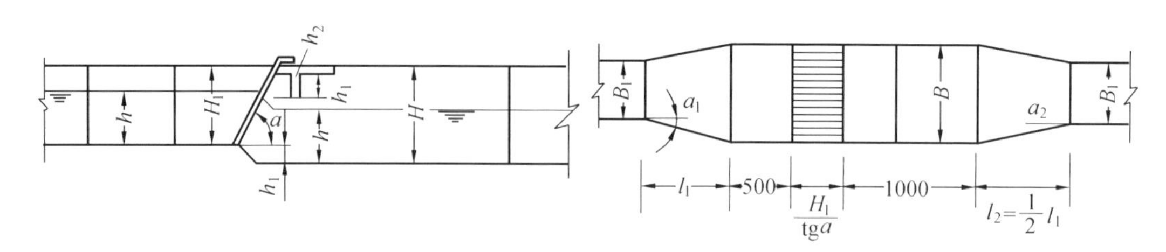

图 3.2　格栅示意图

在污水处理流程中，格栅是一种对后续处理构筑物或泵站机组具有保护作用的处理设备。

1. 设计参数

(1)格栅

可单独设置格栅井或与泵房合建设置在集水池内。一般大中型泵站或污水管埋深较大时，格栅可以设在泵房的集水池内。采用机械除渣时，一般采用单独的格栅井。

(2)格栅宽度

格栅的总宽度不宜小于进水管渠宽度的2倍，格栅空隙总有效面积应大于进水管渠有效断面积的1.2倍。

(3)栅条间隙

栅条间隙可根据进水水质和水泵性质确定。一般卧式和立式离心泵其最大间隙宽度可按表3.1取值，轴流泵宜采用70 mm。

表 3.1　格栅栅条最大间隙宽度

水泵型号	$2\frac{1}{2}$PW、4PW、4MF以下	6MF、6PWL、8MF、8PWL	10MN、10PWL、12MN	14MN以上，12PWL	螺旋泵、废水泵、潜水泵
栅条间隙宽度/mm	≤20	≤30	≤40	≤50	≤100

(4)过栅流速

过栅流速一般采用0.6~1.0 m/s。雨水泵站格栅前进水管内的流速应控制在1.0~1.2 m/s；当流速大于1.2 m/s时，应将临近段的入流管渠断面放大或改建成双管渠进水。污水泵站格栅前进水管内的流速一般为0.4~0.9 m/s。

(5)格栅倾角

在人工清除时，格栅倾角不应大于70°；机械清除时，宜为70°~90°。格栅上端应设平台，格栅下端应低于进水管底部0.5 m，距离池壁0.5~0.7 m，或按机械除渣的安装和操作需要确定。

(6)格栅工作平台

人工清除时，工作平台应高出格栅前设计最高水位0.5 m；机械清除时，工作平台应等于或稍高于格栅井的地面标高。平台宽度在污水泵站不应小于1.5 m；雨水泵站不应小于2.5 m。两侧过道宽度采用0.6~1.0 m，机械清除时，应有安置除渣机减速箱、皮带输送机等辅助设施的位置。常用的机械格栅有链条式格栅除污机，见图3.3(a)；钢丝绳牵引式格栅除污机，见图3.3(b)。

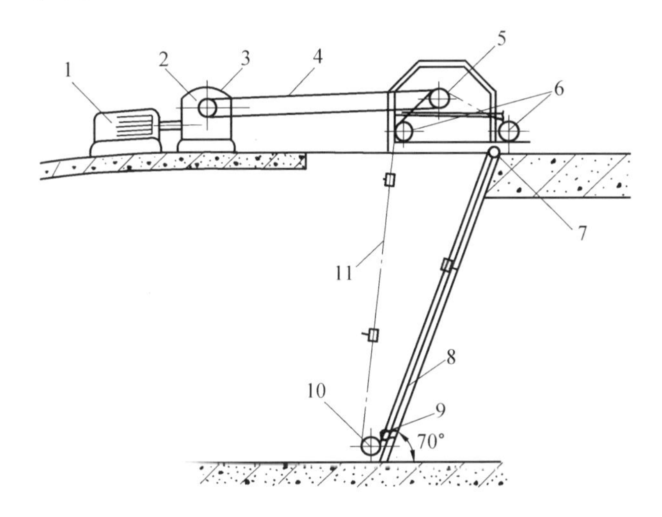

(a)链条式格栅除污机

1—电动机;2—减速器;3—主动链轮;4—传动链条;5—从动链轮;6—张紧轮;7—导向轮;8—格栅;9—齿耙;10—导向轮;11—除污链条

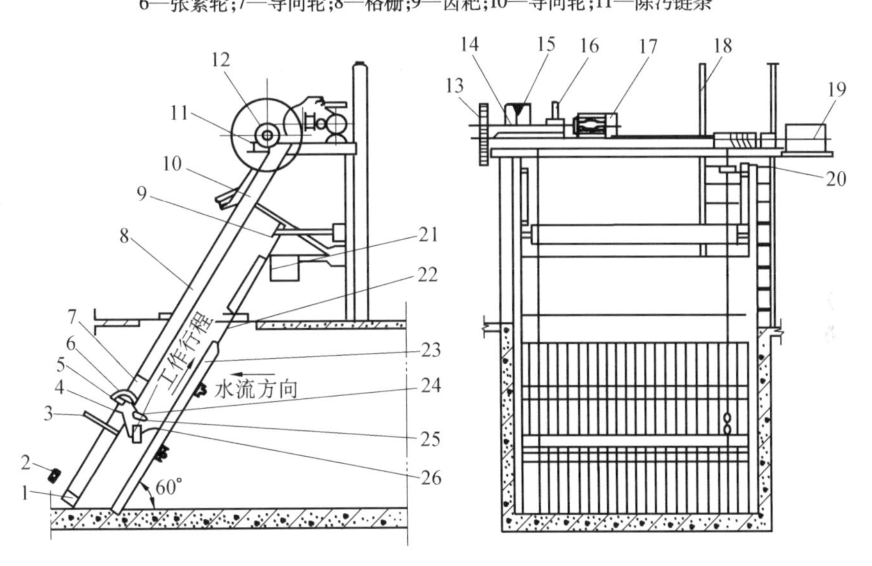

(b)钢丝绳牵引式格栅除污机

图3.3　机械格栅除污机

1—滑块行程限位螺栓;2—除污耙自锁机构开锁撞块;3—除污耙自锁栓;4—耙臂;5—销轴;6—除污耙摆动限位板;7—滑块;8—滑块导轨;9—刮板;10—抬耙导轨;11—底座;12—卷筒轴;13—开式齿轮;14—卷筒;15—减速机;16—制动器;17—电动机;18—扶梯;19—限位器;20—松绳开关;21、22—上、下溜板;23—格栅;24—抬耙滚子;25—钢丝绳;26—耙齿板

格栅平台临水侧应设栏杆，平台上应装置给水阀门，并设置具有活动盖板的检修孔；平台靠墙面应设挂安全带的挂钩；平台上方应设置起重量为0.5 t的工字梁和电动葫芦。

(7)格栅井通风

格栅井内可能存在硫化氢、氰氢酸等有害气体，为了保护操作、检修、维护人员的健康和安全须考虑通风换气措施。在室外的格栅井,采用可移动的机械通风系统;在格栅室内,设置永久性的机械通风系统。室内通风换气次数为 8 次/h,格栅井内为 12 次/h;格栅井内的通风换气体积应包括格栅井的进水管和出水管空间。格栅井的进水管空间指格栅井至井前闸门之间的管段空间,出水管空间指格栅井至水泵集水池之间的管段空间,通风管应采用防腐阻燃材料制成。

2. **计算公式**

格栅计算公式见表 3.2。

表 3.2 格栅计算公式

名称	公式	符号说明
1. 栅槽宽度	$B = S(n-1) + bn$ $n = \dfrac{Q_{max}\sqrt{\sin\alpha}}{bhv}$	B——格栅宽度(m) S——栅条宽度(m) b——栅条间隙(m) n——栅条间隙数(个) Q_{max}——最大设计流量(m^3/s) α——格栅倾角(°) h——栅前水深(m) v——过栅流速(m/s)
2. 通过格栅的水头损失	$h_1 = h_0 k$ $h_0 = \zeta \dfrac{v^2}{2g}\sin\alpha$	h_1——设计水头损失(m) h_0——计算水头损失(m) g——重力加速度(m/s^2) k——系数,格栅受污物堵塞时水头损失增大倍数,一般采用 3 ζ——阻力系数,其值与栅条断面形状有关,一般采用 1 ~ 3
3. 栅后槽总高度	$H = h + h_1 + h_2$	H——格栅后渠道水深(m) h_2——栅前渠道超高,一般采用 0.3 m
4. 栅槽总长度	$L = l_1 + l_2 + 1.0 + 0.5 + \dfrac{H_1}{\mathrm{tg}\alpha}$ $l_1 = \dfrac{B - B_1}{2\mathrm{tg}\alpha_1}$ $l_2 = \dfrac{l_1}{2}$ $H_1 = h + h_2$	L——格栅槽总长度(m) l_1——进水渠道渐宽部分的长度(m) B_1——进水渠宽(m) α_1——进水渠道渐宽部分的展开角度,一般可采用 20° l_2——栅槽与出水渠道连接处的渐窄部分长度(m) H_1——栅前渠道深(m)
5. 每日栅渣量	$W = \dfrac{86\,400 Q_{max} W_1}{1\,000 K_z}$	W——每日栅渣量(m^3/d) W_1——$1m^3$ 污水的栅渣量,格栅间隙为 16 ~ 25 mm 时,$W_1 = 0.10 \sim 0.05\ m^3/d$;格栅间隙为 30 ~ 50 mm 时,$W_1 = 0.03 \sim 0.01$ K_z——生活污水流量总变化系数

三、调节池

调节池亦称调节均化池，是用以尽量减少污水进水水量和水质对整个污水处理系统影响的处理构筑物。

在调节池容积计算上，应当考虑能够容纳水质变化一个周期所排放的全部水量。例如，一处小区排放生活污水和工业废水，上午排放的污水污染物高，呈强碱性，下午排放的污水污染物低，呈酸性，则调节池的容积应取这天上午和下午水量之和，这样均和，可使二股 pH 值不同的污水中和而进行自身调节。如水质无明显的变化周期，而水量又不很大，则调节池的容积越大也越有利于调节，这一关系可以从图3.4所示的某处排放的污水 pH 值变化曲线中清楚看到。图上所示的瞬时和经 8 h 及 24 h 调节均和后 pH 值的变化情况，从图中可见，调节的效果是十分明显的。

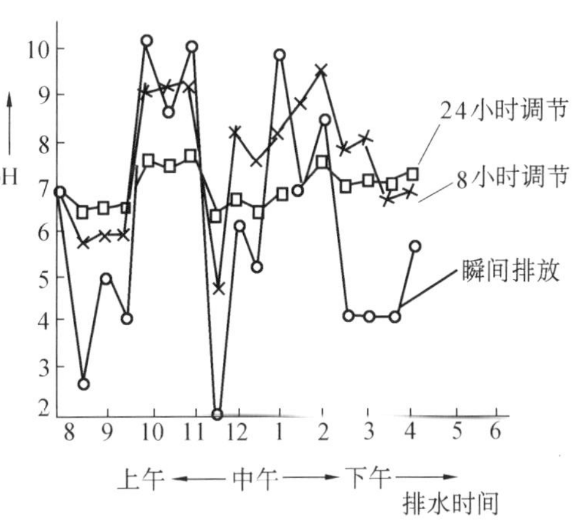

图 3.4　不同均和时间污水 pH 值的调节效果

当废水水质和水量都有一定的变化时，我们主要根据水质变化的周期性来计算调节池容积，当然，也应根据实际情况予以考虑。

1. 设计要求

1）调节池一般容积较大，应适当考虑设计成半地下式或地下式，还应考虑加盖板。

2）调节池埋入地下不宜太深，一般为进水标高以下 2 m 左右，或根据所选位置的水文地质特征来决定。

南方地下水位过高的平原地区，调节池深度太深而使地下水所产生的浮力对调节池放空时会产生较大浮力；此外，深度太大，对土建要求相应较高，土方挖掘会有一定困难，土建投资相对较大。

3）调节池的设计，应与整个污水处理工程各处理构筑物的布置相配合。

4）调节池应以一池二格（或多格）为好，便于调节池的维修保养。

5）调节池的埋深与污水排放口埋深有关，如果排放口太深，调节池与排放口之间应考虑设置集水井，并设置一级泵站进行一级提升。

6）调节池设计中可以不必考虑大型泥斗、排泥管等，但必须设有放空管和溢流管，必要时还应考虑设超越管。

2. 计算公式

调节池计算公式见表 3.3。

表 3.3 调节池计算公式

名称	公式	符号说明
1. 调节水质为主的池容积	$W = \sum_{i=1}^{t} q_i$ $C_m = \sum_{i=1}^{t} C_i q_i / W$	W—— 调节池容积(m^3) q_i—— 均和期内的逐时水量(m^3) C_m—— 调节池出水浓度(mg/L) C_i—— 相应于逐时水量为 q_i 的污染物质浓度(mg/L)
2. 调节水量为主的池容积	$W = \sum_{i=1}^{t} qt$ $Q = \frac{W}{T} = \frac{\sum_{i=1}^{t} qt}{T}$	W—— 调节池容积(m^3) q—— 在 t 时段内污水的平均流量(m^3/h) t—— 任一时段(h) Q—— 在周期 T 内的平均污水量(m^3/h) T—— 污水变化周期(h)

第二节 沉砂池

沉砂池的作用是从污水中分离相对密度较大的无机颗粒,沉砂池一般设在倒虹管、泵站、沉淀池前,保护水泵和管道免受磨损,防止后续处理构筑物管道的堵塞,减小污泥处理构筑物的容积,提高污泥有机组分的含量,提高污泥作为肥料的价值。

污水中的砂粒是指相对密度较大,易沉淀分离的一些大颗粒物质,主要是污水中的无机性砂粒,砾石和少量较重的有机物颗粒,如树皮、骨头、种粒等。在颗粒物质的表面还附着一些粘性有机物,这些粘性有机物是极易腐败的污泥,因此,这些颗粒物质都应在沉砂池中被去除。

沉砂池有三种形式:平流式、曝气式和涡流式。

平流式矩形沉砂池是常用的形式,具有构造简单、处理效果较好的优点。曝气沉砂池是在池的一侧通入空气,使污水沿池旋转前进,从而产生与主流垂直的横向恒速环流。曝气沉砂池的优点是通过调节曝气量,可以控制污水的旋流速度,使除砂效率较稳定,受流量变化的影响较小,同时,还对污水起预曝气作用。涡流式沉砂池是利用水力涡流,使泥砂和有机物分开,以达到除砂目的。该池形具有基建、运行费用低和除砂效果好等优点,在北美国家广泛应用。

一、平流沉砂池

平流沉砂池是最常用的形式,污水从池一端流入,呈水平方向流动,从池另一端流出,它的构造简单,处理效果较好,工作稳定且易于排除沉砂。

1. 构造特点

平流沉砂池由进水装置、出水装置、沉淀区和排泥装置组成,见图 3.5。平流沉砂池的上部是水流部分,水在其中以水平方向流动,下部是聚集沉砂的部分,通常其底部设置 1~2 个贮砂斗,下接带闸阀的排砂管,用以排除沉砂。

(1)进水装置

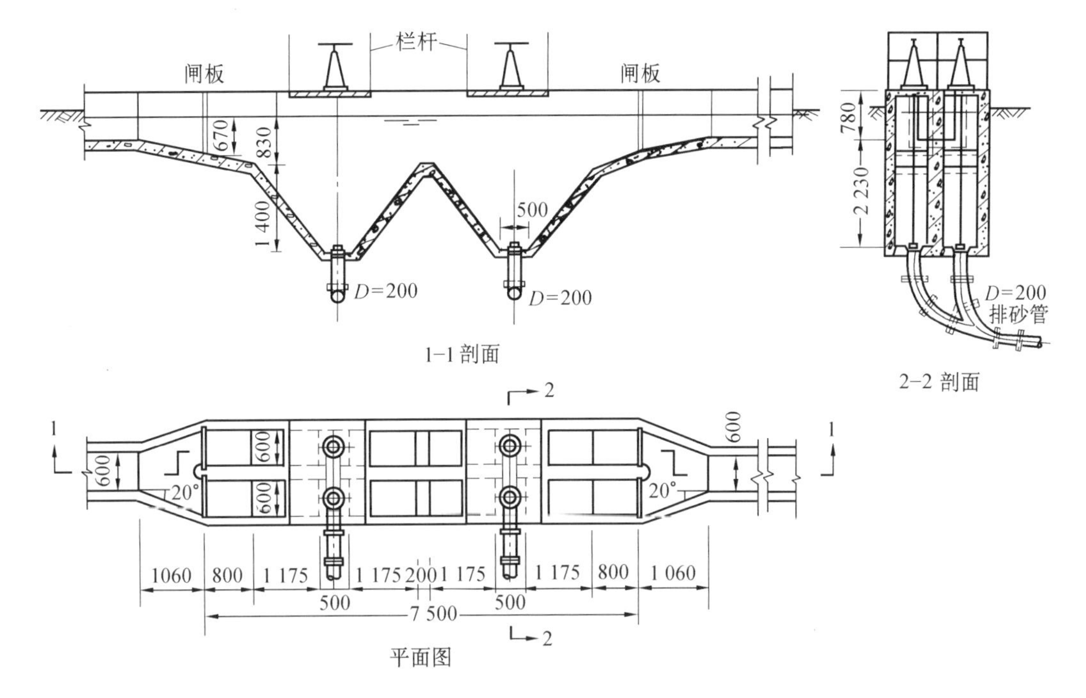

图 3.5 平流沉砂池工艺图

平流沉砂池实际上是一个比入流渠道和出流渠道宽和深的渠道。当污水流过沉砂池时，由于过水断面增大，水流速度下降，污水中挟带的无机颗粒将在重力作用下而下沉，而比重较小的有机物则仍处于悬浮状态，并随水流走，从而达到从水中分离无机颗粒的目的。

(2)出水装置

出水装置采用自由堰出流，使沉砂池的污水断面不随流量变化而变化过大，出水堰还可以控制池内水位，不使池内水位频繁变化，保证水位恒定。

(3)沉淀区

在平流沉砂池的沉淀区内，流速既不宜过高，也不宜过低。为使沉砂池运行正常，流速不随流量变化而有太大的变化，一般在设计时，采用两座或两座以上断面为矩形的沉砂池(或分格数)按并联设计。运行时有可能采用不同的池(格)数工作，使流速符合流量的变化。此外，也可采用改变沉砂池的断面形状，使沉砂池的流速不随流量而变化。

(4)排泥装置

沉砂池沉淀的沉渣多数为砂粒，当采用重力排砂时，沉砂池与贮砂池应尽量靠近，以缩短排砂管的长度，排砂闸门易选用快开闸门，避免砂粒堵塞闸门，机械排砂应设置晒砂场，避免排砂时的水分溢出。

2. 设计要求

沉砂池设计时，应按砂粒相对密度为2.65，粒径0.2 mm以上的砂粒设计。

1)设计流量应按分期建设考虑。当污水以自流方式流入沉砂池时，应按最大设计流量计算；当污水用水泵抽送进入池内时，应按工作水泵的最大可能组合流量计算。

2)沉砂池的座数或分格数不得少于2个，并宜按并联系列设计。当污水量较小时，可考虑单格工作，一格备用；当污水流量大时，则2格同时工作。

3）池底坡度一般为0.01～0.02，并可根据除砂设备要求，考虑池底的形状。

4）生活污水的沉砂量，可按0.01～0.02 L/（人·d）计算；城市污水的沉砂量可按1.0×10^6 m^3污水产生沉砂30 m^3计算，其含水率为60%，密度1 500 kg/m^3。贮砂斗的容积一般按2 d以内的沉砂量考虑，斗壁与水平面倾角不应小于55°。

5）除砂宜采用机械方法，并设置贮砂池或晒砂场；当采用重力排砂时，排砂管的直径不应小于200 mm，使排砂管畅通和易于养护管理。

3. 设计参数

1）最大流速为0.3 m/s，最小流速为0.15 m/s；

2）最大流量时，停留时间不小于30 s，一般采用30～60 s；

3）有效水深应不大于1.20 m，一般采用0.25～1.00 m，每格宽度不宜小于0.60 m；

4）进水部位应采取消能和整流措施，应设置进水闸门控制流量，出水应采取堰跌落出水，保持池内水位不变化。

4. 计算公式

平流沉砂池计算公式见表3.4。

表3.4 平流沉砂池计算公式

名称	公式	符号说明
1. 长度	$L = vt$	L——平流沉砂池的长度(m) v——最大设计流量时的流速(m/s) t——最大设计流量时的流行时间(s)
2. 水流断面面积	$A = \frac{Q_{max}}{v}$	A——过水断面面积(m^2) Q_{max}——最大设计流量(m^3/s)
3. 池总宽度	$B = \frac{A}{h_2}$	B——池总宽度(m) h_2——设计有效水深(m)
4. 沉砂室所需容积	$V = \frac{Q_{max}XT86\ 400}{K_z10^6}$	V——沉砂室容积(m^3) X——城市污水沉砂量($m^3/10^6m^3$ 污水) T——清除沉砂的间隔时间(d) K_z——生活污水流量总变化系数
5. 池总高度	$H = h_1 + h_2 + h_3$	H——池总高度(m) h_1——超高 (m) h_3——沉砂室高度 (m)
6. 验算最小流速	$v_{min} = \frac{Q_{min}}{n_1 w_{min}}$	v_{min}——最小流速(m/s) Q_{min}——最小流量(m^3/s) n_1——最小流量时工作的沉砂池数目(个) w_{min}——最小流量时沉砂池中的水流断面面积(m^2)

二、曝气沉砂池

曝气沉砂池是在平流沉砂池的侧墙上设置一排空气扩散器，使污水产生横向流动，形成螺旋形的旋转流态。

1. 构造特点

普通平流沉砂池的一个比较大的缺点，就是在其截留的沉砂中夹杂着一些有机物，对被有机物包覆的砂粒，截留效果也不高，沉砂易于腐化发臭，难于处置。目前日益广泛使用的曝气沉砂池，则可以在一定程度上克服上述缺点。

曝气沉砂池由进水装置、出水装置、沉淀区、曝气系统和排泥装置组成，见图3.6。曝气沉砂池的水流部分是一个长形渠道，在池侧壁距池底0.6～0.9 m高度处，均匀安设曝气装置；曝气沉砂池的下部设置集砂槽，池底有 $i=0.1\sim0.5$ 坡度，以保证砂粒滑入。

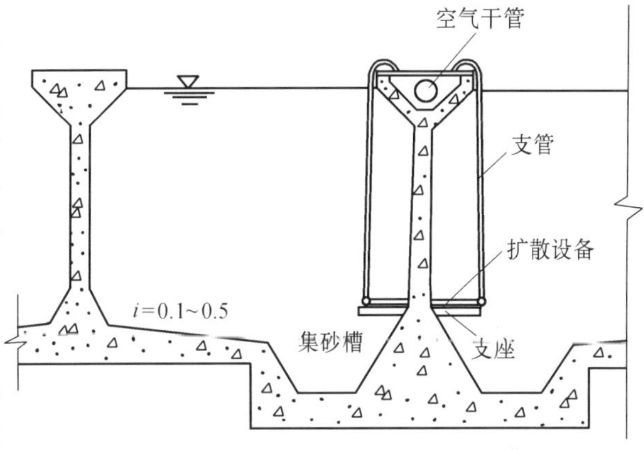

图3.6　曝气沉砂池

2. 设计要求

1）由于曝气的作用，污水中的有机颗粒经常处于悬浮状态，使砂粒互相摩擦并承受曝气的剪切力，能够去除砂粒上附着的有机污染物，有利于取得较为纯净的砂粒。从曝气沉砂池中排出的沉砂，有机物只占5%左右，一般长期搁置也不腐败。

2）在曝气的作用下，污水在池内呈螺旋状前进的流动形式，水流旋转速度在池过水断面中心处最小（几乎等于零），而在四周最大，砂粒被甩向四周沿池壁下沉至池底。

3）沉渣中无机物含量多，有利于消化池的正常运行，避免消化池中无机砂粒的沉积而减少消化池有效容积。

3. 设计参数

1）污水在曝气沉砂池过水断面周边的最大旋转速度为0.25～0.3 m/s，在池内水平前进的速度为0.08～0.12 m/s。如考虑预曝气的作用，可将曝气沉砂池过水断面增大为原来的3～4倍。

2）污水最大流量时，在曝气沉砂池内的停留时间1～3 min。如考虑预曝气，则延长池身，使停留时间为10～30 min。

3）池的有效水深为2～3 m，宽深比一般采用1～1.5，长宽比可达5。若池长比池宽大得多时，则应考虑设置横向挡板，池的形状应尽可能不产生偏流或死角，集砂槽附近安装纵向挡板。

4）曝气沉砂池使用的空气扩散装置，安装在池的一侧，距池底约0.6～0.9 m，空气管上应设置调节空气的阀门，连接带有2.5～6.0 mm小孔的曝气管，每立方米废水的曝气量为0.2 m^3空气，或每平方米池表面积的曝气量为3～5 $m^3/(m^2\cdot h)$。

5）曝气沉砂池的进水口应与水在沉砂池内的旋转方向一致，出水口常用淹没式，出水方向与进水方向垂直，并宜考虑设置挡板。

6）池内应设置消泡装置。

4. 计算公式

曝气沉砂池计算公式见表3.5。

表3.5 曝气沉砂池计算公式

名称	公式	符号说明
1. 池子总有效容积	$V = Q_{max}t60$	V——池子总有效容积(m^3) Q_{max}——最大设计流量(m^3/s) t——最大设计流量时的流行时间(min)
2. 水流断面积	$A = \frac{Q_{max}}{v_1}$	A——过水断面积(m^2) v_1——最大设计流量时的水平流速(m/s)
3. 池总宽度	$B = \frac{A}{h_2}$	B——池宽度(m) h_2——设计有效水深(m)
4. 池长	$L = \frac{V}{A}$	L——池长(m)
5. 每小时所需空气量	$q = dQ_{max}3\ 600$	q——每小时所需空气量(m^3/h) d——1 m^3 污水所需空气量(m^3/m^3)

三、涡流沉砂池

涡流沉砂池中污水由池下部呈旋转方向流入,从池上部四周溢流流出,污水中的砂粒向下沉淀,达到去除的目的。涡流沉砂池分为涡流沉砂池、多尔沉砂池和钟式沉砂池。

1. 构造特点

(1)涡流沉砂池

涡流沉砂池利用水力涡流,使泥砂和有机物分开,以达到除砂目的。污水从切线方向进入圆形沉砂池,进水渠道末端设一跌水堰,使可能沉积在渠道底部的砂子向下滑入沉砂池;还设有一个挡板,使水流及砂子进入沉砂池时向池底流行,并加强附壁效应。在沉砂池中间设有可调速的桨板,使池内的水流保持环流。桨板、挡板和进水水流组合在一起,在沉砂池内产生螺旋状环流(图3.7),在重力的作用下,使砂子沉下,并向池中心移动,由于越靠中心水流断面越小,水流速度逐渐加快,最后将沉砂落入砂斗。而较轻的有机物,则在沉砂池中间部分与砂子分离。池内的环流在池壁处向下,到池中间则向上,加上桨板的作用,有机物在池中心部位向上升起,并随着出水水流进入后续构筑物。

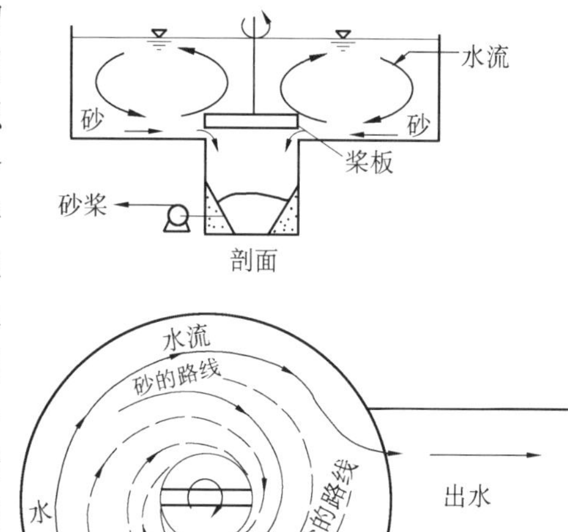

图3.7 涡流沉砂池水砂流线图

(2)多尔沉砂池

多尔沉砂池,如图3.8所示,是一个浅的方形水池。在池的一边设与池壁平行的进水槽,并且在整个池壁上,等间距地设带有许多个导流板的进水口,它们能调节和保持水流的均匀分布,废水沿导流板流入沉砂池中,并以一定的流速流动,以使砂粒沉淀,水流到对面的出水堰溢流排出。沉砂池底的砂粒用一台安装在转动轴上的刮砂机，把砂粒从中心刮到边缘，进入集砂斗。当旋转到排砂箱时，通过它收集沉砂，排入淘砂槽中，砂粒用往复式刮砂机械或螺旋式输送器进行淘洗，以除去有机物。在刮砂机上装有桨板，用以产生一股反方向的水流，将从砂上冲洗下来的有机物带走，回流到沉砂池中，而淘净的砂及其他无机杂粒，由刮砂机提升排出。

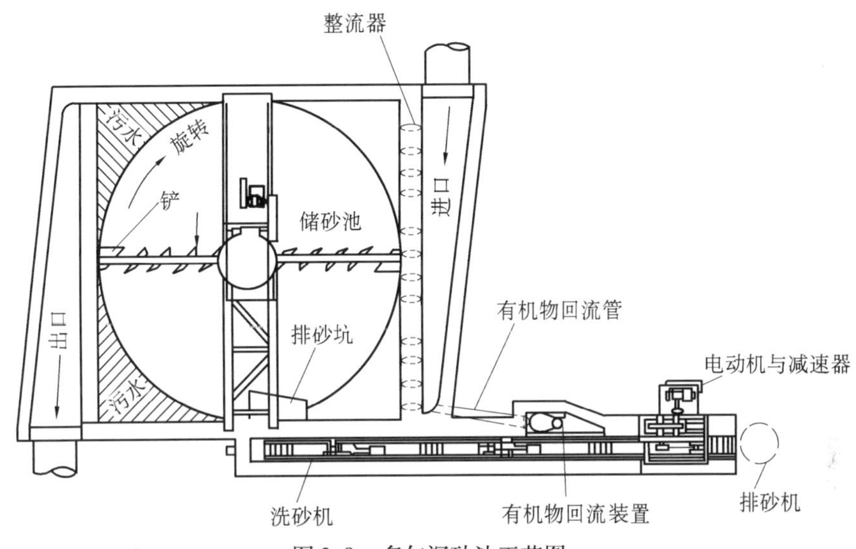

图3.8　多尔沉砂池工艺图

(3) 钟式沉砂池

钟式沉砂池是一种利用机械控制水流流态与流速，加速砂粒的沉淀，并使有机物随水流带走的沉砂装置，工艺图见图3.9。沉砂池由流入口、流出口、沉砂区、砂斗及带变速箱的电动机、传动齿轮、砂提升管及排砂管组成。污水由流入口切线方向流入沉砂区，利用电动机

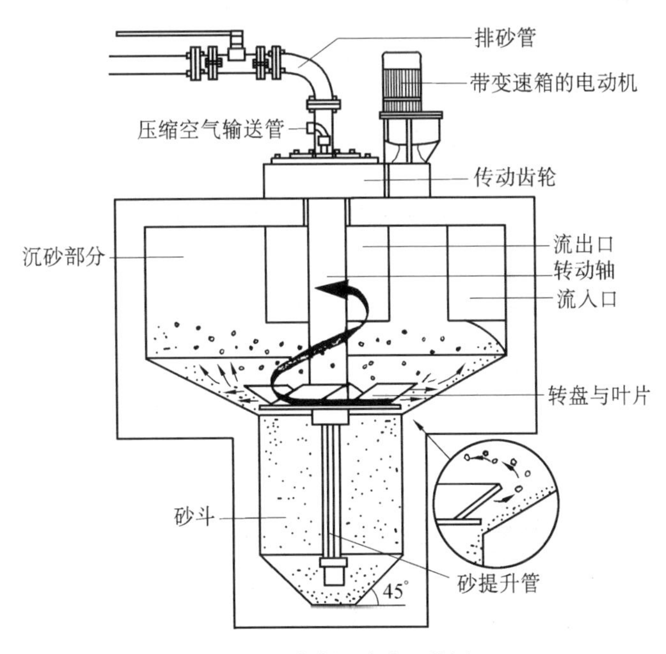

图3.9　钟式沉砂池工艺图

及传动装置带动转盘和斜坡式叶片，由于所受离心力的不同，把砂粒甩向池壁，掉入砂斗，有机物则被送回污水中。调整转速，可达到最佳沉砂效果。沉砂用压缩空气经沉砂提升管、沉砂排砂管清洗后排除，清洗水回流至沉砂区。

2. 设计参数

1）最大流速为0.1 m/s，最小流速为0.02 m/s；

2）最大流量时，停留时间不小于20 s，一般采用30～60 s；

3）进水管最大流速为0.3 m/s。

3. 计算公式

涡流沉砂池计算公式见表3.6。

表3.6　涡流沉砂池计算公式

名　称	公　式	符号说明
1. 进水管直径	$d = \sqrt{\dfrac{4Q_{max}}{\pi v_1}}$	d—— 进水管直径（m） v_1—— 污水在中心管内流速（m/s） Q_{max}—— 最大设计流量（m^3/s）
2. 沉砂池直径	$D = \sqrt{\dfrac{4Q_{max}(v_1 + v_2)}{\pi v_1 v_2}}$	D—— 池子的直径（m） v_2—— 池内水流上升速度（m/s）
3. 水流部分高度	$h_2 = v_2 t$	h_2—— 水流部分高度（m） t—— 最大流量时的流行时间（s）
4. 沉砂部分所需容积	$V = \dfrac{Q_{max}XT86\,400}{K_z 10^6}$	V—— 沉砂部分所需容积（m^3） X—— 城市污水沉砂量 T—— 两次清除沉砂相隔的时间（d） K_z—— 生活污水流量总变化系数
5. 圆截锥部分实际容积	$V_1 = \dfrac{\pi h_4}{3}(R^2 + Rr + r^2)$	V_1—— 圆锥部分容积（m^3） h_4—— 沉砂池锥底部分高度（m）
6. 池总高度	$H = h_1 + h_2 + h_3 + h_4$	H—— 池总高度（m） h_1—— 超高（m） h_3—— 中心管底至沉砂砂面的距离，一般采用0.25 m

第三节　沉淀理论与沉淀池

沉淀过程是污水处理过程中固液分离的物理手段，沉淀已成为城市污水处理中几乎不可缺少的一种处理工艺，而且可能是在一个处理流程中多次运用。在城市污水处理中，沉淀的功能可用于以下几个方面：

1）在一级处理系统中，沉淀是主要处理工艺，污水处理效果的高低，基本是由沉淀效果来控制。

2）在二级处理系统中，沉淀具有多种功能作用，在生物处理前，设置初次沉淀池，主要的作用是减轻后续处理设备的负荷，保证生物处理设备净化功能的正常发挥。在生物处理后设二次沉淀池，其作用是泥水分离，使处理水得到澄清。

3)重力浓缩过程也是沉淀作用的一种形式,称为压缩沉淀。一般生物处理后剩余污泥的含水率很高,在99%以上,为了减少污泥量,缩小污泥消化池容积,则污泥先经一定程度浓缩,然后进一步污泥处理,这种沉淀池称污泥浓缩池。

一、沉淀理论

1. 沉淀类型

在污水流速不大时,污水中含有的一部分悬浮物会借重力作用从污水中沉淀下来,而实现悬浮物与污水的分离。根据悬浮物的性质、浓度及絮凝作用,沉淀过程分为以下四种类型,见图3.10,它们在污水处理工艺流程中都有具体体现。

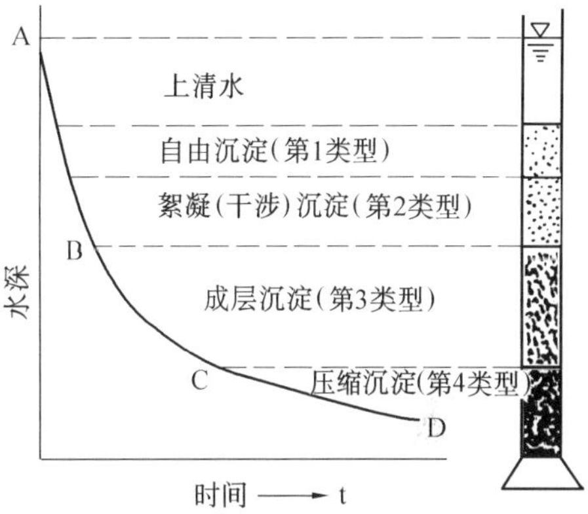

图3.10　悬浮物在污水中

(1)自由沉淀

自由沉淀也称为离散沉淀,是一种相互之间无絮凝作用的悬浮物在稀溶液中的沉淀。当悬浮物浓度不高时,在沉淀的过程中,颗粒之间互不碰撞,呈单颗粒状态,各自独立地完成沉淀过程。颗粒的形状、粒径和密度将直接决定颗粒的下沉速度,污水的水平流速和停留时间也会影响沉淀效果。

平流沉砂池中砂粒的沉淀过程是典型的自由沉淀,沉淀效果由污水的水平流速和停留时间决定。初次沉淀池的沉淀初期也属于自由沉淀,但初次沉淀池的自由沉淀历时很短,絮凝体将发生相互粘结,形成另一种沉淀类型。

(2)絮凝沉淀

当悬浮物质浓度为50~500 mg/L时,在沉淀过程中,颗粒与颗粒之间可能互相碰撞产生絮凝作用,使颗粒的粒径与质量逐渐加大,沉淀速度不断加快,故实际沉速很难用理论公式计算,而主要靠试验测定。

初次沉淀池中的颗粒在经过短暂的自由沉淀后,会立即转化为絮凝沉淀。另外,活性污泥在二次沉淀池内的沉淀初期也属于絮凝沉淀。

(3)成层沉淀

当悬浮物质浓度大于500 mg/L时,在沉淀过程中,相邻颗粒之间互相妨碍、干扰,沉速大的颗粒也无法超越沉速小的颗粒,各自保持相对位置不变,并在聚合力的作用下,颗粒群结合成一个整体向下沉淀,与澄清水之间形成清晰的液-固界面,沉淀显示为界面下沉。

活性污泥在二次沉淀池中的沉淀中期,以及污泥浓缩池的沉淀初期阶段都是成层沉淀。

(4)压缩沉淀

当污水中的悬浮固体浓度很高时,颗粒之间相互接触彼此支撑,在上层颗粒的重力作用下,下层颗粒间隙中的游离水被挤出界面,颗粒之间相互拥挤得更加紧密,污水中的悬浮物被浓缩。

活性污泥在二次沉淀池的沉淀后期和污泥在污泥浓缩池的重力浓缩都属于这一阶段。

2. 斯笃克斯公式

污水中悬浮物在静止水中的沉淀速度,是悬浮物在水中的重力大于水流对悬浮物所产生阻力的条件下形成的。在静止水中,污水中悬浮物的自由沉淀受到其本身重力的作用而下沉,同时又受到水的浮力而阻止悬浮物下沉,这两种作用力达到平衡时,污水中悬浮物的沉速可用斯笃克斯(stokes)公式表示,即

$$u = \frac{\rho_g - \rho_y}{18\mu} g d^2 \tag{3.1}$$

式中 u—— 颗粒沉速(m/s);

d—— 颗粒的直径(m);

g—— 重力加速度(m/s^2);

μ—— 液体的粘滞度;

ρ_g—— 颗粒的密度(t/m^3);

ρ_y—— 液体的密度(t/m^3)。

从该式可知:① 颗粒沉速 u 的决定因素是 $\rho_g - \rho_y$,当 $\rho_g < \rho_y$ 时,u 呈负值,颗粒上浮;$\rho_g > \rho_y$ 时,u 呈正值,颗粒下沉;$\rho_g = \rho_y$ 时,$u = 0$,颗粒在水中随机,不沉不浮。② 沉速 u 与颗粒的直径 d^2 成正比,所以增大颗粒直径 d,可大大地提高沉淀效果。③u 与 μ 成反比,μ 决定于水质与水温,在水质相同的条件下,水温高则 μ 值小,有利于颗粒下沉。④ 由于污水中颗粒非球形,故式(3.1) 不能直接用于工艺计算,需要加非球形修正。

3. 沉淀池分类

沉淀池主要去除悬浮于污水中的可以沉淀的固体悬浮物,按在污水处理流程中的位置,主要分为初次沉淀池、二次沉淀池和污泥浓缩池。初次沉淀池、二次沉淀池和污泥浓缩池的适用条件及设计要点见表 3.7。

表 3.7 沉淀池适用条件及设计要点

池形	适用条件	设计要点
初次沉淀池	对污水中的以无机物为主体的相对密度大的固体悬浮物进行沉淀分离	1. 考虑沉淀污泥发生腐败,设置刮泥、排泥设备,迅速排除沉泥 2. 考虑可浮悬浮物及污泥上浮,设置浮渣去除设备 3. 表面负荷以 25 ~ 50 $m^3/(m^2 \cdot d)$ 为标准,沉淀时间以 1.0 ~ 2.0 h 为标准 4. 进水端考虑整流措施,采用阻流板、有孔整流壁、圆筒形整流板 5. 采用溢流堰,堰上负荷不大于 250 $m^3/(m^2 \cdot d)$ 6. 长方形池,最大水平流速为 7mm/s 7. 污泥区容积,静水压排泥不大于 2 d 污泥量;机械排泥时考虑 4 h 排泥量 8. 排泥静水压大于等于 1.50 m

续表 3.7

池形	适用条件	设计要点
二次沉淀池	对污水中的以微生物为主体的比重小的，且因水流作用易发生上浮的固体悬浮物进行沉淀分离	1. 考虑沉淀污泥发生腐败，设置刮泥、排泥设备，迅速排除沉泥 2. 考虑污泥上浮，设置浮渣去除设备 3. 表面负荷为 20～30 $m^3/(m^2 \cdot d)$沉淀时间为 1.5～3.0 h 4. 进水端考虑整流措施，采用阻流板、有孔整流壁、圆筒形整流板 5. 采用溢流堰，堰上负荷不大于 150 $m^3/(m^2 \cdot d)$ 6. 长方形池，最大水平流速为 5 mm/s 7. 注意溢流设备的布置，防止污泥上浮出流而使处理水恶化 8. 考虑 SVI 值增高引起的问题 9. 排泥静水压，生物膜法后大于等于 1.20 m，曝气池后大于等于 0.9 m
污泥浓缩池	对污水中以剩余污泥为主体的，污泥浓度高且间隙中的水分不易排出，易腐败析出气体的剩余污泥进行浓缩沉淀	1. 考虑沉淀污泥发生腐败，设置排泥设备，迅速排除沉泥 2. 考虑污泥易析出气体上浮，设置曝气搅动格栅 3. 表面负荷为 3～8 $m^3/(m^2 \cdot d)$，沉淀时间为 10～12 h 4. 进水端考虑整流措施，采用阻流板、有孔整流壁、圆筒形整流板 5. 采用溢流堰，堰上负荷不大于 100 $m^3/(m^2 \cdot d)$ 6. 矩形池，最大上升流速为 0.2 mm/s 7. 注意溢流设备的布置，防止污泥上浮出流而使处理水恶化 8. 排泥静水压大于等于 2.0 m

三、平流沉淀池

平流沉淀池按工艺布置不同可分为平流初次沉淀池和平流二次沉淀池。

1. 构造特点

平流沉淀池由进水装置、出水装置、沉淀区、污泥区及排泥装置组成，见图 3.11。污水从池一端流入，按水平方向在池内流动，从池另一端溢出，污水中悬浮物在重力作用下沉淀，在进水处的底部设贮泥斗。

(1)进水装置

进水装置采用淹没式横向潜孔，潜孔均匀地分布在整个整流墙上，在潜孔后设挡流板，其作用是消耗能量，使污水均匀分布。挡流板高出水面 0.15～0.2 m，伸入水下深度不小于0.2 m。整流墙上潜孔的总面积为过水断面的 6%～20%。

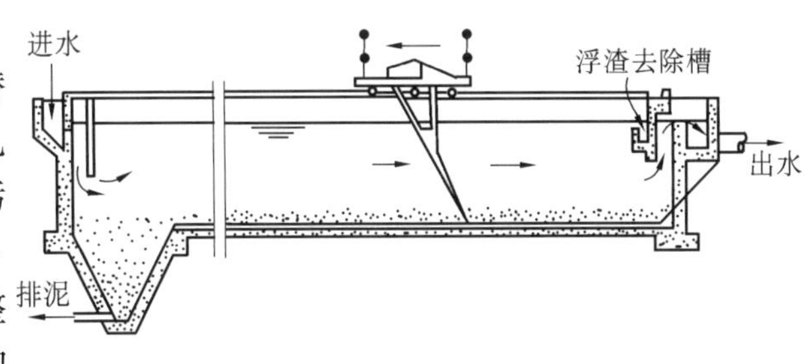

图 3.11　平流沉淀池

(2)出水装置

出水装置多采用自由堰形式,堰前设置挡板以阻挡浮渣,或设浮渣收集和排除装置。出水堰是沉淀池的重要部件,它不仅控制沉淀池内水面的高程,而且对沉淀池内水流的均匀分布有着直接影响。目前多采用如图 3.12 所示的三角形溢流堰,这种溢流堰易于加工,也比较容易保证出水均匀。水面应位于三角齿高度的 1/2 处。

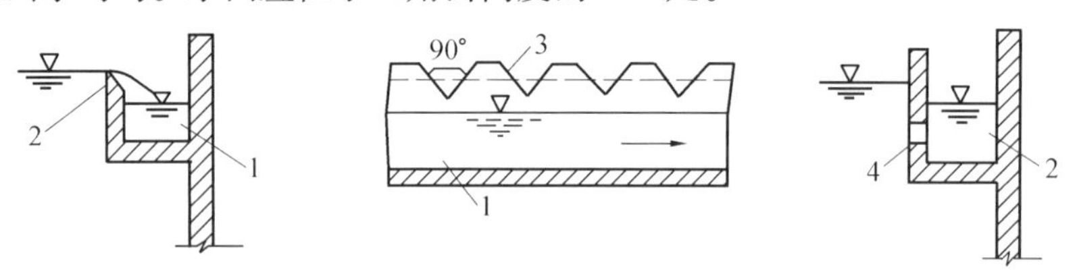

图 3.12　平流沉淀池的出水堰形式

1—集水槽;2—自由堰;3—三角堰;4—淹没堰口

(3)污泥沉淀区

污泥沉淀区应能及时排除沉于池底的污泥,使沉淀池工作正常,是保证出水水质的一个重要组成部分。

由于可沉悬浮颗粒多沉淀于沉淀池的前部,因此,在池的前部设贮泥斗,贮泥斗中的污泥通过排泥管利用 1.2 ~1.5 m 的静水压力排出池外,池底一般设 0.01 ~0.02 的坡度。泥斗坡度约为 45° ~60°,排泥方式一般采用重力排泥和机械排泥,见图 3.13。

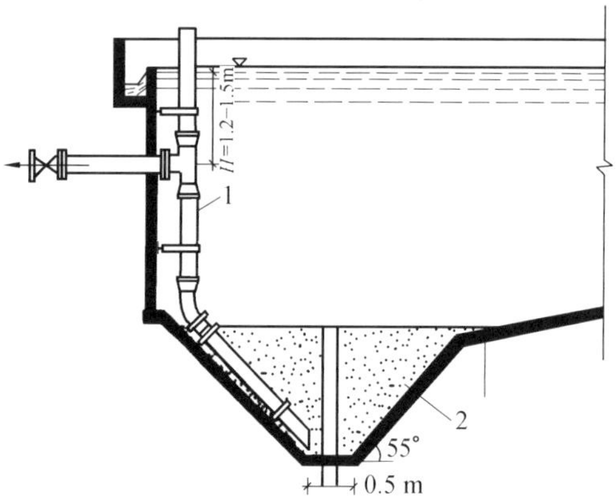

图 3.13　沉淀池静水压力排泥

1—排泥管;2—集泥斗

2. **设计要求**

1)沉淀池的个数或分格应不少于 2 个,按同时工作设计,其容积应按池前工作水泵的最大设计流量计算;若自流进入时,则应按进水管最大设计流量计算;

2)池的超高不宜小于 0.3 m;

3)设计工业废水系统中的沉淀池,应按实际水质沉降实验分析数据,确定设计参数。若无实际资料,可参照类似工业废水处理工程的运行资料选用;

4)排泥管的直径应按计算确定,但一般不宜小于 200 mm,污泥斗斜壁与水平面的倾角不应小于 45°,对二沉池,则不能小于 55°;

5)沉淀区的有效水深一般不超过 3.0 m,多介于 2.5 ~3.0 m 之间。

平流沉淀池设计中,控制沉淀池设计的主要因素是对污水经沉淀处理后所应达到的水质要求,因此,根据这个要求,在设计时应确定的参数有沉淀去除率、表面负荷、沉淀时间、水流速度、最小沉速等,这些参数是平流沉淀池设计不可少的参数。

3. **设计参数**

1)沉淀池设计流量取最大设计流量,初次沉淀池沉淀时间取 1 ~2 h,二次沉淀池沉淀时间取 1.5 ~3.0 h;初次沉淀池表面负荷取 1.5 ~2.5 $m^3/(m^2 \cdot h)$,二次沉淀池表面负荷取 0.5 ~1.5 $m^3/(m^2 \cdot h)$,沉淀效率为 40% ~60%。

2)池(或分格)的长宽比不小于4,长深比采用8~12。

3)设计有效水深不大于3.0 m。

4)缓冲层高度在非机械排泥时,采用0.5 m;机械排泥时,则缓冲层上缘高出刮泥板0.3 m。

5)进水处设闸门调节流量,淹没式潜孔的过孔流速为0.1~0.4 m/s,出水处设三角形溢流堰,溢流堰流量的计算式为

$$Q = 1.43\ H^{5/2} \tag{3.2}$$

式中　Q—— 三角堰的过堰流量(m^3/s);

　　　H—— 堰顶水深(m)。

6)池底坡度一般为0.01~0.02;采用多斗时,每斗应设单独的排泥管及排泥闸阀,池底横向坡度采用0.05。

7)进出水处应设置挡板,高出池内水面0.15~0.2 m,其淹没深度为进水处不小于0.25 m,出水处不大于0.25 m,挡板位置距进水口为0.5~1.0 m,距离出水口为0.25~0.5 m。

8)污泥斗的排泥管一般采用铸铁管,其直径不小于0.2 m,下端伸入斗底中央处,顶端敞口,伸出水面,便于疏通和排气。在水面以下1.5~2.0 m处,与排泥管连接水平排出管,污泥即由此借静水压力排出池外,排泥时间大于10 min。

4. 计算公式

平流沉淀池计算公式见表3.8。

表3.8　平流沉淀池计算公式

名　　称	公　　　式	符　号　说　明
1. 池子总表面积	$A = \dfrac{Q_{max}3\ 600}{q'}$	A—— 池的总面积(m^2) Q_{max}—— 最大设计流量(m^3/s) q'—— 表面负荷[$m^3/(m^2 \cdot h)$]
2. 沉淀部分有效水深	$h_2 = q't$	h_2—— 沉淀部分有效水深(m) t—— 沉淀时间(h)
3. 沉淀部分有效容积	$V' = Q_{max}t3\ 600$ 或 $V' = Ah_2$	V'—— 沉淀部分有效容积(m^3)
4. 池长	$L = v\ t3.6$	L—— 池长(m) v—— 最大设计流量时的水平流速(mm/s)
5. 池子总宽度	$B = A/L$	B—— 池子总宽度(m)
6. 池子个数(或分格数)	$n = \dfrac{B}{b}$	N—— 池子的个数(个) b—— 每个池子(或分格)宽度(m)

续表 3.8

名　称	公　式	符号说明
7. 污泥部分所需的容积	$V=\frac{SNT}{1\,000}$ $V=\frac{Q_{max}(C_1-C_2)86\,400T100}{K_z\gamma(100-p_0)}$	V—— 污泥部分所需的容积(m^3) S——每人每日污泥量[L/(人·d)],一般采用0.3 ~ 0.8; N—— 设计人口数(人); T—— 两次清除污泥时间间隔(d) C_1—— 进水悬浮物浓度(t/m^3) C_2—— 出水悬浮物浓度(t/m^3) K_z—— 生活污水量总变化系数 γ—— 污泥密度(t/m^3),取1.0 p_0—— 污泥含水率(%)
8. 池子总高度	$H=h_1+h_2+h_3+h_4$	H—— 池总高 (m) h_1—— 超高 (m) h_3—— 缓冲层高度 (m) h_4—— 污泥部分高度 (m)
9. 污泥斗容积	$V_1=\frac{1}{3}h''_4(f_1+f_2+\sqrt{f_1f_2})$	V_1—— 污泥斗容积 (m^3) f_1—— 斗上口面积 (m^2) f_2—— 斗下口面积 (m^2) h''_4—— 泥斗高度 (m)
10. 污泥斗以上梯形部分污泥容积	$V_2=\left(\frac{l_1+l_2}{2}\right)h'_4\cdot b$	V_2—— 污泥斗以上梯形部分污泥容积 (m^3) l_1—— 梯形上底长 (m) l_2—— 梯形下底长 (m) h'_4—— 梯形的高度 (m)

三、辐流沉淀池

辐流沉淀池按工艺布置不同可分为辐流初次沉淀池、辐流二次沉淀池和辐流污泥浓缩池。

1. 构造特点

辐流沉淀池由进水管、出水管、沉淀区、污泥区及排泥装置组成,见图 3.14。沉淀池表面呈圆形,污水从池中心进入,呈水平方向向四周辐射流动,流速从大到小变化,污水中悬浮物在重力作用下沉淀,澄清水从池四周溢出。

(1)池形

辐流沉淀池是直径较大的圆形水池,直径一般介于 20 ~ 30 m,但变化幅度可为 6 ~ 60 m,最大甚至可达100 m。池中心深度约为2.5 ~5.0 m,池周深度约为 1.5 ~3.0 m。污水由中心处流进,按半径的方向向池周流动,因此,其水力特征是污水的流速由大向小变化。

(2)进水与出水管道

辐流沉淀池中心处设中心管,污水从池底的进水管进入中心管通过中心管壁的开孔流入池中央,在中心管的周围常用穿孔障板围成流入区,使污水在沉淀池内得以均匀流动。出水区设于池四周,由于平口堰不易做到严格水平,所以常用三角堰式或淹没式溢流口。为了拦截表面上的漂浮物质,在出流堰前设挡板和浮渣的收集、排出设备。

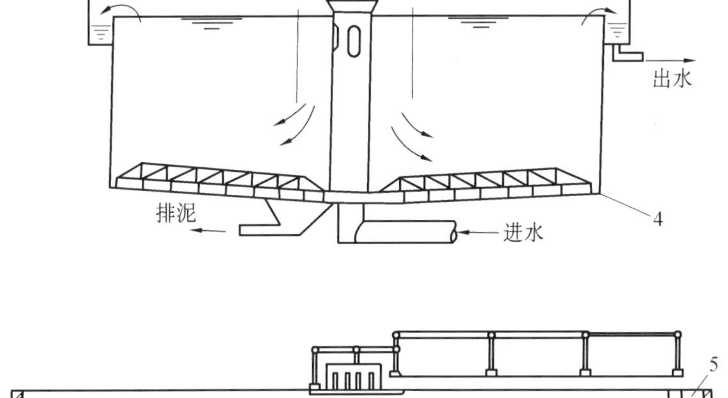

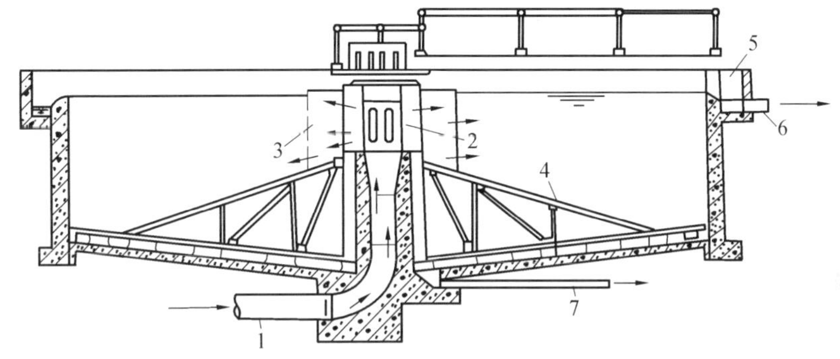

图 3.14　中心进水的辐流沉淀池

1—进水管;2—中心管;3—穿孔挡板;4—刮泥机;5—出水槽;6—出水管;7—排泥管

(3)污泥沉淀区

辐流沉淀池多采用机械刮泥和机械吸泥方式,刮泥板固定在桁架上,桁架绕池中心缓慢旋转,把沉淀污泥推入池中心处的污泥斗中,然后借静水压力排出池外,也可以用污泥泵排泥,池底应具有 0.05 左右的坡度,中央污泥斗的坡度为 0.12 ~0.16。

2. **设计要求**

1)沉淀池的直径一般不小于 10 m,当直径小于 20 m 时,可采用多斗排泥;当直径大于 20 m时,应采用机械排泥;

2)沉淀部分有效水深不大于 4 m,池子直径与有效水深比值不小于 6;

3)为了使布水均匀,进水管四周设穿孔挡板,穿孔率为 10% ~20% 。出水堰应采用锯齿三角堰,堰前设挡板,拦截浮渣;

4)池底坡度,作为初次沉淀池用时不小于 0.02;作为二次沉淀池用时则不小于 0.05;

5)用机械刮泥时,生活污水沉淀池的缓冲层上缘高出刮板 0.3 m,工业废水沉淀池的缓冲层高度可参照选用,或根据产泥情况来适当改变其高度;

6)当采用机械排泥时,刮泥机由桁架及传动装置组成。当池径小于 20 m 时,用中心传动;当池径大于 20 m 时,用周边传动,如图 3.15 和图 3.16,转速为 1.0 ~1.5 m/min(周边线速),将污泥推入污泥斗,然后用静水压力或污泥泵排除;当作为二次沉淀池时,沉淀的活性污泥含水率高达 99% 以上,不可能被刮板刮除,可选用静水压力排泥。

3. **设计参数**

1)辐流沉淀池设计流量取最大设计流量,初次沉淀池表面负荷取 2 ~3.6 $m^3/(m^2 \cdot h)$,

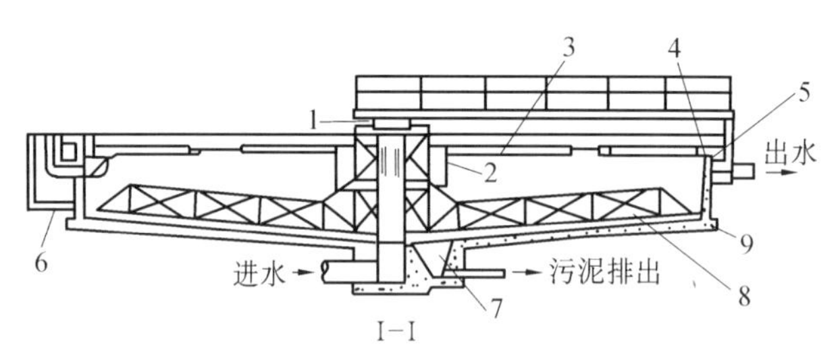

图 3.15 中央驱动式辐流沉淀式

1—驱动装置;2—整流筒;3—撇渣挡板;4—堰板;5—周边出水槽;
6—污泥井;7—污泥斗;8—刮泥板桁架;9—刮板

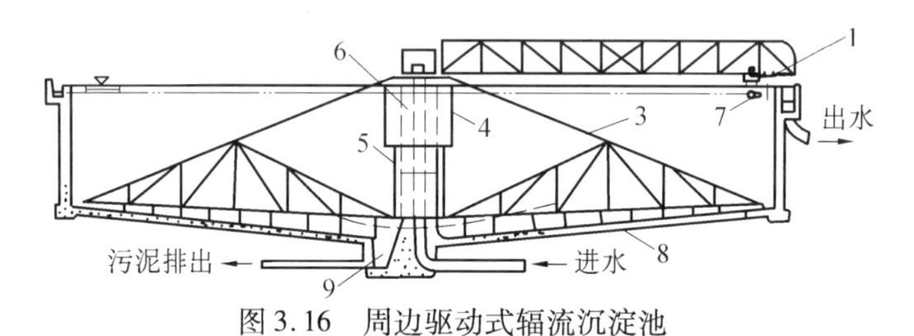

图 3.16 周边驱动式辐流沉淀池

1—步道;2—弧形刮板;3—刮板旋壁;4—整流筒;5—中心架;6—钢筋混凝土支承台;7—周边驱动;8—池底;9—污泥斗

二次沉淀池表面负荷取 0.8 ~2 $m^3/(m^2 \cdot h)$,沉淀效率 40% ~60% 。

2)池直径一般大于 10 m,有效水深大于 3 m。

3)进水处设闸门调节流量,进水中心管流速大于 0.4 m/s,进水采用中心管淹没式潜孔进水,过孔流速 0.1 ~0.4 m/s,潜孔外侧设穿孔挡板式稳流罩,保证水流平稳。

4)出水处设挡渣板,挡渣板高出池水面 0.15 ~0.2 m,排渣管直径大于 0.2 m,出水周边采用锯齿三角堰,汇入集水渠,渠内水流速为 0.2 ~0.4 m/s。

5)排泥管设于池底,管径大于 200 mm,管内流速大于 0.4 m/s,排泥静水压力 1.2 ~2.0 m,排泥时间大于 10 min。

4. 计算公式

辐流沉淀池计算公式见表 3.9。

表 3.9 辐流沉淀池计算公式

名　　称	公　　　式	符　号　说　明
1. 沉淀部分水面面积	$F = \dfrac{Q_{max}}{nq'}$	F—— 沉淀部分水面面积(m^2) Q_{max}—— 最大设计流量(m^3/h) n—— 池数(个) q'—— 表面负荷 [$m^3/(m^2 \cdot h)$]
2. 池子直径	$D = \sqrt{\dfrac{4F}{\pi}}$	D—— 池子直径(m)
3. 沉淀部分有效水深	$h_2 = q't$	h_2—— 沉淀部分有效水深 (m) t—— 沉淀时间 (h)
4. 沉淀部分有效容积	$V' = \dfrac{Q_{max}}{n} \cdot t$ 或 $V' = Fh_2$	V'—— 沉淀部分有效容积(m^3)

续表 3.9

名　称	公　式	符号说明
5. 污泥部分所需的容积	$V=\frac{SNT}{1\,000n}$ $V=\frac{Q_{max}(C_1-C_2)24\times 100T}{K_z\gamma(100-p_0)n}$	V——污泥部分所需容积(m^3) S——每人每日污泥量[L/(人·d)]，一般采用0.3 ~ 0.8； N——设计人口数(人)； T——两次清除污泥间隔时间(d) C_1——进水悬浮物浓度(t/m^3) C_2——出水悬浮物浓度(t/m^3) K_z——生活污水量总变化系数 γ——污泥密度(t/m^3)，其值约为1 p_0——污泥含水率(%)
6. 污泥斗容积	$V_1=\frac{\pi h_5}{3}(r_1^2+r_1r_2+r_2^2)$	V_1——污泥斗容积(m^3) h_5——污泥斗高度(m) r_1——污泥斗上部半径 (m) r_2——污泥斗下部半径 (m)
7. 污泥斗以上圆锥体部分污泥容积	$V_2=\frac{\pi h_4}{3}(r^2+Rr_1+r_1^2)$	V_2——污泥斗以上圆锥体部分容积(m^3) h_5——圆锥体高度 (m) R——池子半径 (m)
8. 沉淀池总高度	$H=h_1+h_2+h_3+h_4+h_5$	H——沉淀池总高度(m) h_1——超高 (m) h_3——缓冲层高度 (m)

四、竖流沉淀池

竖流沉淀池按工艺布置不同可分为竖流初次沉淀池、竖流二次沉淀池和竖流污泥浓缩池。

1. 构造特点

竖流沉淀池由中心进水管、出水装置、沉淀区、污泥区及排泥装置组成，见图3.17。竖流沉淀池呈圆形和方形，污水从池中央下部流入，由下向上流动，污水中的悬浮物在重力作用下沉淀，澄清水由池四周溢流排出。

(1)池形

竖流沉淀池的表面多呈圆形，也有采用方形和多角形的，直径或边长一般在8 m以下，多介于4 ~7 m之间。沉淀池上部呈圆柱状的部分为沉淀区，下部呈截头圆锥状的部分为污泥区，在二区之间留有缓冲层0.3 m(图3.18)。

(2)进水管与出水装置

污水从中心管流入，经中心管向下流动，从中心管下部流出，通过反射板的阻拦向四周分布，然后沿沉淀区的整个断面上升，澄清后的出水由池四周溢出，见图3.19。出水区设于池周，采用自由堰或三角堰。如果池子的直径大于7 m，应考虑设辐流式汇水槽。

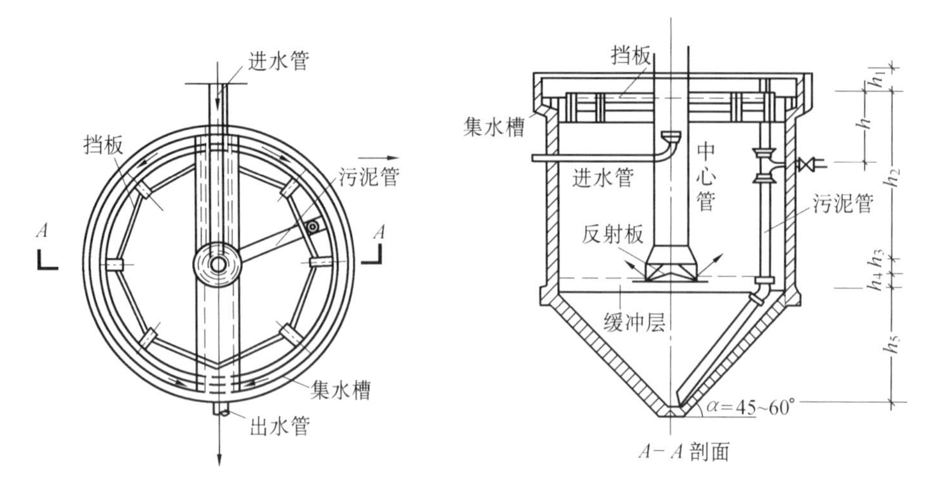

图 3.17　圆形竖流沉淀池

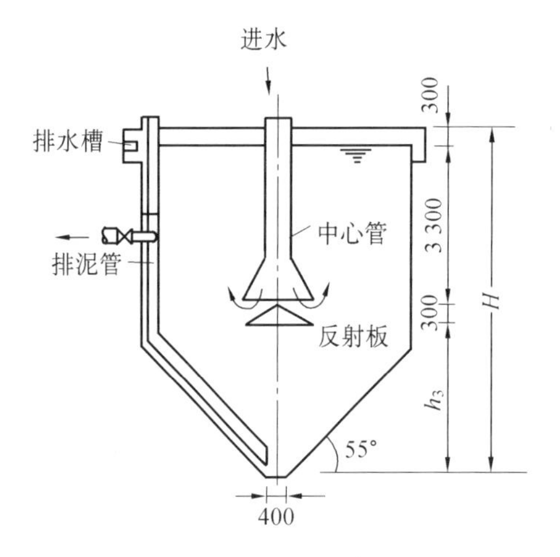

图 3.18　竖流沉淀池

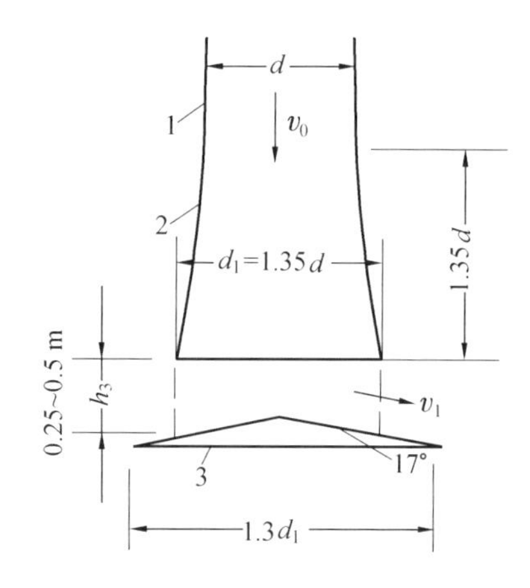

图 3.19　中心管及反射板的结构尺寸

1—中心管;2—喇叭口;3—反射板

(3)污泥区

贮泥斗倾角为 45° ~ 60°,污泥借静水压力由排泥管排出,排泥管直径一般不小于 200 mm,静水压为 1.5 ~ 2.0 m,为了防止漂浮物外溢,在水面距池壁 0.4 ~ 0.5 m 处安设挡板,挡板伸入水中部分的深度为 0.25 ~ 0.3 m,伸出水面高度为 0.1 ~ 0.2 m。

2. 设计参数

1)为了使水流在沉淀池内分布均匀,池子的直径和有效水深之比值不大于 3,池子的直径(或边长)一般不大于 10 m。

2)中心管内流速应不大于 30 mm/s,中心管下口应设喇叭口和反射板,见图 3.19 所示。喇叭口直径及高度为中心管直径的 1.35 倍;反射板直径为喇叭口直径的 1.35 倍。反射板表面与水平面倾角为 17°。

3)缓冲层高度在有反射板时,板底面至污泥表面高度采用 0.3 m;无反射板时,自喇叭口下缘至污泥表面的高度采用 0.6 m。

4)当沉淀池直径(或边长)小于 7 m 时,处理水沿周边流出;直径为 7 m 和 7 m 以上时,应增设辐流式汇水槽，汇水槽堰口最大负荷为1.5～2.9 L/(s·m)。

5）排泥管下端距池底不大于0.2 m，管上端超出水面不小于0.4 m。

3. **计算公式**

竖流沉淀池计算公式见表3.10。

表3.10　竖流沉淀池计算公式

<table>
<tr><th>名　称</th><th>公　式</th><th>符号说明</th></tr>
<tr><td>1. 中心管面积</td><td>$f = \frac{q_{max}}{v_0}$</td><td rowspan="9">f——中心管面积(m^2)
q_{max}——每池最大设计流量(m^3/s)
v_0——中心管内流速(m/s)
d_0——中心管直径(m)
v_1——污水由中心管喇叭口与反射板之间的缝隙流出速度(m/s)
h_3——中心管喇叭口与反射板之间的缝隙高度(m)
d_1——喇叭口直径(m)
F——沉淀部分有效断面积(m^2)
D——沉淀池直径(m)
h_2——沉淀部分有效水深(m)
v——污水在沉淀池中流速(m/s)
t——沉淀时间(h)
V——沉淀部分所需总容积(m^3)
S——每人每日污泥量(L/人·d)，一般采用0.3～0.8
N——设计人口数(人)
T——两次清除污泥相隔时间(d)
C_1——进水悬浮物浓度(t/m^3)
C_2——出水悬浮物浓度(t/m^3)
K_z——生活污水流量总变化系数
γ——污泥密度(t/m^3)约为1
p_0——污泥含水率(%)
V_1——圆锥部分容积(m^3)
H——沉淀池总高度(m)
h_1——超高(m)
h_4——缓冲层高(m)
h_5——污泥室圆截锥部分的高度(m)
R——圆截锥上部半径(m)
r——圆截锥下部半径(m)</td></tr>
<tr><td>2. 中心管直径</td><td>$d_0 = \sqrt{\frac{4f}{\pi}}$</td></tr>
<tr><td>3. 中心管喇叭口与反射板之间的缝隙高度</td><td>$h_3 = \frac{q_{max}}{v_1 \pi d_1}$</td></tr>
<tr><td>4. 沉淀部分有效断面积</td><td>$F = \frac{q_{max}}{v_0}$</td></tr>
<tr><td>5. 沉淀池直径</td><td>$D = \sqrt{\frac{4(F+f)}{\pi}}$</td></tr>
<tr><td>6. 沉淀部分有效水深</td><td>$h_2 = vt3\,600$</td></tr>
<tr><td>7. 沉淀部分所需总容积</td><td>$V = \frac{SNT}{1\,000}$
$V = \frac{q_{max}(C_1 - C_2)86\,400 \times 100T}{K_z\gamma(100 - p_0)}$</td></tr>
<tr><td>8. 圆截锥部分容积</td><td>$V_1 = \frac{\pi h_5}{3}(R^2 + Rr + r^2)$</td></tr>
<tr><td>9. 沉淀池总高度</td><td>$H = h_1 + h_2 + h_3 + h_4 + h_5$</td></tr>
</table>

五、斜板(管)沉淀地

斜板(管)沉淀池按工艺布置不同可分为斜板(管)初次沉淀池和斜板(管)二次沉淀池。

1. **构造特点**

斜板(管)沉淀池由进水穿孔花墙、斜板(管)装置、出水渠、沉淀区和污泥区组成，见图3.20，污水从池下部穿孔花墙流入，从下而上流过斜板(管)装置，由水面的集水槽溢出，污水中悬浮物在重力作用下沉在斜板(管)底部，然后下滑沉入污泥斗。

(1)浅层理论

在本世纪初，哈真(Hazen)提出了“浅层理论”的概念，从而使沉淀池的改革有了突破，

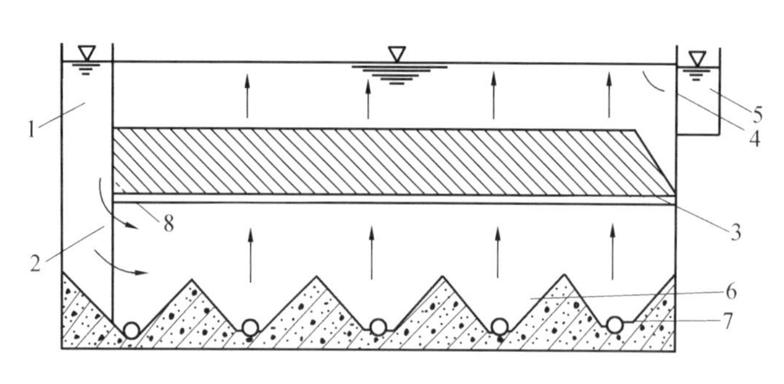

图 3.20 斜板(管)沉淀池

1—配水槽;2—穿孔墙;3—斜板或斜管;4—淹没孔口;5—集水槽;6—集泥斗;7—排泥管;8—阻流板

斜板(管)沉淀池就此诞生。

所谓浅层理论,就是在沉淀过程中,悬浮颗粒沉速一定时,增加沉淀池表面积可提高沉淀效果,当沉淀池容积一定时,池身浅些,则表面积大,沉淀效果可以高些。

根据浅层理论原理可知,在理想条件下,分隔成 n 层的沉淀池,在理论上其过水能力可较原池提高 n 倍,为解决各层的排泥问题,工程上将水平隔层改为与水平倾斜成一定角度 α(通常为50° ~ 60°) 的斜面,构成斜板或斜管。将各斜板的有效面积总和,乘以倾角 α 的余弦,即得水平总的投影面积,也就是水流的总沉降面积,即

$$A = \sum_{n=1}^{n} A \cdot \cos\alpha \tag{3.3}$$

在普通沉淀池中加设斜板(管)可增大沉淀池中的沉降面积,缩短颗粒沉降深度,改善水流状态,为颗粒沉降创造最佳条件,这样就能达到提高沉淀效率,减少池容积的目的。

(2)进水装置

为了使水流能均匀地进入斜板(管)下的配水区,进水时应考虑整流措施,可采用穿孔花墙或缝隙栅条配水,整流配水孔的流速一般要求在 0.15 m/s 以下。

(3)斜板(管)装置

斜板(管)沉淀池的斜板(管)倾角越小,沉淀面积越大,沉淀效果越高,可设想,若 $\theta=0°$,即成为平流多层沉淀池,排泥成问题;若 $\theta=90°$,成了竖流沉淀池,失去斜板(管)作用,经试验和实际运行得知,对于凝聚性颗粒,当 $\theta=35°\sim45°$时,效果最佳,其原理是 $\theta=35°\sim45°$时,斜板底部积泥开始下滑,滑下的较浓污泥与进入斜板的颗粒接触时,产生接触凝聚作用而提高沉淀效率。若 θ 角继续增大,这种接触凝聚作用抵消不了由沉淀面积减小和沉淀距离加大所产生的影响,故效率下降。当然,应全面考虑沉淀池效果,应把排泥问题考虑在内,根据生产实际经验,为使排泥通畅,倾角应为 50° ~60°。

(4)沉淀区

沉淀区的高度等于斜板(管)的长度,斜板(管)长度愈长,沉淀区的高度愈大,则沉淀效果好,这是由于在斜板(管)进口的一段距离内,泥水混杂,水流紊乱,污泥浓度也较大,此段称为过渡段,该段以上便明显看出泥水分离,此段称为沉淀段。

过渡段长度,随管中上升流速而异,该段泥水虽然混杂,但由于浓度较大,反而有利于接触絮凝,从而有利沉淀段的泥水分离。

2. **设计参数**

(1)颗粒沉降速度应根据污水中颗粒的特性通过沉降试验测得。在无试验资料时可参考已建立类似沉淀设备的运行资料确定;一般混凝反应后的颗粒沉降速度大致为0.3~0.6 mm/s。

(2)升流式异向流斜板(管)沉淀池的表面负荷取2.0~3.5 $m^3/(m^2 \cdot h)$,可比普通沉淀池的设计表面负荷提高一倍左右,对于二次沉淀池,应以固体负荷核算。

(3)斜板垂直净距一般采用80~120 mm,斜管孔径一般采用50~100 mm,斜长采用1.0~1.2 m,倾角采用60°,斜板(管)区底部缓冲层高度,一般采用0.5~1.0 m,上部水深,采用0.5~1.0 m。

(4)斜板(管)内流速一般为10~20 mm/s。

(5)在进水口和出水口处为了使水流均匀分配和收集,应在进水口和出水口设置整流花墙;经絮凝反应后的污水流经沉淀池时,沉淀池进口处整流墙的开孔率应使过孔流速不大于反应池出口流速,以免矾花打碎。

(6)排泥设备一般采用穿孔管或机械排泥,穿孔管排泥的设计与一般沉淀池的穿孔管排泥相同。每日排泥次数至少1~2次,或连续排泥。

(7)斜板材料可以因地制宜地采用木材、硬质塑料板、石棉板等材料。斜管材料可采用玻璃钢斜管、聚乙烯斜管等材料。

3. **计算公式**

斜板(管)沉淀池计算公式见表3.11。

表3.11　斜板(管)沉淀池计算公式

名　称	公　式	符号说明
1. 池子水面面积	$F=\dfrac{Q_{max}}{nq' \times 0.91}$	F—— 池子水面面积(m^2) Q_{max}—— 最大设计流量(m^3/h) n—— 池数(个) q'—— 设计表面负荷[$m^3/(m^2 \cdot h)$] 0.91—— 斜板区面积利用系数
2. 池子平面尺寸	圆形池直径 $D=\sqrt{\dfrac{4F}{\pi}}$ 方形池边长 $\alpha=\sqrt{F}$	D—— 圆池形直径(m) α—— 方形池边长(m)
3. 池内停留时间	$t=\dfrac{(h_2+h_3)60}{q'}$	t—— 池内停留时间(min) h_2—— 斜板(管)上部水深(m) h_3—— 斜板(管)高度(m)

续表 3.11

名　称	公　式	符号说明
4. 污泥部分所需的容积	$V=\frac{SNT}{1\,000\,n}$ $V=\frac{Q_{max}(C_1-C_2)24T100}{K_z\rho(100-p_0)n}$	V——污泥部分所需的容积(m^3) S——每人每日污泥量[L/(人·d)],一般采用0.3～0.8 N——设计人口数(人) T——污泥室储泥周期(d) C_1——进水悬浮物质量浓度(t/m^3) C_2——出水悬浮物质量浓度(t/m^3) K_z——生活污水量总变化系数 ρ——污泥密度(t/m^3),约为1 p_0——污泥含水率(%)
5. 污泥斗容积	圆锥体 $V_1=\frac{\pi h_5}{3}(R^2+Rr_1+r_1^2)$ 方锥体 $V_1=\frac{h_5}{3}(a^2+aa_1+a_1^2)$	V_1——污泥斗容积(m^3) h_5——污泥斗高度(m) R——污泥斗上部半径(m) r_1——污泥斗下部半径(m) a_1——污泥斗下部边长(m)
6. 沉淀池总高度	$H=h_1+h_2+h_3+h_4+h_5$	H——沉淀池总高度(m) h_1——超高(m) h_4——斜板(管)区底部缓冲层高度(m)

第四节　气浮池

气浮是向污水中通入空气,使污水中产生大量的微细气泡并促其粘附于杂质颗粒上,形成相对密度小于水的浮体上浮水面,从而获得分离杂质的一种处理污水方法。

一、气浮理论

1. 气浮理论

气浮法是一种物理处理方法,当污水中的微细气泡与污水中的颗粒粘附,粘附微气泡颗粒的上升速度服从于斯笃克斯定律,即颗粒的上升速度与颗粒的粒径密度等参数有关,其表达式为

$$u=\frac{g(\rho_y-\rho_g)}{18\mu}d^2 \tag{3.4}$$

式中　u——颗粒上浮速度(m/s);
d——颗粒的直径(m);
g——重力加速度(m/s^2);
μ——液体的粘滞度;

ρ_y—— 液体的密度（t/m^3）；

ρ_g—— 颗粒与气泡粘附后的密度（t/m^3）。

气浮中常向污水中投加混凝剂，混凝剂与污水中杂质形成絮凝体是一个内部充满水的网络状结构物，它的密度与水相近。因此，其沉速较慢，而粘附了一定数量微气泡的絮凝体（空气的密度远小于水的密度，只有水的1/775），其整体密度就会大大低于周围的液体密度，因而其上浮速度要比原絮凝体的下沉速度快得多，这就使气浮法有可能比沉淀法的固液分离时间大为缩短。

气浮过程中气泡的大小也是影响气浮的重要因素，因为，大的气泡具有较高的上升速度，巨大的惯性力不仅不能使气泡很好地附着于絮粒表面上，相反，造成水体的严重紊流而撞碎絮凝体，甚至把附着的小气泡又解脱开来，因此，要制造一种能控制尺寸，而且其上升速率小的微细气泡，这也是气浮净水效果的关键所在。

2. 气浮分类

污水处理中常采用的气浮方法按水中产生气泡的方法不同可分为布气气浮法、溶气气浮法和电气浮法等三类。

（1）布气气浮

布气气浮是利用机械剪切力，将混合于水中的空气粉碎成细小的气泡，以进行气浮的方法。按粉碎气泡方法的不同，布气气浮又分为水泵吸水管吸气气浮、射流气浮、扩散板曝气气浮以及叶轮气浮等四种。

1）水泵吸水管吸入空气气浮　这是最原始的也是最简单的一种气浮方法。这种方法的优点是设备简单，其缺点主要是由于水泵工作特性的限制，吸入的空气量不能过多，一般不大于吸水量的10%（按体积计），否则将破坏水泵吸水管的负压工作。此外，气泡在水泵内破碎的不够完全，粒度大，因此，气浮效果不好。

2）射流气浮　这是采用以水带气射流器向废水中混入空气进行气浮的方法。由射流器喷嘴射出的高速流动废水使吸入室形成负压，并从吸气管吸入空气，在水气混合体进入喉管段后进行激烈的能量交换，空气被粉碎成微小气泡，然后进入扩散段，动能转化为势能，进一步压缩气泡，增大了空气在水中的溶解度，然后进入气浮池中进行气水分离，亦即气浮过程。

3）扩散板曝气气浮　这是早年采用的一种布气气浮法。压缩空气通过具有微细孔隙的扩散板或微孔管，使空气以细小气泡的形式进入水中，进行气浮过程。

这种方法的优点是简单易行，但缺点较多，其中主要的缺点是空气扩散装置的微孔易于堵塞，气泡较大，气浮效果不高。

4）叶轮气浮　在气浮池的底部安有叶轮叶片，由转轴与池上部的电动机连接，叶轮在电机的驱动下高速旋转，在叶轮中心形成负压，大气中空气在负压下通过空气管进入叶轮中心，在叶轮的搅动下，空气被粉碎成细小的气泡，并与水充分混合成为水气混合体甩出叶片之外，经整流板稳流后，在池体内平稳地垂直上升，进行气浮，形成的泡沫不断地被缓慢转动的刮板刮出槽外。

（2）溶气气浮

溶气气浮是使空气在一定压力的作用下，溶解于水中，并达到过饱和的状态，然后再突然使污水减到常压,这时溶解于水中的空气,便以微小气泡的形式从水中逸出,进行气浮过程的方法。溶气气浮形成的气泡,粒度很小,其初粒度可能在 80 μm 左右。此外,在溶气气浮操作过程中,气泡与废水的接触时间,还可以人为地加以控制。因此,溶气气浮的净化效果较高,在污水处理领域,取得了广泛的应用,溶气气浮是国内外最常用的气浮法。

(3)电气浮

电气浮的实质是将含有电解质的污水作为可电解的介质,通过正负电极导以电流进行电解。一般说来,电解可能同时产生三种效应,即电解氧化、电解混凝及电气浮。当以可溶性极板,例如,可氧化的铝、铁作为阳极板时,三种效应会同时出现;而以产气为主要目的的电气浮,则应以不溶解的惰性材料,如石墨、不锈钢、镀铂钛板,以及最近提出的敷以二氧化铅(PbO_2)沉积表面的钛阳极等作为阳极。

电气浮是能够有效地利用电解液中的氧化还原效应,以及由此产生的初生态微小气泡的上浮作用来处理污水的。这种方法不仅能使污水中的微细悬浮颗粒和乳化油与气泡粘附而浮出,而且对水中一些金属离子和某些溶解有机物也具有净化效果。

二、气浮工艺

气浮工艺中应用最广泛的是溶气气浮法,溶气气浮法主要由三部分组成,即压力溶气系统、溶气释放系统及气浮分离系统,其工艺流程见图 3.21。

(1)压力溶气系统

包括水泵、空压机、压力溶气罐及其他附属设备。其中,压力溶气罐是影响溶气效果的关键设备。

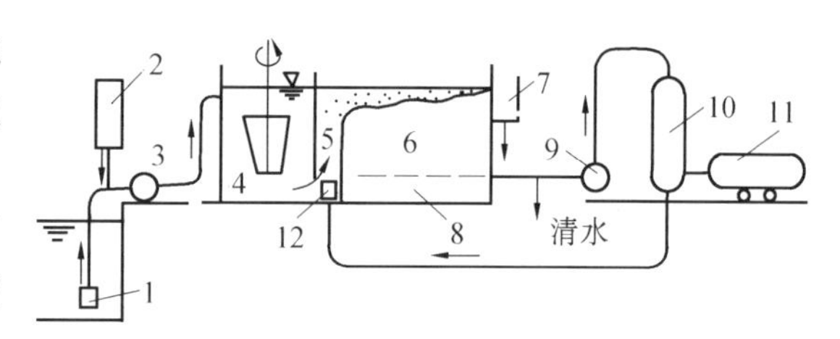

图 3.21 压力气浮处理工艺流程示意

1—废水进水水口;2—凝聚剂投加设备;3—水泵;4—絮凝池;5—气浮池接触室;6—气浮池分离室;7—排渣槽;8—集水管;9—回流水泵;10—压力溶气罐;11—空气压缩机;12—溶气释放器

空压机供气溶气系统是目前应用最广泛的压力溶气系统。气浮法所需空气量较少,可选用功率小的空压机,并采取间歇运行方式,此外,空压机供气还可以保证水泵的压力不致有大的损失,一般水泵至溶气罐的压降仅约 0.005 MPa,因此,可以节省能耗。

压力溶气罐有多种形式,一般喷淋式填料压力溶气罐,其构造形式如图 3.22 所示。

压力溶气罐用普通钢板卷焊而成,其溶气效率比不加填料压力溶气罐高约 30%,在水温 20 ~ 30 ℃范围内,释气量约为理论饱和溶气量的 90% ~ 99%。压力溶气罐可使用的填料很多,如瓷质拉西环、塑料斜交错淋水板、不锈钢圈填料、塑料阶梯环等。由于阶梯环具有高的溶气效率,故可优先考虑。不同直径的溶气罐,需配置不同尺寸的填料。

填料层高度的增加,对溶气效率会有相应的提高,但填料层高增至一定高度后,由于传质推动力的降低,效率的提高越来越少,因此,没有必要过多地增加填料层的高度,一般填料高度取 1 m 左右即可。当溶气罐直径超过 500 mm 时,考虑到布水的均匀性,可适当增加填料高度。

溶气罐进气的方式,气流流向变化等对填料罐溶气效率几乎无影响,因此,进气的位置及形式一般无需多加考虑。

(2)溶气释放系统

溶气释放系统由溶气释放器和溶气水管路组成。

溶气释放器的功能是将压力溶气水通过消能、减压,使溶入水中的气体以微气泡的形式释放出来,并能迅速而均匀地与水中杂质相粘附。常用的溶气释放器有截止阀、穿孔管道和专用释放器。

溶气释放器应能充分地减压消能,保证溶入水中的气体能充分地全部释放出来,并要符合气体释出的规律。保证气泡的微细度,增加气泡的个数,增大与杂质粘附的表面积,防止微气泡之间的相互碰撞而扩大,以减少不利于气浮过程的大直径气泡的产生。

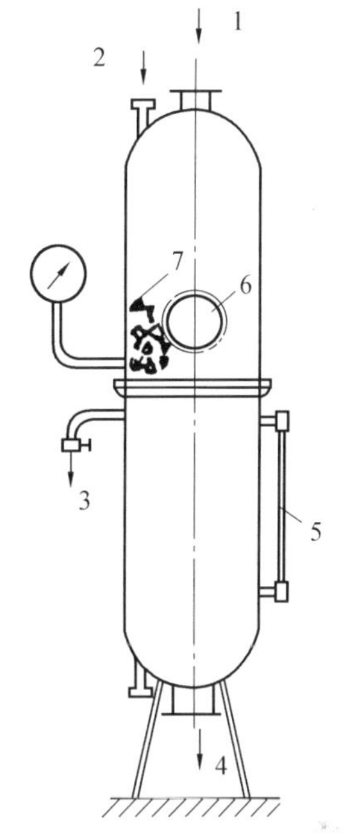

图3.22　喷淋式填料罐

1—进水;2—进气;3—放气;4—出水;5—水位计;6—观察窗;7—填料

溶气释放器释放的溶气水与待处理水中絮凝体有良好的粘附条件,避免水流冲击,确保气泡能迅速均匀地与待处理水混合,提高"捕捉"几率。为了迅速地消能,防止堵塞,必须缩小水流通道,因而水中杂质堵塞通道是很难避免的,故必须要有防止堵塞的措施。构造力求简单,材质要坚固耐磨蚀,同时要便于加工、制造与拆装。尽量减少可动部件,确保运行稳定、可靠。

(3)气浮分离系统

气浮分离系统一般可分为三种类型,即:平流式、竖流式及综合式。其功能是确保一定的容积与池表面积,使微气泡群与水中絮凝体充分混合、接触、粘附,以及带气絮凝体与清水分离。

三、设计参数

1)要充分研究探讨待处理水的水质条件,分析采用气浮工艺的合理性和适用性。

2)在有条件的情况下,应对待处理污水进行气浮小型试验或模型试验。并根据试验结果选择适当的溶气压力及回流比(指溶气水量与待处理水量的比值)。通常溶气压力采用0.2~0.4 MPa,回流比取5%~25%。

3)根据试验时选定的混凝剂及其投加量和完成絮凝的时间及难易度,确定反应形式及反应时间,一般较沉淀反应时间短,以取5~15 min为宜。

4)确定气浮池的池形,应根据对处理水质的要求、处理工艺与前后处理构筑物的衔接、周围地形和建筑物的协调、施工难易程度及造价等因素综合地加以考虑。反应池宜与气浮池合建为避免打碎絮体,应注意水流的衔接。进入气浮池接触室的流速宜控制在0.1 m/s以下。

5)接触室必须对气泡与絮凝体提供良好的接触条件,其宽度还应考虑易于安装和检修的要求。水流上升流速一般取10~20 mm/s,水流在室内的停留时间不宜小于60 s。

6)接触室内的溶气释放器的管道流速为1 m/s以下,释放器的出口流速为0.4~

0.5 m/s,每个释放器的作用范围为30～110 cm。

7)气浮分离室需根据带气絮体上浮分离的难易程度选择水流流速,一般取1.5～3.0 mm/s,即分离室的表面负荷率取5.4～10.8 $m^3/(m^2 \cdot h)$,对于悬浮物浓度高的污水表面负荷率取低值,有时表面负荷率可取2～2.5 $m^3/(m^2 \cdot h)$。

8)气浮池的有效水深一般取2～2.5 m,池中水流停留时间一般为10～20 min。

9)气浮池的长宽比无严格要求,一般以单格宽度不超过10 m,池长不超过15 m为宜。

10)气浮池排渣,一般采用刮渣机定期排渣。集渣槽可设置在池的一端、二端或径向。刮渣机的行车速度宜控制在5 m/min以内。

11)气浮池集水,应力求均匀,一般采用穿孔集水管,集水管位于气浮池中下部,集水管的最大流速宜控制在0.5 m/s左右。

12)压力溶气罐一般采用阶梯环为填料,填料层高度通常取1～1.5 m,这时罐直径一般根据过水截面负荷率100～200 $m^3/(m^2 \cdot h)$选取,罐高为2.5～3.0 m,罐内水深0.8～1.0 m。

四、气浮池计算

气浮池计算公式见表3.12。

表3.12　气浮池计算公式

名　称	公　式	符号说明
1. 回流比	$R=\frac{Q_R}{Q}$	R—— 回流比 Q_R—— 回流溶气水量(m^3/h) Q—— 污水流量(m^3/h)
2. 总流量	$Q_1=Q(1+R)$	Q_1—— 总流量(m^3/h)
3. 接触室表面积	$A_S=\frac{Q_1}{v_S}$	A_S—— 接触池表面积(m^2) v_S—— 接触室流速(m/h)
4. 分离室表面积	$A_c=\frac{Q_1}{q}$	A_c—— 分离室表面积(m^2) q—— 表面负荷[$m^3/(m^2 \cdot h)$]
5. 过水断面	$w=\frac{Q_1}{v}$	w—— 过水断面(m^2) v—— 水平流速(m/h)
6. 气浮池高度	$H=h_1+h_2$	H—— 池高(m) h_1—— 分离区高度(m) h_2—— 死水区高度(m)
7. 溶气罐容积	$V=Q_R \cdot t$	V—— 溶气罐容积(m^3) t—— 停留时间(min)
8. 溶气罐高度	$H_1=\frac{4V}{\pi D^2}$	H_1—— 溶气罐高度(m) D—— 溶气罐直径(m)

第五节　水解酸化沉淀池

城市污水中的颗粒物质在沉淀池内沉淀后，由于沉淀颗粒中含有一部分有机物质，当条件合适时有机物能得以降解及去除，水解酸化沉淀池就是利用这一原理建设的一种一级处理构筑物。

一、水解酸化沉淀池的原理

水解酸化沉淀池实际上是水解和酸化两个过程（酸化也可能不十分彻底）在一个池内完成的沉淀池。从工程上划分为水解阶段和酸化阶段。在水解阶段，固体物质降解为溶解性的物质，大分子物质降解为小分子物质；在酸化阶段，碳水化合物降解为脂肪酸，主要产物是醋酸、丁酸和丙酸。另外，有机酸和溶解的含氮化合物分解成氨、胺、碳酸盐和少量的 CO_2、N_2 和 H_2。水解和酸化进行得较快，难于把它们分开，此阶段的主要微生物是水解菌和产酸菌。在此阶段中，由于产氨细菌的活动使氨浓度增加，氧化还原电位降低，pH 上升。酸性阶段后期的副产物还有 H_2S、吲哚、粪臭素和硫醇等带有不良气味的产物。水解池是把反应控制在第二阶段完成之前。采用水解酸化沉淀池具有以下的优点：

1）由于水解、酸化阶段的产物主要为小分子的有机物，这些有机物的可生物降解性一般较好。因此，水解酸化沉淀池可以改变污水的可生化性，从而减少反应时间和处理过程的能耗；

2）由于固体沉淀物的降解减少了污泥量，降低污泥的 VSS，其功能和消化池基本一样。由于水解——好氧生物处理工艺仅产生很少的难于厌氧降解的剩余活性污泥，故可在常温下使固体物迅速水解，实现污水、污泥一次处理，不需要经常加热的一种消化池；

3）不需要密闭的沉淀池，不需要搅拌器，不需要水、气、固三相分离器，降低了造价，便于维护。由于这些特点，可以设计出适应大、中、小型污水处理工程所需的构筑物。

4）由于水解酸化反应进行迅速，故水解酸化沉淀池的体积小，与一般初次沉淀池相当，可节省基建投资。

二、水解酸化沉淀池的计算

1. 水解酸化沉淀池的构造

水解酸化沉淀池的构造与竖流沉淀池有相似之处，也可由普通沉淀池改造而成，水解酸化沉淀池的布水系统至关重要，因为池内的布水死区易引起污泥腐败上浮而影响处理效果。

水解酸化沉淀池一般表面负荷取 0.8 ~ 1.5 $m^3/(m^2 \cdot h)$，停留时间为 4 ~ 5 h，采用底部均匀布水，其构造见图 3.23。

1）进水装置位于池底部，采用竖管布水或者穿孔管布水，布水系统的均匀性是关系到水解酸化反应池能否运行的关键。每个布水孔口的服务面积为 0.5 ~ 2 m^2，每个孔口的流向不同，流速采用 0.4 ~ 1.5 m/s，并且尽量避免孔口堵塞和短流。

2）出水装置采用池顶部平行出水堰汇集出水，出水堰的间距为 2 ~ 3 m，堰上采用可移动的三角形锯齿出水堰，以便调节水平，保证出水均匀性。出水堰设置挡渣板，以截留含有

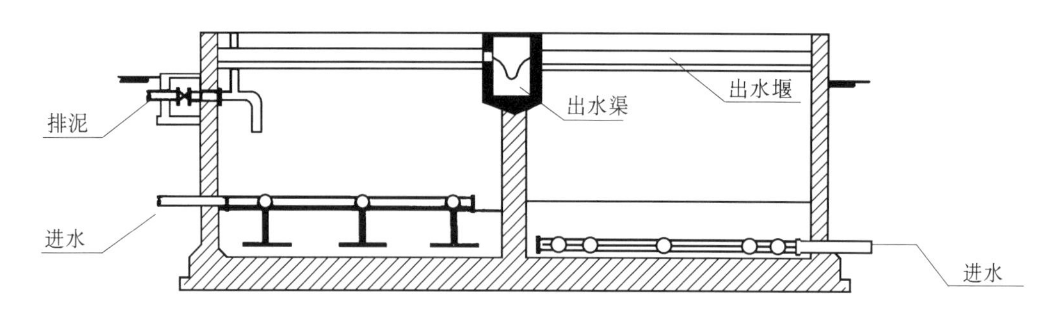

图 3.23　水解酸化沉淀池

气泡的浮渣，这部分浮渣大部分是水解活性污泥，当气泡在水面释放后会重新沉入池内。

3）排泥装置位于池中部，由于水解酸化池的底部保留了高活性的浓污泥，而中、上层是较稀的絮状污泥。当水解酸化反应池内水解污泥增加到一定高度后，会随出水一起冲出沉淀池，因此，当沉淀池内的污泥达到一定高度时，应进行排泥，从沉淀池的中部将剩余污泥排走。

排泥管的直径为 150～200 mm，排泥流速大于 0.7 m/s，排泥时间大于 10 min。

2. 计算公式

水解酸化沉淀池的计算公式见表 3.13。

表 3.13　水解酸化沉淀池计算公式

名　称	公　式	符号说明
1. 池表面积	$A=\frac{Q_{max}}{q}$	A——池表面积（m^2） Q_{max}——最大设计流量（m^3/h） q——表面负荷[$m^3/(m^2\cdot h)$]
2. 有效水深	$h=q\cdot t$	h——有效水深（m） t——停留时间（h）
3. 有效容积	$V=A\cdot h$	V——有效容积（m^3）
4. 布水管根数	$n=\frac{L}{N}$	n——布水管根数（个） L——池长（m） N——布水管间距（m）

第四章　二级处理工艺设计

第一节　普通活性污泥法

在自然界，广泛地存活着大量的借有机物生活的微生物，微生物通过其本身新陈代谢的生理功能，能够氧化分解环境中的有机物并将其转化为稳定的无机物。污水的生物处理技术就是利用微生物的这一生理功能，并采取一定的人工技术措施，创造有利于微生物生长、繁殖的良好环境，加速微生物的增殖及其新陈代谢生理功能，从而使污水中的有机污染物得以降解、去除的污水处理技术。

活性污泥法是一种应用最广的污水好氧生物处理技术。其基本流程见图 4.1，是由曝气池、二次沉淀池、曝气系统，以及污泥回流系统等组成。

曝气池与二次沉淀池是活性污泥系统的基本处理构筑物。由初次沉淀池流出的污水与从二次沉淀池底部回流的活性污泥同时进入曝气池，其混合体称为混合液。在曝气的作用下，混合液得到足够的溶解氧并使活性污泥和污水充分接触。污水中的可溶性有机污染物为活性污泥所吸附并为存活在活性污泥上的微生物群体所分解，使污水得到净化。在二次沉淀池内，活性污泥与已被净化的污水分离，处理后的水排放，活性污泥在污泥区内进行浓缩，并以较高的浓度回流曝气池。由于活性污泥不断地增长，部分污泥作为剩余污泥从系统中排出，也可以送往初次沉淀池，提高初次沉淀池沉淀效果。

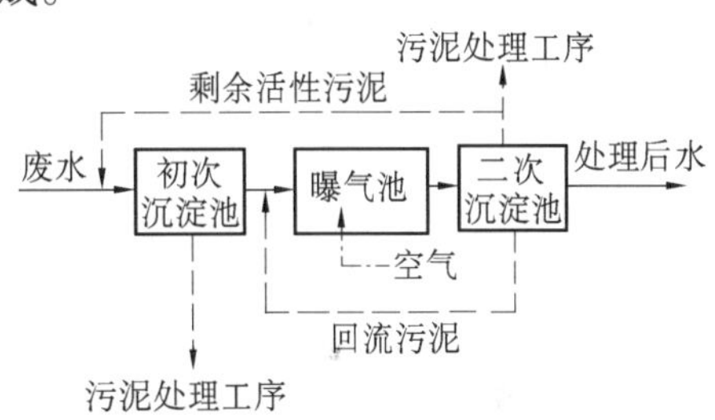

图 4.1　活性污泥法的基本流程

一、微生物增长规律

微生物将有机物摄入体内后，以其作为营养加以分解代谢。在好氧条件下，分解代谢按两个途径进行，一为合成代谢，部分有机物被微生物所利用，合成新的细胞物质；一为分解代谢，部分有机物被微生物所分解，形成 CO_2 和 H_2O 等稳定物质，并产生能量，用于合成代谢。同时，微生物细胞物质也进行自身的氧化分解，即内源代谢或内源呼吸。

1. 微生物增长曲线

微生物的增长过程遵循一定的规律进行，微生物的增长曲线可用图 4.2 表示，从图中可见，微生物的增长分为对数增长期、减速增长期和内源呼吸期。

在普通活性污泥推流式曝气池内，有机物与活性污泥在数量上的变化规律与微生物增长曲线相同，只是其变化是在从池始端到终端这一空间内进行的。

2. 活性污泥评价指标

发育良好的活性污泥在外观上呈黄褐色的絮绒颗粒状，也称微生物絮凝体，其粒径一般介于0.02～0.20 mm之间，具有较大的表面积，大体上介于20～100 cm^2/mL之间，含水率在99%以上，相对密度介于1.002～1.006之间，活性污泥的固体物质含量仅占1%以下。活性污泥的固体物质是由四部分所组成，即：①活细胞(M_a)，在活性污泥中具有活性的那一部分；②微生物内源呼吸的残留物(M_e)，这部分物质无活性，且难于生物降解；③由原废水挟入，难于生物降解的有机物(M_i)；④由原废水挟入，附着在活性污泥上的无机物质(M_{ii})。

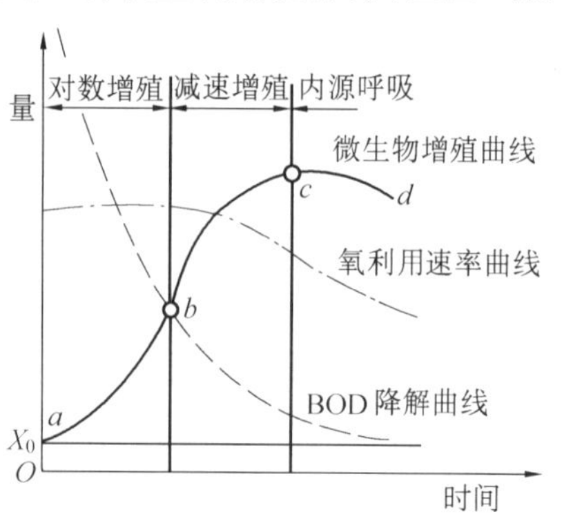

图4.2　微生物增长曲线

活性污泥的各项性质可用下列指标表示。

(1)混合液悬浮固体(MLSS)浓度

或者称混合液污泥浓度，它表示的是混合液中的活性污泥的浓度，即在单位容积的混合液内所含有的活性污泥固体物的总质量，即

$$MLSS = M_a + M_e + M_i + M_{ii} \tag{4.1}$$

具有活性的微生物(M_a)只占其中的一部分，因此，用MLSS表示活性污泥浓度误差较大。但考虑到在一定条件下，MLSS中活性微生物量所占比例较为固定，因此，仍普遍以MLSS值作为表示活性污泥微生物量的相对指标，其单位为mg/L表示。

(2)混合液挥发性悬浮固体(MLVSS)浓度

本项指标指混合液活性污泥中有机性固体物质的浓度，单位mg/L表示，即

$$MLVSS = M_a + M_e + M_i \tag{4.2}$$

本项指标能够比较准确地表示活性污泥活性部分的数量，但是，其中还包括M_e、M_i等两项非活性的难为微生物降解的有机物质，也不能说是表示活性污泥微生物数量的最理想指标，它表示的仍然是活性污泥数量的相对数值。

在一般情况下，MLVSS/MLSS的比值比较固定，对于生活污水，常为0.75左右。

(3)污泥沉降比(SV)

污泥沉降比是指将曝气池流出来的混合液在量筒中静置30 min，其沉淀污泥与原混合液的体积比以百分数表示，正常的活性污泥经30 min静沉，可以接近它的标准密度。

该指标能够相对地反映污泥浓度和污泥的凝聚、沉降性能，用以控制污泥的排放量和早期膨胀，本指标测定方法简单易行。处理城市污水处理活性污泥的沉降比介于20%～30%之间。

(4)污泥容积指标(SVI)

污泥容积指数是指曝气池出口处混合液经30 min静沉，1 g干污泥所形成的污泥体积，单位为mL/g。

$$SVI = \frac{SV'}{MLSS} \tag{4.3}$$

$$SVI = \frac{SV \times 10}{MLSS} \tag{4.4}$$

式中　SV′——污泥沉降比(mL/L);

MLSS——混合液挥发性悬浮固体(g/L);

SV——污泥沉降比(%)。

SVI 值能够更好地评价污泥的凝聚性能和沉降性能,其值过低,说明泥粒细小、密实、无机成分多,其值过高,又说明污泥沉降性能不好,将要或已经发生膨胀现象。城市污水处理活性污泥的 SVI 值介于 50～150 之间。应注意以下两种情况:一是工业废水处理活性污泥的 SVI 值有时偏高或偏低,也属正常;二是高浓度活性污泥法系统中的 MLSS 值较低,即使污泥沉降性能较差,SVI 值也不会很高。

3. 活性污泥反应的影响因素

(1)溶解氧(DO)

活性污泥中微生物是好氧微生物,在用活性污泥法处理污水过程中应保持一定浓度的溶解氧。如供氧不足,污水中溶解氧浓度过低,就会使活性污泥微生物正常的代谢活动受到影响,净化功能下降,且易于滋生丝状菌,产生污泥膨胀现象。但混合液溶解氧浓度过高,氧的转移效率降低,会增加所需动力费用。

根据经验,在曝气池出口处的混合液中的溶解氧浓度保持在 2 mg/L 左右,就能够使活性污泥保持良好的净化功能。

(2)水温

温度是影响微生物正常生理活动的重要因素之一。活性污泥微生物的最适宜温度范围是 15～30 ℃。一般水温低于 10 ℃,即可对活性污泥的净化功能产生不利影响,但是,如果水温的降低是缓慢的,微生物逐步适应了这种变化,即受到了所谓温度降低的驯化,这样,即使水温降低到 6～7 ℃,再采取一定的技术措施,如降低负荷,提高活性污泥与溶解氧的浓度,以及延长曝气时间等,仍能够取得较好的处理效果。在我国北方地区,大中型的活性污泥处理系统,可在露天建设,但小型的活性污泥处理系统则可以考虑建在室内。水温过高的工业废水在进入生物处理系统前,应考虑降温措施。

(3)营养平衡

为了使活性污泥反应正常,就必须使污水中微生物的基本元素——碳、氮、磷达到一定的浓度值,并保持一定的平衡关系。

生活污水和城市污水含有足够的各种营养物质,但某些工业废水却不然,当采用活性污泥法处理这一类污水,必须考虑投加适量的氮、磷等物质,以保持污水中的营养平衡。

活性污泥微生物对氮和磷的需要量可按 BOD∶N∶P=100∶5∶1 来计算。但实际上微生物对氮与磷的需要量还与剩余污泥量、污泥龄和微生物比增殖速率等有关。

(4)pH 值

活性污泥微生物的最适 pH 值介于 6.5～8.5 之间,如 pH 值降至 4.5 以下,原生动物会全部消失,真菌将占优势,易于产生污泥膨胀现象;当 pH 值超过 9.0 时,微生物的代谢速率将受到影响。

微生物的代谢活动能够改变环境的 pH 值,如微生物对含氮化合物的利用,由于脱氨作用而产酸,从而使环境的 pH 值下降;由于脱羧作用而产生碱性胺,又使 pH 值上升,因此,混合液本身是具有一定的缓冲作用的。

(5)有机物负荷

有机物负荷率（*F/M* 值）是影响活性污泥增长、有机物降解的重要因素。提高有机物负荷率，将加快活性污泥增长速率和有机物的降解速率，使曝气池容积缩小，在经济上是适宜的，但未必达到受纳水体对水质的要求。有机物负荷率过低，则降低有机底物的降解速率，但使处理能力降低，加大曝气池的容积，提高建设费用，也是不适宜的。有机负荷率不仅是影响微生物代谢的重要因素，对活性污泥系统的运行也产生影响。

（6）有毒物质

大多数的化学物质都可能对微生物的生理功能有这样或那样的毒害作用，但其程度则取决于其在污水中的浓度。此外，某些元素是微生物生理上所需要的，但在其浓度达到某种高度时，就会对微生物产生毒害作用。据此，首要的问题是要确定每种化学物质和元素对微生物生理功能产生毒害作用的最低限值。当物质的浓度高于此值时，就会对微生物的生理功能产生毒害作用，如抑制微生物的增殖，甚至可使微生物灭绝。

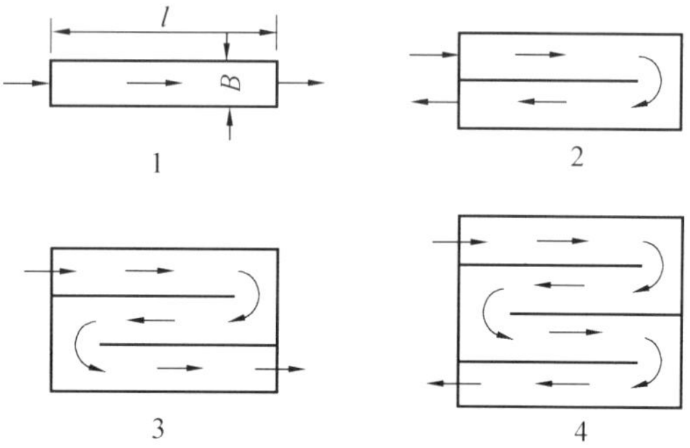

图 4.3　廊道型推流式曝气池平面布置

1—单廊道曝气池；2—二廊道曝气池；3—三廊道曝气池；4—四廊道曝气池

二、普通活性污泥曝气池

1. 曝气池运行过程

普通活性污泥曝气池一般呈廊道型，根据所需长度，可为单廊道、二廊道以及三廊道和四廊道（图 4.3）。为了避免短路，廊道长宽比一般不小于 10∶1。

曝气池表面呈长方形状，污水从池首端进入，在曝气和水力的推动下，混合液均衡地向前流动，并从池尾端流出。从池首端到尾端，混合液内影响活性污泥净化功能的各种因素，如 *F*∶*M* 值、活性污泥微生物的组成和数量、有机物的组成和数量等都在连续地变化，有机物降解速率、耗氧速率也都连续地变化。

活性污泥在池内是按微生物增长曲线的一个区段进行增长（图 4.4）。

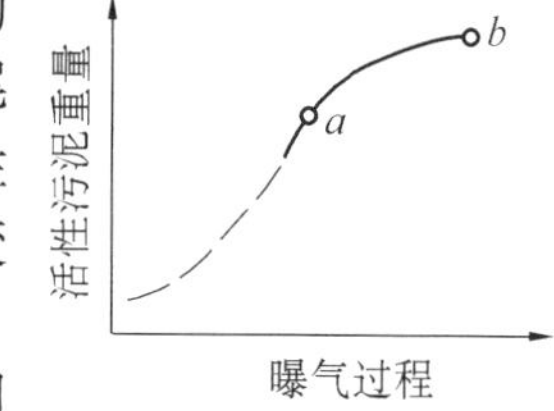

图 4.4　曝气池活性污泥增长曲线

推流式普通活性污泥曝气池具有如下各项优点：①在曝气池任何两个断面都存在有机物的浓度梯度，因此存在着有机基质降解动力，BOD 降解菌为优势菌种，可避免产生污泥膨胀现象；②运行灵活，可采用多种运行方式；③运行适当时能够增加净化功能，如脱氮、除磷等。

2. 曝气池的运行方法

推流式曝气池的运行方法有三种方式，即传统活性污泥法、阶段曝气活性污泥法和吸附-再生活性污泥法。

（1）传统活性污泥法

曝气池为推流式，污水从池一端进入曝气池内，回流污泥也从此同步流入。混合液从池尾部流出进入二次沉淀池进行泥水分离，污泥由二次沉淀池底部排出，剩余污泥排出系统，回流污泥回流至曝气池，其工艺流程图见图 4.5。

污水中的有机污染物在曝气池内与活性污泥充分接触，经历了吸附与代谢二个阶段的完整降解过程，其浓度沿曝气池长度逐渐降低。

活性污泥在池内经历了从对数增长到减速增长以至于到内源代谢期，一个比较完整的生长周期。

曝气池内需氧速率沿池长度方向逐渐降低，曝气池前段，混合液中溶解氧含量较低，甚至可能是不足的，沿池长混合液中溶解氧逐渐增加。

这种系统的活性污泥法在工艺上的主要优点是：①处理效果好，BOD_5 去除率可达90%～95%，特别适于处理净化程度和稳定程度要求较高的污水；②对污水的处理程度比较灵活。

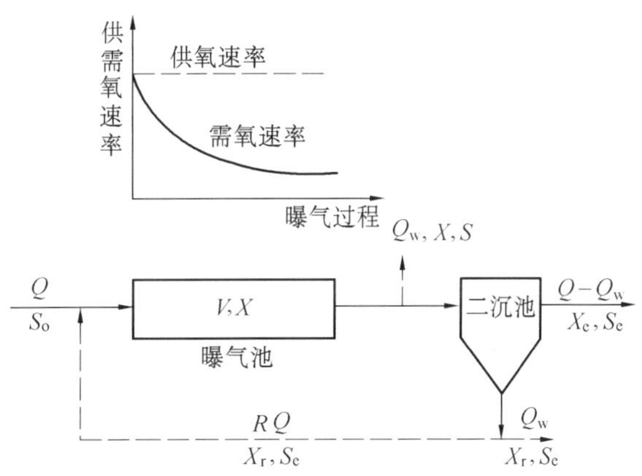

图 4.5 传统活性污泥法流程

根据污水处理要求可高可低，本系统也存在下列各项问题：①为了避免曝气池首端形成厌氧状态，进水有机负荷率不宜过高，因此，曝气池容积大，占用的面积多；②在池末端可能出现供氧速率高于需氧速率的现象，增加动力费用；③对冲击负荷适应性较弱。

(2)阶段曝气活性污泥法

又称分段进水活性污泥法或多段进水活性污泥法，工艺流程见图 4.6。

阶段曝气法是针对传统活性污泥法存在的实际弊端，而作了某些改革的运行方式。1939 年在纽约首先使用，本法应用广泛，效果良好。

阶段曝气法具有如下各项特点：①污水沿池长度分段注入曝气池，有机物负荷分布比较均衡，改善了供氧速率与需氧速率之间的矛盾，有利于降低能耗，又能够比较充分地发挥活性污泥生物的降解功能；②混合液中污泥浓度沿池长度逐渐降低，能够减轻二次沉淀池的负荷，有利于提高二次沉淀池固、液分离效果；③污水分段注入，提高了曝气池对冲击负荷的适应能力。

(3)吸附-再生活性污泥法

吸附-再生活性污泥法又称生物吸附法或接触稳定法，20 世纪 40 年代后期，首先在美国使用，其工艺流程见图 4.7。这种运行方式的主要特点是将活性污泥对有机污染物降解的两个过程——吸附、再生分别在各自的反应器内进行。

污水和经过在再生池得到充分再生且具有很强活性的活性污泥同步进入吸附池，二者在这里充分接触，使大部分呈悬浮、胶体和溶解性状态的有机物被活性污泥所吸附，污水得到净化。混合液流入二次沉淀池进行泥水分离，从二次沉淀池分离出来的污泥进入再生池，活性污泥中的微生物在这里对所吸附的有机物进行代谢和再生，微生物进入内源呼吸期，污泥的活性、吸附功能得到充分恢复，然后再与污水一同进入吸附池。

吸附-再生活性污泥法具有如下特点：①污水与活性污泥在吸附池的接触时间较短，吸附池容积较小，再生池接纳的仅是浓度较高的回流污泥，因此，再生池的容积也是小的。吸附池与再生池容积之和仍低于传统法曝气池的容积，建筑费用较低。②本方法具有一定的承受冲击负荷的能力，当吸附池的活性污泥遭到破坏时，可由再生池内的污泥予以补救。

本方法的主要缺点是对污水的处理效果低于传统活性污泥法，此外，对溶解性有机物含量较多的废水，处理效果要更差一些。

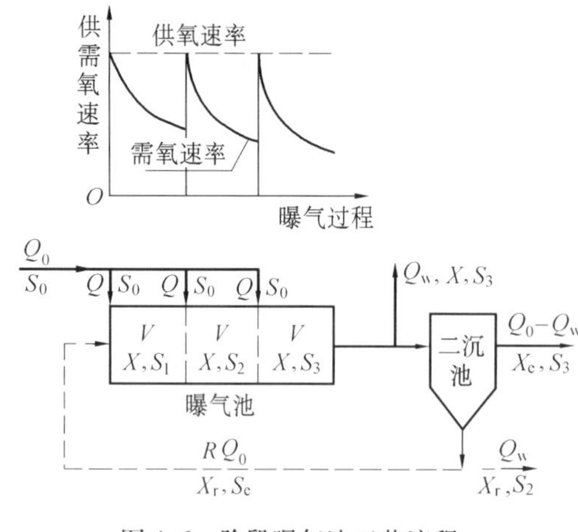

图 4.6　阶段曝气法工艺流程

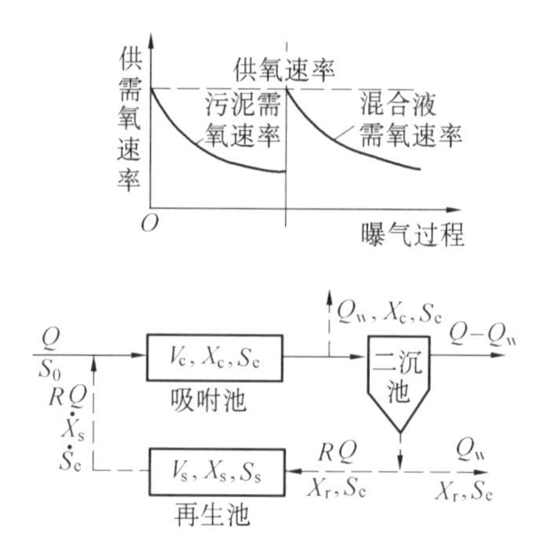

图 4.7　吸附-再生活性污泥法流程

三、曝气池设计参数

1）曝气池长宽比一般不小于 10，宽深比（深度指有效水深）宜采用 1 ~2。水深较大时采用大比值，反之则采用小比值。池深一般为 2 ~5 m（因为深度与造价及动力费用有密切关系）。

2）当采用鼓风曝气时，空气主干管高度高于水面 0.5 m，当采用机械曝气时，叶轮高于水面 1.2 m。

3）曝气池不应少于 2 组，并按同时运行设计，每组 1 ~4 个廊道组合而成。

4）回流污泥应根据计算求得，通常不大于设计污水量的 50% ~100%。

5）当用空气扩散板作为曝气装置时，其扩散板面积应根据其性能计算求得，可按池面积的 6% ~10% 计算（指当每块扩散板的尺寸为 300×300×40 时，空气量为 1.0 ~1.5 $m^3/(m^2 \cdot min)$）。

当用多孔管作为曝气装置时，多孔管设在离池底 0.1 ~0.2 m 处，管下部设有直径为 3 ~5 mm 的孔口，孔口向下与垂直线成 45°，交错排列，孔口间距为 100 ~150 mm，孔口流速不小于 10 m/s，以防孔眼堵塞。

当用微孔曝气器作为曝气装置时，微孔曝气器均匀分布在池底，每个曝气器间距 0.5 ~1.0 m，服务面积 0.3 ~1.0 m^2，空气量为 2 ~3 m^3。

6）进入曝气池内的空气干管间距 8 ~15 m，每根干管单独设置阀门，便于控制空气量和维修使用。空气干管安设在沟槽内（图 4.8），沟槽本身也可以充作配水槽之用，在槽上覆以盖板，供人通行。沟槽底部应按纵向设以坡度，以便排水。

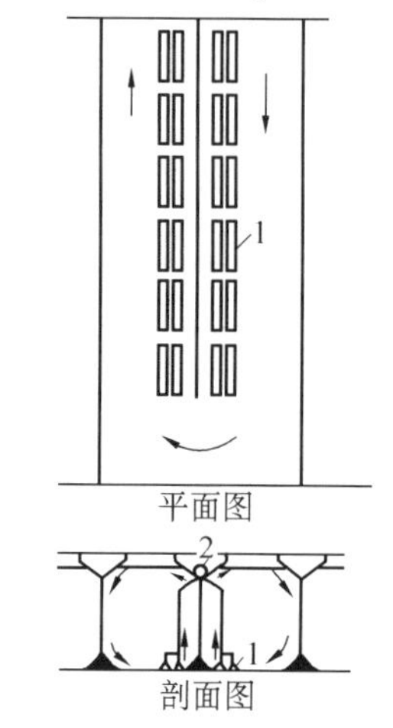

图 4.8　鼓风曝气装置曝气池
1—多孔管；2—空气干管

7）在距池底 1/2 或 1/3 深处设中位放水管，以备培养活性污泥时使用，在池底亦设放空管，以备排空时使用，放空管的管径为 80 ~100 mm。池底应设 2/1 000的坡度，坡向放空管。

8）曝气池进水口一般采用淹没式进水口，进水流速应在 0.2 ~0.4 m/s，以免污水进入曝气池后沿水面扩散，造成短流，影响处理效果，出水口可采用溢流堰或出水孔，见图 4.9。若采用出水孔时，水流流速要小一些，一般应小于 0.1 ~0.2 m/s，以免污泥絮体受到破坏。

采用溢流堰时为三角堰或薄壁堰，堰后自由跌落 0.1 ~ 0.15 m，按不淹没自由流设计。

9）曝气池池型布置应能灵活地改变运行方式，可按传统活性污泥法运行设计，污水从池首端流入，由池末端流出；也可以按阶段曝气活性污泥法运行设计，污水沿配水渠不同距离分散多点进水；或者按吸附-再生活性污泥法运行，污水沿配水渠的中部某一点进水，池前段为再生池，池后段为吸附池。

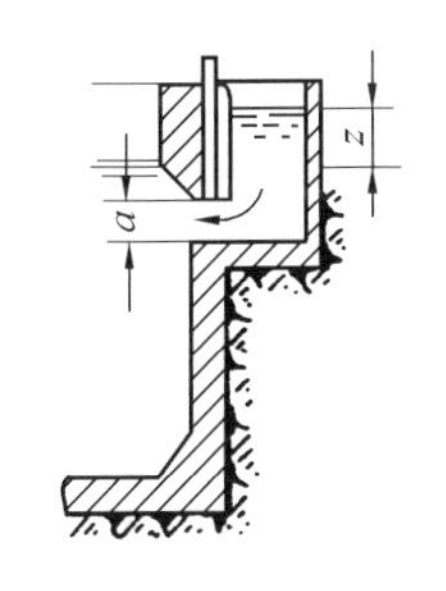

（a）曝气池进水装置

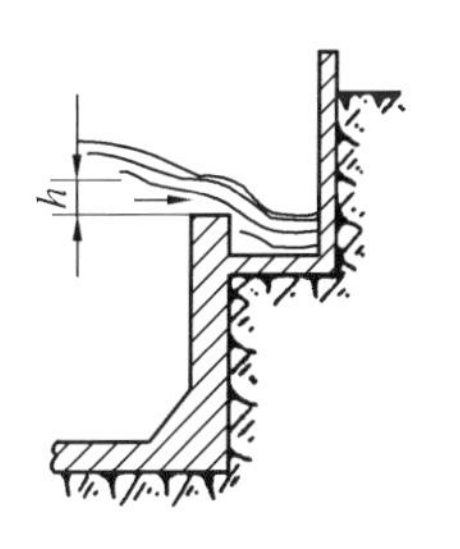

（b）曝气池出水装置

图 4.9　曝气池进出水装置

四、曝气池的计算

1. 曝气池的工况参数

（1）基本模式

普通活性污泥法的基本模式见图 4.10。

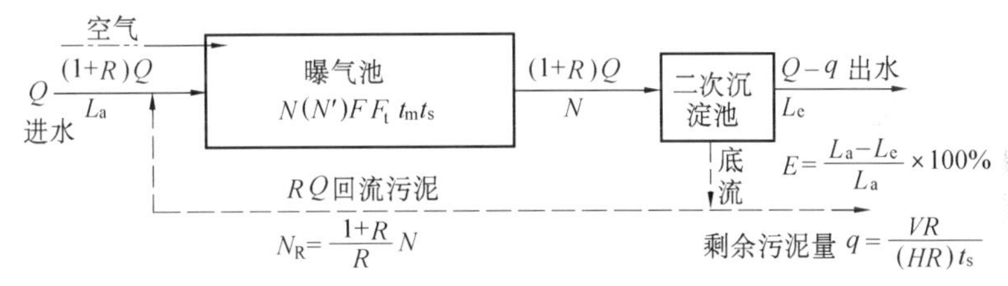

图 4.10　标准活性污泥法的基本模式

（2）普通活性污泥法的工况参数（表 4.1）

表 4.1　普通活性污泥法的工况参数

项　　目	说　　　明	传统活性污泥法	阶段曝气活性污泥法	吸附再生活性污泥法
曝气时间/h	$\frac{\text{曝气池有效容量}/\text{m}^3}{\text{流入废水量}/(\text{m}^3\cdot\text{h}^{-1})}$	6 ~ 8	4 ~ 6	5 以上
MLSS/（mg · L^{-1}）	曝气池内流入废水和回流污泥的混合液平均悬浮物质浓度	1 500 ~ 2 000	2 000 ~ 3 000	2 000 ~ 8 000
回流污泥率/%	$\frac{\text{回流污泥量}/(\text{m}^3\cdot\text{h}^{-1})}{\text{流入废水量}/(\text{m}^3\cdot\text{h}^{-1})}\times100$	20 ~ 30	20 ~ 30	50 ~ 100
BOD 容积负荷/（kg · m^{-3} · d^{-1}）	$\frac{\text{流入废水的 BOD}/(\text{kg}\cdot\text{m}^{-3})\times\text{流入废水量}/(\text{m}^{-3}\cdot\text{d}^{-1})}{\text{曝气池有效容积}/\text{m}^3}$	0.3 ~ 0.8	0.4 ~ 1.4	0.8 ~ 1.4

续表 4.1

项　目	说　明	传统活性污泥法	阶段曝气活性污泥法	吸附再生活性污泥法
BOD 污泥负荷/[kg·(kg·d)$^{-1}$]	BOD 容积负荷/曝气池混合液悬浮物质浓度	0.2~0.4	0.2~0.4	0.2~0.4
空气量/[m^3·(m^{3}水)$^{-1}$]	送气量/流入废水量	3~7	3~7	12 以上
污泥龄/d	曝气池容积×MLSS/[(进水量-剩余污泥量)×出水悬浮物浓度+剩余污泥量×剩余污泥浓度]	2~4	2~4	44
BOD 去除率/%	(流入废水 BOD-流出废水 BOD)/流入废水 BOD	95	95	90

(3)普通活性污泥法计算公式(表 4.2)

表 4.2　普通活性污泥法计算公式

项　目	公　式	符号说明
1. 处理效率	$E=\frac{L_a-L_e}{L_a}\times100\%=\frac{L_r}{L_a}\times100\%$	E——BOD 去除效率(%) L_a——进水 BOD 质量浓度(kg/m^3) L_e——出水 BOD 质量浓度(kg/m^3) L_r——去除的 BOD 质量浓度(kg/m^3)
2. 曝气池容积	$V=\frac{QL_a}{N'F}$ $N'=fN$ $F_r=N'F$ $V=\frac{QL}{F_r}$	V——曝气池容积(m^3) Q——进水设计流量(m^3/d) N'——混合液挥发性悬浮物(MLVSS)质量浓度(kg/m^3) f——系数,一般 0.7 ~ 0.8 N——混合液悬浮物(MLSS)质量浓度(kg/m^3) F——BOD 污泥负荷[kg/(kg·d)] F_r——BOD 容积负荷[kg/(m^3·d)]
3. 水力停留时间	$t_m=\frac{V}{Q}$	t_m——水力停留时间(d)
4. 污泥产量	$X_V=aQL_r-bVN$	X_V——系统每日排出剩余污泥量(kg/d) a——污泥增殖系数,一般 0.5 ~ 0.7 b——污泥自身氧化率(L/d),一般 0.04 ~ 0.1
5. 污泥龄	$t_s=\frac{1}{aF-b}$ $g=\frac{VR}{(1+R)t_s}$	q——剩余污泥量(m^3/d) t_s——污泥龄,亦称污泥停留时间即 SRT(d) R——污泥回流比

续表 4.2

项　目	公　式	符号说明
6. 曝气池需氧量	$O = a'QL_r + b'VN'$	O—— 曝气池混合液每日需氧量(kgO_2/d) a'—— 氧化每公斤 BOD 需氧公斤数($kgO_2/kgBOD$),一般 0.42 ~ 0.53 b'—— 污泥自身氧化需氧率(1/d, 亦即 $kgO_2/(kg \cdot d)$),一般 0.188 ~ 0.11

第二节　完全混合活性污泥法

完全混合活性污泥曝气池是集曝气、沉淀两项功能在同一池内完成的曝气池,完全混合活性污泥曝气池多数采用表面机械曝气装置。

一、完全混合曝气池系统

1. 曝气池进行过程

污水进入完全混合曝气池后,即与池内原有混合液充分混合。池内混合液的组成及 *F/M* 值、活性污泥微生物的数量等参数值在池内是均匀一致的,有机物降解速率、耗氧速率都是不变的,而且在池内各部位都是相同的。

微生物在池内的增殖速率是不变的,在增殖曲线上的位置是一个点,而不是一个区段(图 4.11)。

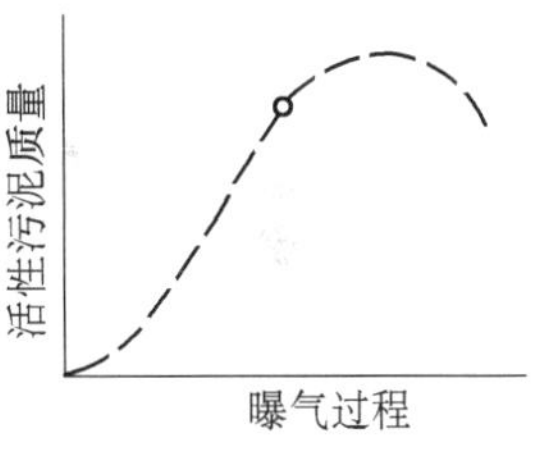

图 4.11　完全混合曝气池活性污泥增长曲线

完全混合曝气池具有以下各项特点:①由于池内混合液对污水起到了稀释的作用,因此,完全混合曝气池能够承受高浓度污水,对冲击负荷有一定的适应能力;②需氧量在整个池内需求相同,能够节省动力;③可使曝气池与沉淀池合建,勿需单独设置污泥回流系统,易于运行管理。

2. 曝气池构造

完全混合曝气池是将曝气和沉淀集于一个构筑物内完成的处理构筑物,叶轮曝气器设于池中央部平台,中央设导流筒,使混合液在筒内外形成环流,污水与回流污泥都从池底部进入池内,水深约 3 ~4 m,处理水由设于池四周的出水槽汇集排出。这种构筑物具有占地小、易于维护管理,并省却污泥回流设备等优点。

完全混合曝气池表面呈圆形或正方形,由三部分组成,见图 4.12。

1)曝气区　位于池中央,叶轮曝气器的驱动装置设于其中心的平台上,污水从池底进入,处理水则通过其四周的溢流孔口流入导流区,回流污泥从沉淀区污泥部分与曝气区之间的回流缝进入曝气区。

2)导流区　位于曝气区与沉淀区之间,宽约 600 mm,高 1.5 m 左右,起缓冲水流的作用,并在此释放出混合液中挟带的气泡,混合液由底部进入沉淀区。

3)沉淀区　位于导流区的外侧,其作用是泥水分离,排出澄清的处理水并使污泥回流曝气区。澄清区水深不小于1.5 m,污泥区容积取2 h的污泥量,回流缝宽度取15～30 cm,长取400～600 mm。

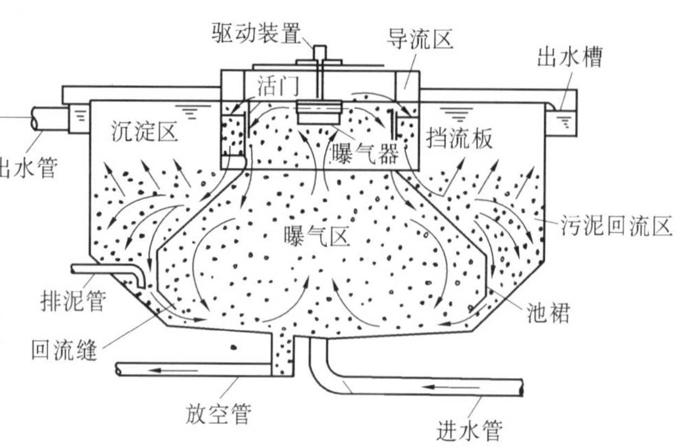

图4.12　圆形曝气沉淀池剖面示意图

二、完全混合曝气池设计参数

1)曝气池直径不大于20 m。目前,我国最大的曝气池直径为17 m,一般采用直径15 m的较为普遍,直径过大将受到充氧能力和搅拌能力的限制。

2)曝气池水深不大于4～5 m。水深过大,搅拌不好,池底易于积泥,影响运行效果。

3)沉淀区水深不小于1～2 m,过小会影响上升水流的稳定;沉淀区最大上升流速一般采用0.3～0.5 m/s。

4)曝气筒保护高度为0.3～1.2 m。

5)回流窗孔流速为100～200 mm/s,以此确定回流窗的尺寸。回流窗的尺寸也可按经验确定,即回流窗总长度为50～150 mm。

6)导流区下降流速(v_2)为15 mm/s左右。

7)曝气筒直壁段高度(h_2)应大于沉淀区水深(h_1),使导流区出口流速(v_3)小于导流区下降流速(v_2);否则会影响污泥沉淀和浓缩,一般(h_2-h_1)≥0.414B,B为导流区宽度。

8)回流缝流速为30～40 mm/s,以此确定回流缝宽度(b),缝宽一般为150～300 mm。回流缝处应设顺流圈,其长度(L)为0.4～0.6 m。这些数值的控制是既防止气泡和混合液窜入沉淀区,又不影响污泥回流的通畅;顺流圈直径(D_4)应略大于池底直径(D_3),使污泥顺利下滑,回流到曝气区。

9)池底斜壁与水平成45°倾角。

10)曝气池结构容积系数(由于曝气筒、导流室等墙厚所增加的容积的百分数)为3%～5%左右。

11)机械曝气设备的选择也直接会影响曝气池生化降解能力的发挥。叶轮型式的选择可根据叶轮的充氧能力和动力效率,以及加工条件等考虑。叶轮直径的确定,主要取决于曝气池混合液的需氧量,使所选择的叶轮充氧量等于曝气池混合液的需氧量。一般认为,平板叶轮或平型叶轮直径与曝气筒直径之比宜在1/3～1/5左右;而泵型叶轮以1/4～1/7为宜。叶轮直径与水深之比可采用2/5～1/4,否则池子过深,池底部的水不容易上翻到池面上来,影响充氧和泥水混合。

完全混合曝气池的各部位尺寸见图4.13。

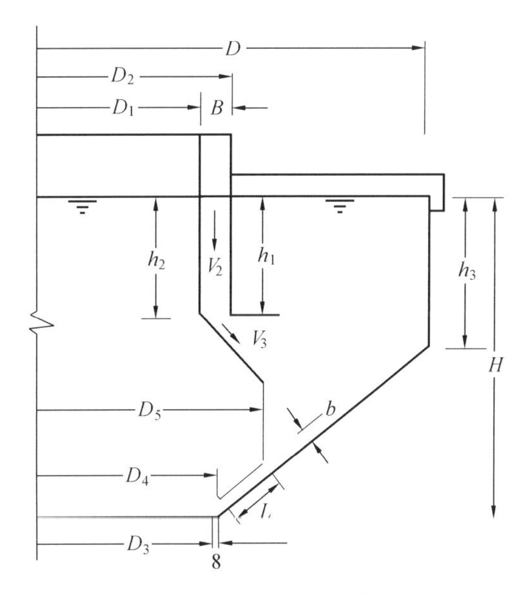

图4.13 完全混合曝气池的构造图

三、计算公式

完全混合曝气池的计算公式见表4.3。

表4.3 完全混合曝气池计算公式

项　　目	公　　　式	符 号 说 明
1. 处理效率	$E=\dfrac{L_a-L_e}{L_a}\times 100\%$ $=\dfrac{L_r}{L_a}\times 100\%$	E——BOD去除效率(%) L_a——进水BOD质量浓度(kg/m^3) L_e——出水BOD质量浓度(kg/m^3) L_r——去除的BOD质量浓度(kg/m^3)
2. 曝气区容积	$V_1=\dfrac{Q\cdot L_a}{N'\cdot F}$	V_1——曝气区容积(m^3) Q——进水设计流量(m^3/h) N'——混合液挥发性悬浮物(MLVSS)质量浓度(kg/m^3) F——BOD污泥负荷[kg/(kg·d)]
3. 沉淀区容积	$V_2=Q\cdot t$	V_2——沉淀区容积(m^3) t——沉淀时间(h)
4. 沉淀区表面积	$A_2=\dfrac{Q}{u}$	A_2——沉淀区表面积(m^2) u——沉淀区上升流速(m/h)

续表 4.3

项　目	公　式	符号说明
5. 曝气筒直径	$D=6d$	D——曝气筒直径(m) d——曝气叶轮直径(m)
6. 曝气筒面积	$A_3=\frac{\pi}{4}D^2$	A_3——曝气筒面积(m^2)
7. 曝气池直径	$D=\sqrt{\frac{4(A_1+A_2+A_3)}{\pi}}$	D——曝气池直径(m) A_1——曝气区直径(m)
8. 曝气池需氧量	$O=a'QL_r+b'VN'$	O——混合液每日需氧量(kgO_2/d) a'——氧化 1 kgBOD 需氧公斤数($kgO_2/kgBOD$),一般 0.42～0.53 b'——污泥自身氧化需氧率(1/d,亦即 $kgO_2/kgMLVSSd$),一般 0.188～0.11

第三节　生物接触氧化法

污水流经附着在某种物体上的生物膜来处理污水的方法为生物膜法。这种处理方法是使细菌和原生动物、后生动物一类的微型动物在滤料或某些载体上生长繁育,形成膜状生物性污泥——生物膜。通过与污水的接触,生物膜上的微生物摄取污水中的有机污染物作为营养,从而使污水得到净化。生物膜法是污水处理的另一种方法,通过选择合适的载体,可提高处理能力,生物膜法包括生物接触氧化法、生物转盘法、生物过滤法和地埋式生物接触氧化法。与活性污泥法相比,生物膜法的主要优点有:①不产生污泥膨胀;②产生的污泥量较少;③抗冲击负荷的能力较强;④运行管理较方便、动力消耗较少。

主要缺点有:①处理后的出水较浑浊,有机物去除率较低;②需要较多的填料和填料支承结构,在某种情况下,基建投资会超过活性污泥法。

一、生物膜特征

1. 生物膜处理设备特征

生物膜法是一种好氧处理方法,与传统的活性污泥法相比,具有如下几个方面的特征。

(1)微生物相多样化,生物的食物链长,并能存活世代时间较长的微生物

由于生物膜上的微生物没有受到像活性污泥法中的悬浮生长微生物那样承受强烈的曝气搅拌冲击,生物膜为微生物的繁衍、增殖及生长栖息创造了安稳的环境,除大量细菌生长外,还可能出现大量真菌(丝状菌)、线虫、轮虫及寡毛虫。由此看来,生物膜上能够栖息高

次水平的生物，在捕食性纤毛虫、轮虫、线虫之上还栖息着寡毛虫和昆虫，因而，在生物膜上能形成较长的食物链。

(2)微生物量多，处理能力大，净化功能显著提高

由于微生物附着在载体上生长，并使生物膜具有较少的含水率，单位容积内的生物量可达活性污泥法的5～20倍。又由于有世代时间较长的硝化菌生长繁殖，生物膜能有效地去除有机污染物，而且有一定的硝化功能。

(3)污泥沉降性能良好，易于固液分离

由生物膜上脱落下来的污泥，因所含动物成分较多和比重较大，且污泥颗粒个体较大，因而具有良好的污泥沉降性能，易于固液分离。在生物膜中，较多栖息着高层次的生物，食物链较长，因而剩余污泥量明显减少，特别是在生物膜较厚时，底部厌氧层的厌氧菌能够降解好氧过程合成的剩余污泥，从而使总的剩余污泥量大大减少，减轻污泥处理与处置的费用。

(4)耐冲击负荷，对水质、水量变动具有较强的适应性

生物膜受水质、水量变化而引起的有机负荷和水力负荷波动的影响较小，即或有一段时间中断进水或工艺遭到破坏，恢复起来也较快。

(5)易于运行管理，减少污泥膨胀问题

生物膜由于具有较高的生物量，一般不需要污泥回流，因而不需要经常调整剩余污泥排放量，易于运行维护与管理。

2. 生物膜处理工艺特征

(1)有较强的适应性

生物膜处理法的各种工艺，对流入原污水水质、水量的变化都具有较强的适应性，这种现象已为多数运行的实际设备所证实，即或中断进水，对生物膜的净化功能也不会造成致命的影响，通水后能够较快地得到恢复。

(2)能够处理低浓度的污水

活性污泥处理系统，不适宜处理低浓度的污水，如原污水的BOD值长期低于50～60 mg/L，将影响活性污泥絮凝体的形成和增长，净化功能降低，处理水水质低下。但是，生物膜处理法对低浓度污水，也能够取得较好的处理效果，运行正常可使BOD_5为20～30 mg/L的原污水，降至5～10 mg/L。

(3)运行费用低，管理方便

与活性污泥处理系统相较，生物膜处理法中的各种工艺都是便于管理的，而且像生物滤池、生物转盘等工艺，还都是节省能源的，动力费用较低，去除单位重量BOD的耗电量较少。

二、生物接触氧化法

生物接触氧化法于1971年在日本首创，近年来，该技术在国内外都得到了较为广泛的研究与应用，用于处理生活污水和某些工业有机污水，并取得了良好的处理效果。

1. 生物接触氧化法原理

生物接触氧化法在池内设有填料，部分微生物以生物膜的形式固着生长于填料表面，部

分则是絮状悬浮生长于水中。因此，它兼有活性污泥法与生物滤池二者的特点。生物接触氧化法中微生物所需的氧常通过人工曝气供给。生物膜生长至一定厚度后，近填料壁的微生物将由于缺氧而进行厌氧代谢，产生的气体及曝气形成的冲刷作用会造成生物膜的脱落，并促进新生膜的生长，形成生物膜的新陈代谢，脱落的生物膜将随出水流出池外。

生物接触氧化法的基本流程见图 4.14。

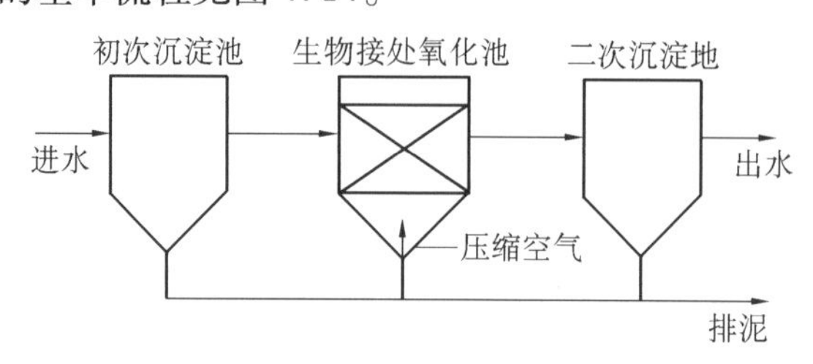

图 4.14　生物接触氧化法基本流程

由图可见，一般生物接触氧化池前要设初次沉淀池，以去除悬浮物，减轻生物接触氧化池的负荷；生物接触氧化池后则设二次沉淀池，以去除出水中挟带的生物膜，保证系统出水水质。

生物接触氧化法的主要特点：

1）由于填料的比表面积大，池内的充氧条件良好，生物接触氧化池内单位容积的生物固体量高于活性污泥法曝气池的生物固体量，因此，生物接触氧化池具有较高的容积负荷；

2）由于相当一部分微生物固着生长在填料表面，生物接触氧化法不需要设污泥回流系统，也不存在污泥膨胀问题，运行管理简便；

3）由于生物接触氧化池内生物固体量多，水流属完全混合型，因此，生物接触氧化池对水质水量的骤变有较强的适应能力；

4）由于生物接触氧化池内生物固体量多，当有机容积负荷较高时，其 F/M 可以保持在一定水平，因此，污泥产量可相当于或低于活性污泥法。

2. 生物接触氧化池构造

生物接触氧化池主要是由池体、填料床、曝气装置、进出水装置等组成，见图 4.15、4.16。

生物接触氧化池池体在平面上多呈圆形、矩形或方形，用钢板焊接制成或用钢筋混凝土浇灌砌成。池体总高度一般约为 4.5～5.0 m，其中，填料床高度为 3.0～3.5 m，底部布气层高度为 0.6～0.7 m，顶部稳定水层为 0.5～0.6 m。

填料床是生物接触氧化池的重要组成部分，它既直接影响到污水处理效果，又关系到接触氧化池的基建费用，故填料的选择应从技术和经济两个方面加以考虑。考虑到生物膜的生长繁殖、充氧与不填塞，填料床内应填充比表面积大、空隙率高的填料。目前，淹没式生物接触氧化池中常采用的填料主要有蜂窝状填料、波纹板状填料及软性与半软性填料等。此外，有些处理工程中仍沿用砂粒、碎石、无烟煤、焦炭、矿渣及瓷环等无机填料。

曝气装置多采用穿孔管布气，孔眼直径为 3～5 mm，孔眼中心距为 50～100 mm 左右。布气管可设在填料床下部或其一侧，并将孔眼做均匀布置，而空气则来自鼓风机或射流器。在运行中要求布气均匀，并考虑到填料床发生堵塞时能适当加大气量及提高冲洗能力。当采用表曝机供氧时，则应考虑填料床发生堵塞时有加大转速，加快循环回流，提高冲刷能力的可能。

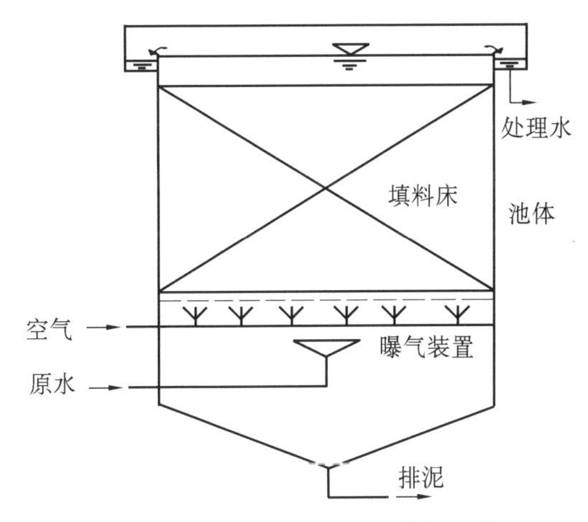

图4.15　鼓风曝气淹没式生物接触氧化池

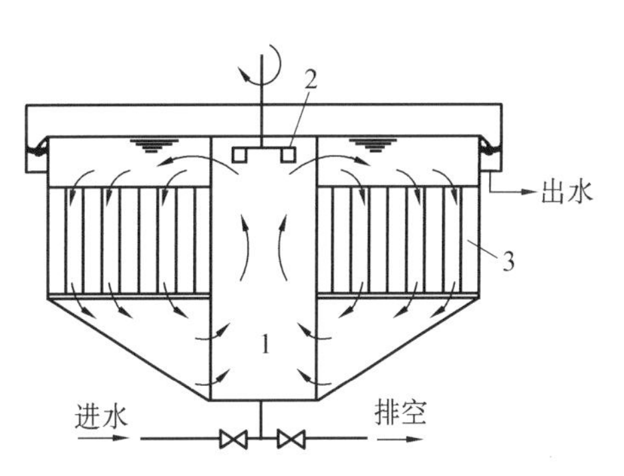

图4.16　表面曝气淹没式生物接触氧化池

1—充氧间；2—曝气叶轮；3—填料间

进水装置一般采用穿孔管进水，穿孔管上孔眼直径为5～15 mm，间距为200 mm左右，水流喷出孔眼流速为2 m/s。穿孔管可直接设在填料床的上部或下部，使污水均匀流入填料床，污水、空气和生物膜三者之间相互均匀接触，可提高填料床工作效率，同时，还要考虑到发生堵塞时有加大进水量的可能。出水装置可根据实际情况选择溢流堰式出水或穿孔管出水。

3. 生物接触氧化池填料

生物接触氧化池中的填料是微生物的载体，其特性对接触氧化池中生物固体量、氧的利用率、水流条件和污水与生物膜的接触情况等起着重要的作用，因此，填料是影响生物接触氧化池处理效果的重要因素。

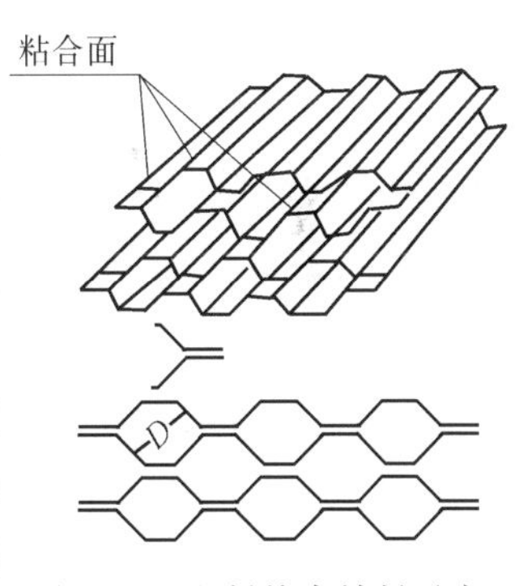

图4.17　塑料蜂窝填料示意

常用的填料可分为硬性填料、软性填料和半软性填料。硬性填料系指由玻璃钢或塑料制成波状板片，在现场再粘合成蜂窝状的，常称为蜂窝填料，如图4.17所示。软性填料由尼龙、维纶、腈纶、涤纶等化学纤维编织而成，又称纤维填料，见图4.18。为防止生物膜生长后纤维结成球状，减小填料的比表面积，又有以硬性塑料为支架，上面缚以软性纤维的，称为半软性填料或复合纤维填料，见图4.19。

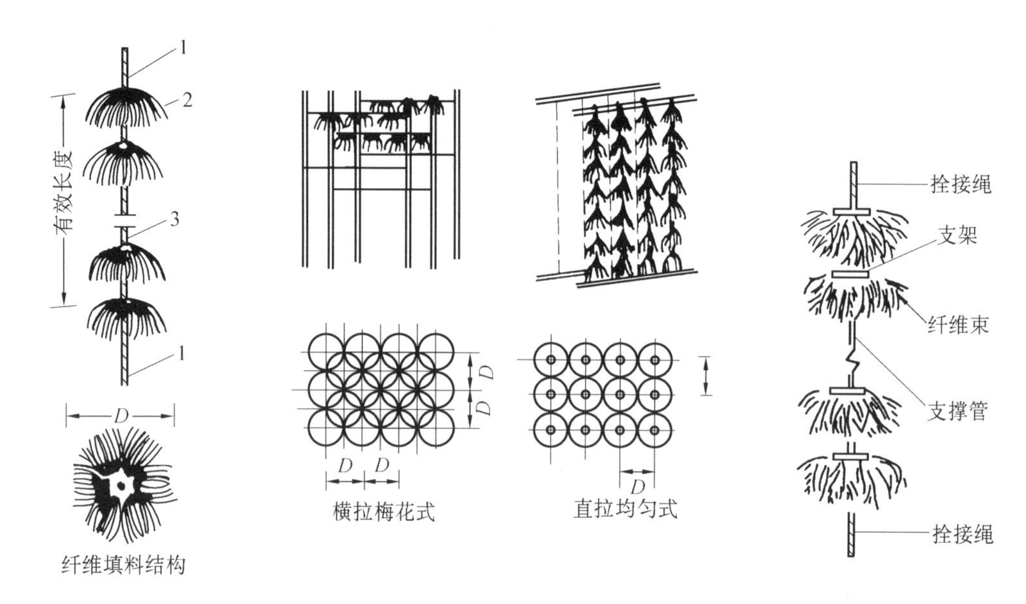

图4.18　纤维填料

1—拴接绳;2—纤维束;3—中心绳

图4.19　复合纤维填料

玻璃钢蜂窝填料和纤维填料的规格见表4.4和表4.5。

表4.4　玻璃钢蜂窝填料规格

孔径 mm	密度 $(kg \cdot m^{-3})$	壁厚 mm	容积表面积比 $(m^2 \cdot m^{-3})$	孔隙率 %	适用的进水 BOD_5 $(mg \cdot L^{-1})$	块体规格 (mm×mm×mm)
19	40~42	0.2	208	98.4	<100	700×500×500
25	31~33	0.2	158	98.7	100~200	800×800×230
32	24~26	0.2	139	98.9	200~300	1 000×500×500
36	23~25	0.2	110	99.1	300~400	800×500×200

表4.5　纤维填料规格

纤维束长度 mm	纤维束间距 mm	纤维束革丝数 $(根 \cdot 束^{-1})$	纤维束质量 $(g \cdot 束^{-1})$	纤维束数 $(束 \cdot m^{-3})$	纤维密度 $(kg \cdot m^{-3})$	纤维丝直径 mm	纤维丝相对密度	空隙率 %	容积表面积比 $(m^2 \cdot m^{-3})$
120	60	$8\times1\times10^4$	2.16~2.59	1 157	2.5~3.0	0.07	1.02	>99	2 472
160	80	$8\times1\times10^4$	2.87~3.28	488	1.4~1.6	0.07	1.02	>99	1 390

选择填料时应考虑污水性质、有机负荷及填料的特性。蜂窝填料寿命较长,但易堵塞,因此,应根据有机负荷选择合适的孔径。软性纤维填料不易堵塞,重量较轻,价格也低,但生物膜易结成团块,使用寿命也较短。

三、生物接触氧化池计算

1. 生物接触氧化池设计要点

(1)生物接触氧化池一般不应少于2座;

(2)设计时采用的 BOD_5 负荷最好通过试验确定,也可采用经验数据,一般处理城市污水可用 1.0 ~ 1.8 kg/(m^3 · d)；处理 BOD_5 质量浓度不大于 500 mg/L 的污水时，可用 1.0 ~ 3.0 kg/(m^3 · d)；

(3)污水在池中停留时间不应小于 1 ~ 2 h(按有效容积计)；

(4)进水 BOD_5 质量浓度过高时，应考虑设出水回流系统；

(5)填料层高度一般大于 3.0 m，当采用蜂窝填料时，应分层装填，每层高度为 1 m，蜂窝孔径应不小于 25 mm；当采用小孔径填料时，应加大曝气强度，增加生物膜脱落速度。

(6)每单元接触氧化池面积不宜大于 25 m^2，以保证布水、布气均匀；

(7)气水比控制在(10 ~ 15) : 1。

2. 计算公式

生物接触氧化池计算公式见表 4.6。

表 4.6　生物接触氧化池计算公式

项　　目	公　　式	符　号　说　明
1. 滤池的有效容积(即滤料体积)	$V = \dfrac{Q(L_a - L_t)}{M}$	V—— 滤池有效容积(m^3) Q—— 平均日污水量(m^3/d) L_a—— 进水 BOD_5 质量浓度(mg/L) L_t—— 出水 BOD_5 质量浓度(mg/L) M—— 容积负荷($gBOD_5/m^3 \cdot d$)
2. 滤池总面积	$F = \dfrac{V}{H}$	F—— 滤池总面积(m^2) H—— 滤料层总高度(m)，一般 H = 3 m
3. 滤池格数	$n = \dfrac{F}{f}$	n—— 滤池格数(个)，$n \geqslant 2$ 个 f—— 每个滤池面积(m^2)，$f \leqslant 25$ m^2
4. 校核接触时间	$t = \dfrac{nfH}{Q} \times 24$	t—— 滤池有效接触时间(h)
5. 滤池总高度	$H_0 = H + h_1 + h_2 + (m-1)h_3 + h_4$	H_0—— 滤池总高度(m) h_1—— 超高(m)，h_1 = 0.5 ~ 0.6 m h_2—— 填料上水深(m)，h_2 = 0.4 ~ 0.5 m h_3—— 填料层间隙高(m)，h_3 = 0.2 ~ 0.3 m h_4—— 配水区高度(m)，当采用多孔管曝气时，不进入检修时 h_4 = 0.5 m，进入检修时 h_4 = 1.5 m m—— 填料层数(层)
6. 需气量	$D = D_0 Q$	D—— 需气量(m^3/d) D_0——1 m^3 污水需气量(m^3/m^3) Q——15 ~ 20 m^3/m^3

四、生物转盘

生物转盘是由电动机和变速器带动转盘转动，见图4.20。当转盘转动离开污水与空气接触时，转盘上附着的生物膜粘附水层从空气中吸收氧，生物膜粘附水层吸收氧是过饱和的;当转盘转动进入污水中,生物膜粘附水层吸附氧传递到污水中,使污水的溶解氧含量达到一定的浓度,生物膜滋生的大量微生物降解污水中的有机物,使污水得以净化。

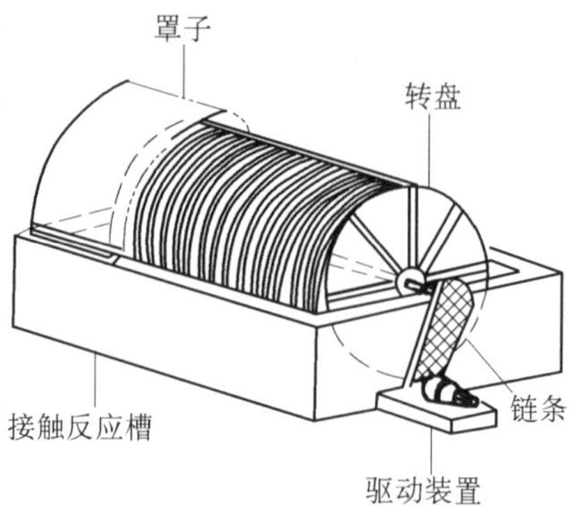

图 4.20 生物转盘

1. 生物转盘的特征

(1)微生物浓度高

特别是最初几级的生物转盘,生物膜量如折算成曝气池的 MLVSS,可达 40 000 ~ 60 000 mg/L,*F/M* 为 0.05 ~0.1,这是生物转盘高效率的一项主要原因。

(2)生物相分级

在每级转盘上生长着适应于流入该级污水性质的生物相,这种现象对微生物的生长繁育,有机物降解非常有利。

(3)污泥龄长

在转盘上能够增殖世代时间长的微生物,如硝化菌等,因此,生物转盘具有硝化、反硝化及生物除磷的功能。

(4)产生污泥量少

在生物膜上的微生物的食物链较长,因此,产生的污泥量较少,约为活性污泥处理系统的 1/2 左右,在水温为 5 ~20 ℃的范围内,BOD 去除率为 90% 的条件下,去除 1 kgBOD 的产泥量约为 0.25 kg。

(5)运行费用低

接触反应槽不需要曝气,污泥也勿需回流,不存在产生污泥膨胀的麻烦。因此,动力消耗低,每去除 1 kgBOD 的耗电量约为 0.7 kWh,运行费用低。

(6)完全混合-推流式

生物转盘的流态,从一个生物转盘单元来看是完全混合型的,从多级生物转盘来看又应作为推流式来考虑,因此,生物转盘的流态,应按完全混合-推流式来考虑。

2. 生物转盘的构造

生物转盘设备是由盘体、转轴和驱动装置,以及接触反应槽三部分所组成,见图 4.21。现分别就其构造要点及技术条件阐述如下。

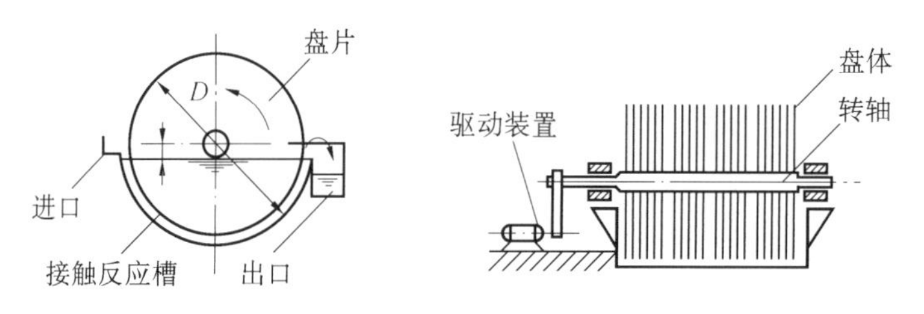

图 4.21 生物转盘构造图

(1)盘体

盘体是生物转盘的主要部件,由若干圆形盘片所组成,盘片具有轻质高强度、耐腐蚀、不变形、易于取材、便于加工等性质。盘片直径 2 ~3 m,盘片厚度 1 ~5 mm,盘片距离进水端

25 ~ 35 mm，出水端 10 ~ 20 mm。

（2）转轴及驱动装置

转轴是支承盘片并带动其旋转的重要部件，转轴两端安装于固定在接触反应槽两端的支座上。转轴一般采用实心钢轴或无缝钢管，长度控制在 5.0 ~ 7.0 m 之间，直径介于 50 ~ 80 mm，转轴高于污水水面 150 mm。驱动装置包括动力设备、减速装置，以及传动链条等。一台转盘设一套驱动装置，驱动速度为 15 ~ 18 m/min。

（3）接触反应槽

盘片直径的 40% 浸没于接触反应槽的污水中。接触反应槽应呈与盘材外形基本吻合的半圆形，槽的构造形式与建造方法随设备规模大小、修建场地条件不同而异。盘片边缘与槽内面应留有不小于 150 mm 的间距。槽底应考虑设有放空管，槽的两侧面设有进出水设备，多采用锯齿形溢流堰。对多级生物转盘，接触反应槽分为若干格，格与格之间设导流槽。

3. 计算公式

生物转盘计算公式见表 4.7。

表 4.7　生物转盘计算公式

项　　目	公　　式	符　号　说　明
1. 转盘总面积（按盘面负荷计算）	$F = \dfrac{Q(L_a - L_t)}{N}$	F—— 转盘总面积（m^2） Q—— 平均日污水量（m^3/d） L_a—— 进水 BOD_5（mg/L） L_t—— 出水 BOD_5（mg/L） N——BOD 盘面负荷[$g/(m^2 \cdot d)$]
2. 转盘总面积（按水力负荷计算）	$F = \dfrac{Q}{q}$	q—— 水力负荷[$m^3/(m^2 \cdot d)$]
3. 转盘盘片总数	$m = \dfrac{4F}{2\pi D^2} = 0.637\dfrac{F}{D^2}$	m—— 转盘盘片总数（片） D—— 盘片直径（m）
4. 每组转盘的片数	$m_1 = \dfrac{0.637F}{nD^2}$	m_1—— 每组转盘的盘片数（片） n—— 转盘组数（组）
5. 每组转盘转动轴有效长度（即氧化槽有效长度）	$L = m_1(a + b)K$	L—— 每组转轴有效长度（m） a—— 盘片厚度（m） b—— 盘片净距（m） K—— 考虑循环沟道系数，$K = 1.2$
6. 每个氧化槽的有效容积	$W = 0.32(D + 2c)^2L$	W—— 每个氧化槽的有效容积（m^3） c—— 转盘与氧化槽表面净距（m）
7. 每个氧化槽的净有效容积	$W' = 0.32(D + 2c)^2(L - m_1a)$	W'—— 每个氧化槽的净有效容积（m^3）
8. 每个氧化槽有效宽度	$B = D + 2c$	B—— 每个氧化槽有效宽度（m）
9. 转盘的转速	$n_0 = \dfrac{6.37}{D}(0.9 - \dfrac{W'}{Q_1})$	n_0—— 转盘转速（r/min） Q_1—— 每个氧化槽污水量（m^3/d）

续表 4.7

项目	公式	符号说明
10. 电动机功率	$N_p = \frac{3.85R^4 n_0^2}{b \times 10^{12}} m_0 \alpha\beta$	N_p——电动机功率(kW) R——转盘半径(cm) n_0——转盘转速(r/min) m_0——一根转轴上的盘片数(片) α——同一电动机带动的转轴数 β——生物膜厚度系数,一般采用2~4 b——盘片间距(cm)
11. 污水在氧化槽中的停留时间	$t = \frac{W'}{Q_1} \times 24$	t——污水在氧化槽中的停留时间(h),一般 $t = 0.25 \sim 2.0$ Q_1——每个氧化槽污水量(m^3/d)

五、普通生物滤池

普通生物滤池是污水长时间以滴状喷洒在块状滤料层的表面上,在污水流经的表面上就会形成生物膜,待生物膜成熟后,栖息在生物膜上的微生物会摄取流经污水中的有机物作为营养,从而使污水得到净化。

1. 普通生物滤池的构造

普通生物滤池由池体、滤料、布水装置和排水系统等4部分组成,见图4.22。

(1)池体

普通生物滤池的平面形状为圆形和矩形,池壁下部带有孔洞,有利于内部滤料的通风,为保证滤池表面均匀布水,池壁应高出滤料表面0.5~0.9 m,避免风力影响布水装置,池体内设有支架,用来支撑滤料和排除处理后的污水。

(2)滤料

滤料是生物滤池的主体部分,滤料应具有质坚、高强度、耐腐蚀、抗冰冻,有较高的比表面积,适宜的空隙率,粗糙的表面,并且具有价格便宜、便于加工、便于运输等特点。

(3)布水装置

生物滤池布水装置是向滤池表面均匀地撒布污水,应能适应水量的变化,具有不易堵塞和易于清通,以及不受风、雪的影响等功能。

(4)排水系统

生物滤池的排水系统设于池的底部,用来排除处理后的污水,保证滤池的良好通风。

2. 普通生物滤池设计要求

1)普通生物滤池的个数或分格应不少于2个,并按同时工作设计。

2)生物滤池在必要时应考虑采暖、防冻、防蝇措施。

3)滤料一般采用碎石、炉渣和卵石等,也可采用塑料板,蜂窝纸等。

4)生物滤池的BOD容积负荷为150~200 kg/(m^3 滤料·d),水力负荷为1~3 m^3/(m^2·d)。

5)普通生物滤池滤料总厚度一般采用两层,总厚度为1.5~2.0 m,滤料粒径和相对的

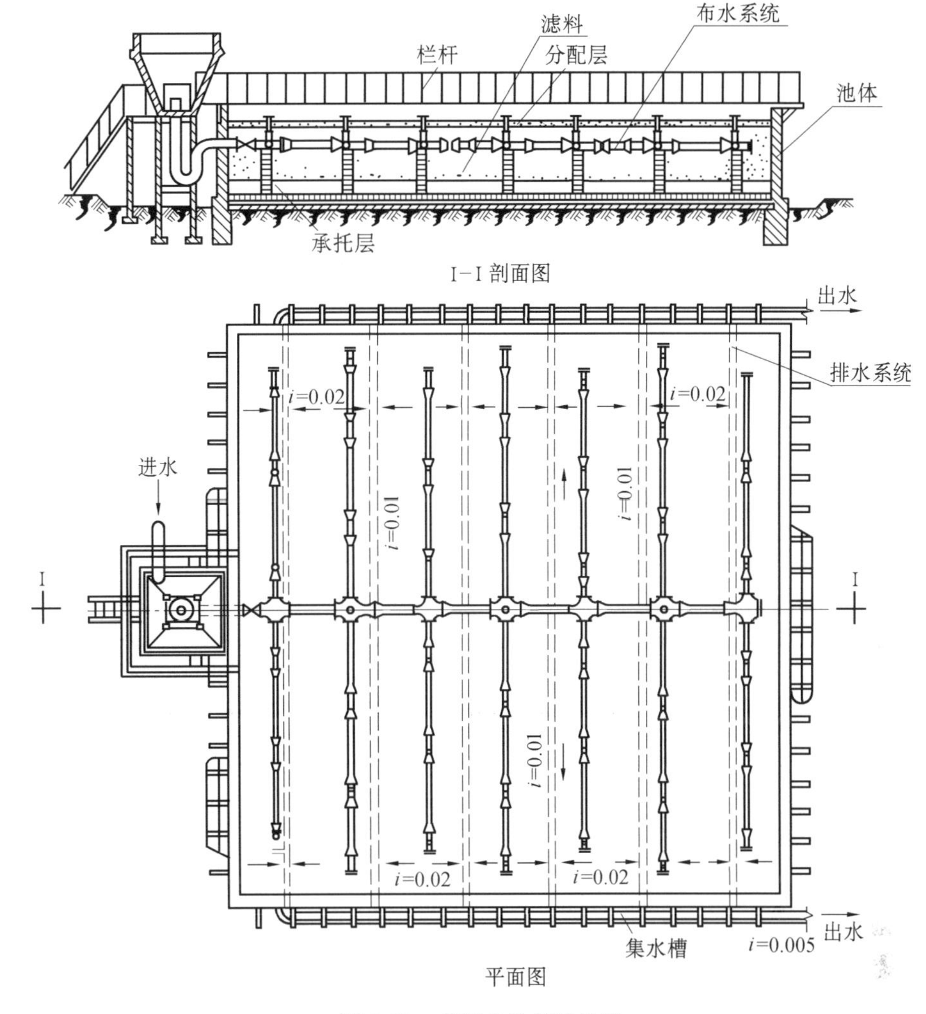

图 4.22　普通生物滤池构造

滤层厚度一般为工作层厚度 1.3 ~ 1.8 m，粒径为 25 ~ 40 mm，承托层厚度 0.2 m，粒径为 70 ~ 100 mm。

6）为保证全部滤料获得良好的通风条件，生物滤池池底应做成双层，每层之间的空间高度不应小于 0.3 m。底层应设总排水沟，总排水沟纵坡应不小于 0.005。

3. 计算公式

普通生物滤池计算公式见表 4.8。

表 4.8　普通生物滤池计算公式

项　目	公　式	符号说明
1. 每天处理 1 m^3 污水所需滤料体积	$V_1=\frac{L_a-L_t}{M}$	V_1——每天处理 1 m^3 污水所需滤料体积[$m^3/(m^3\cdot d)$] L_a——进入生物滤池污水的 BOD_5 质量浓度(g/m^3) L_t——生物滤池出水的 BOD_5 质量浓度(g/m^3) M——BOD_5 滤料容积负荷[$g/(m^3\cdot d)$]
2. 滤料总体积	$V=QV_1$	V——滤料总体积(m^3) Q——进入生物滤池污水的平均日污水量(m^3/d)
3. 滤料有效面积	$F=\frac{V}{H}$	F——滤料有效面积(m^2) H——滤料层总高度(m),$H=1.5\sim2.0$ m
4. 用水力负荷校核滤池面积	$F=\frac{Q}{q}$	q——生物滤池水力负荷[$m^3/(m^2\cdot d)$],$q=1\sim3$
5. 处理 1 m^3 污水所需空气量	$D_1=\frac{L_a-L_t}{2.099\ S\ n}$	D_1——处理 1 m^3 污水所需空气量(m^3/m^3) 2.099——空气含氧量折算系数 S——氧的密度,在标准大气压下为 1.429 g/L n——氧的利用率,一般为 7% ~ 15%
6. 每天 1 m^3 滤料所需空气量	$D_0=\frac{M}{2.099\ S\ n}$	D_0——每天 1 m^3 滤料所需空气量[$m^3/(m^3\cdot d)$]

六、地埋式生物接触氧化池

地埋式生物接触氧化池是近年来发展的一种生物接触氧化池,它将生物接触氧化池埋于地下,全部处理设施均处于地下,节省地面占地面积,预留出的地表面可以种花、植树、绿化等作用。

1. 地埋式生物接触氧化池的特点

地埋式生物接触氧化池适于应用在小区污水处理,或单独建筑物的污水处理,以及小水量排水单位的污水处理。地埋式生物接触氧化池采用不锈钢结构、普通钢结构、PVC 塑钢结构和钢筋混凝土结构,全部处理系统建于地下,建成后地面恢复原样或绿化,只留检修孔便于检修维护。

2. 地埋式生物接触氧化池的构造

地埋式生物接触氧化池系统主要构筑物是初次沉淀池、生物接触氧化池、二次沉淀池、消毒接触池、贮泥池等构筑物组成。处理系统采用一体化处理模式,全部构筑物设计成一体,可以工厂化制造,也可以现场制造,施工方便,见图 4.23。

地埋式生物接触氧化池系统的初次沉淀池和二次沉淀池采用竖流沉淀池,构造简单,操作维护方便。生物接触氧化池的填料常用蜂窝型硬性填料,挂膜速度快,不易堵塞。消毒方

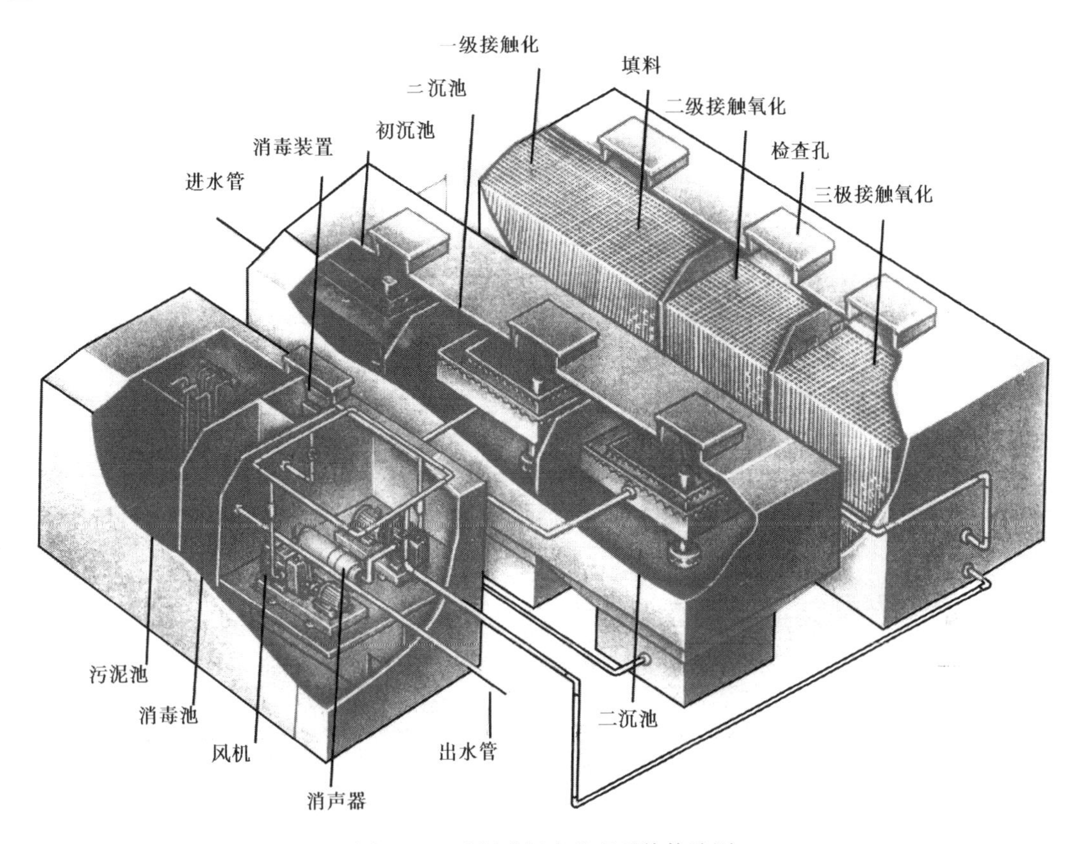

图 4.23　地埋式污水处理系统构造图

式可用氯片消毒或次氯酸钠溶液消毒,方便简单。

3. **计算公式**

地埋式生物接触氧化池计算公式见表 4.9。

表 4.9　地埋式生物接触氧化池计算公式

项　目	公　式	符号说明
初沉池	1. 有效断面积 $F = \frac{Q_{max}}{v}$ 2. 有效容积 $V = F \cdot H$ 3. 污泥斗容积 $V_1 = \frac{1}{3}h(A + a + \sqrt{A \cdot a})$	F—— 有效断面积(m^2) Q_{max}—— 最大设计流量(m^3/s) v—— 污水上升流速(m/s) V—— 有效容积(m^3) H—— 有效高度(m) V_1—— 污泥斗容积(m^3) h—— 污泥斗高度(m) A—— 污泥斗上口面积(m) a—— 污泥斗下口面积(m)

续表 4.9

项　目	公　　式	符 号 说 明
接触氧化池	1. 有效容积 $V=\frac{Q(L_a-L_r)}{M}$ 2. 有效面积 $F=\frac{V}{H}$ 3. 填料所需体积 $V_1=nFH$	V——有效容积(m^3) Q——设计流量(m^3/s) L_a——进水 BOD_5 质量浓度(mg/L) L_r——出水 BOD_5 质量浓度(mg/L) M——BOD_5 容积负荷[kg/(m^3·d)] F——有效面积(m^2) n——填料占有效容积的比例 V_1——填料所需体积(m^3)
二沉池	1. 有效断面积 $F=\frac{Q_{max}}{v}$ 2. 有效容积 $V=F\cdot H$ 3. 污泥斗容积 $V_1=\frac{1}{3}h(A+a+\sqrt{A\cdot a})$	F——有效断面积(m^2) Q_{max}——最大设计流量(m^3/s) v——污水上升流速(m/s) V——有效容积(m^3) H——有效高度(m) V_1——污泥斗容积(m^3) h——污泥斗高度(m) A——污泥斗上口面积(m) a——污泥斗下口面积(m)
消毒接触池	1. 有效容积 $V\geqslant 1\,800\cdot Q$ 2. 长宽比 $L/B\geqslant 5$	V——有效容积(m^3) Q——设计流量(m^3/s) L——池长度(m) B——池宽度(m)

第四节　曝气系统设计

活性污泥法应保持曝气池内有足够数量的活性污泥和充足的溶解氧。氧的供应是将空气中的氧强制溶解到混合液中,通常通过曝气过程来实施。采用的曝气方法有鼓风曝气、机械曝气和两者联合使用的通风机械曝气。鼓风曝气的过程是将压缩空气通过管道系统进入池底的空气扩散装置,并以气泡的形式扩散到混合液,使气泡中的氧迅速转移到液相,供微生物利用。机械曝气则是利用安装在曝气池水面的叶轮的转动,剧烈地搅动水面,使液体循环流动,不断更新液面并产生强烈的水跃,从而使空气中的氧与水滴或水跃的界面充分接触而转移到液相中去。

一、曝气原理

1. 双膜理论

空气中的氧向水中转移,通常以双膜理论作为理论基础。双膜理论是:当气、液两相作相对运动时，其接触界面两侧分别存在气体边界层（气膜）和液体边界层（液膜），气膜和液膜均属层流。氧的转移就是在气、液双膜间进行分子扩散和在膜外进行对流扩散的过程。由于对流扩散的阻力比分子扩散的阻力小得多，故传质的阻力集中在双膜上。在气膜中存在着氧的分压梯度，在液膜中存在着氧的浓度梯度，这就是氧转移的推动力（图4.24）。对于难溶解的氧来说，氧转移的决定性阻力又集中在液膜上，因此，通过液膜是氧转移过程的限制步骤，通过液膜的转移速率便是氧扩散转移全过程的控制速率，其数学表达式为

$$\frac{dm}{dt}=D_LA\frac{C_S-C_L}{Y_L}=K_LA(C_S-C_L) \tag{4.5}$$

式中　D_L—— 液膜部分的氧分子扩散系数；

A—— 界面面积（m^2）；

C_S—— 液体的饱和溶解氧质量浓度（mg/L）；

C_L—— 液体实际的溶解氧质量浓度（mg/L）；

Y_L—— 液膜厚度。

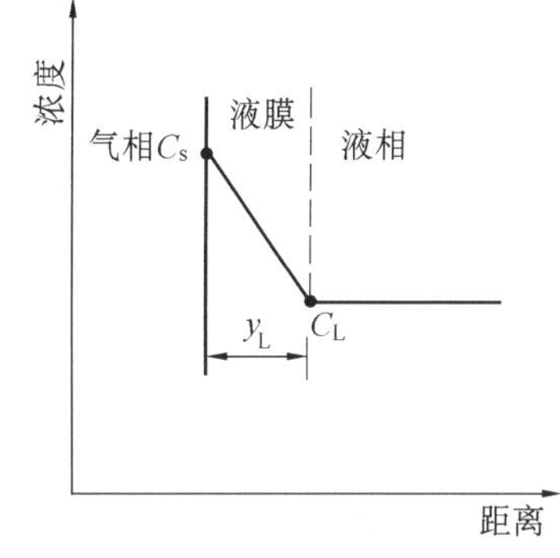

图4.24　氧转移机理

2. **影响氧转移的因素**

（1）水质

由于污水中存在着溶解性有机物，特别是某些表面活性物质，这类物质的分子属两亲分子，它们将聚集在气、液界面上，阻碍氧分子的扩散转移。由于它们增加了氧转移过程的阻力，因此，造成了氧转移速率的下降。

（2）水温

氧的转移还受水温的影响，水温高，液体粘滞降低，扩散度增加，氧转移速率就增加；水温低，饱和溶解氧浓度增加，液相中氧的浓度梯度增加，氧转移速率也会增加。因此，水温对氧的转移有两种相反的影响，但并不完全抵消，而是水温低将有利于氧的转移。通常在水温为15～30 ℃的曝气池中，混合液溶解氧在0.5～2.0 mg/L的范围内，其最不利情况将出现在夏季的30～35 ℃。

（3）氧分压（气压）

氧转移速率还受氧分压或气压的影响。当气压降低时，饱和溶解氧值也降低；反之则增大。对于鼓风曝气池，池底扩散装置出口分压最大，饱和溶解氧值也最大；但随气泡上升至水面，气体压力逐渐减小，小到一个大气压，气泡中一部分氧已转移到液体中，氧转移速率随之降低。氧的转移还与气泡的大小、液体的紊动程度及气泡与液体的接触时间有关。

二、曝气装置

曝气装置是活性污泥系统的重要设备，按曝气方式可将其分为鼓风曝气装置及表面机械曝气装置两种。

1. 鼓风曝气装置

鼓风曝气系统由鼓风机、曝气装置及空气输送管道所组成。压缩空气通过管道将其输送到曝气装置，曝气装置再将空气中的氧转移到混合液中去。鼓风曝气装置可分为：小气泡型、中气泡型、大气泡型等三种。

（1）小气泡型曝气装置

用微孔透气材料（陶土、氧化铝、氧化硅和尼龙等）制成的扩散板、扩散盘和扩散管等，见图4.25，所产生的气泡直径在2 mm以下，气泡细小，氧的利用率较高，介于15%～25%，动力效率为1.82 kgO_2/kWh。其缺点是易堵塞，空气需经过滤净化，扩散阻力较大等。

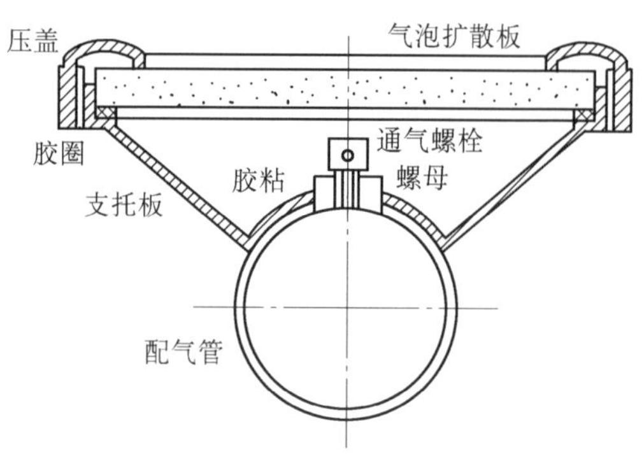

图4.25　固定式平板型微孔空气扩散器

膜片式微孔曝气器用聚丙烯制成底座，合成橡胶制成微孔膜片，在膜片上开有按同心圆形式布置的孔眼。鼓气时，空气通过底座上的通气孔，进入膜片与底座之间，使膜片微微鼓起，孔眼张开，空气从孔眼透出，达到空气扩散的目的。供气停止，压力消失，在膜片的弹性作用下，孔眼自动闭合，并且由于水压的作用，膜片压实在底座之上，见图4.26，曝气池中的混合液不能倒流，不会使孔眼堵塞。这种空气扩散器可扩散出直径为1.5～2.0 mm的气泡，因此，少量的尘埃，也可以通过孔眼，不会堵塞，也勿需设除尘设备。膜片式微孔曝气器每个装置的服务面积为1～3 m^2，动力效率4～4.5 kgO_2/kWh，氧利用率27%～38%。

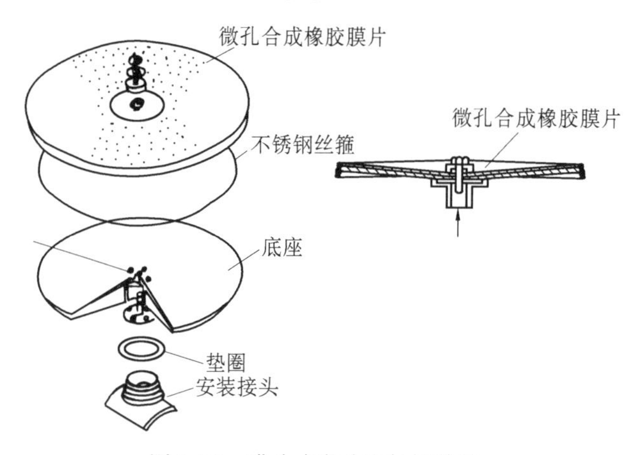

图4.26　膜片式微孔空气扩散器

射流式空气扩散装置是利用水泵打入的泥水混合液的高速水流的动能作用下，吸入大量空气，泥、水、气混合液在喉管中强烈混合搅动，使气泡粉碎成大量微小气泡的雾状混合体，继而微细气泡在扩散管内进一步压缩，氧迅速地转移到混合液中，从而强化了氧的转移过程，见图4.27，氧的利用率可高达20%～30%，动力效率1.5～2 kgO_2/kWh。

（2）中气泡型曝气装置

穿孔管由钢管或塑料管制成，管径为25～50 mm，在管壁两侧下部开直径为3～5 mm的孔眼，间距为50～100 mm，孔口流速大于10 m/s，气泡直径为2～6 mm。穿孔管不易被堵塞，构造简单，阻力小，但氧的利用率低，只有4%～6%，动力效率可达1 kgO_2/kWh。

穿孔管也可以制成管栅，用于浅层曝气，通常安装在水下800～900 mm处，氧利用率只有2.3%～2.5%，但动力效率却较高，可达2 kgO_2/kWh以上。

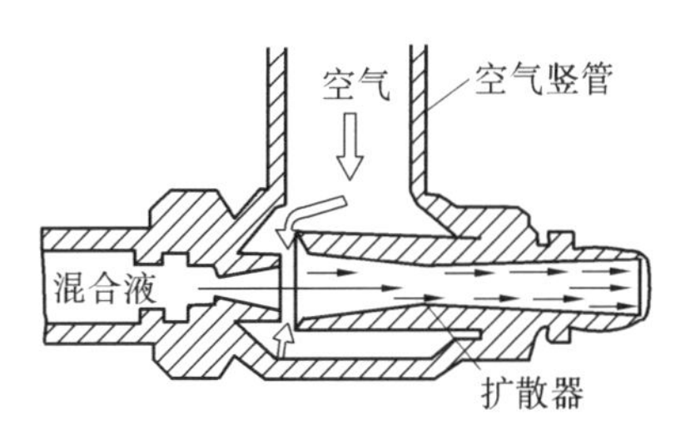

图4.27　射流式水力冲击空气扩散装置

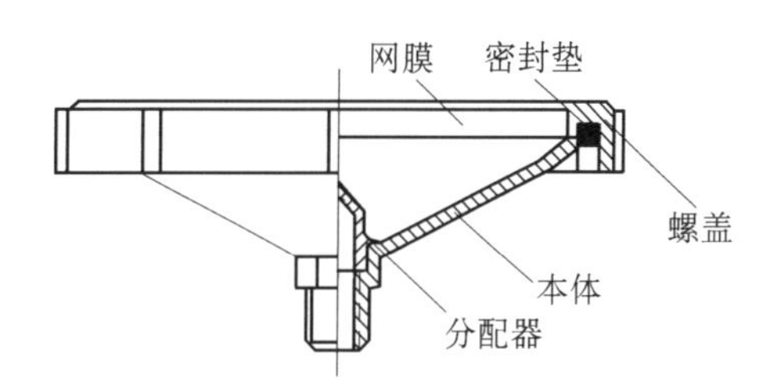

图4.28　W_M-180型网状膜曝气器

网状膜曝气器(图4.28)由主体、螺盖、网状膜、分配器和密封圈等部分组成。主体骨架用工程塑料注塑成型,网状膜由聚酯纤维制成。从底部进入空气,经分配器第一次切割并均匀分配到气室内,然后通过网状膜进行二次切割,形成微小气泡扩散水中。网状膜曝气器的服务面积0.5 m^2/个,动力效率2.7~3.7 kgO_2/kWh,氧利用率15%~20%。

可变孔曝气器由骨架、膜片、套箍和止回阀四部分组成(见图4.29)。骨架长508 mm,直径58 mm,由ABS塑料注塑成型,用以支承膜片,膜片由改性塑胶制成,厚0.8 mm,其表面有呈梅花型交错布置的小孔,小孔长1.5 mm,空气由此孔喷出形成中气泡。可变孔曝气管服务面积1.2 m^2/m,气泡直径2~3 mm,动力效率4~5.5 kgO_2/kWh,氧利用率18%~22%。

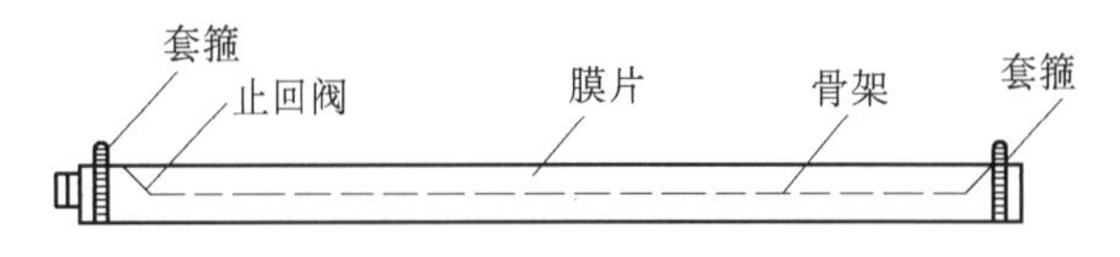

图4.29　可变孔曝气器

(3)大气泡型曝气装置

倒盆形曝气器由盆形塑料壳体、橡胶板、塑料螺杆及压盖等部件组成。空气由上部进入,由壳体和橡胶板之间的缝隙向四周喷出,由于水力剪切作用,气泡变小,工作停止时,借助橡胶板的回弹力,缝隙自动封闭,防止污泥倒灌,见图4.30,倒盆形曝气器服务面积8~10 m^2/个,动力效率1.7~2.8 kgO_2/kWh,氧利用率4%~10%。

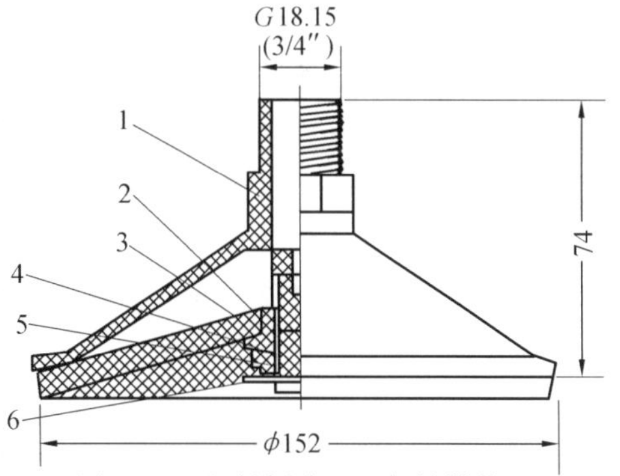

图4.30　塑料倒盆型空气扩散装置

1—盆型塑料壳体;2—橡胶板;3—密封圈;4—塑料螺杆;5—塑料螺母;6—不锈钢开口销

固定螺旋曝气器由圆形外壳和固定在外壳内部的螺旋叶片组成,每个螺旋叶片的旋转角为180°,相邻叶片的旋转方向相反。空气由底部进入筒内,向上流动,由于筒内、外混合液的密度差,产生提升作用,使混合液在筒内、外循环流动。空气泡在上升过程中,被螺旋叶片反复切割,将大气泡切割成小气泡透出,见图4.31。固定螺旋曝气器服务面积3~8 m^2/个,动力效率2.2~2.9 kgO_2/kWh,氧利用率8%~9%。

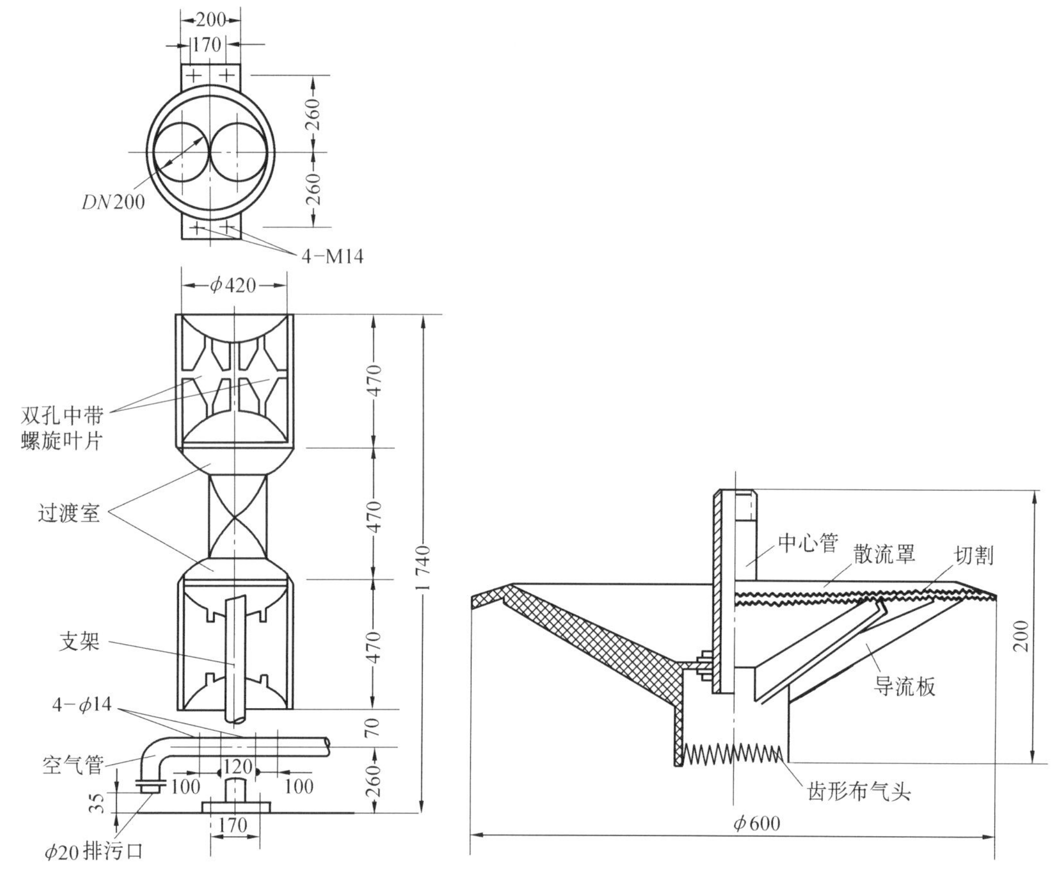

图 4.31　固定双螺旋空气扩散装置　　　　图 4.32　散流型曝气器构造图

散流型曝气器由齿形曝气头、齿形带孔散流罩、导流板、进气管及锁紧螺母等部件组成见图4.32。玻璃钢整体成形，具有良好的耐腐蚀性，空气由上部进入，经反复切割，提高氧利用率。散流型曝气器服务面积 2 ~ 3 m^2/个，动力效率 2 ~ 3.5 kgO_2/kWh，氧利用率 7% ~ 8.5%。

密集多喷嘴曝气筒由进气管、喷嘴、曝气筒和反射板等组成，见图 4.33。每个曝气筒在中、下部安设 120 个内径为 ϕ5.8 mm 喷嘴，空气由喷嘴向上喷出，出口流速 80 ~ 100 m/s，使水流上下循环流动。采用此种曝气器，应注意水位与反射板的配合，不宜使反射板脱水或淹没过多。密集多喷嘴排气器服务面积 150 ~ 250 m^2/套，动力效率 2.5 ~ 3.5 kgO_2/kWh，氧利用率 8% ~ 9%。

2. 机械曝气

(1)泵型叶轮曝气器

由叶片、进气孔、引气孔、上压罩、下压罩和进水口等部分组成，见图 4.34。叶片外缘最佳线速度应在 4.5 ~ 5.0 m/s 的范围内。如线速度小于 4 m/s，在曝气池中有可能导致污泥沉积。对于叶片的浸没度，应不大于 4 cm，过深会影响充氧量，而过浅易于引起脱水，运行不稳定。

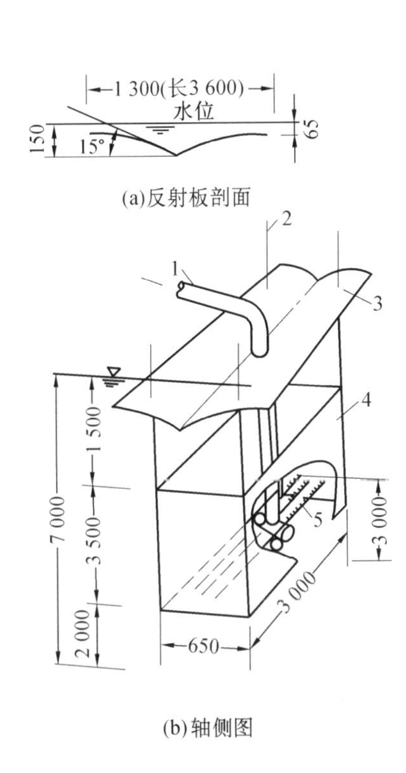

图 4.33　密集多喷嘴空气扩散装置

1—空气管;2—支柱;3—反射板;4—曝气筒;5—喷嘴

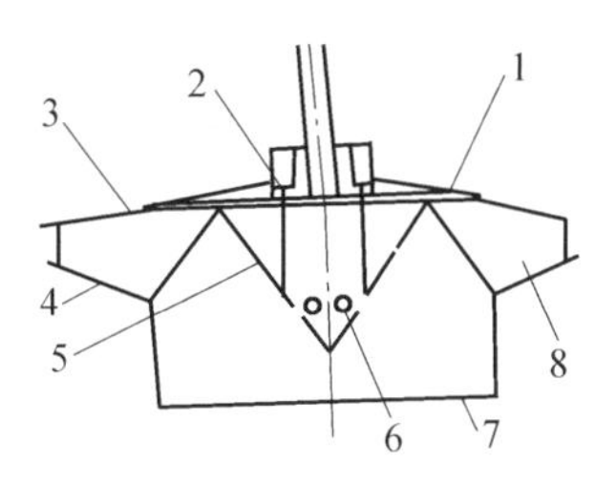

图 4.34　泵型叶轮曝气器构造示意图

1—上平板;2—进气孔;3—上压罩;4—下压罩;5—导流锥顶;6—引气孔;7—进水口;8—叶片

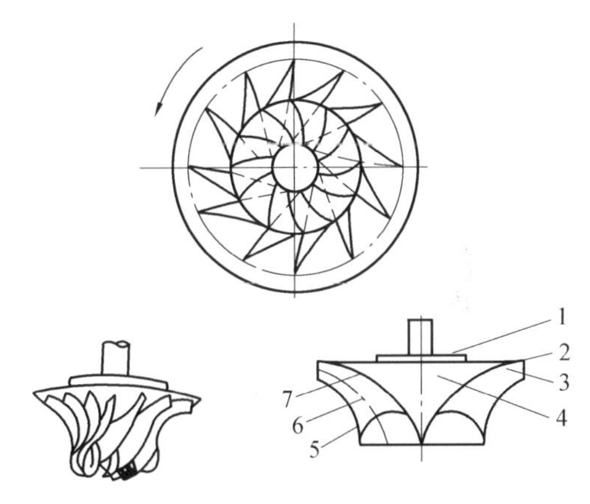

图 4.35　K 型叶轮曝气器结构图

1—法兰;2—盖板;3—叶片;4—后轮盘;5—后流线;6—中流线;7—前流线

(2)K 型叶轮曝气器

由后轮盘、叶片、盖板及法兰所组成,后轮盘呈流线型,与若干双曲率叶片相交成液流孔道,孔道从始端至末端旋转 90°。后轮盘端部外缘与盖板相接,盖板大于后轮盘和叶片,其外伸部分和各叶片的上部形成压水罩,见图 4.35。

K 型叶轮的最佳运行线速度在 4.0 m/s 左右,浸没度为 0 ~ 1 cm,叶轮直径与曝气池直径或正方形边长之比大致为 1 : (6 ~ 10)。

(3)倒伞型叶轮曝气器

倒伞型叶轮曝气器由圆锥体及连在其外表面的叶片所组成,见图 4.36。叶片的末端在圆锥体底边沿水平伸展出一小段,使叶轮旋转时甩出的水幕与池中水面相接触,从而扩大了叶轮的充氧、混合作用。为了提高充氧量,某些倒伞型叶轮在锥体上邻近叶片的后部钻有进气孔。

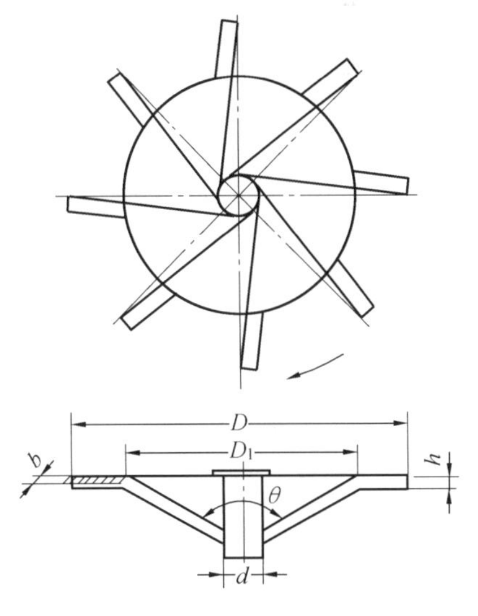

图 4.36　倒伞型叶轮结构及其尺寸

倒伞型叶轮转速在 30 ~ 60 r/min 之间,动力效率为2.13 ~ 2.44 kgO_2/kWh。目前,国内

最大的倒伞型叶轮直径为 3 000 mm,转速为 33.5 r/min,叶轮外缘线速度为 5.25 m/s。

(4)平板型叶轮曝气器

由平板、叶片和法兰构成。叶片与平板半径的角度一般在 0 ~ 25°之间,最佳角度为 12°。平板型叶轮曝气器构造简单,制造方便,不堵塞。

图 4.37 所示为平板型叶轮曝气器构造图,图 4.38 所示则为其改进型。

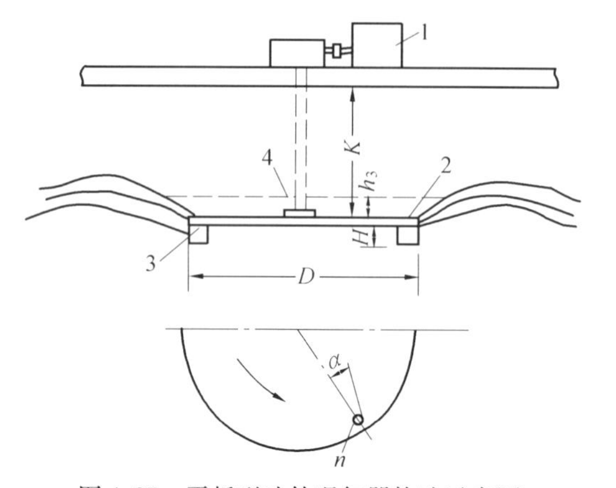

图 4.37　平板型叶轮曝气器构造示意图

1—驱动装置;2—进气孔;3—叶片;4—停转时水位线

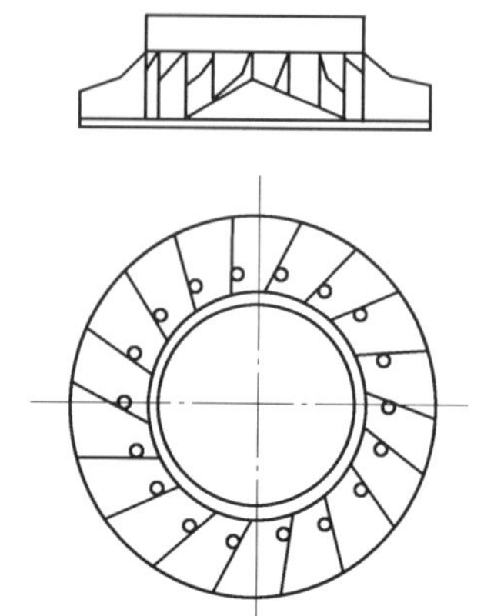

图 4.38　改进型平板叶轮曝气器构造示意图

三、曝气系统设计

在曝气系统设计时应考虑到使混合液始终保持悬浮状态,不致产生沉淀,池中平均水流速度一般在 0.25 m/s 左右,混合液含有的 DO 值为 2 mg/L,在满足需氧要求的前提下,充氧装置的动力效率(kgO_2/kWh)和氧利用率(%)应力求较高。

1. 鼓风机设计

曝气系统中采用的鼓风机为罗茨鼓风机和离心鼓风机。

(1)罗茨鼓风机

罗茨鼓风机是容积式气体压缩机的一种,其特点是在最高设计压力范围内,管网阻力变化时流量变化很小,故在流量要求稳定而阻力变动幅度较大的工作场合,工作适应性较强。此外,它具有结构简单,维护方便等特点。罗茨鼓风机在中小型污水处理工程中最常用,国产单机风量在 80 m^3/min 以下,风压为 1 ~ 9 m,而以 5 m 者运行最稳定,采用最多。罗茨鼓风机噪声大,必须采取消音、隔音措施。

(2)离心鼓风机

离心鼓风机噪声较小,一般可达 85 dB 以下,且效率较高,适用于大中型污水处理工程。我国离心鼓风机使用经验还不多,特别是大型离心鼓风机还有待完善,选用时应与生产厂家密切配合。机组工作点应避开湍振区,湍振区须由生产厂家提供。

2. 空气管道设计

(1)空气管道的设计

鼓风机房的鼓风机将压缩空气送至曝气池,需要不同长度和不同管径的空气管。空气干管和主干管的经济流速可采用 10 ~ 15 m/s;通向扩散装置的空气竖管和支管,其经济流速一般采用 4 ~ 5 m/s;空气管道的压力损失一般控制在 1.0 m 以内,其中,空气管道总压力损失控制在0.5 m以内。由于扩散装置在使用过程中容易堵塞,故设计中一般规定空气通过扩散装置的阻力损失为0.5～0.6 m,对于竖管或穿孔管可酌情减少。

(2)空气管道的计算

空气管道的直径DN、流量Q、流速v之间的关系可由图4.39查出。空气管道的沿程阻力损失可用表4.10查出,风管的局部阻力h_2,可按下式计算求得,即

$$h_2=\xi\frac{v^2}{2g}\gamma \tag{4.5}$$

式中　h_2—— 风管局部阻力(m);

ξ—— 局部阻力系数;

v—— 风管中平均空气流速(m/s);

γ—— 空气密度(kg/m^3)。

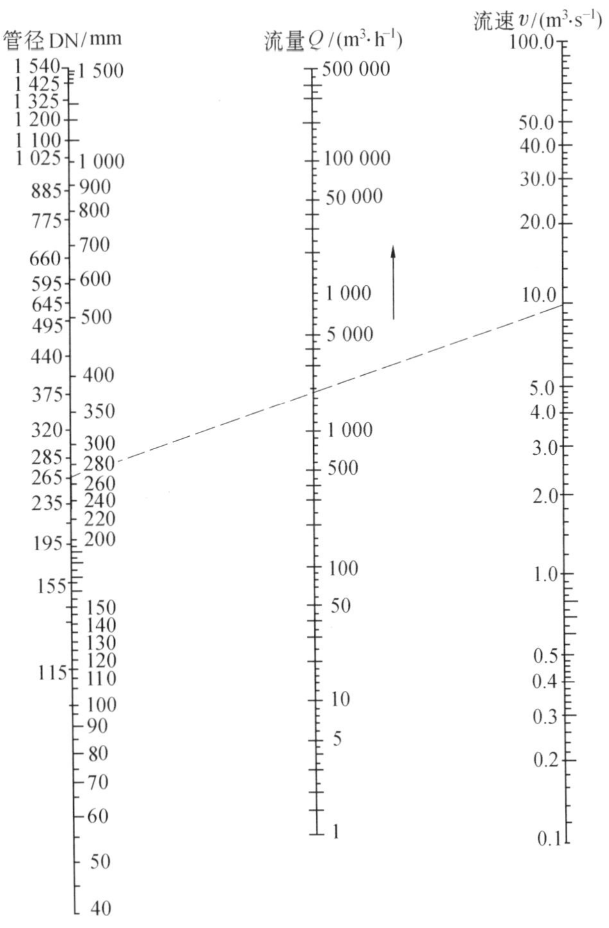

图4.39　空气管道计算

表 4.10　空气管沿程阻力损失值　　$v/(m \cdot s^{-1})$，$i/9.8(Pa \cdot m^{-1})$

Q $(m^3 \cdot h^{-1})$	Q $(m^3 \cdot s^{-1})$	DN/mm 25 v	DN/mm 25 i	40 v	40 i	50 v	50 i
5.76	0.0016	3.26	1.038				
6.48	0.0018	3.67	1.300				
7.20	0.0020	4.08	1.600				
8.10	0.00225	4.59	1.980				
9.00	0.00250	5.10	2.450				
9.90	0.00275	5.61	2.930				
10.80	0.00300	6.12	3.460				
12.60	0.00350	7.14	4.680				
14.40	0.0040	8.16	6.070	3.18	0.5420		
16.20	0.0045	9.18	7.650	3.58	0.7000		
18.00	0.0050	10.20	9.300	3.97	0.8400		
21.60	0.0060	12.24	13.100	4.76	1.1900	3.06	0.3760
25.20	0.0070	14.28	17.800	5.57	1.6000	3.57	0.5080
28.80	0.0080	16.30	22.700	6.38	2.0600	4.08	0.6560
32.40	0.0090	18.35	29.000	7.18	2.7100	4.59	0.8230
36.00	0.0100	20.40	35.300	7.96	3.1700	5.10	1.0070

Q $(m^3 \cdot h^{-1})$	Q $(m^3 \cdot s^{-1})$	DN/mm 40 v	DN/mm 40 i	50 v	50 i	75 v	75 i	100 v	100 i	150 v	150 i
43.20	0.0120	9.54	4.4200	6.12	1.4260						
50.40	0.0140	11.20	6.3000	7.14	1.9250	3.17	0.2400				
57.60	0.0160	12.80	8.130	8.16	2.480	3.62	0.3080				
64.80	0.0180	14.30	10.000	9.18	3.110	4.08	0.3920				
72.00	0.0200	15.96	12.100	10.20	3.810	4.53	0.4770				
81.00	0.0225	17.90	15.300	11.50	4.770	5.09	0.5950				
90.00	0.0250	19.90	18.800	12.75	5.910	5.66	0.7330	3.18	0.1680		
99.00	0.0275			14.04	7.05	6.23	0.875	3.50	0.202		
108.00	0.0300			15.30	8.32	6.80	1.045	3.82	0.239		
126.00	0.0350			17.85	11.25	7.93	1.405	4.45	0.320		
144.00	0.0400			20.40	14.45	9.06	1.830	5.09	0.414		
162.00	0.0450			22.95	18.10	10.20	2.270	5.72	0.518		
180.00	0.050					11.32	2.790	6.36	0.635		
216.00	0.060					13.60	3.970	7.64	0.905	3.40	0.114
252.00	0.070					15.85	5.270	8.91	1.213	3.96	0.152
288.00	0.080					18.11	6.910	10.18	1.580	4.53	0.197
324.00	0.090					20.35	8.600	11.45	1.955	5.09	0.247

续表 4.10

Q	Q	DN/mm													
		100		150		200		250		300		350		400	
$(m^3 \cdot h^{-1})$	$(m^3 \cdot s^{-1})$	v	i	v	i	v	i	v	i	v	i	v	i	v	i
360.00	0.100	12.72	2.390	5.66	0.301	3.18	0.0692								
482.00	0.120	15.27	3.440	6.79	0.430	3.82	0.0985								
504.00	0.140	17.81	4.600	7.93	0.577	4.46	0.1320								
576.00	0.160	20.35	5.970	9.06	0.741	5.09	0.1700	3.27	0.0544						
648.00	0.180			10.19	0.930	5.73	0.2150	3.68	0.0683						
720.00	0.200			11.32	1.150	6.36	0.262	4.08	0.084						
810.00	0.225			12.75	1.440	7.16	0.328	4.59	0.104	3.19	0.410				
900.00	0.250			14.15	1.750	7.96	0.404	5.10	0.129	3.54	0.0502				
990.00	0.275			15.55	2.110	8.78	0.488	5.61	0.154	3.90	0.0608				
1080.00	0.300			16.98	2.495	9.55	0.578	6.12	0.179	4.25	0.0714	3.12	0.0327		
1260.00	0.350			19.80	3.520	11.13	0.768	7.14	0.246	4.96	0.0950	3.64	0.0438		
1440.00	0.400					12.73	0.991	8.16	0.317	5.66	0.1235	4.16	0.0570	3.19	0.0286
1620.00	0.450					14.32	1.252	9.18	0.400	6.36	0.1545	4.68	0.0712	3.59	0.0360
1800.00	0.500					15.91	1.530	10.20	0.487	7.08	0.1900	5.20	0.0870	3.99	0.440
2160.00	0.600					19.10	2.170	12.24	0.688	8.50	0.2720	6.24	0.1237	4.78	0.0628
2520.00	0.700							14.28	0.940	9.91	0.366	7.28	0.1655	5.58	0.0847
2880.00	0.800							16.30	1.193	11.31	0.471	8.32	0.2155	6.38	0.1084

Q	Q	DN/mm													
		250		300		350		400		450		500		600	
$(m^3 \cdot h^{-1})$	$(m^3 \cdot s^{-1})$	v	i	v	i	v	i	v	i	v	i	v	i	v	i
1800.00	0.500									3.15	0.0240				
2160.00	0.600									3.78	0.0335	3.06	0.0916		
2520.00	0.700									4.40	0.0456	3.57	0.0265		
2880.00	0.800									5.03	0.0591	4.08	0.0342		
3240.00	0.900	18.35	1.53	12.75	0.590	9.35	0.2700	7.18	0.1365	5.66	0.0742	4.59	0.0428	3.19	0.0170
3600.00	1.000	20.40	1.850	14.15	0.719	10.40	0.3320	7.96	0.1670	6.29	0.0910	5.10	0.0524	3.54	0.0209
3960.00	1.100			15.57	0.0863	11.42	0.3940	8.77	0.2000	6.92	0.0995	5.61	0.0631	3.89	0.0250
4320.00	1.200			17.00	1.022	12.47	0.467	9.56	0.237	7.55	0.1295	6.12	0.0743	4.24	0.0296
5040.00	1.400			19.80	1.445	14.55	0.635	11.17	0.317	8.80	0.1730	7.14	0.1002	4.96	0.0395
5760.00	1.600					16.61	0.810	12.75	0.410	10.06	0.2250	8.16	0.1280	5.66	0.0512
6480.00	1.800					18.70	1.020	14.35	0.515	11.32	0.2820	9.18	0.1630	6.37	0.0643
7200.00	2.000					20.80	1.260	15.95	0.638	12.58	0.3460	10.20	0.1980	7.08	0.0789
3100.00	2.250							17.90	0.795	14.15	0.430	11.50	0.248	7.96	0.0988
9000.00	2.500							19.95	0.980	15.71	0.530	12.75	0.308	8.85	0.1220
9900.00	2.750									17.30	0.638	14.04	0.367	9.75	0.1460
10800.00	3.000									18.87	0.755	15.30	0.433	10.61	0.1700
12600.00	3.500											17.85	0.586	12.40	0.2320
14400.00	4.000											20.40	0.752	14.15	0.298

续表 4.10

Q (m³·h⁻¹)	Q (m³·s⁻¹)	DN/mm 600 v	600 i	700 v	700 i	800 v	800 i	900 v	900 i	1 000 v	1 000 i
4320.00	1.200			3.12	0.014						
5040.00	1.400			3.64	0.0180						
5760.00	1.600			4.16	0.0234	3.19	0.01180				
6480.00	1.800			4.68	0.0292	3.58	0.01485				
7200.00	2.000			5.20	0.0357	3.98	0.01825	3.14	0.00985		
8100.00	2.250			5.85	0.0450	4.48	0.0227	3.64	0.0130		
9000.00	2.500			6.50	0.0550	4.98	0.0279	3.93	0.0153	3.18	0.00873
9900.00	2.750			7.15	0.0660	5.47	0.0336	4.32	0.0182	3.50	0.01055
10800.00	3.000			7.80	0.0780	5.97	0.0395	4.71	0.0213	3.82	0.01240
12600.00	3.500			9.10	0.1050	6.97	0.0530	5.50	0.0288	4.46	0.01670
14400.00	4.000			10.40	0.1370	7.97	0.0686	6.28	0.0372	5.09	0.0216
16200.00	4.500	15.93	0.379	11.70	0.1695	8.96	0.0864	7.07	0.0466	5.73	0.0270
18000.00	5.000	17.70	0.461	13.00	0.2080	9.95	0.1055	7.85	0.0569	6.37	0.0331
19600.00	5.500	19.47	0.556	14.30	0.2520	10.45	0.1170	8.64	0.0685	7.00	0.0397
21600.00	6.000			15.59	0.2970	11.95	0.1510	9.42	0.0811	7.64	0.0472

Q (m³·h⁻¹)	Q (m³·s⁻¹)	DN/mm 700 v	700 i	800 v	800 i	900 v	900 i	1000 v	1000 i
25200.00	7.000	18.19	0.397	13.93	0.202	11.00	0.111	8.91	0.0635
28800.00	8.000	20.78	0.517	15.91	0.263	12.57	0.142	10.20	0.0821
32400.00	9.000			17.90	0.328	14.13	0.177	11.45	0.1020
36000.00	10.000			19.90	0.404	15.70	0.216	12.70	0.1250
39600.00	11.000					17.30	0.262	14.00	0.1510
43200.00	12.000					18.85	0.310	15.28	0.180
46800.00	13.000					20.42	0.360	16.53	0.205
50400.00	14.000							17.81	0.240
54000.00	15.000							19.06	0.274
57600.00	16.000							20.35	0.312

3. 曝气装置设计

鼓风曝气的曝气装置主要作用是向水中鼓出气泡，根据鼓出气泡的大小分为小气泡型、中气泡型和大气泡型曝气装置。小气泡型氧利用率高，一般氧利用率为15% ~35%，动力效率为3 ~5 kgO_2/kWh 之间，由于动力效率高，节省运行费用，目前被大量应用，但成本较高，容易堵塞，维修不方便。中气泡型曝气装置氧利用率为3% ~15%，动力效率为2 ~4.5 kgO_2/kWh之间，成本低，不易堵塞，仍在广泛应用。大气泡型曝气装置逸出的气泡较大,主要依靠水流紊动或装置剪切将气泡破碎为中小气泡,这些装置的氧利用率不高,对水的搅动剧烈,目前应用的不多。

4. **鼓风机房设计**

鼓风机房内外应采取必要的防噪声措施,使之符合《工业企业噪声卫生标准》和《城市区域环境噪声标准》的有关规定。在鼓风机的吸风管和出风管的管段上应安装消声器。每台风机均应设单独基础,基础间距应不小于 1.5 m,并且不与机房基础连接。风机出口与管道连接处应采用软管减震,风机的进风口应高出地面 2 m 左右,可设四面为百叶窗的进风箱。鼓风机应按产品要求设置回风管和相应阀门,以便开停。一般风机厂均要求设置止回阀,当考虑减少阻力而不设置时,则须在并联运行时注意操作,防止回风。鼓风机房一般应包括值班室、配电室、工具室和必要的配套公用设施,值班室应有隔音措施,并设有机房主要设备的工况指示或报警装置。

5. **机械曝气设计**

机械曝气主要是表面曝气。表面曝气机可采用无级调速,但造价贵,维修麻烦,一般多采用双速或三速。双速中的低速一般为常速的 50%,也有采用直流电机的调整电压来调速,效率高,运转稳定,但调压设备大、占地多。叶轮淹没深度一般在 10～100 mm,视叶轮型式而异。淹没深度大时,提升水量大,但功率增加,齿轮箱负荷也大。降低淹没深度,可减小负荷。

当池水深大于 4.5 m(直至 9 m 时),可考虑设提升筒,以增加提升量,但功率也增加。当叶轮半包在提升筒内时,提升的水量会扩散到空气中;叶轮不在提升筒内时,部分提升的水就在水下循环,未经曝气。在叶轮下面加轴流式辅助叶轮,亦可加大提升量。

第五节　二次沉淀池设计

二次沉淀池是活性污泥系统的重要组成部分,它用以澄清混合液并回收、浓缩活性污泥,其效果的好坏,直接影响出水的水质和回流污泥的浓度。因为沉淀和浓缩效果不好,出水中就会增加活性污泥悬浮物,从而增加出水的 BOD 质量浓度;同时,回流污泥浓度也会降低,从而降低曝气池中混合液浓度,影响净化效果。

一、构造与特点

二次沉淀池有别于其他沉淀池,它除了进行泥水分离外,还需进行污泥浓缩;同时,由于进水的水量、水质的变化,它还要暂时贮存污泥。由于二次沉淀池需要起到污泥浓缩的作用,往往所需要的池面积大于只进行泥水分离所需要的池面积。

1. **进水装置**

进入二次沉淀池的活性污泥混合液在性质上也有其特点,即活性污泥混合液的浓度高(2 000～4 000 mg/L),有絮凝性能,因此,属于成层沉淀。它沉淀时,泥水之间有清晰的界面,絮凝体结成整体共同下沉,初期泥水界面的沉速固定不变,仅与初始浓度 C 有关[$u=f(C)$]。

进入二次沉淀池的混合液浓度高于二次沉淀池内澄清液的浓度，二次沉淀池内容易产生二次流现象，进水混合液的相对密度大，在池下部流动。所以，进水常采用进水堰或者进水孔配水，采用稳流罩均匀进水，且稳流罩伸入水下1.0~1.5 m，开口面积12%~20%。

2. 沉淀区

进入二次沉淀池的混合液是泥、水、气三相混合体，进水中心管中的流速不应超过0.1~0.3 m/s，以利气、水分离，提高澄清区的分离效果。沉淀池的澄清区的流速还要小些(0.0004 m/s左右)，这是因为其泥、水分离的任务更重要的缘故。

二次沉淀池的表面负荷一般取水力负荷0.8~1.5 $m^3/(m^2 \cdot h)$，对于出水SS要求严格的处理工程，表面负荷取小一些，最小可取0.5 $m^3/(m^2 \cdot h)$左右。在实际设计运行中，表面负荷在设计范围内，出水SS就能达到设计要求，但是池内污泥沉淀的固体负荷往往会超出设计范围，因此，设计时应以固体负荷校核，二次沉淀池的固体负荷在120~150 $kg/(m^2 \cdot d)$。

3. 出水装置

二次沉淀池活性污泥的另一特点是质轻，易被出水带走，并容易产生二次流现象，使实际的过水断面远远小于设计的过水断面。因此，设计二次沉淀池时，最大允许的水平流速要比初次沉淀池的小一半；池子的出水溢流堰常设在池另一端的一定距离的范围内；辐流二次沉淀池也可以用周边进水周边出水的方式提高混合液在池内流动的距离和沉淀效果；此外，出水溢流堰的长度也要相对增加，可采用单侧出水溢流堰、双侧出水溢流堰和三侧出水溢流堰，使单位堰长的出水溢流量不超过5~8 $m^3/(m \cdot h)$。

二次沉淀池的出水溢流堰采用可调节三角形出水堰，水深位于三角形出水堰高的1/2处，出水堰后采用自由跌落(0.10~0.15 m)，出流水渠宽为0.25~0.6 m，流速为0.3~0.5 m/s。出水溢流堰前设挡渣板，挡渣板高0.5~0.6 m，伸入水下0.25~0.30 m，防止浮渣进入出流水渠流走。

4. 污泥区

由于二次沉淀池活性污泥质轻，易腐变质，因此，采用静水压力排泥的二次沉淀池，其静水压头可降至0.9 m，污泥斗底坡与水平夹角应不小于50°，以利污泥及时滑下和通畅排泥。采用刮吸泥机排泥的沉淀池，靠池中水位与集泥槽内水位差将污泥虹吸到集泥槽内，然后汇集于排泥井中，排泥井内的污泥泵将泥排走。

大型二次沉淀池采用刮吸泥机排泥，池底坡度0.05~0.10，池底不设污泥斗，靠水位差虹吸排泥，静水压水头为0.3~0.5 m。小型二次沉淀池采用污泥斗排泥，污泥井坡度50°~55°，重力排泥，静水压水头为0.9~1.2 m。

二、计算公式

二次沉淀池计算公式见表4.11。

表 4.11 二次沉淀池计算公式

项 目	公 式	符 号 说 明
1. 池表面积	$A = \frac{Q}{q} = \frac{Q}{3.6u}$	A——池表面积(m^2) Q——污水最大时流量(m^3/h) q——表面负荷[$m^3/(m^2 \cdot h)$] u——正常活性污泥成层沉淀时沉速(mm/s)
2. 池直径	$D = \sqrt{\frac{4F}{\pi}}$	D——池直径(m)
3. 沉淀部分有效水深	$H = \frac{Qt}{A} = qt$	H——沉淀有效水深(m) t——水力停留时间(h),一般取值1 ~ 1.5 h
4. 污泥区容积	$V = \frac{4(1+R)QX}{X+X_r}$	V——污泥区容积(m^3) $1/2(X+X_r)$——污泥斗中平均污泥质量浓度(mg/L) Q——污水流量(m^3/h) R——污泥回流比 X——混合液污泥质量浓度(mg/L) X_r——回流污泥质量浓度(mg/L)

三、污水消毒

污水经二次沉淀池澄清后水质得到改善,细菌含量也大幅度减少,但其绝对值仍很可观,并有存在病源菌的可能。因此,污水排入水体前应进行消毒,特别是医院、生物制品所及屠宰场等有致病菌污染的污水,更应严格消毒。

目前常用的污水消毒剂是液氯,其次是漂白粉、臭氧、次氯酸钠、氯片、氯胺、二氧化氯和紫外线等。常用的消毒剂选择见表 4.12。

表 4.12 消毒剂选择

消毒剂	优 点	缺 点	适用条件
液氯	效果可靠、投配设备简单、投量准确、价格便宜	氯化形成的余氯及某些含氯化合物低浓度时对水生物有毒害作用,当污水含工业污水比例大时,氯化可能生成致癌化合物	适用于大、中规模的污水处理厂
漂白粉	投加设备简单,价格便宜	同液氯缺点外,尚有投量不准确,溶解调制不便,劳动强度大	适用于消毒要求不高或间断投加的小型污水处理厂
臭 氧	消毒效率高,并能有效地降解污水中残留的有机物、色、味等,污水的 pH、温度对消毒效果影响很小,不产生难处理的或生物积累性残余物	投资大、成本高,设备管理复杂	适用于出水水质较好,排入水体卫生条件要求高的污水处理厂
次氯酸钠	用海水或一定浓度的盐水,由处理厂就地自制电解产生消毒剂,也可买商品次氯酸钠	需要有专用次氯酸钠电解设备和投配设备	适用于边远地区,购液氯等消毒剂困难的小型污水处理厂
氯 片	设备简单,管理方便,只需定时清理消毒器内残渣及补充氯片,基建费用低	要用特制氯片及专用消毒器,消毒水量小	适用于医院、生物制品所等小型污水处理站

续表 4.12

消毒剂	优　　点	缺　　点	适用条件
紫外线	是紫外线照射与氯化共同作用的物理化学方法，消毒效率高	紫外线照射灯具货源不足，技术数据较少	适用于小型污水处理厂
氯　胺	消毒效率高，不易生成有害化合物	需要有专用氯胺投配设备	适用大中型污水处理厂

1. 污水消毒剂投量的确定

如果采用氯消毒，一级处理后的污水投加量为 20 ~ 30 mg/L；不完全人工二级处理的污水投加量为 10 ~ 15 mg/L；完全人工二级处理后的污水投加量为 5 ~ 10 mg/L。

当采用漂白粉消毒时，其加氯量应按实际活性氯含量计算，其溶液浓度不得大于2.5%。

商品次氯酸钠溶液含有效氯量可按 10% ~ 12% 计算。

氯片为漂白粉压制而成，其含氯有效量可按 65% ~ 70% 计算。

采用氯胺、二氧化氯、臭氧等消毒剂进行消毒时的投加量应根据污水水质和排放要求，试验确定。

2. 消毒剂的混合与接触

1）生物滤池后的二次沉淀池在污水不回流时，可作为加氯消毒的接触池。曝气池后的二沉池不能兼作接触池。

2）用漂白粉消毒时，一般需设混合池，混合池通常有隔板式与鼓风式两种。

3）接触池计算公式同竖流沉淀池。沉降速度采用 1.0 ~ 1.3 mm/s。

4）氯与污水的接触时间（包括从接触池出来后在管渠中流动的全部时间），一般采用 30 min，并保证剩余氯不少于 0.5 mg/L。

5）鼓风式混合池，最低供气量为 0.2 $m^3/(m^3 \cdot min)$，空气压力应大于 11 768 Pa，污水在池中的流速应大于 0.6 m/s。

6）生活污水采用漂白粉消毒时，在没有实际资料的情况下，接触池中沉淀物的数量，可采用下列数值：

沉淀污泥的含水率为 96%；

经一级处理后的污水为 0.17 L/(人·d)；

经生物滤池处理后的污水为 0.10 L/(人·d)；

经曝气池处理后的污水为 0.06 L/(人·d)。

7）臭氧消毒的混合接触设施，一般采用专用的接触氧化塔，气、水对流混合接触。

8）用氯片消毒时，污水流入特制的氯片消毒器，浸润溶解氯片，并与之混合，然后再进入接触池。

第六节　消毒处理

污水经过以上构筑物处理后，虽然水质得到了改善，细菌数量也大幅度的减少，但是细菌的绝对值仍然十分可观，并有存在病原菌的可能。因此，污水在排放水体前，应进行消毒处理，防止疾病的传播，避免二次污染的发生。

污水消毒的主要方法是向污水中投加消毒剂，目前用于污水消毒的常用消毒剂主要有液氯、二氧化氯、臭氧、紫外线。这些常用消毒剂的比较见表4.13。

表4.13 常用的消毒方法及优缺点

消毒剂	优缺点	适用条件
液氯 Cl_2	优点：具有余氯的持续消毒作用；药剂易得，成本较低；操作简单，投量准确；不需要庞大的设备 缺点：原水有机物高时会产生有机氯化物，尤其在水源受有机污染而采用折点投氯时；处理水有氯或氯酚味；氯气有毒，须注意安全操作	液氯供应方便的地点
二氧化氯 ClO_2	优点：只起氧化作用，不起氯化作用，不会生成有机氯化物；较液氯的杀菌效果好；具有强烈的氧化作用，可除臭，去色，氧化锰铁等物质；不生成氯胺；不受 pH 影响 缺点：易引起爆炸；不能贮存，必须现场制取使用；制取设备复杂；操作管理要求高；成本较高	适用于有机污染严重地点
臭氧 O_3	优点：具有强氧化能力，对微生物、病毒、芽孢等均有杀伤力，消毒效果好，接触时间短，能除臭；去色，氧化铁锰等物质；能除酚，无氯酚味；不会生成有机氯化物；不受氨和 pH 影响 缺点：设备投资大，电耗费用高；O_3 在水中不稳定，易挥发，无余氯持续消毒作用；设备复杂，管理麻烦；成本高	适用于有机污染严重，供电方便地点；可作为氧化工艺，用作预处理
紫外线消毒	优点：所需接触时间短，杀菌效率高，不改变水的物理化学性质；不产生残留物质和不良异味； 缺点：消毒后水中无持续杀菌作用，每支灯管处理水量有限，且需定期清洗更换，成本也较高。	适用于下游水体要求较高的处理厂

一、液氯消毒法

氯是目前国内外应用最广的消毒剂，除消毒外还起氧化作用。加氯消毒操作简单，价格便宜，且在管网中有持续消毒杀菌作用。

氯气是一种黄绿色气体，有毒，具有刺激性气味，密度 3.2 kg/m^3（0℃，0.1 MPa）。氯气可压缩成液氯，呈琥珀色，相对密度为1.5，将在压力为0.6～0.8 MPa 的钢瓶中供应。1 kg

液氯可气化成 0.31 m^3 的氯气。氯瓶出氯量应随季节、气温、瓶内存量等因素而变化。

氯的杀菌作用是由于次氯酸体积小，电荷中性，易于穿过细胞壁；同时，它又是一种强氧化剂，能损害细胞膜，使蛋白质、RNA 和 DNA 等物质释出，并影响多种酶系统（主要是磷酸葡萄糖去氢酶的巯基被氧化破坏），从而使细菌死亡。氯对病毒的作用，在于对核酸的致死性损害。有资料指出，病毒对氯的抵抗力较细菌强，其原因可能是病毒缺乏一系列的代谢酶；氯较易破坏—SH 键，而较难使蛋白质变性。

氯气与水接触，发生歧化反应，生成次氯酸和盐酸

$$Cl_2+H_2O \longrightarrow HOCl+HCl$$

次氯酸是弱酸，能在水中发生离解

$$HOCl \rightleftharpoons H^++OCl^-$$

消毒主要是 HOCl 起作用，pH 值和温度低时，HOCl 含量高，消毒效果好，因此氯的消毒作用随 pH 值和温度的降低而升高。消毒接触时间与出水水质有关，一般不小于 30 min。

加氯量的计算公式

$$q = Qb$$

式中 q—— 每天的投氯量(g/d)；

Q—— 设计污水量(m^3/d)；

b—— 加氯量(mg/L 或 g/m^3)，二级污水出水一般采用 5 ~ 10 mg/L。

【例】 设城市污水设计流量为 $Q=120\ 000\ m^3/d$，计算经二级处理出水后每天的投氯量。

【解】 本设计中加氯量 b 取 8 mg/L，则

$$q/(g \cdot d^{-1})=120\ 000\times 8=960\ 000 \quad (960\ kg/d)$$

选用 3 台转子真空加氯机，2 用 1 备，每台加氯机加氯量为 20 kg/h。

采用两组容量为 1 000 kg 的氯瓶，每组 10 个，1 组使用，1 组备用，每组使用周期约为 10 d。

二、二氧化氯消毒法

二氧化氯具有消毒能力强、不会产生三卤甲烷等优点，受到了人们的普遍重视，是替代液氯消毒的一种趋势。

二氧化氯在常温下为橙黄色气体，溶点-59.5℃，沸点 11℃，冷水中溶解度为 2.9 g/L（即 4℃时的溶解度），热水中分解成 $HClO_2$、Cl_2 和 O_2。二氧化氯易溶于水，但不和水起化学反应，在水中极易挥发，其水中溶液呈黄绿色，敞开存放时能被光分解。因此不宜贮存，必须在现场边生产边使用；在密闭，避光条件下存放，很稳定，如果轻度酸化（pH=6）则更稳定。二氧化氯很容易爆炸，当空气中浓度大于 10% 或水中浓度大于 30% 时，都具有爆炸性。因此在生产时常用空气来冲谈二氧化氯气体，使其浓度低于 8% ~10%。将此气体溶于水时，水中二氧化氯浓度约为 6 ~8 mg/L。

二氧化氯对细胞壁有较好的吸附性和透过性能，可有效地氧化细胞内含巯基的酶；可与半胱氨酸、色氨酸和游离脂肪酸反应，快速控制生物蛋白质的合成，使膜的渗透性增高；并能改变病毒衣壳蛋白，导致病毒灭活。

1）二氧化氯的制取方法很多，工业上常用氯酸钠制取：将氯酸钠、氯化钠和硫酸在反应

器中生成 ClO_2

$$NaClO_3+NaCl+H_2SO_4 \longrightarrow ClO_2+\frac{1}{2}Cl_2+Na_2SO_4+H_2O$$

电解氯酸钠和氯化钠

$$2NaCl+2NaClO_3+2H_2O \longrightarrow 2ClO_2+2NaCl+2NaOH+H_2\uparrow$$

2)因为二氧化氯不与氨氮等化合物作用而被消耗,故具有较高的余氯,杀菌流水线作用比氯更强。当 pH=6.5 时,氯的灭菌效率比二氧化氯高,随着 pH 值的提高,二氧化氯的灭菌效率很快地超过氯(据资料报道,当 pH=8.5 时,要造成 99% 以上埃希氏大肠菌杀灭率,只需要 0.25 mg/L 二氧化氯和 15 s 接触时间,而氯却需要 0.75 mg/L)。

3)在较广泛的 pH 范围内具有氧化能力,氧化能力为自由氯的 2 倍。能比氯更快地氧化锰、铁,除去氯酚、藻类等引起的嗅味,具有强烈的漂白能力,可去除色度等。

【例】 设城市污水设计流量为 $Q=120\ 000\ m^3/d$,计算经二级处理出水后每天的投氯量。

【解】 本设计中加氯量 b 取 8 mg/L

$$q/(kg\cdot d^{-1})=120\ 000\times8=960\ 000\ g/d=960\quad(40\ kg/h)$$

选用 3 套产量为 20 kg/h 的二氧化氯发生器,2 用 1 备

三、臭氧消毒法

臭氧是已知最强的氧化剂,在常温下为淡蓝色的爆炸性气体,有特臭。臭氧气体经低温压缩处理可呈液态,沸点为-112.3℃。臭氧在水中的溶解度比氧大 13 倍,但因分压较低,故在常温常压下只能得到每升数毫克的浓度溶液。臭氧稳定性极差,在常温下可自行分解为氧,并放出新生态氧。

臭氧消毒的主要优点是杀菌能力比氯强,不产生三氯甲烷等副产物。但臭氧发生设备复杂,投资较大,电耗也较高,而且,臭氧在水中不稳定,极易消失,因此需要在臭氧消毒后,仍要投加少量氯或二氧化氯来维持水中剩余消毒剂,所以臭氧消毒在我国应用很少。

臭氧消毒工艺主要包括空气净化干燥装置、臭氧发生器以及臭氧接触反应池、臭氧尾气破坏器等几部分。

臭氧接触反应池由两格组成,第一格的臭氧投量一般为 0.4~0.6 g/m^3,接触反应时间为一般为 4~6 min;第二格的臭氧投量一般不小于 0.4 g/m^3,接触反应时间一般在 4 min 左右。

【例】 设城市污水设计流量为 $Q=120\ 000\ m^3/d$,计算经二级处理出水后每天的臭氧量。

【解】 臭氧接触反应池第一格的臭氧投量取为 0.6 g/m^3,接触反应时间为 6 min;第二格的臭氧投量为 0.4 g/m^3,接触反应时间为 4 min。臭氧总的发生量 W 为

$$W_1/(g\cdot d^{-1})=Q(0.6+0.4)=120\ 000\times1.0=120\ 000\quad(120\ kg/d\ 即\ 5\ kg/h)$$

选用 2 台臭氧发生器,1 用 1 备,臭氧发生量为 5 kg/h。

在臭氧接触反应池中,臭氧与水接触后,空气中仍含有剩余臭氧,这部分臭氧不允许直接排入大气中,需采用臭氧尾气破坏器加以处理。

四、紫外线消毒法

紫外线消毒具有杀菌效率高、接触时间短、不改变水的物理化学性质等优点，但是由于其不具有持续杀菌消毒作用，为了防止在管网中产生二次污染，常常在其消毒处理后投加少量氯，以保持水中余氯浓度。

由于污水的成分复杂且变化大，理论公式计算往往比实际需要值低很多，因此，通常采用经独立的第三方验证的紫外线生物实验验定剂量作为紫外线剂量。

一些城市污水处理厂消毒的紫外线剂量见表 ，以供参考。

表 4.14　一些城市污水处理厂消毒的紫外线剂量

处理厂厂名	拟消毒的水	紫外线剂量/(mws · cm^2)	建成时间/a
上海市长桥污水处理厂	A/A/O 二级出水	21.4	2001
上海龙华污水处理厂	A/O 二级出水	21.6	2002
无锡市新城污水处理厂	二级出水	17.6	2002
深圳市大工业区污水处理厂(一期)	二级出水	18.6	2003
苏州市新区第二污水处理厂	二级出水	17.6	2003
上海市闵行污水处理厂	A/O 二级出水	15.0	1999

水与紫外线照接触时间一般为 10 ~ 100 s，即可起到杀菌作用，不需设置反应池。水在紫外消毒器中的流速最好不小于 0.3 m/s，以减小套管内的结垢。

在处理大水量时，可将紫外消毒器串联或并联安装，但由于紫外灯管的寿命通常较短，需要经常的更换，因此在设计时应考虑维修时操作方便，并且不能影响正常供水。紫外灯管的寿命一般为 500 ~ 1 000 h，连续使用可延长紫外灯管寿命，经常开关将减少灯管寿命。

目前，市场上生产紫外消毒器的厂家较多，在选用时应根据产品说明书进行合理选择，并考虑备用量，同时应备用一些紫外灯管，以便于及时的更换。

第五章　污泥处理工艺设计

污泥是城市污水处理过程的副产物,包括筛余物、沉泥、浮渣和剩余污泥等。污泥体积约占处理水量的0.3% ~0.5%左右,如污水进行深度处理,污泥量还可能增加0.5~1.0倍。污泥处理的目的有:①确保污水处理的效果,防止二次污染;②使容易腐化发臭的有机物稳定;③使有毒有害物质得到妥善处理或利用;④使有用物质得到综合利用,变害为利。总之,污泥处理和处置的目的是减量、稳定、无害化及综合利用。

脱除污泥水分,缩小污泥体积的方法主要有浓缩、调理、脱水和干化;稳定污泥中有机物主要通过消化、焚烧、氧化和消毒等。对一个城市污水处理工程而言,污泥处理的投资约占总投资的20% ~50%,甚至达到70%。

第一节　污泥的基本性质

城市污水处理工程中排出的污泥中含有有机固体和无机固体。初次污泥的成分取决于原污水的成分,而二次污泥中却含有生物体和化学药剂。在污泥中,无机固体的相对密度大约在2.00~2.25之间,而有机固体的相对密度相对较轻,大约为1.2~1.3之间。

一、污泥的特性

1. 栅渣

在格栅上去除的各种有机或无机物质称为栅渣。有机物质的数量在不同的污水处理工程和不同的季节有所不同。栅渣量为0.03~0.08 $m^3/(10^3m^3$ 污水),平均约为0.06 $m^3/(10^3m^3$ 污水),栅渣含水率一般为80%,密度约为960 kg/m^3。

2. 浮渣

浮渣主要来自初次沉淀池和二次沉淀池。浮渣中的成分较复杂,一般可能含有油脂、植物、矿物油、动物脂肪、菜叶、毛发、纸、棉织品、橡胶用品、烟头等。浮渣的数量为8 $g/(m^3$ 污水),相对密度一般为0.95左右。

3. 初沉污泥

由初次沉淀池排出的污泥通常为灰色糊状物,多数情况下有难闻的气味,如果初次沉淀池运行良好,则初次污泥很容易消化。初次污泥的含水率一般为92% ~98%,典型值为97%。污泥固体相对密度1.4,污泥相对密度1.02。

4. 活性污泥

活性污泥为褐色的絮状物,如果颜色较深,表明污泥可能近于腐化;如果颜色较淡,表明污泥可能曝气不足。在设施运行良好的条件下,活性污泥没有什么特别的气味,活性污泥很容易消化，污泥的含水率一般为 99% ~99.5%，典型值为 99.2%，污泥固体相对密度为 1.25，污泥相对密度为 1.005。

5. 生物滤池污泥

生物滤池的污泥带有褐色。新鲜的污泥没有令人讨厌的气味，生物滤池的污泥能够迅速消化，生物滤池污泥的含水率为 92% ~99%，典型值为 98.5%。污泥固体相对密度为 1.45，污泥相对密度为 1.025。

6. 好氧消化污泥

好氧消化污泥为褐色至深褐色，外观为絮状。好氧消化污泥常常有陈腐的气味，消化好的污泥易于脱水。当为剩余活性污泥时，污泥的含水率为 97.5% ~99.25%，典型值为 98.75%；当为初次污泥时，污泥的含水率为 93% ~97.5%，典型值为 96.5%；当为初次污泥和剩余活性污泥的混合污泥时，污泥的含水率为 96% ~98.5%，典型值为 97%。

7. 厌氧消化污泥

厌氧消化污泥为深褐色至黑色，并含有大量的气体。当消化良好时，其气味较轻。当为初次污泥时，污泥的含水率为 90% ~95%，典型值为 93%；当为初次污泥和剩余活性污泥的混合污泥时，污泥的含水率为 93% ~97.5%，典型值为 95%。

二、污泥的性质指标

1. 污泥含水率

污泥中所含水分的质量与污泥总质量之比的百分数称为污泥含水率。污泥的含水率一般都很高，相对密度接近于 1。污泥的体积、质量及所含固体物浓度之间的关系式为

$$\frac{V_1}{V_2}=\frac{W_1}{W_2}=\frac{100-p_2}{100-p_1}=\frac{C_2}{C_1} \tag{5.1}$$

式中 p_1、V_1、W_1、C_1—— 污泥含水率为 p_1 时的污泥体积、质量与固体物质量浓度；

p_2、V_2、W_2、C_2—— 污泥含水率变为 p_2 时的污泥体积、质量与固体物质量浓度。

2. 挥发性固体(或灼烧减重)和灰分(或称灼烧残渣)

挥发性固体近似地等于有机物含量，灰分表示无机物含量。

3. 可消化程度

污泥中的有机物，一部分是可被消化降解的，另一部分是不易或不能被消化降解的，如脂肪和纤维素等。用可消化程度表示污泥中可被消化降解的有机物数量，可消化程度的计算式为

$$R_d=\left(1-\frac{p_{v_2}p_{s_1}}{p_{v_1}p_{s_2}}\right)\times 100\% \tag{5.2}$$

式中 R_d—— 可消化程度(%)；

p_{s_1}、p_{s_2}—— 分别表示生污泥及消化污泥的无机物的质量分数(%)；

p_{v_1}、p_{v_2}—— 分别表示生污泥及消化污泥的有机物的质量分数(%)。

消化污泥量的计算式为

$$V_d = \frac{(100 - p_1)V_1}{100 - p_d}\left[\left(1 - \frac{p_{v_1}}{100}\right) + \frac{p_{v_1}}{100}\left(1 - \frac{R_d}{100}\right)\right] \tag{5.3}$$

式中　V_d—— 消化污泥量(m^3/d)；

p_d—— 消化污泥含水率(%)，取周平均值；

V_1—— 生污泥量(m^3/d)，取周平均值；

p_1—— 生污泥含水率(%)，取周平均值；

p_{v_1}—— 生污泥有机物含量(%)；

R_d—— 可消化程度(%)，取周平均值。

4. 湿污泥相对密度与干污泥相对密度

湿污泥质量等于污泥所含水分质量与干固体质量之和。湿污泥相对密度等于湿污泥质量与同体积的水质量之比值。由于水相对密度为1，所以湿污泥相对密度 γ 可用下式计算

$$\gamma = \frac{p + (100 - p)}{p + \dfrac{100 - p}{\gamma_s}} = \frac{100\gamma_s}{p\gamma_s + (100 - p)} \tag{5.4}$$

式中　γ—— 湿污泥相对密度；

p—— 湿污泥含水率(%)；

γ_s—— 污泥中干固体平均相对密度。

干固体中，有机物(即挥发性固体)所占质量分数及其相对密度分别用 p_v、γ_v 表示，无机物(即灰分)的相对密度用 γ_a 表示，则干污泥平均相对密度 γ_s 的计算式为

$$\frac{100}{\gamma_s} = \frac{p_v}{\gamma_v} + \frac{100 - p_v}{\gamma_a} \tag{5.5}$$

$$\gamma_s = \frac{100\gamma_a\gamma_v}{100\gamma_v + p_v(\gamma_a - \gamma_v)} \tag{5.6}$$

有机物相对密度一般等于1，无机物相对密度约为2.50 ~ 2.65，以2.50计，则式(5.6)可简化为

$$\gamma_s = \frac{250}{100 + 1.5p_v} \tag{5.7}$$

故湿污泥相对密度为

$$\gamma = \frac{25\,000}{250p + (100 - p)(100 + 1.5p_v)} \tag{5.8}$$

确定湿污泥相对密度和干污泥相对密度，对于浓缩池的设计、污泥运输及后续处理，都有实用价值。

三、污泥的水力特性

1. 污泥量计算

初次沉淀池的污泥量可根据污水中悬浮物浓度、污水流量、去除率及污泥含水率计算，即

$$V = \frac{Q_{max}(C_1 - C_2)86\,400T100}{K_z\gamma(100 - p_0)} \tag{5.9}$$

式中 V—— 初次沉淀池污泥量(m^3/d);

Q_{max}—— 最大设计流量(m^3/s);

C_1—— 进水悬浮物质量浓度(t/m^3);

C_2—— 出水悬浮物质量浓度(t/m^3);

T—— 两次清除污泥间隔时间(d);

K_z—— 生活污水量总变化系数;

γ—— 污泥密度(t/m^3),一般采用 1.0;

p_0—— 污泥含水率(%)。

二次沉淀池的污泥可根据从曝气池系统内每日排出的剩余污泥量计算,即

$$X_V = aQL_r - bVN \tag{5.10}$$

式中 X_V—— 二次沉淀池污泥量(m^3/d);

a—— 污泥增殖系数,一般 0.5 ~ 0.7;

b—— 污泥自身氧化率(1/d),一般 0.04 ~ 0.10;

Q—— 进水设计流量(m^3/d);

L_r—— 去除的 BOD 的质量浓度(kg/m^3);

V—— 曝气池容积(m^3);

N—— 混合液悬浮物质量浓度(kg/m^3)。

2. 污泥的水力特性

污泥的水力特性受很多因素的影响,如温度、污水水质、流速、粘度等。在污泥含水率一定的情况下,污泥中固体的相对密度越小,则污泥的粘度越大。污泥的粘度与流速和水头损失有关,当污泥在管道内以低流速(一般为 1.0 ~ 1.5 m/s) 流动时,处于层流状态,污泥粘度大,流动阻力比水大;当流速增大至 1.5 m/s 以上时,处于紊流状态,流动阻力比水小。在设计输泥管道时,应采用较大的流速,以使污泥处于紊流状态,减少水头损失。

污泥的性质与污泥的含水率有直接的关系。当污泥的含水率为 99% ~ 99.5% 时,污泥在管道中的水力特性与污水相似;当含水率为 90% ~ 92% 时,与污水相比水头损失增加很多;当污泥管道直径为 100 mm 和 150 mm 时,污泥管道的水头损失是污水管道的 6 ~ 8 倍。

表 5.1 压力输泥管道最小设计流速

污泥含水率 %	最小设计流速 /($m \cdot s^{-1}$)	
	管径 150 ~ 200 mm	管径 300 ~ 400 mm
90	1.5	1.6
91	1.4	1.5
92	1.3	1.4
93	1.2	1.3
94	1.1	1.2
95	1.0	1.1
96	0.9	1.0
97	0.8	0.9
98	0.7	0.8

3. 污泥管道的水力计算

当采用污泥管道输送污泥时,重力流输泥管道的设计坡度采用 0.01 ~ 0.02。压力流管道输送污泥时,一般采用表5.1 的最小设计流速,使输送的污泥处于紊流状态。

污泥在紊流状态下的水头损失的计算式为

$$h_f = 6.82\left(\frac{L}{D^{1.17}}\right)\left(\frac{v}{C_H}\right)^{1.85} \tag{5.11}$$

式中　C_H——海森-威廉姆(Harsen-williams)系数，C_H 值与污泥质量分数有关，见表5.2；

L——污泥管道长度(m)；

D——污泥管道直径(m)；

v——污泥管道中污泥流速(m/s)。

表5.2　污泥浓度与 C_H 值的关系

污泥质量分数/%	0	2	4	6	8.5	10.1
C_H	100	81	61	45	32	25

第二节　污泥调理

影响污泥浓缩和脱水性能的因素主要是颗粒的大小、表面电荷水合的程度，以及颗粒间的相互作用。其中，污泥颗粒大小是影响污泥脱水性能的最重要的因素，污泥颗粒越小，颗粒的比表面积越大，这意味着较高的水合程度和对过滤(脱水)的更大阻力，要改变污泥脱水性能则需要更多的化学药剂。

污泥中颗粒大多数是相互排斥而不是相互吸引的，首先，是由于水合作用，有一层或几层吸附水附于颗粒表面而阻碍了颗粒相互结合；其次，污泥颗粒一般都带负电荷，相互之间表现为排斥，造成了稳定的分散状态。

污泥调理的目的就是要克服水合作用和静电排斥作用，增大污泥颗粒，使其易于浓缩和过滤。其途径有二：一是加入混凝剂，改变颗粒表面性质，使其脱稳并凝聚起来；二是改善污泥颗粒间的结构，减小过滤阻力，使其不堵塞过滤介质(如滤布)。无机沉淀物或一定的填充料可以起这方面的作用。

常用的污泥调理方法有加药调理、淘洗调理、加热调理、冷冻调理等。

1. 加药调理

加药调理就是向污泥中投加调理剂三氯化铁、三氯化铝、硫酸铝、聚合氯化铝、聚合硫酸铁、聚丙烯酰胺、石灰等。无机调理剂价廉易得，但渣量大，受pH值的影响大。经无机调理剂处理后的污泥量增加，污泥中无机成分的比例提高，污泥的燃烧值降低；而加有机调理剂则与之相反。综合应用2~3种混凝剂，混合投配或依次投加，能提高效能。如石灰和三氯化铁同时使用，不但能调节pH值，而且由于石灰和污水中的重碳酸盐生成的碳酸钙能形成颗粒结构而增加了污泥的孔隙率。

调理剂投量范围很大，因此，在特定的情况下，最好通过试验确定最佳剂量。在最佳投量下，污泥的比阻和毛细管吸水时间最小。

一般情况下，对于城市污水处理厂污泥，三氯化铁投加量为5%~10%(体积分数)；消石灰投加量为20%~40%(体积分数)；聚合氯化铝和聚合硫酸铁为1%~3%(体积分数)；硫酸业铁为10%~15%(体积分数)；阳离子聚丙烯酰胺为0.1%~0.3%(体积分数)。

2. 加热调理

污泥在一定压力(1.0～1.5 MPa)下,短时间(1～2 h)加热(160～200 ℃),使污泥固体凝结,破坏凝胶体结构,降低污泥颗粒与水的亲和力,而且,污泥也能被消毒,臭味几乎消除。加热调理可用于各种混合的有机废水污泥,包括难以处置的剩余活性污泥。加热调理后的污泥,经浓缩即可使含水率降低到80%～87%,再经机械脱水,泥饼含水率可降低到30%～45%,泥饼体积是浓缩-机械脱水法泥饼的1/4以下,污泥中的致病微生物与寄生虫卵可以完全杀死。加热调理的主要缺点是分离液的 BOD_5 和 COD 都很高,虽然流量很小,但回流处理时要增加污水处理构筑物的负荷,且能耗较高。

加热调理与湿式氧化并不相同,在湿式氧化中要通入空气以使污泥在高温下有比较深的氧化程度,而加热调理并不要求氧化有机物。

冷冻调理与加热调理一样,也可以改变有机污泥的胶体结构,提高脱水性能。

3. 淘洗

淘洗是将固体或固液混合物与液体完全混合,使某些组分转移到液体中。典型的例子是将消化污泥在加药调理以前进行洗涤,以除去可能消耗大量调理剂的某些可溶性有机和无机组分。一般情况下,经淘洗后,调理剂的消耗量可减小50%～80%。淘洗可除去消化污泥中的重碳酸盐碱度,同时洗去部分小颗粒。淘洗过程包括用淘洗水稀释污泥、搅拌、沉淀分离、撇除上清液。淘洗液中 BOD、COD 和 SS 都很高(达2 000 mg/L以上),必须回流到废水处理系统去处理。通常,淘洗污泥的费用超过由于降低调理剂所节省的费用。因此,现在不提倡采用这种方法。

第三节　污泥浓缩

污泥中含有大量的水分,所含水分大致分为四类:颗粒间的空隙水,约占总水分的70%;毛细水,即颗粒间毛细管内的水,约占20%;污泥颗粒吸附水和颗粒内部水,约占10%,见图5.1。

降低污泥中的含水率,可以采用污泥浓缩的方法来降低污泥中的空隙水,通过降低污泥的含水率,减少污泥体积,能够减小池容积和处理所需的投药量,缩小用于输送污泥的管道和泵类的尺寸。具有一定规模的污水处理工程中常用的污泥浓缩方法主要有重力浓缩、溶气气浮浓缩和离心浓缩。

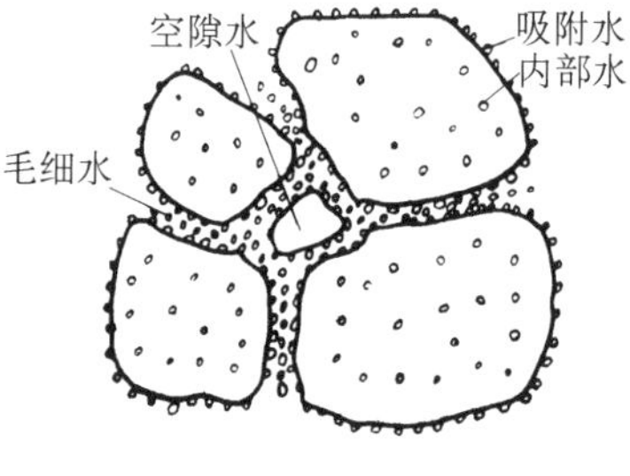

图5.1　污泥水分示意图

一、重力浓缩池

重力浓缩池按其运转方式分为连续式和间歇式两种。前者主要用于大、中型污水处理厂;后者主要用于小型处理厂或工业企业的污水处理厂。

1. 构造与特点

间歇式重力浓缩池是间歇进泥,因此,在投入污泥前必须先排除浓缩池已澄清的上清液,腾出池容积,故在浓缩池不同高度上应设多个上清液排出管。间歇式操作管理麻烦,且单位处理污泥所需的池体积比连续式的大。图5.2所示为间歇式重力浓缩池示意图。

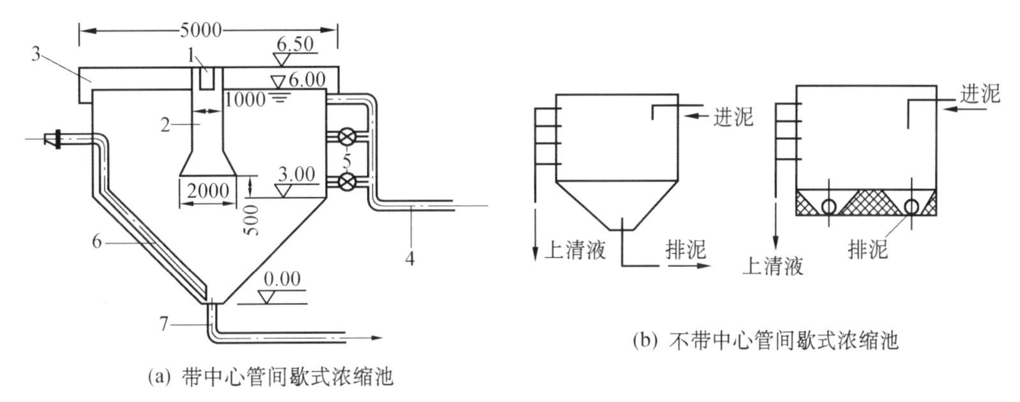

(a) 带中心管间歇式浓缩池

(b) 不带中心管间歇式浓缩池

图5.2　间歇式重力浓缩池

1—污泥入流槽;2—中心筒;3—出流堰;4—上清液排出管;5—闸门;6—吸泥管;7—排泥管

连续式重力浓缩池可采用竖流式、辐流式沉淀池的型式,一般都是直径5~20 m圆形或矩形钢筋混凝土构筑物。可分为有刮泥机与污泥搅动装置的浓缩池,不带刮泥机的浓缩池,以及多层浓缩池等三种。

有刮泥机与搅拌装置的连续式浓缩池见图5.3。池底面倾斜度很小,为圆锥形沉淀池,池底坡度为1%~10%。进泥口设在池中心,周围有溢流堰。为提高浓缩效果和浓缩时间,可在刮泥机上安装搅拌装置,刮泥机与搅拌装置的旋转速度应很慢,不至于使污泥受到搅动,其旋转周速度一般为0.02~0.20 m/s。搅拌作用可使浓缩时间缩短4~5 h。带刮泥机及搅拌栅的连续式浓缩池见图5.4。

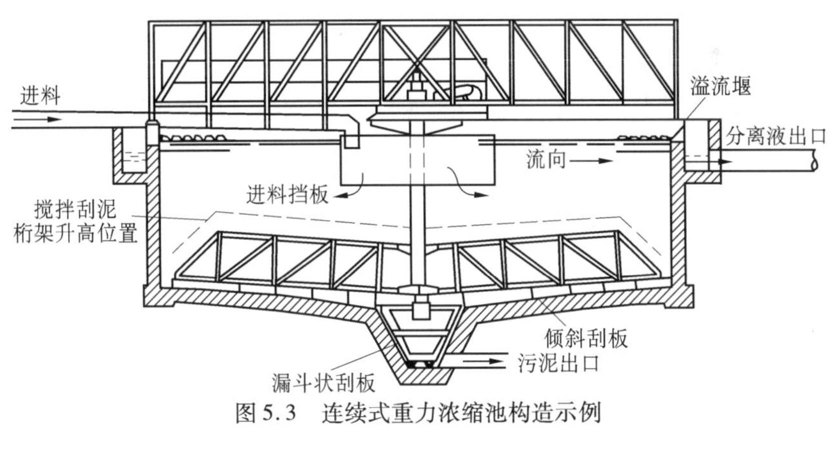

图5.3　连续式重力浓缩池构造示例

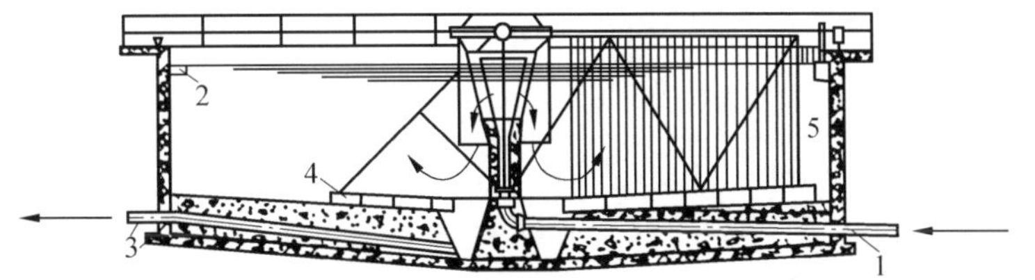

图5.4　有刮泥机及搅动栅的连续式重力浓缩池

1—中心进泥管;2—上清液溢流堰;3—排泥管;4—刮泥机;5—搅动栅

刮泥机上设置的垂直搅拌栅随刮泥机转动的线速度为 1 m/min，每条栅条后面可形成微小涡流，造成颗粒絮凝变大，并可造成空穴，使颗粒间的间隙水与气泡逸出，浓缩效果可提高 20% 以上。

对于土地紧缺的地区，可考虑采用多层辐射式浓缩池，见图 5.5。

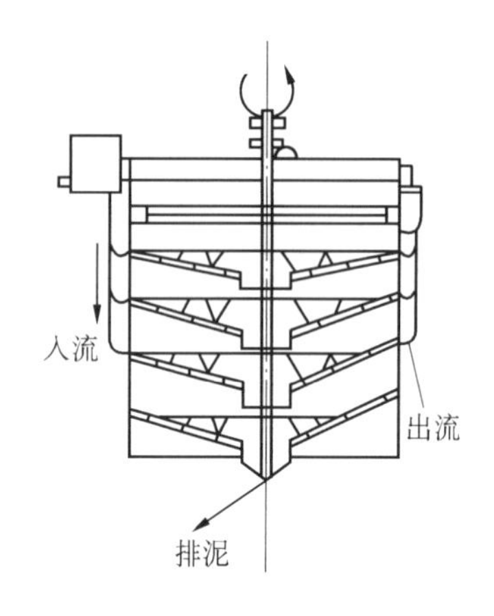

图 5.5　多层辐射式浓缩池

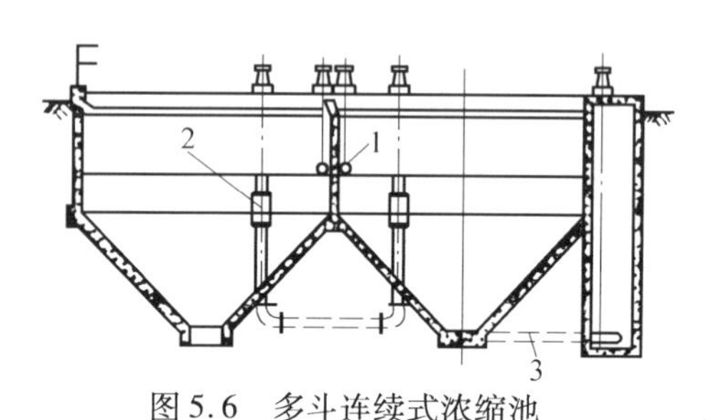

图 5.6　多斗连续式浓缩池

1—进口；2—可升降的上清液排除管；3—排泥管

如不用刮泥机，可采用多斗连续式浓缩池，见图 5.6，采用重力排泥，污泥斗锥角大于 55°，并设置可根据上清液液面位置任意调动的上清液排除管，排泥管从污泥斗底排除。

通常，重力浓缩池进泥可用离心泵，排泥则需要用活塞式隔膜泵、柱塞泵等压力较高的泥浆泵。

重力浓缩法操作简便，维修、管理及动力费用低，但占地面积较大。

2. 设计参数

1）进泥含水率：当为初次污泥时，其含水率一般为 95% ~97%；当为剩余活性污泥时，其含水率一般为 99.2% ~99.6%；当为混合污泥时，其含水率一般为 98% ~99.5%。

2）污泥固体负荷：当为初次污泥时，污泥固体负荷宜采用 80 ~120 kg/(m^2·d)；当为剩余活性污泥时，污泥固体负荷宜采用 30 ~60 kg/(m^2·d)，当为混合污泥时，污泥固体负荷宜采用 25 ~80 kg/(m^2·d)。

3）浓缩后污泥含水率：由曝气池后二次沉淀池进入污泥浓缩池的污泥含水率，当采用 99.2% ~99.6% 时，浓缩后污泥含水率宜为 97% ~98%。

4）浓缩停留时间：浓缩时间不宜小于 10 h；但也不要超过 18 h，以防止污泥厌氧腐化。

5）有效水深：一般为 4 m，最低不小于 3 m。

6）污泥室容积和排泥时间：应根据排泥方法和两次排泥间隔时间而定，当采用定期排泥时，两次排泥间隔一般可采用 8 h。

7）集泥设施：辐流式污泥浓缩池的集泥装置，当采用吸泥机时，池底坡度可采用0.003；当采用刮泥机时，不宜小于 0.01。不设刮泥设备时，池底一般设有污泥斗，其污泥斗与水平面的倾角，应不小于 55°。刮泥机的回转速度为 0.75 ~4 r/h，吸泥机的回转速度为 1 r/h，其外缘线速度一般宜为 1 ~2 m/min。同时，在刮泥机上可安设栅条，以便提高浓缩效果，在水面设除浮渣装置。

8）构造：浓缩池采用水密性钢筋混凝土建造。设污泥投入管、排泥管、排上清液管、排泥管等管道，最小管径采用150 mm，一般采用铸铁管。

9）竖流式浓缩池：当浓缩池较小时，可采用竖流式浓缩池，一般不设刮泥机，污泥室的截锥体斜壁与水平面所形成的角度，应不小于55°，中心管按污泥流量计算。沉淀区按浓缩分离出来的污水流量进行设计。

10）上清液：浓缩池的上清液，应重新回流到初沉池前进行处理。其数量和有机物含量应参与全厂的物料平衡计算。

11）二次污染：污泥浓缩池一般均散发臭气，必要时应考虑防臭或脱臭措施。臭气控制可以从以下三个方面着手，即封闭、吸收和掩蔽。所谓封闭，是指用盖子或其他设备封住臭气发生源或用引风机将臭气送入曝气池内吸收氧化；所谓吸收，是指用化学药剂来氧化或净化臭气；所谓掩蔽，是指采用掩蔽剂使臭气暂时不向外扩散。

3. 计算公式

重力浓缩池的计算公式列于表5.3。

表5.3　重力浓缩池计算公式

名　称	公　式	符号说明
1. 浓缩池总面积	$A=\dfrac{QC}{M}$	A——浓缩池总面积(m^2) Q——污泥流量(m^3/d) C——污泥固体质量浓度(g/L) M——浓缩池污泥固体通量[$kg/(m^2\cdot d)$]
2. 单池面积	$A_1=\dfrac{A}{n}$	A_1——单池面积(m^2) n——浓缩池数量(个)
3. 池缩池直径	$D=\left(\dfrac{4A_1}{\pi}\right)^{0.5}$	D——浓缩池直径(m)
4. 浓缩池工作部分高度	$h_1=\dfrac{TQ}{24A}$	h_1——浓缩池工作部分高度(m) T——设计浓缩时间(h)
5. 浓缩池总高度	$H=h_1+h_2+h_3$	H——浓缩池总高(m) h_2——超高(m) h_3——缓冲层高度(m)
6. 浓缩后污泥体积	$V_2=\dfrac{Q(1-p_1)}{(1-p_2)}$	V_2——浓缩后污泥体积(m^3) p_1——进泥质量分数 p_2——出泥质量分数

二、气浮浓缩池

气浮浓缩池是在一定温度下，空气在液体中的溶解度与空气受到的压力成正比，即服从亨利定利。当压力恢复到常压后，所溶空气即变成微细气泡从液体中释放出，若液体中有细小颗粒，这些大量的微细气泡附着在颗粒的周围，可使颗粒相对密度减少而被强制上浮，达到气浮浓缩的目的。

污泥气浮浓缩主要是采用溶气气浮法。按气浮原理，污水中的絮凝体由于吸附了大量的微气泡，使絮凝体的浮力加大，一起随气泡上浮，上浮后的污泥絮凝体被设备刮除，澄清水从浓缩池底部排除。气浮浓缩适用于粒子易于上浮的疏水性污泥，或悬浊液很难沉降且易于凝聚的场合。例如，好氧消化污泥、接触稳定污泥、不经初次沉淀的延时曝气污泥和一些工业的废油脂及废油适于气浮浓缩。气浮浓缩的工艺流程见图5.8。

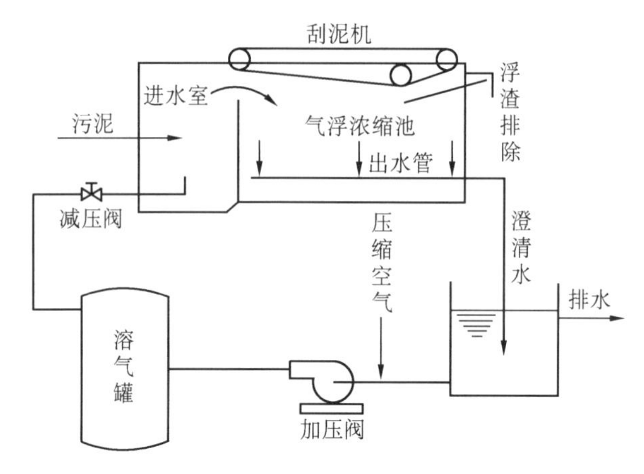

图5.8 气浮浓缩工艺流程图

1. 构造特点

气浮浓缩池的形状有矩形和圆形两种，见图5.9和图5.10。

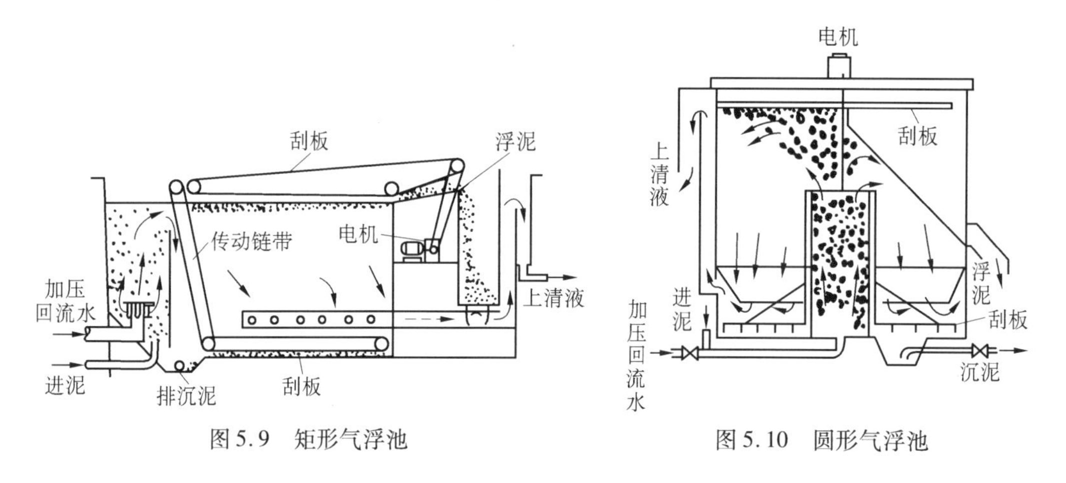

图5.9 矩形气浮池

图5.10 圆形气浮池

2. 设计参数

1）系统的进泥量：当为活性污泥时，其进泥浓度不应超过5 g/L，即含水率为99.5%（包括气浮池的回流）。

2）气浮浓缩池所需的面积：当不投加化学混凝剂时，设计水力负荷范围为1～3.6 $m^3/(m^2 \cdot h)$，一般采用的水力负荷为1.8 $m^3/(m^2 \cdot h)$，固体负荷为1.8～5.0 $kg/(m^2 \cdot h)$。当活性污泥指数SVI为100左右时，固体负荷采用5.0 $kg/(m^2 \cdot h)$，气浮后污泥含水率一般为95%～97%。当投加化学混凝剂时，其负荷一般可提高50%～100%，浮渣浓度也可提高1%左右，投加聚合电解质或无机混凝剂时，其投加量一般为2%～3%（干污泥质量）。混凝剂的反应时间一般不小于5～10 min。助凝剂的投加点一般在回流与进泥的混合点处。池子的容积应按停留 2 h 进行核算，当投加化学混凝剂时，应计入混凝剂的反应时间。

3）刮渣刮泥设备：污泥颗粒上浮形成水面的浮渣层厚度，一般控制为 0.15 ~0.3 m，利用出水设置的堰板进行调节。刮渣机的刮板移动速度，一般采用 0.5 m/min，并应有调节的可能，使其速度有减少或增加一倍的幅度。下沉污泥颗粒的泥量，一般可按进泥量的 1/3 计算，池底刮泥机的设计数据参见沉淀池刮泥机的有关参数。刮出的浮渣，即气浮后的污泥，由于含有空气，其起始相对密度一般为 0.7，需贮存几小时后才恢复正常。若立即抽送时，应选用合适的泵型。

4）加压溶气装置：加压溶气的气固比，一般采用 0.03 ~0.04（质量比），溶气效率通常取 50%。溶气罐的容积，一般按加压水停留 1 ~3 min 计算，其绝对压力一般采用 2.94×10^5 ~ 4.90×10^5 Pa，罐体高与直径之比，常用 2 ~4。加压泵的出水管压力，不应低于溶气罐的压力，一般采用 2.94×10^5 ~4.90×10^5 Pa。

3. 计算公式

气浮浓缩池的计算公式列于表 5.4。

表 5.4　气浮浓缩池计算公式

名　　称	公　　式	符　号　说　明
1. 加压水回流量	$Q_r=\dfrac{QC_0\left(\dfrac{A}{S}\right)1\,000}{\gamma C_s\left(\eta\dfrac{P}{9.81\times10^4}-1\right)}$	Q_r——加压水回流量（m^3/d） Q——气浮处理的污泥量（m^3/d） C_0——气浮污泥质量浓度（kg/m^3） P——溶气罐中绝对压力（Pa） η——溶气效率 C_s——在一定温度、标准大气压下的空气溶解度（mL/L） A——标准大气压时释放的空气量（kg/d） S——污泥干重（kg/d） $\dfrac{A}{S}$——气固比 γ——空气密度（g/L）
2. 回流比	$R=\dfrac{Q_r}{Q}$	R——回流比
3. 总流量	$Q_T=Q(1+R)$	Q_T——总流量（m^3/h）
4. 气浮池表面积	$A=\dfrac{QC_0}{M}$	A——气浮池表面积（m^2） M——固体通量[$kg/(m^2\cdot d)$]
5. 过水断面积	$\omega=\dfrac{Q_T}{v}$	W——过水断面积（m^2） v——水平流速（m/h）

续表 5.4

名称	公式	符号说明
6. 气浮池高度	$H = h_1 + h_2 + h_3$	H—— 气浮池总高度(m) h_1—— 分离区高度,由过水断面面积 ω 计算(m) h_2—— 浓缩区高度(m),一般采用 1.2 m 或池宽的 3/10 h_3—— 死水区高度(m),一般采用 0.1 m
7. 水力负荷(校核)	$q = \frac{Q_T}{A}$	q—— 水力负荷[$m^3/(m^2 \cdot d)$]
8. 停留时间(校核)	$T = \frac{AH}{Q_T}$	T—— 停留时间(h)
9. 溶气罐容积	$V = \frac{tQ_r}{60}$	V—— 溶气罐容积(m^3) t—— 停留时间(min)
10. 溶气罐高度	$H = \frac{4V}{\pi D^2}$	H—— 溶气罐高度(m)

三、离心浓缩法

离心浓缩法主要用于场地狭小的场合,适于污泥浓缩的离心机主要是连续式卧式圆锥型和圆筒型离心机、间歇式离心机,其次是盘式和篮式离心机。后者主要是为胶体颗粒等物料研制的,并不太适用于污泥的浓缩。卧式圆锥型离心机和圆筒型离心机的工作原理相同,前者在结构上除了没有圆筒型离心机的转筒以外,其他方面完全一致。卧式圆锥型离心机分离室为圆锥形,在分离室内,液体越接近澄清液排出口,离心力越大,浓缩脱水效果就越好。间歇式离心机主要用于少量污泥和回收物料的浓缩。

离心浓缩的最大不足是能耗高,一般达到同样的浓缩效果,其电耗为气浮法的 10 倍。

离心浓缩的主要参数有:入流污泥浓度、排出污泥含固量、固体回收率、高分子聚合物的投加量等。离心浓缩的设计工作很困难,通常参考相似工程实例。表 5.5 列出了离心机的运行参数,可供参考。

表 5.5　用于污泥浓缩的离心机运行参数

污泥种类	入流污泥含固量 / %	排泥含固量 / %	高分子聚合物投加量 / [g·(kg 干污泥)$^{-1}$]	固体物质回收率 / %	离心机类型
剩余活性污泥	0.5~1.5	8~10	0;0.5~1.5	85~90;90~95	轴筒式
厌氧消化污泥	1~3	8~10	0;0.5~1.5	80~90;90~95	轴筒式
普通生物滤池污泥	2~3	9~10	0;0.75~1.5	90~95;95~97	轴筒式
厌氧消化的初沉污泥		8~9	0	84~97	轴筒式
与生物滤池的混合污泥	2~3	7~9	0.75~1.5	94~97	轴筒式
剩余活性污泥	0.75~1.0	5.0~5.5	0	90	转盘式
剩余活性污泥	—	4.0	0	80	转盘式
剩余活性污泥(经粗滤以后)	0.7	5.0~7.0	0	93~87	转盘式
剩余活性污泥	0.7	9~10	0	90~70	篮式

注:离心机型号规格可参考有关手册和产品说明书。

第四节　污泥厌氧消化池

污泥厌氧消化池是用于处理污水生化处理系统所产生的剩余污泥的一种处理构筑物。厌氧消化池是消化池在无氧条件下，借兼性菌及专性厌氧细菌降解有机污染物，分解产生以甲烷为主的污泥气（即沼气）这一基本原理来处理剩余污泥。

厌氧消化池一般由集气罩、池盖、池体与下锥体等四部分组成，并附有搅拌与加温设备，其基本形式见图5.11。

消化池的直径一般是6～35 m，柱体部分的高度约为直径的1/2，总高度接近于直径。新鲜剩余污泥用污泥泵，经进泥管、水射器进入消化池，同时起搅拌作用。根据运行的需要或搅拌的方法的不同，也可通过中位管进泥。排泥管用于排放熟污泥或作为搅拌污泥的吸泥管。

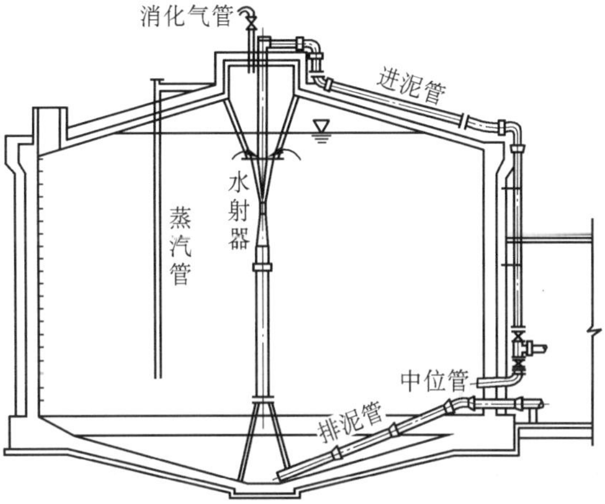

图5.11　厌氧消化池基本形式

一、厌氧消化池原理

1. 厌氧消化机理

污泥厌氧消化是一个极其复杂的过程，多年来厌氧消化被概括为两阶段过程，第一阶段是酸性发酵阶段，有机物在产酸细菌的作用下，分解成脂肪酸及其他产物，并合成新细胞；第二阶段是甲烷发酵阶段，脂肪酸在专性厌氧菌——产甲烷菌的作用下转化成 CH_4 和 CO_2。但是，事实上第一阶段的最终产物不仅仅是酸，发酵所产生的气也并不都是从第二阶段产生的。因此，第一阶段比较恰当的提法是非产甲烷阶段与第二阶段称为产甲烷阶段。

2. 厌氧消化的影响因素

（1）温度

甲烷菌对于温度的适应性，可分为两类，即中温甲烷菌（适应温度为30～35 ℃）、高温甲烷菌（适应温度为50～53 ℃），在两区域之间的温度，反应速度反而减退。可见消化反应与温度之间的关系是不连续的。

利用中温甲烷菌进行厌氧消化处理的系统叫中温消化，有机物负荷为2.5～3.0 kg/(m^3·d)，产气量约为1.0～1.3 m^3/(m^3·d)；利用高温甲烷菌进行消化处理，有机物负荷为6.0～7.0 kg/(m^3·d)，产气量约为3.0～4.0 m^3/(m^3·d)。

（2）投配率

厌氧消化池的水力停留时间可用污泥投配率来表达，每日投加新鲜污泥体积占消化池有效容积的百分数，即

$$V = \frac{V'}{n} \times 100\% \tag{5.12}$$

式中　V'—— 新鲜污泥量(m^3/d)；

n—— 污泥投配率(%)；

V—— 消化池的有效容积(m^3)。

投配率是消化池设计的重要参数，投配率过高，消化池内脂肪酸可能积累，pH 下降，污泥消化不完全，产气率降低；投配率过低，污泥消化较完全，产气率较高，消化池容积大，基建费用增高。一般城市污水处理厂污泥中温消化的投配率以 3% ~5% 为宜，相应的消化时间为 1/0.05 ~1/0.03 d，即 20 ~30 d。

(3)搅拌和混合

厌氧消化是由细菌体的内酶和外酶与底物进行的接触反应。因此，必须使两者充分搅拌混合。搅拌的方法一般有：泵加水射器搅拌法、消化气循环搅拌法和混合搅拌法等。

(4)营养与 C/N 比

厌氧消化池中，细菌生长所需营养由污泥提供，因此，要求 C/N 达到(10 ~20)∶1 为宜。如 C/N 太高，细胞的氮量不足，消化液的缓冲能力低，pH 值容易降低；C/N 太低，氮量过多，pH 值可能上升，铵盐容易积累，会抑制消化进程。

(5)酸碱度、pH 值和消化液的缓冲作用

水解与发酵菌及产氢产乙酸菌对 pH 的适应范围大致为 5.0 ~6.5，而甲烷菌对 pH 的适应范围为 6.6 ~7.5 之间，如果水解发酵阶段与产酸阶段的反应速率超过产甲烷阶段，则 pH 会降低，影响甲烷菌的生活环境。但是，在消化系统中，由于消化液的缓冲作用，在一定范围内可以避免发生这种情况。因此，在消化系统中，应保持碱度在 2 000 mg/L 以上，使其有足够的缓冲能力，可有效地防止 pH 值的下降。故在消化系统管理时，应经常测定碱度。消化液中的脂肪酸是甲烷发酵的底物，其浓度也应保持在 2 000 mg/L 左右。

(6)有毒物质

所谓“有毒”是相对的，事实上，任何一种物质对甲烷消化都有两方面的作用，既有促进甲烷细菌生长的作用又有抑制甲烷细菌生长的作用。关键在于它们的浓度界限，使其浓度低于对甲烷消化有抑制作用的浓度。

二、构造特点

1. 消化池的数目

考虑到检修等因素，消化池的数量不应少于 2 座。消化池的有效容积按照每天加入污泥量及污泥投配率进行计算，即

$$V = \frac{V'}{P} \times 100\%$$

每座消化池的有效容积

$$V_0 = V/N \tag{5.13}$$

式中　V_0—— 每座消化池的容积(m^3)；

N—— 消化池数量(m^3/d)。

消化池为圆柱形时，其直径一般为 6 ~35 m。当直径大于 25 m 时，在结构上采用绕丝法的预应力钢筋混凝土结构比较困难，往往要采用无粘接预应力钢筋混凝土结构，施工难度有所增加。消化池柱体部分的高应约为直径的 1/2，总高与直径之比约为 0.8 ~1.0，池底坡

度一般采用8%。

2. **池顶**

消化池池顶常用固定盖池顶,为圆形拱或锥形拱。池顶部为集气罩,通过管道与沼气贮气柜直接连通,应防止产生负压。为防止固定盖因超高度不够而受内压,避免池顶遭到破坏,池顶下沿还装有溢流管。

3. **管道布置**

一般消化池的进泥管布置在泥位上层,其进泥点及进泥管的形式应有利于搅拌均匀,破碎浮渣层。小型池一般应为一根进泥管,大型池需要两根以上的进泥管。出泥管布置在池底中央或在池底分散数处,大型池在池底以上不同高度再设1~2处出泥管。排空管可与出泥管合并使用,也可单独设立。当用泵循环搅拌污泥,或进行池外加热时,进泥管及出泥管的位置应考虑有利于混合均匀。污泥管的最小直径为150 mm。为了能在最适当的高度除去上清液,可在池子的不同高度设置若干个排出口,最小直径为75 mm。溢流管的溢流高度,必须考虑是在池内受压状态下工作。在非溢流工作状态时或池内泥位下降时,溢流管仍需保持泥封状态,避免消化池气室与大气连通。溢流管最小管径为200 mm。取样管一般设置在池中部,最少为2个,其中1个在池子中部伸入中心,1个在池中部边缘。取样管的长度最少应伸入最低泥位以下0.5 m,最小管径为100 mm。

一般应备有清洗水入口或蒸气的进口,以及清理污泥管道的设备。

排出的上清液及溢流出泥,应重新导入初次沉淀池进行处理。设计沉淀池时,应计入此项污染物。

4. **消化池的清扫**

为了维持消化池的设计容积,设计中应包括定期清扫砂子的设备,应能随时将沉砂以上的污泥抽送到另一座消化池或其他贮存设备中,同时,借助高压水冲洗池底的砂子,用泵抽空进行处理。冲洗水的压力应大于6.76×10^5 Pa。

消化池池顶中心工作孔最小直径为1.5 m,侧墙和池底的交接处设置直径0.6~1.0 m的工作孔,必要时也可利用以上两处工作孔清除积砂。井盖宜用铸铁制成,用耐腐蚀的螺栓固定。

5. **消化池池体**

消化池的池体要求不渗水,较小的一般采用钢筋混凝土结构,池体较大的常采用预应力钢筋混凝土结构。其气室部分应不漏气,需敷设耐腐蚀的涂料或衬里,其下沿应深入最低泥位0.5 m以下。为了减少池子的热损耗,在池子的周壁及池盖需采取保温措施,如有条件,消化池池体可采用覆土保温方法,可降低工程造价,但占地较大。有条件时,消化池池底应位于地下水位以上,以减少热损耗;当位于地下水位以下时,池底以外宜采用隔水层。

三、设计参数

1)消化池的形式:消化池有圆柱形、龟甲形和椭圆形,多采用圆柱形。池顶盖有浮动式或固定式,多采用固定式顶盖。

2)分级消化:两级消化总池容比单级消化小,上清液含固量少、总热耗量较少。一级消化池中加热、搅拌、集气;二级池中集气、排放上清液,不再加热。

3）温度和时间：消化温度 33 ~ 35 ℃，消化时间一般为 25 ~ 30 d。两级消化停留时间比值可采用 2 : 1 或 3 : 2，一般采用 2 : 1。

4）污泥浓度和消化分解率：污泥含固量采用 3% ~4%，最大为 10% ~12%。消化分解率 40% ~50%。两级消化后污泥含水率约为 92%。

5）消化池尺寸：消化池直径一般为 6 ~ 35 m。总高与直径之比取 0.8 ~ 1.0，内径与圆柱高之比取 2 : 1，底坡取 $i=8\%$。池顶部距污泥面的高度大于 1.5 m。顶部的集气罩直径取 2 m，高度为 1 ~ 2 m。池内泥位必须保证一级消化池污泥能自流入二级消化池，池底宜高于地下水位。

6）消化池构造：消化池采用抗腐蚀良好的钢筋混凝土结构。设进泥管、出泥管、上清液排出管（可在不同高程处设几个，最小直径 75 mm）、溢流管（最小直径 200 mm）、循环搅拌管、沼气出气管、排空管（可与出泥管合并）、取样管（至少池中和池边各设取样管 1 根，伸入最低泥位下 0.5 m，最小管径 100 mm）、人孔（2 个，直径 0.7 m）、测压管、测温管等。

7）消化池的搅拌：一般有沼气循环搅拌、污泥泵循环搅拌、机械搅拌和联合搅拌几种方式，见表 5.6。无论何种搅拌设备都应在 2 ~ 5 h 内至少将全池污泥搅拌 1 次，常用的搅拌设备如下。

表 5.6　常用搅拌方式的比较

搅拌方式	优　点	缺　点	适用范围
沼气循环	①无搅拌装置，能耗省，搅拌效果好，3 ~ 6 次/d，5 ~ 10 min/次 ②促进厌氧分解，缩短消化周期	需特制压缩机，保证绝不吸入空气	各种消化池
污泥泵循环	①设备简单、能耗省，搅拌效果好 ②运行可靠，3 ~ 6 次/d，5 ~ 10 min/次	需专门设计射流器	小型消化池
机械搅拌	①效率低，能耗较大 ②设备易附着浮渣及纤维	机械传动部分易磨损，轴承气密性难解决	各种消化池

①气提泵式搅拌，见图 5.12，这种搅拌装置按气体提升泵设计，其中，压缩气体出口的浸没深度一般应大于提升高度。压缩机的气量按导流筒内提升污泥量的 2 ~ 3 倍设计。为了同时进行污泥循环加热，导流筒壁有时设计为双层夹套式换热器，夹套之间流动热水。有时将加热与沼气搅拌装置置于池外，以方便检修，见图 5.13。

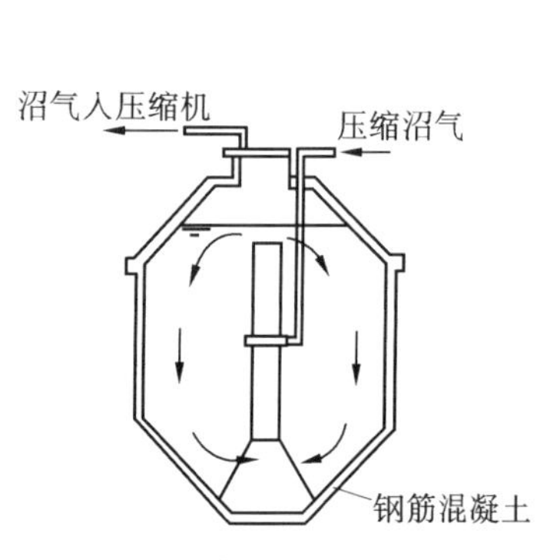

图 5.12　气体提升泵式搅拌机

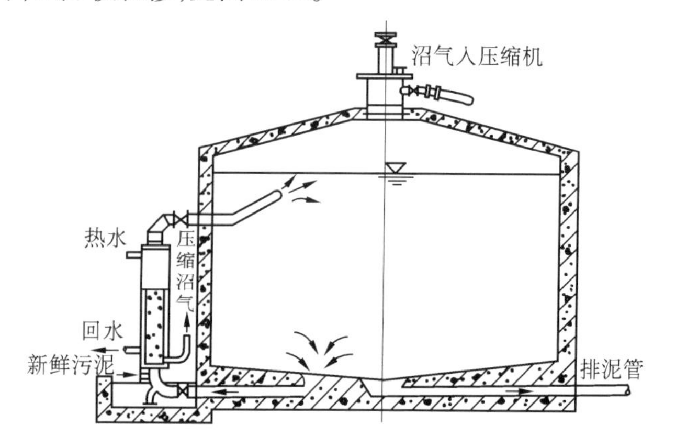

图 5.13　混合式沼气搅拌（池外加热）

②多路曝气管式(气通式搅拌),见图5.14。压缩的沼气通过配气总管到达各根曝气立管,每根立管按通过的气体流速为7～15 m/s进行设计,其单位用气量通常取5～7 L/(m^3·min)。管口延伸到距池底1～2 m的同一平面上,或在池壁与池底连接面上。

也可以将压缩沼气通过配气选择器通向各根曝气管,按预先选定的时间间隔,依次接通各根曝气管,进行逐点搅拌,见图5.15。

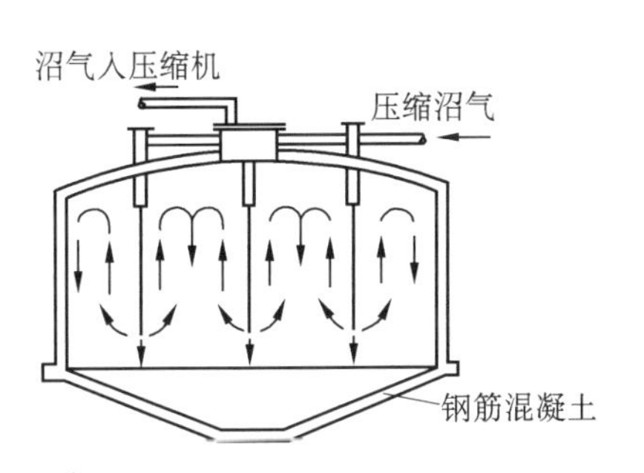

图5.14　多路曝气管式搅拌(气通式)

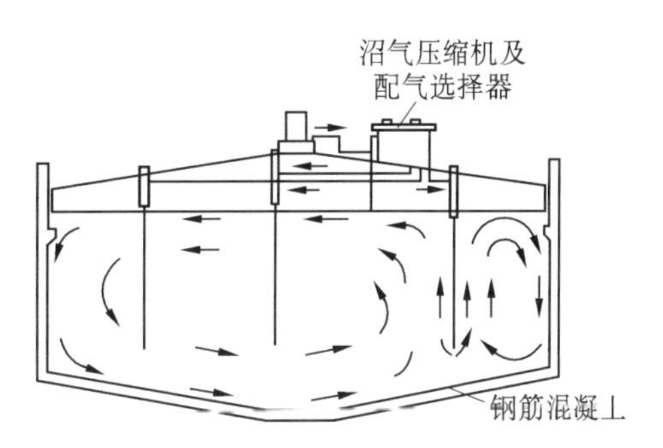

图5.15　多路曝气管式搅拌(气通式带配气选择器)

③气体扩散式搅拌,见图5.16,供气量按平均0.8 m^3/(m^2·h)或10～20 m^3/(m圆周长·h)计算。

沼气搅拌用的压缩机功率,可按5～8 W/m^3池或按速度梯度50～80 s^{-1}计算。

④泵搅拌,即用泵将消化池底的污泥抽出,加压后送至浮渣表面或池中不同部位,进行循环搅拌。泵搅拌常与投加新鲜污泥、污泥池外加热合并进行,适用于小型消化池或作为其他搅拌方式的补充方法。

⑤机械搅拌,通常在导流筒中安装螺旋桨式搅拌机,见图5.17。当桨旋转时,能不断将管内污泥提升到泥面,形成污泥循环。

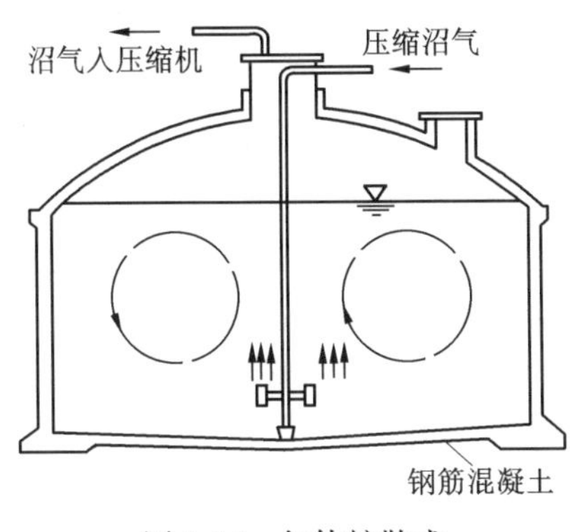

图5.16　气体扩散式

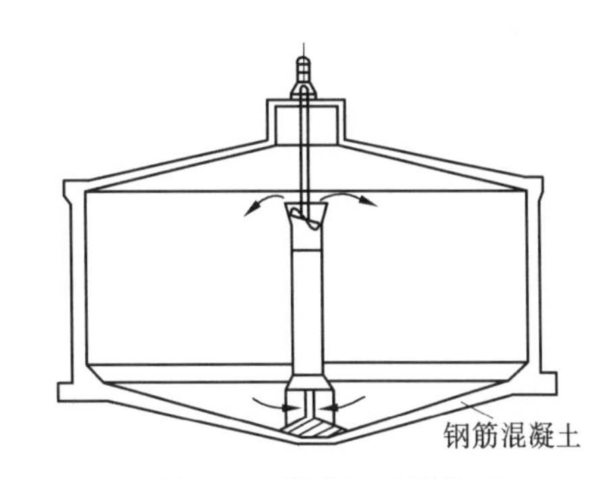

图5.17　螺旋桨式搅拌机

⑥喷射泵式搅拌,如图5.18所示。在15～20 m水头下,将污泥压入直径50 mm的喷嘴,产生负压吸泥。压入的污泥量与吸入的污泥量之比为1∶(3～5);混合室浸入泥面下0.2～0.3 m。喉管长度采用0.3 m,扩散室圆锥角采用8°～15°,喷口倾角采用20°。当池直径大于10 m时,应设2个以上喷射器。

⑦联合搅拌,即将上述各种方法配合使用,互为备用或补充。

8)消化池清扫:池底积砂应定期清扫,为此应设置清扫设备,或利用工作孔清除沉砂。

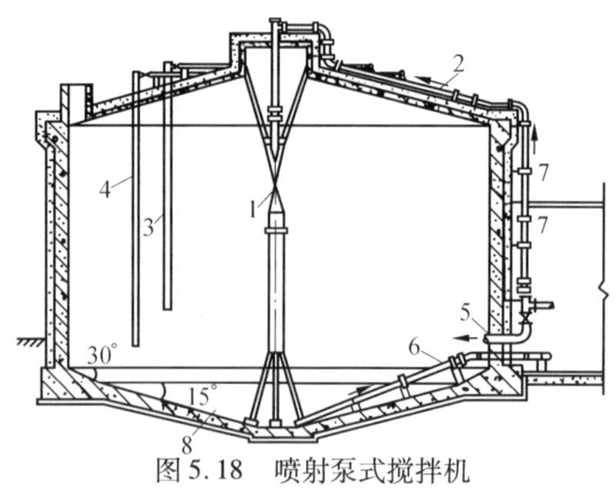

图 5.18　喷射泵式搅拌机

1—水射器;2—生污泥进泥管;3—蒸汽管;4—污泥气管;
5—中位管;6—熟污泥排泥管;7—水平支架;8—消化池

四、计算公式

1. 消化池的计算公式见表 5.7。

表 5.7　消化池计算公式

名　　称	公　　式	符 号 说 明
1. 池容积	$V = Q \cdot t$ $V = V'/P$	V—— 消化池容积(m^3) Q—— 投入到一级或二级池的污泥量(m^3/d) t—— 一级或二级池的停留时间(d) V'—— 每日投入消化池的新鲜污泥量(m^3/d) P—— 投配率(%)
2. 每个池的容积	$V_0 = \dfrac{V}{N}$	V_0—— 单池容积(m^3) N—— 消化池个数(个)
3. 池顶圆截锥部分高度	$h_1 = \left(\dfrac{D}{2} - \dfrac{d_1}{2}\right) \mathrm{tg}\alpha$	h_1—— 池顶圆锥部分高度(m) D—— 消化池直径(m) d_1—— 集气罩的直径(m); α—— 消化池池顶倾角(°)
4. 池顶圆截锥部分体积	$V_1 = \dfrac{1}{3}\pi h_1(R^2 + Rr_1 + r_1^2)$	V_1—— 池顶圆锥部分体积(m^3) R—— 消化池半径(m) r_1—— 集气罩的半径(m)
5. 池底圆截锥部分高度	$h_3 = \left(\dfrac{D}{2} - \dfrac{d_2}{2}\right) \mathrm{tg}\alpha_1$	h_3—— 池底圆锥部分高度(m) d_2—— 池底直径(m) α_1—— 消化池池底的倾角(°)

续表 5.7

名　　称	公　　式	符 号 说 明
6. 池底圆截锥部分体积	$V_3 = \frac{1}{3}\pi h_3(R^2 + Rr_2 + r_2^2)$	V_3—— 池度圆锥部分(m^3) r_2—— 池底半径(m)
7. 池圆柱部分体积	$V_2 = V_0 - V_3$	V_2—— 池圆柱部分体积(m^3)
8. 池圆柱高度	$h_2 = \frac{4V_2}{\pi D^2}$	h_2—— 池圆柱部分高度(m)
9. 消化池总高度	$H = h_1 + h_2 + h_3 + h_4$	H—— 消化池总高度(m) h_4—— 集气罩安全保护高度(m)，一般取 1.5 ~ 2 m
10. 提高新鲜污泥温度的耗热量	$Q_1 = \frac{V'}{86\,400}(T_D - T_s) \times 4\,184$	Q_1—— 新鲜污泥的温度升高到消化温度的耗热量(W) V'—— 每日投入消化池新鲜污泥量(m^3/d) T_D—— 消化温度(℃) T_s—— 新鲜污泥原有温度(℃)
11. 池体的耗热量	$Q_2 = \sum FK(T_D - T_A) \times 1.2$ $K = \frac{1}{\frac{1}{a_1} + \sum \frac{\delta}{\lambda} + \frac{1}{a_2}}$	Q_2—— 池子向外界散发的热量(W) F—— 池盖、池壁及池底的散热面积(m^2) T_A—— 池外介质(空气或土壤) 温度(℃) K—— 池盖、池壁及池底的传热系数[W/(m^2·K)] a_1—— 内表面热转移系数[W/(m^2·K)],污泥传到钢筋混凝土池壁为 300 ,气体传递到钢筋混凝土池壁为 8.7 a_2—— 外表面热转移系数[W/(m^2·K)],即池壁至介质的热转移系数,如介质为空气时取 3.48 ~ 9.28,如介质为土壤时取 3.48 ~ 9.28 δ—— 池体各部结构层、保温层厚度(m) λ—— 池体各部结构层、保温层导热系数[kJ/(m^2·h·℃)],混凝土或钢筋混凝土池壁的 λ 值为 5.54

续表 5.7

名　　称	公　　式	符号说明
12. 加热管、热交换器等散发的热量	$Q_3 = \sum(KF) \times (T_m - T_A) \times 1.2$	Q_3—— 加热管、蒸汽管、热交换器等向外界散发的热量(W) K—— 加热管、蒸汽管、热交换器等的传热系数[W/(m²·K)] F—— 加热管、蒸汽管、热交换器等的表面积(m²) T_m—— 锅炉出口和入口的热水温度平均值,或锅炉出口和池子入口蒸汽温度的平均值(℃)
13. 锅炉的加热面积	$F_3 = (1.1 \sim 1.2)\dfrac{Q_{max}}{E}$	F_3—— 锅炉的加热面积(m²) Q_{max}—— 最大耗热量(kJ/h),$Q_{max} = Q_1 + Q_2 + Q_3$ E—— 锅炉加热面的发热强度[kJ/(m²·h)],根据锅炉样本选用
14. 锅炉容量	$G_1 = \dfrac{G(I - I_1)}{l}$	G_1—— 锅炉蒸发量(kg/h) G—— 实际蒸发量(kg/h) I—— 饱和蒸汽的含热量(kJ/kg) I_1—— 锅炉给水的含热量(kJ/kg) l—— 常压时的 100 ℃ 的水汽化热(kJ/kg)
15. 锅炉蒸发量	$G = \dfrac{Q_{max}}{I_2} \times (1.2 \sim 1.3)$	I_2—— 常压时锅炉产生蒸汽的含热量(kJ/kg) 1.2 ~ 1.3—— 热水供应系统的热损失系数
16. 套管式泥水热交换器的长度	$L = \dfrac{Q_{max}}{\pi DK\Delta T_m} \times 1.2$ $K = \dfrac{1}{\dfrac{1}{a_1} + \dfrac{1}{a_2} + \dfrac{\delta_1}{\lambda_1} + \dfrac{\delta_2}{\lambda_2}}$	L—— 套管的总长度(m) D—— 内管的外径(m) K—— 传热系数[W/(m²·K)],$K = 697.8$ a_1—— 加热体至管壁的热转移系数[W/(m²·K)],可选用 3 364 a_2—— 管壁至被加热体的热转移系数[W/(m²·K)],可选用 5 452 δ_1—— 管壁厚度(m) δ_2—— 水垢厚度(m) λ_1—— 管子的导热系数[W/(m²·K)],钢管为 45 ~ 48 λ_2—— 水垢的导热系数[W/(m²·K)],一般选用 2.32 ~ 3.48

续表 5.7

名　　称	公　　式	符　号　说　明
16. 套管式泥水热交换器的长度	$\Delta T_m = \dfrac{\Delta T_1 - \Delta T_2}{\ln \dfrac{\Delta T_1}{\Delta T_2}}$	ΔT_m—— 平均温差数(℃) ΔT_1—— 热交换器入口的污泥温度(T_s)和出口的热水温度(T_ω')之差 ΔT_2—— 热交换器出口的污泥温度(T_s')和入口的热水温度(T_ω)之差
17. 直接注入蒸汽量	$G = \dfrac{Q'_{max}}{I - I_D}$	G—— 蒸汽量(kg/h) Q'_{max}—— 污泥消化池最大耗热量(kJ/h) I—— 饱和蒸汽的含热量(kJ/kg) I_D—— 消化温度的污泥含热量(kJ/kg)
18. 沼气管道的气压损失	$H = 9.8Q'^2\gamma L$	H—— 沼气管道的气压损失(Pa) L—— 管道长度(m) d—— 管径(cm) γ—— 在温度为0 ℃,压力为101.3 kPa下的气体密度(g/m^3),一般取0.85 ~ 1.26
19. 气体流量	$Q' = Q'_1\sqrt{\dfrac{\gamma_1}{\gamma}}$	Q'—— 相当于气体密度γ = 0.6 kg/m^3 时的气体流量(m^3/h) Q'_1—— 密度为γ_1 的气体流量(m^3/h) K—— 摩擦系数,与管材及管径大小有关
20. 管道的局部损失	$h = \xi\gamma \dfrac{v^2}{2g}$	h—— 管道局部损失(m) ξ—— 局部阻力系数 v—— 沼气流速(m/s)
21. 沼气柜圆柱部分总高度	$H' = \dfrac{V_1}{0.785D_1^2}$	H'—— 贮气柜的总高度(m) V_1—— 贮气柜计算容积(m^3) D_1—— 贮气柜平均直径(m)
22. 沼气贮气柜中压力	$p = \dfrac{1.273}{D_1^2}\left[\dfrac{0.1636g_1(H' - h_1)}{D_1^2H'} + h_1(1.293 - \gamma_1)\right]$	p—— 贮气柜中压力(kg/m^2) g_1—— 浮盖伸入水中的柱体部分质量(kg) h_1—— 气柜中气体柱高(m) γ_1—— 气体密度(kg/m^3)

五、沼气利用

1. 沼气产量

有机物在厌氧条件下消化降解的过程可分为两个阶段,即酸性消化(酸性发酵)阶段和碱性消化(碱性发酵或甲烷消化)阶段,示意图见图5.19。

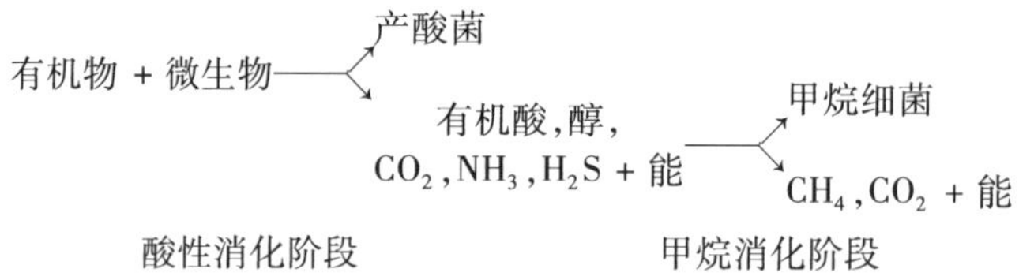

有机物 + 微生物 → 产酸菌 → 有机酸，醇，CO_2，NH_3，H_2S + 能 → 甲烷细菌 → CH_4，CO_2 + 能

酸性消化阶段　　　　甲烷消化阶段

图 5.19　厌氧消化两个阶段示意

以葡萄糖为例，葡萄糖作为有机物，在厌氧条件下消化降解为二氧化碳和甲烷等，其反应方程式为

$$\begin{matrix} C_6H_{12}O_6 & \longrightarrow 3CO_2 & +3CH_4 \\ 180 & 132 & 48 \end{matrix}$$

甲烷经过氧化最终转化为二氧化碳和水，其反应式为

$$\begin{matrix} 3CH_4 & +6O_2 & \longrightarrow 3CO_2+6H_2O \\ 48 & 192 & \end{matrix}$$

由上两式知，1 kg 葡萄糖相当于$\frac{192}{180}$ kgBOD，而 1 kg 葡萄糖产$\frac{48}{180}$ kg 的 CH_4，即

$$\frac{1\ \text{kg}\ CH_4}{1\ \text{kg}\ BOD_u}=\frac{48/180}{192/180}=0.25$$

即每降解 1 kg BOD 可产 0.25 kg CH_4。换算成标准状态下的 CH_4 体积为

$$Q_{CH_4}/\text{m}^3=0.25\times1\ 000\times\frac{22.4}{16}\times\frac{1}{1\ 000}=0.35$$

通过计算可知，每降解 1 kg BOD 产生 0.35 m^3 CH_4。如果消化污泥中含有 BOD 量为 50% ~60%，污泥消化过程中 BOD 的分解率为 70% ~80%，污泥的含水率为 97%，污泥消化过程产生的消化气体中甲烷成分占 2/3，其余气体为二氧化碳等，则 1 m^3 污泥消化过程可产生消化气体为

$$Q/(\text{m}^3\cdot\text{m}^{-3})=(G\cdot K_1\cdot K_2\cdot V_2)Q_{CH_4}\cdot\frac{1}{P}$$

式中　Q——1 m^3 污泥产生的消化气体体积(m^3/m^3)；

G—— 污泥的密度(kg/L)，混合污泥的密度为 1.008 kg/L；

K_1—— 污泥中 BOD 含量(%)；

K_2—— 污泥中 BOD 分解率(%)；

V_2—— 含水率为 p_2 时的污泥体积(m^3)，$V_2=(100-p_2)/p_2$；

Q_{CH_4}——1 kg BOD 产生 CH_4 的体积(m^3/kg)；

P—— 消化气体中 CH_4 的含量(%)。

将已知条件代入上式，得到消化分解 1 m^3 污泥可产生的消化气体体积为

$$Q/\text{m}^3=(1.008\times1\ 000\times50\%\times70\%\times\frac{100-97}{97})\times0.35\times\frac{1}{\frac{2}{3}}=5.73$$

2. 沼气用途

1)烧茶炉和做饭，每人每日约需 1.5 m^3 沼气。

2)烧锅炉，供消化池本身加热及污水处理厂采暖，每立方米沼气可代替 1 kg 煤。

3)用来照明，沼气灯每小时耗气 0.2 m^3，相当 600 ~100 烛光。

4)作汽车的燃料，每立方米沼气约相当于 0.7 L 汽油。

5)用苛性钠或苛性钾去掉沼气中的 CO_2,使甲烷含量达 80% ~90%,可代替乙炔进行焊接,能切割 10 ~20 mm 厚的钢板。

6)作化工产品的原料。用沼气可制造四氯化碳;沼气加氨及氧,合成氢氰酸,再经醇化及酯化,可合成有机玻璃树脂。此外,经氧化可制取甲醛及甲醇。利用沼气中的 CO_2 可制纯碱或干冰。甲烷在高温和纯氧作用下,可得出炭黑。

7)作为动力利用。利用沼气发动机可带动鼓风机、水泵或发动机。

第五节　污泥脱水

经浓缩后的污泥进一步脱水,以减少体积,便于运输和后续处理。一般可使污泥含水率从 96% 左右降低至 60% ~85%,其体积减少至原来的 1/10 ~1/5。目前采用的脱水机械主要是有板框压滤机、带式过滤机和离心机;自然干化床也有较多应用。各种脱水方法的比较见表 5.8。

表 5.8　各种脱水方法的比较

方法		优点	缺点	适用范围
机械脱水	板框压滤机 1. 间歇脱水 2. 液压过滤	1. 滤饼含固率高 2. 固体回收率高 3. 药品消耗少,滤液清澈	1. 间歇操作,过滤能力较低 2. 基建设备投资大	1. 其他脱水设备不适用的场合 2. 需要减少运输、干燥或焚烧费用,降低填用地的场合
	带式过滤机 1. 连续脱水 2. 机械挤压	1. 机器制造容易,附属设备少,投资、能耗较低 2. 连续操作,管理简便,脱水能力大	1. 聚合物价格贵,运行费用高 2. 脱水效率不及板框压滤机	1. 特别适合于无机性污泥的脱水 2. 有机粘性污泥脱水不宜采用
	离心机 1. 连续脱水 2. 离心力作用	1. 基建投资少,占地少,设备结构紧凑 2. 不投加或少加化学药剂,处理能力大且效果好,总处理费用较低 3. 自动化程度高,操作简便、卫生	1. 国内目前多采用进口离心机,价格昂贵 2. 电力消耗大,污泥中含有沙砾,易磨损设备 3. 有一定噪声	1. 不适于密度差很小或液相密度大于固相的污泥脱水
自然干化	污泥干化床 1. 间歇运行 2. 自然蒸发和渗滤	1. 基建费用低,设备投资少 2. 操作简便,运行费用低,劳动强度大	1. 占地面积大、卫生条件差 2. 受污泥性质和气候影响大	1. 用于渗滤性能好的污泥脱水 2. 气候比较干燥的地区,多雨地区应设厂房 3. 用地不紧张的地区 4. 环境卫生条件允许的地区

1）干化场底设防渗层，可用粘土（厚 0.2 ~ 0.4 m）、三合土（厚 0.15 ~ 0.3 m）、混凝土（厚 0.1 ~ 0.15 m）或其他防渗材料做成，坡度取 0.01 ~ 0.03。

2）防渗层上设集排水管，管材可采用无釉陶土管或穿孔塑料管等，直径为 100 ~ 150 mm。采用无釉陶土管时，各节管子管端均为敞口，管与管接头处留出 10 ~ 20 mm 间隙，以接纳下渗的污水。集排水管埋深 1 ~ 2 m，排水坡度取 0.002 ~ 0.008。

3）防渗层和集排水管上设滤水层，一般分两层，上层用粒径为 0.5 ~ 1.5 mm 的砂或矿渣，下层用粒径为 15 ~ 25 mm 的碎石或矿渣，各层厚 0.1 ~ 0.3 m，做成 0.005 ~ 0.010 的坡度，以利于污泥流动。

4）每次放污泥厚度为 0.1 ~ 0.3 m，污泥含水率由 98% 逐渐降至 65% ~ 75%。干化周期大致是春季 15 天，夏季 10 天，秋季 15 天，冬季 20 天左右。

5）采用高分子絮凝剂（如 PAM）或硫酸铝调理污泥，可显著提高干化床的效率和脱水速率。

污泥干化场平面布置见图 5.19。

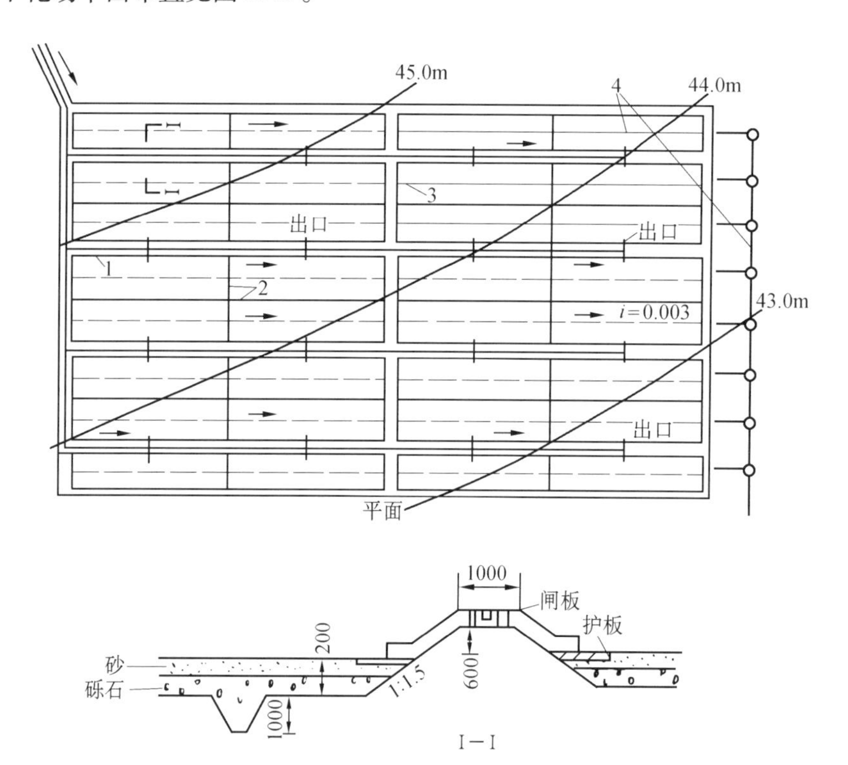

图 5.19　污泥干化场

1—配泥槽；2—隔墙；3—DN75 排水管；4—渗水排水管线

一、自然干化

1. 设计参数

干化场四周用土、砖石或混凝土筑成高为 0.5 ~ 1.0 m，顶宽为 0.5 ~ 1.0 m 的围堤，土围堤边坡取 1 : 1.5。围堤上设输泥槽，槽底坡度取 0.01 ~ 0.03，中间通常用围堤或木板隔成若干块，每块宽度不大于 10 m。每块干化床的输泥槽上隔一定距离设放泥口，均匀放入原污泥。为排出围堤间的浓缩上清液，可在堤上设多层排水（管）阀。干化场进泥管采用铸铁管,坡向干化场,管内污泥流速大于0.75 m/s。

2. **计算公式**

污泥干化场的计算公式见表5.9。

表5.9 污泥干化场计算公式

名称	公式	符号说明
1. 全年污泥总量 (1) 从消化池排出的年污泥总量 (2) 从初次沉淀池排出的年污泥总量	$V = \frac{SN \times 365}{1\,000\,a}$ $V = \frac{SN \times 365}{1\,000}$	V—— 全年污泥总量(m^3) S—— 每人每日排出的污泥量[L/(人·d)] N—— 设计人口数(人) a—— 污泥由于分解而使污泥缩减的系数,有排出污泥上清液设施时,$a = 1.6$
2. 十化场的有效面积	$F = \frac{V}{h}$	F—— 干化池的有效面积(m^2) h—— 年污泥层高度(m) 1.2 ~ 1.4—— 为考虑增加干化场围堤等所占面积的系数
3. 干化场总面积	$F' = (1.2 \sim 1.4)F$	
4. 每次排出的污泥量 (1) 初次沉淀池 (2) 消化池	$V' = \frac{SNT}{1\,000}$ $V' = \frac{SNT}{1\,000\,a}$	V'—— 每次排出的污泥量(m^2) T—— 相邻两次排泥的间隔天数(d),消化池一般为1 d h_1—— 一次放入的污泥层高度(m),一般为0.3 ~ 0.5 m F_1—— 排放一次污泥所需的面积(m^2)
5. 排放一次污泥所需干化场面积	$F_1 = \frac{V'}{h_1}$	
6. 每块区格的面积(最好等于F_1或F_1的倍数)	$F_0 = bL$	F_0—— 分块区格的面积(m^2) b—— 区格的宽度(m),通常b采用不小于10 m L—— 区格的长度(m),一般不超过100 m n—— 污泥干化场的块数(块) V_1—— 每日排入干化场的污泥量(m^3/d) h'—— 冻结期堆泥高度(m) T'—— 一年中日平均温度低于 -10 ℃ 冻结天数 K_1—— 冬季冻结期间使用干化场面积的系数,$K_1 = 0.8$ K_2—— 污泥体积缩减系数,$K_2 = 0.75$ H—— 围堤高度(m)
7. 污泥干化场的块数	$n = \frac{F}{F_0}$	
8. 冬季冻结期堆泥高度	$h' = \frac{V_1 T' K_2}{F K_1}$	
9. 围堤高度	$H = h + 0.1$	

二、加压过滤

1. 设计参数

1）用压滤机为城市污水处理的污泥脱水时，过滤能力一般为 2～10［kg 干污泥/(m^2·h)］；当为城市污水处理的消化污泥时，投加三氯化铁的量为 4%～7%，氧化钙为 11%～22%，过滤能力一般为 24［kg 干污泥/(m^2·h)］，过滤周期一般为 1.5～4 h。

2）压滤机设置台数应不少于 2 台，常采用板框压滤机和箱式压滤机。

3）污泥压入过滤机一般有两种方式，一种是用高压污泥泵直接压入；另一种是用压缩空气，通过污泥罐将污泥压入过滤机，常用的高压污泥泵有离心式污泥泵或柱塞式污泥泵。当采用柱塞式污泥泵时，应设减压阀及旁通回流管。每台过滤机应单独配备一台污泥泵。

4）污泥压滤后需用压缩空气来剥离泥饼，所需的空气量按每立方米滤室容积需气 2 m^3/(m^3·min) 计算，压力为 0.1～0.3 MPa。

5）当用传送带运送污泥时，应考虑卸落时的冲力，并应附有破碎泥饼的钢丝格栅，以防泥饼塑化。

6）板框压滤机和箱式压滤机内部构造见图 5.20。

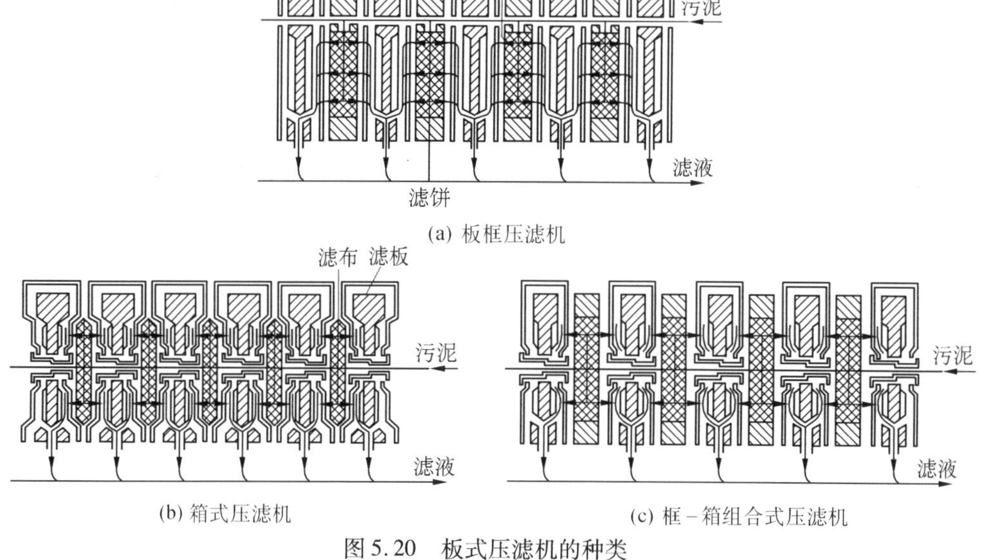

(a) 板框压滤机

(b) 箱式压滤机　　(c) 框－箱组合式压滤机

图 5.20　板式压滤机的种类

2. 计算公式

压滤机的计算公式见表 5.10。

表 5.10　压滤机计算公式

名　称	公　式	符号说明
1. 过滤能力	$L = \frac{S}{(1+n)At}$	L——对污泥的过滤能力(不计调理剂带来的效果)[kg 干污泥/($m^2 \cdot h$)] S——滤饼干重(kg) n——絮凝剂对干污泥的质量比 A——有效过滤面积(m^2) t——总过滤时间(h),t = 进泥时间 + 压滤时间 + 出泥时间
2. 过滤面积	$A = 1\,000(1-P)\frac{Q}{L}$	A——压滤机的过滤面积(m^2); P——污泥含水率(%) Q——污泥量(m^3/h)

三、带式过滤机

1. 设计参数

用于污泥滚压脱水的设备是带式过滤机,其主要特点是把压力施加在滤布上,用滤布的压力和张力使污泥脱水,而不需要真空或加压设备,动力消耗少,可以连续工作。这种脱水方法,目前应用广泛。带式过滤机基本构造见图 5.21。

带式过滤机由滚压轴及滤布带组成。污泥先经过浓缩段(主要依靠重力过滤),使污泥失去流动性,以免在压榨段被挤出滤布,浓缩段的停留时间为 10 ~20 s;然后进入压榨段,压榨时间 1 ~5 min。

滚压的方式有两种,一种是滚压轴上下相对,压榨的时间几乎是瞬时,但压力大;另一种是滚压轴上下错开,依靠滚压轴施于滤布的张力压榨污泥,压榨的压力受张力限制,压力较小,压榨时间较长,但在滚压的过程中对污泥有一种剪切力的作用,可促进泥饼的脱水。

2. 计算公式

带式压滤机的计算公式见表 5.11。

表 5.11　带式压滤机计算公式

名　称	公　式	符号说明
压滤机带宽	$B = k \cdot P \cdot Q$	B——压滤机带宽(m) P——进泥含水率(%) Q——进泥流量(m^3/h) k——压滤系数,k = 0.1 ~ 0.15

四、离心脱水机

1. 设计参数

污泥离心脱水主要采用卧螺离心机。污泥由空心转轴送入转筒后,先在螺旋输送器内预加速,然后经螺旋筒体上的进料孔进入分离区,在离心加速度作用下,污泥颗粒被甩贴在

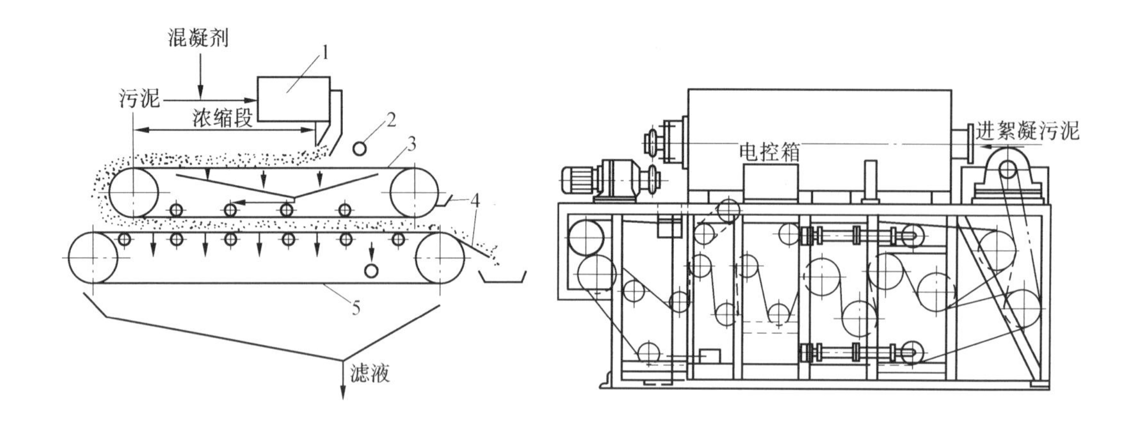

(a) 压榨辊轴上下相对布置
1—混合槽；2—洗涤水管；3—金属丝网；
4—刮刀；5—涤纶滤布；

(b) 压榨辊轴上下错开布置

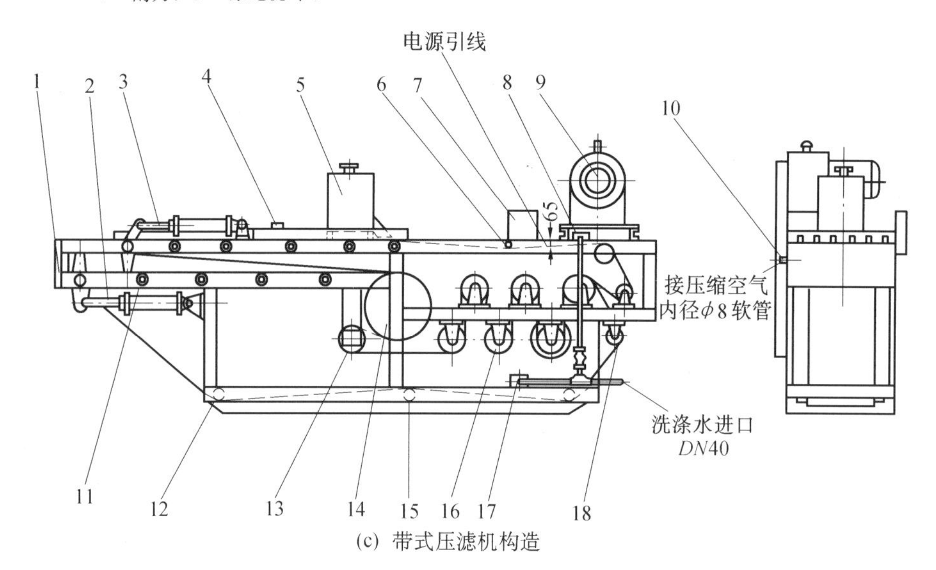

(c) 带式压滤机构造

1—气动元件控制装置；2—涨紧气缸；3—重力脱水区挡板；4—疏泥耙；5—布泥装置；6—上网带调偏辊；7—电控箱；8—上网带洗涤器；9—调速电机；10—气源引入端；11—从动托辊；12—辅助辊；13—低压辊；14—初压辊；15—下网带调偏辊；16—高压辊；17—下网带洗涤器；18—刮泥辊

图5.21 带式压滤机

转鼓内壁上，形成环状固体层，并被螺旋输送器推向转鼓锥端，由出渣口排出；水则在泥层内侧，由转鼓大端端盖的溢流孔排出。按进泥方向分为顺流式和逆流式两种机型。顺流式卧螺离心机（图5.22(a)）进泥方向与固体输送方向一致，即进泥口和排泥口分别在转筒两端；逆流式卧螺离心机（图5.22(b)）进泥方向与固体输送方向相反，即进泥口和排泥口同在转筒一端。逆流式由于污泥在中途转向，对转筒内产生水力搅动，因而泥饼含固量稍低于顺流式。顺流式离心机转筒和螺旋通过介质全程存在磨损，而逆流式只在部分长度上存在磨损，污泥脱水多采用顺流式离心机。

按离心机的分离因素 a（离心加速度与重力加速度之比）可将离心机分为两类：$a<1\,500$ 的称为低速或低重力离心机；$a>1\,500$ 的称为高速或高重力离心机。前者的固体回收率达90%以上，能耗低，操作管理简便；后者固体回收率达98%以上，但能耗高、维护管理要求

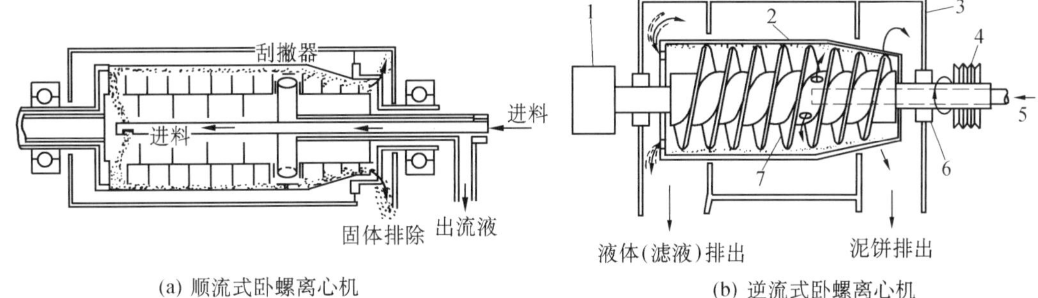

(a) 顺流式卧螺离心机　　(b) 逆流式卧螺离心机

图 5.22　卧螺离心机

1—差速齿轮箱;2—轮鼓;3—外壳;4—主驱动轮;5—进料管(污泥与化学药剂);6—轴承;7—回转输送器

高,一般污泥脱水大都选用低速离心机。同一台离心机既可用于污泥浓缩,也可用于污泥脱水。处于浓缩工作状况的离心机,只需增加聚合物的用量并降低转速,即可进入脱水工作状况,反之亦然。

2. **计算公式**

离心脱水机的计算公式见表 5.12。

表 5.12　离心脱水机计算公式

名　称	公　式	符 号 说 明
离心机的离心力	$a=\frac{C}{G}=\frac{\frac{\omega^2 r}{g}G}{G}=\frac{\omega^2 r}{g}=\frac{n^2 r}{900}$	C—— 离心力(N),$C=m\omega^2 r=\omega^2 r\frac{G}{g}$ m—— 质量(N·s²/m) ω—— 旋转角速度(L/s) r—— 旋转半径(m) G—— 重力(N),$G=mg$ g—— 重力加速度(m/s²)

第六章　污水处理工程的平面布置及高程布置

第一节　污水处理工程的平面布置

污水处理工程的平面布置包括处理构筑物、办公楼、化验室及其他辅助建筑物以及各种管道渠道、道路、绿化带等的布置。在进行污水处理工程厂区平面规划、布置时，应考虑的一般原则阐述如下。

一、各处理单元构筑物的平面布置

处理构筑物是污水处理工程的主体建筑物，在做平面布置时，应根据各构筑物的功能要求和水力要求，结合地形和地质条件，确定它们在厂区内平面的位置。

1）力求处理工艺流程布置简短、顺畅，避免连接各处理构筑物的管线迂回反复，尽量减少管线长度，降低沿程水头损失。处理构筑物宜布置成直线形，受场地或地形限制不能按直线形布置时，应注意建设时构筑物间的相互衔接。

2）施工时，应考虑土方量尽量平衡，减少外运土方量，并避开劣质土壤地段。

3）处理构筑物之间应保持一定的间距，以保证敷设连接管、渠的规范要求。通常一般的间距可取值 5 ~ 10 m，某些有特殊要求的构筑物，如污泥消化池、消化气贮罐等，其间距可取值 20 ~ 25 m，并应按有关规定核定。

4）各处理构筑物在平面布置时，应考虑适当紧凑。对于分期建设的污水厂应兼顾远近期的需要，处理构筑物间的布置应保证远期扩建施工时，不影响正常生产。

二、管道及渠道的平面布置

1）在各处理构筑物之间，设有贯通连接的管、渠。此外，还应设有能够使各处理构筑物独立运行的超越管、渠，当某一处理构筑物因故停止工作时，后续处理构筑物仍能够保持正常的运行。

2）应设置超越全部处理构筑物直接排放水体的总超越管、渠。

3）各处理构筑物宜设排空设施，排出的水应回流处理。

4）在厂区内还应设有给水管、空气管、消化气管、蒸汽管，以及输配电线路。这些管线有的敷设在地下，但大部分都在地上，对它们的安排，既要便于施工和维护管理，也要布置紧凑、少占用地，可以考虑采用架空的方式敷设。

5）污水处理厂内各种管渠应全面安排，避免相互干扰，管道复杂时可设置管廊。处理构筑物间的输水、输泥和输气管线的布置应使管渠长度短、水头损失小、流行通畅、不易堵塞和便于清通。各污水处理构筑物间的连通,在条件适宜时,应采用明渠。

在污水处理厂厂区内,应有完善的雨水管道系统,必要时应考虑设置防洪沟渠。

三、辅助建筑物

污水处理厂内的辅助建筑物有泵房、鼓风机房、办公楼、集中控制室、化验室、变电所、机修间、仓库、食堂、锅炉房和车库等,它们是污水处理工程不可缺少的组成部分。辅助建筑物面积的大小应按具体情况和条件而定,有可能时,可设立试验车间,以不断研究与改进污水处理技术。辅助建筑物的位置应根据方便、安全等原则确定,如鼓风机房应设于曝气池附近,以节省管道与动力消耗;变电所宜设在耗电量大的构筑物附近;化验室应远离机器间和污泥处理设施,以保证良好的工作条件;办公室、化验室等均应与处理构筑物保持适当距离,并应位于处理构筑物的夏季主导风向的上风向处;操作工人的值班室应尽量布置在使工人能够便于观察各处理构筑物运行情况的位置。

在污水处理厂内,应合理的修筑道路,方便运输;要设置通向各处理构筑和辅助建筑物的必要通道,通道的设计应符合如下要求:

1)主要车行道的宽度:单车道为3.5 m,双车道为6~7 m,并应有回车道。

2)车行道的转弯半径不宜小于6 m。

3)人行道的宽度为1.5~2 m。

4)通向高架构筑物的扶梯倾角不宜大于45°。

5)天桥宽度不宜小于1 m。

同时,应注意厂区内的环境美化,提倡植树种草,改善卫生条件,改变人们对污水处理厂"不卫生"的传统看法。按规定,污水处理厂厂区的绿化面积不得少于30%。

在污水处理厂周围应设围墙,其高度不宜小于2 m,污水厂的大门尺寸应能容许最大设备或部件出入,并应另设运除废渣的侧门。

应当指出,在工艺设计计算时,就应考虑构筑物和平面布置的关系,而在进行平面布置时,也可根据情况调整构筑物的数目,修改工艺设计。

总平面布置图根据污水处理厂的规模采用1∶200~1∶1 000比例尺的地形图绘制,常用的比例尺为1∶500。

图6.1所示为A市污水处理厂总平面布置图,该厂主要的处理构筑物有机械格栅、曝气沉砂池、初次沉淀池、二次沉淀池、鼓风式深水中层曝气池、消化池等,以及若干辅助建筑物。

该处理厂平面布置的特点是布置紧凑。鼓风机房和回流污泥泵房位于曝气池和二次沉淀池的一侧,节约了管道和动力费用,便于操作管理。污泥消化系统构筑物靠近四氯化碳制造厂(即在处理厂西侧),使消化气、蒸汽输送管较短,节约了建设投资。办公室、生活住房与处理构筑物、鼓风机房、泵房、消化池等保持一定距离,卫生条件与工作条件均较好。在管线布置上,尽量一管多用,如超越管、处理水出厂管都借道雨水管泄入附近水体,而剩余污泥、各构筑物放空管等,又都与厂内污水管合并流入泵房集水井。但因受用地限制(厂东西两侧均为河浜),远期发展余地尚感不足。

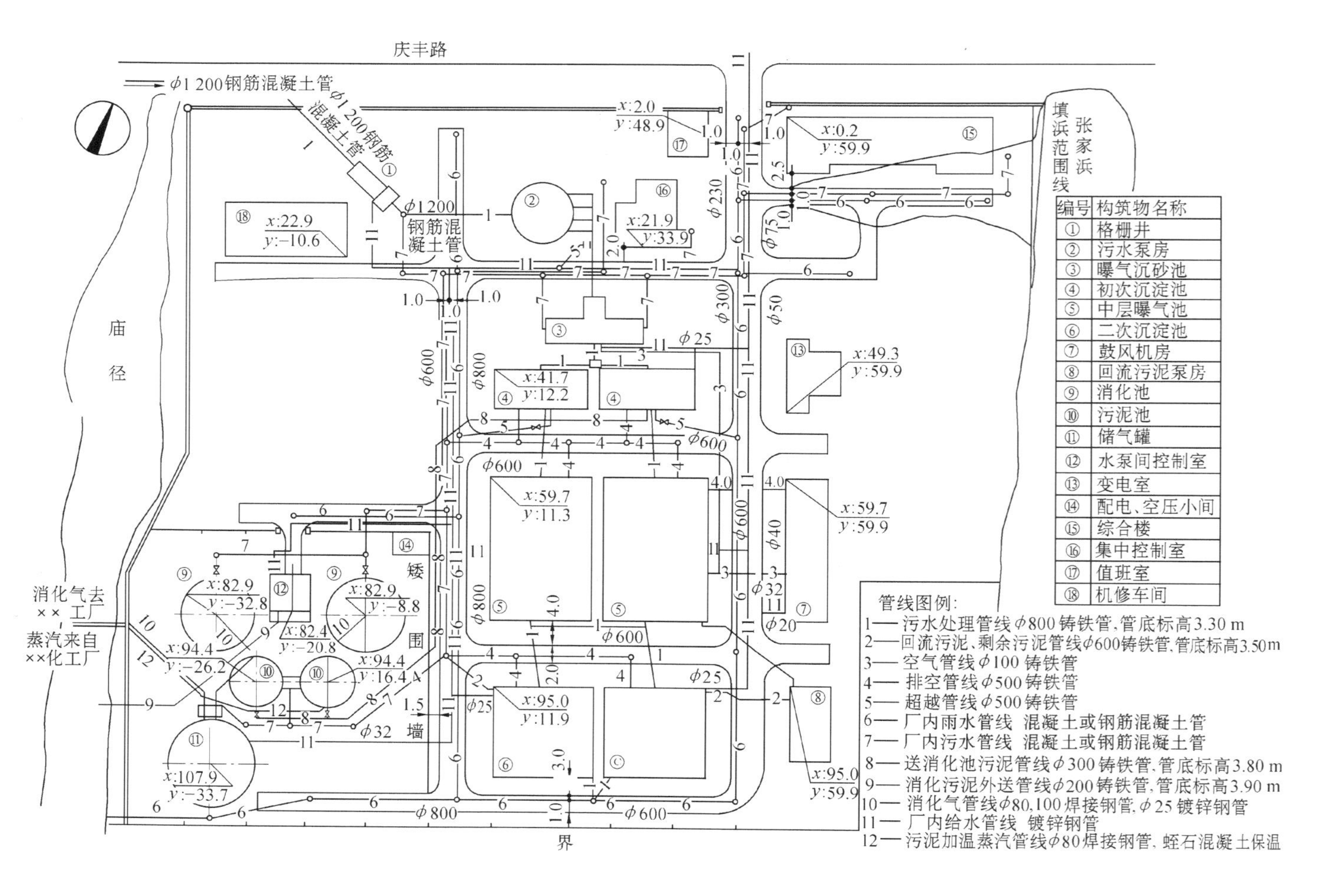

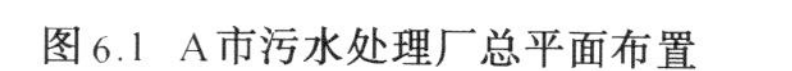
图6.1 A市污水处理厂总平面布置

图6.2所示为B市污水处理厂总平面布置图。泵站设于厂外，主要处理构筑物有格栅、曝气沉砂池、初次沉淀池、曝气池、二次沉淀池等。该厂未设污泥处理系统，污泥（包括初次沉淀池排出的生污泥和二次沉淀池排出的剩余污泥），通过污泥泵房直接送往农田作为肥料使用。

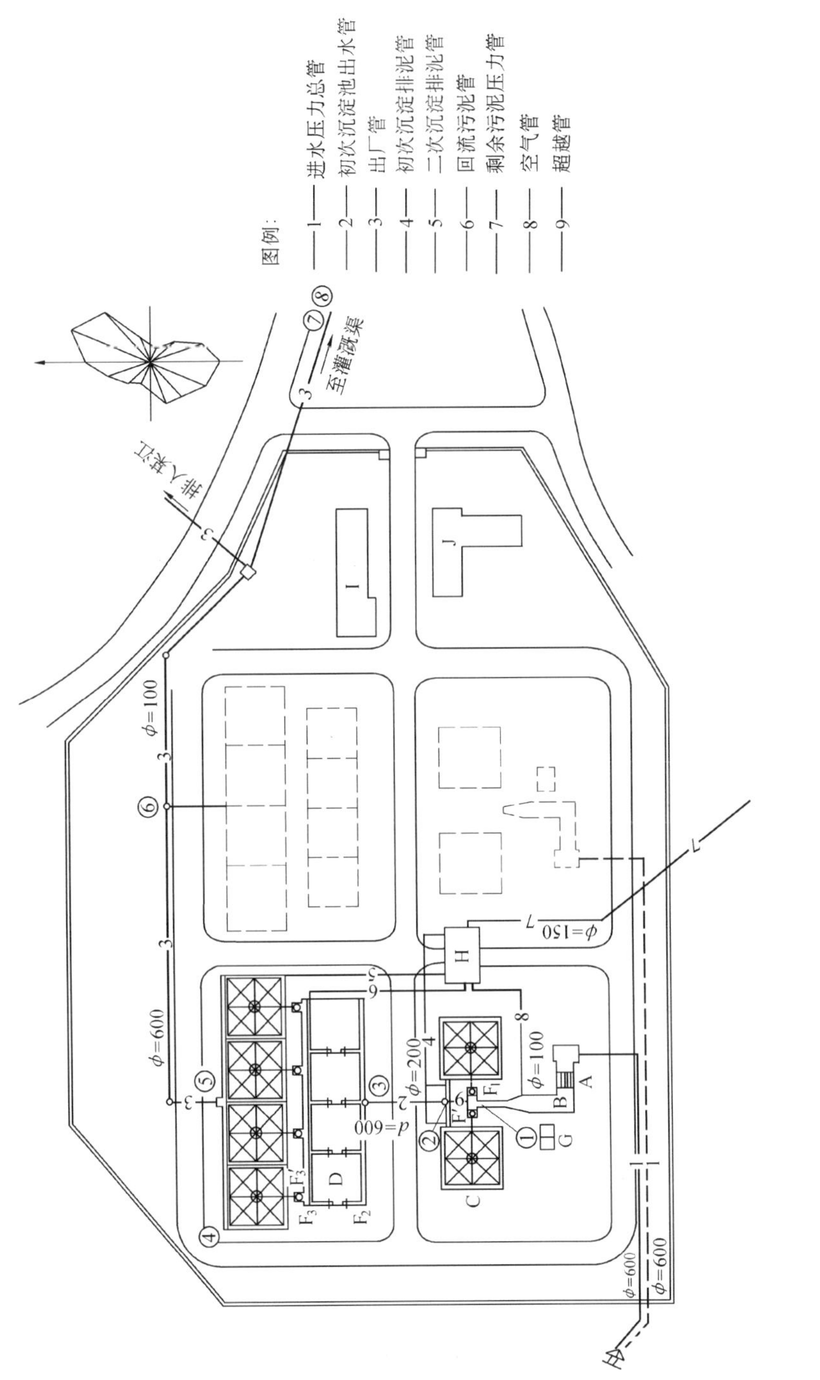

图6.2　B市污水处理厂总平面布置

该处理厂平面布置的特点是布置整齐、紧凑。两期工程各自成独立系统,对设计与运行相互干扰较少。办公室等建筑物均位于常年主导风向的上风向,且与处理构筑物有一定距离,卫生、工作条件较好。利用构筑物本身的管渠设立超越管线,既节省了管道部分投资,运行又较灵活。

第二期工程预留地设在一期工程与厂前区之间,若第二期改用不同的工艺流程或另选池型时,在平面布置上受到一定的限制。此外,泵站设于厂外,管理不甚方便。

第二节 污水处理工程的高程布置

一、布置原则

污水处理工程高程布置的主要任务是确定各处理构筑物和泵房的标高,确定处理构筑物之间连接管渠的尺寸及其标高;通过计算确定各部位的水面标高,从而使污水能够在处理构筑物之间通畅地流动,保证污水处理工程的正常运行。

污水处理工程的高程布置一般应遵守如下原则:

1)认真计算管道沿程损失、局部损失,各处理构筑物、计量设备及联络管渠的水头损失;考虑最大时流量、雨天流量和事故时流量的增加,并留有一定的余地;还应考虑当某座构筑物停止运行时,与其并联运行的其余构筑物及有关的连接管渠能通过全部流量。

2)考虑远期发展,水量增加的预留水头。

3)避免处理构筑物之间跌水等浪费水头的现象,充分利用地形高差,实现自流。

4)在认真计算并留有余量的前提下,力求缩小全程水头损失及提升泵站的扬程,以降低运行费用。

5)需要排放的处理水,在常年大多数时间里能够自流排放水体。注意排放水位不一定选取水体多年最高水位,因为其出现时间较短,易造成常年水头浪费,而应选取经常出现的高水位作为排放水位,当水体水位高于设计排放水位时,可进行短时间的提升排放。

6)应尽可能使污水处理工程的出水管渠高程不受水体洪水顶托,并能自流排放。

二、处理构筑物的水头损失

为了降低运行费用和便于维护管理,污水在处理构筑物之间的流动,以按重力流考虑为宜,为此,必须精确地计算污水流动中的水头损失。水头损失包括:

1)污水流经各处理构筑物的水头损失。在作初步设计时,可按表 6.1 所列数据估算。但应当认识到,污水流经处理构筑物的水头损失,主要产生在进口、出口及水头跌落处,而流经处理构筑物的水头损失则较小。

2)污水流经连接前后两处理构筑物的管渠(包括配水设备)时产生的水头损失,包括沿程与局部水头损失。

3)污水流经计量设备时产生的水头损失。

表6.1　污水流经各处理构筑物的水头损失

构筑物名称	水头损失/m	构筑物名称	水头损失/m
格　栅	0.1~0.25	生物滤池(工作高度为2 m时)	
沉砂池	0.1~0.25	(1)装有旋转式布水器	2.7~2.8
沉淀池:平流	0.2~0.4	(2)装有固定喷洒布水器	4.5~4.75
竖流	0.4~0.5	混合池或接触池	0.1~0.3
辐流	0.5~0.6	污泥干化场	2~3.5
双层沉淀池	0.1~0.2		
曝气池:污水潜流入池	0.25~0.5		
污水跌水入池	0.5~1.5		

三、注意事项

在对污水处理厂污水处理流程进行高程布置时,应考虑下列事项:

1)选择一条距离最长、水头损失最大的流程进行水力计算,并应适当留有余地,以保证在任何情况下,处理系统都能够正常运行。

2)计算水头损失时,一般应以近期最大流量(或泵的最大出水量)作为构筑物和管渠的设计流量,计算涉及远期流量的管渠和设备时,应以远期最大流量为设计流量,并酌加扩建时的备用水头。

3)设置终点泵站的污水处理厂,水力计算常以接纳处理后污水水体的最高水位为起点,逆污水处理流程向上倒推计算,以使处理后污水在洪水季节也能自流排出,出水泵需要的扬程则较小,运行费用也较低。但同时应考虑到构筑物的挖土深度不宜过大,以免土建投资过大和增加施工上的困难。此外,还应考虑到因维修等原因需将池水放空而在高程上提出的要求。

4)在做高程布置时还应注意污水流程与污泥流程的配合,尽量减少需抽升的污泥量。在决定污泥干化场、污泥浓缩池、消化池等构筑物的高程时,应注意它们的污水能自动排入污水干管或其他构筑物的可能。

四、高程布置计算举例

在绘制总平面图的同时,应绘制污水与污泥的纵断面图或工艺流程图。绘制纵断面图时采用的比例尺,横向与总平面图同,纵向为1∶50~1∶100。

现以图6.2所示B市污水处理厂为例,介绍污水处理厂污水处理流程高程计算过程。

该厂初次沉淀池和二次沉淀池均为方形,周边均匀出水。曝气池为4座方形池,完全混合式,用表面机械曝气器充氧与搅拌。曝气池如果4座串联,则可按推流式运行,也可按阶段曝气法运行,这种系统兼具推流与完全混合两种运行方式的优点。

在初沉池、曝气池和二沉池之前,分别各设薄壁计量堰(F_1为梯形堰,底宽0.5 m,F_2、F_3为矩形堰,堰宽0.7 m)。

该厂设计流量为:近期 $Q_{平均}=174$ L/s;$Q_{最大}=300$ L/s。远期 $Q_{平均}=348$ L/s;$Q_{最大}=600$ L/s。

回流污泥量按污水量的100%计算。

各处理构筑物间连接管渠的水力计算结果见表6.2。

表6.2　处理构筑物之间连接管渠水力计算表

设计点编号	管渠名称	设计流量 $(L\cdot s^{-1})$	管渠设计参数					
			尺寸 D/mm 或 $B\times H/(m\times m)$	h/D	水深 h/m	i	流速 $v/(m\cdot s^{-1})$	长度 l/m
1	2	3	4	5	6	7	8	9
8～7	出水管入灌溉渠	600	1000	0.8	0.8			
7～6	出厂管	600	1000	0.8	0.8	0.001	1.01	390
6～5	出厂管	300	600	0.75	0.45	0.0035	1.37	100
5～4	沉淀池出水总渠	150	0.6×1.0		0.35～0.25④			28
4～E	沉淀池集水槽	75/2	0.30×0.53③		0.38③			28
E～F'_3	沉淀池入流管	150①	450			0.0028	0.94	10
F'_3～F_3	计量堰	150						
F_3～D	曝气池出水总渠	600	0.84×1.0	0.64～0.42				48
	曝气池集水槽	150	0.6×0.55		0.26⑤			
D～F_2	计量堰	300						
F_2～3	曝气池配水渠	300②	0.84×0.85		0.62～0.54			
3～2	往曝气池配水渠	300	600			0.0024	1.07	27
2～C	沉淀池出水总渠	150	0.6×1.0		0.35～0.25			5
	沉淀池集水槽	150/2	0.35×0.53		0.44			28
C～F'_1	沉淀池入流管	150	450			0.0028	0.94	11
F'_1～F_1	计量堰	150						
F_1～1	沉淀池配水渠	150	0.8×1.5		0.48～0.46			3

注:①包括回流污泥量在内。

②在最不利条件,即推流式运行时,污水集中从一端入池计算。

③按下式计算

$$B/\mathrm{m}=0.9\left(1.2\times\frac{0.075}{2}\right)^{0.4}=0.27,取0.3\ \mathrm{m},h_0/\mathrm{m}=1.25\times0.3=0.38$$

④出口处水深

$$h_k/\mathrm{m}=\sqrt[3]{\frac{(0.15\times1.5)^2}{9.8}}\times0.6^2=0.25$$

(1.5为安全系数),起端水深可按巴克梅切夫的水力指数公式用计算法确定,得 $h_k=0.35$ m

⑤曝气池集水槽采用潜孔出流,此处 h 为孔口至槽内液面高度(亦为损失了的水头)。

处理后的污水排入农田灌溉渠道以供农田灌溉，农田不需水时排入某江。由于某江水位远低于渠道水位，故构筑物高程受灌溉渠水位控制，计算时，以灌溉渠水位为起点，逆流程向上推算各水面标高。考虑到二次沉淀池挖土太深时不利于施工，故排水总管的管底标高与灌溉渠中的设计水位平接（跌水 0.8 m）。

污水处理厂的设计地面高程为 150.00 m。

高程计算中，沟管的沿程水头损失按所定的坡度计算，局部水头损失按流速水头的倍数计算。堰上水头按有关堰流公式计算，沉淀池、曝气池集水槽系平底，且为均匀集水，自由跌水出流，其计算式为

$$B = 0.9Q^{0.4} \tag{6.1}$$

$$h_0 = 1.25B \tag{6.2}$$

式中　Q——集水槽设计流量（m^3/s），为确保安全，设计流量再乘以 1.2 ~ 1.5 的安全系数；

B——集水槽宽（m）；

h_0——集水槽起端水深（m）。

各高程计算过程见表 6.3。

表 6.3　各点高程计算过程表

各点高程计算过程	高程/m
灌溉渠道（8 点）水位	149.25
排水总管（7 点）水位，跌水 0.8 m	150.05
窨井 6 后水位，沿程损失/m＝0.001×390＝0.39	150.44
窨井 6 前水位，管顶平接，两端水位差 0.05 m	150.49
二次沉淀池出水井水位，沿程损失/m＝0.0035×100＝0.35	150.84
二次沉淀池出水总渠起端水位，沿程损失/m＝0.35－0.25＝0.10	150.94
二次沉淀池中水位，集水槽起端水深 0.38 m 自由跌落 0.10 m 堰上水头（计算或查表）0.02 m 合计 0.50 m	151.44
堰 F_3 后水位，沿程损失/m＝0.0028×10＝0.03 局部损失/m＝$6×0.94^2/2g$＝0.28 合计 0.31 m	151.75
堰 F_3 前水位，堰上水头 0.26 m 自由跌落 0.15 m 合计 0.41 m	152.16
曝气池出水总渠起端水位，沿程损失＝0.64－0.42＝0.22 m	152.38
曝气池中水位，集水槽中水位＝0.26 m	152.64

续表 6.3

各 点 高 程 计 算 过 程	高程/m
堰 F_2 前水位,堰上水头 0.38 m 自由跌落 0.20 m 合计 0.58 m	153.22
3 点水位,沿程损失/m=0.62−0.54=0.08 局部损失/m=5.85×0.69^2/2g=0.14 合计 0.22 m	153.44
初次沉淀池出水井(2 点)水位,沿程损失/m=0.0024×27=0.007 局部损失/m=2.46×1.07^2/2g=0.15 合计 0.22 m	153.66
初次沉淀池中水位,出水总渠沿程损失/m=0.35−0.25=0.10 集水槽起端水深 0.44 m 自由跌落 0.10 m 堰上水头 0.03 m 合计 0.67 m	154.33
堰 F_1 后水位,沿程损失/m=0.0028×11=0.04 局部损失/m=6.0×0.94^2/2g=0.28 合计 0.32 m	154.65
堰 F_1 前水位,堰上水头 0.30 m 自由跌落 0.15 m 合计=0.45 m	155.10
沉砂池起端水位,沿程损失/m=0.48−0.46=0.02 沉砂池出口局部损失=0.05 m 沉砂池中水头损失=0.20 m 合计 0.27 m	155.37
格栅前(A 点)水位,过栅水头损失=0.15 m	155.52
总水头损失为 6.27 m	

在上述计算中,沉淀池集水槽中的水头损失由堰上水头、自由跌落和槽起端水深 3 部分组成,见图 6.3。计算结果表明,终点泵站应将污水提升至标高 155.52 m 处才能满足流程的水力要求。根据计算结果绘制了流程图,见图 6.4。由图 6.4 及上述高程计算结果可见,整个污水处理流程,从栅前水位 155.52 m 开始到排放点(灌溉渠水位)149.25 m,全部水头损失为 6.27 m,这是比较高的,应考虑降低其水头损失。从另一方面看,这一处理系统,在降低水头损失,节省能量方面,是有潜力可挖的。

该系统采用的初次沉淀池、二次沉淀池,在形式上都是不带刮泥设备的多斗辐流式沉淀池,而且都是用配水井进行配水。曝气池采用的是4座完全混合型曝气池,而且污水由初次沉淀池进入曝气池采用的是水头损失较大的倒虹管。

初次沉淀池进水处的水位标高为154.3 m,二次沉淀池出水处的标高为150.84 m,这一区段的水头损失为3.49 m,为整个系统水头损失的56%。

如将初次沉淀池和二次沉淀池都改用平流式,曝气池也改为推流式,而且将初次沉淀池→曝气池→二次沉淀池这一区段直接串联连接,中间不用配水井,采用相同的宽度,这一措施将大大地降低水头损失。

经粗略估算,这一区段的水头损失可降至1.4 m左右,可将水头损失降低2.09 m,整个系统的水头损失能够降低至4.18 m,这样能够显著地节省能量,降低运行成本,这是完全可行的。

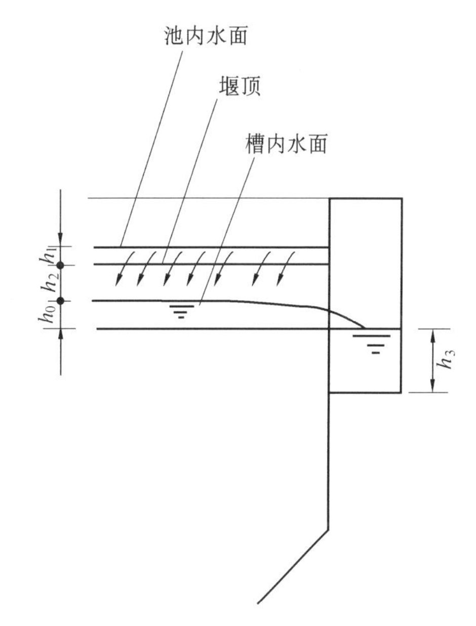

图6.3　沉淀池集水槽水头损失计算图

h_1—堰上水头;h_2——自由跌落;h_0——集水槽起端水深;h_3——总渠起端水深

下面以图6.1所示的A市污水处理厂的污泥处理流程为例,进行污泥处理流程的高程计算。

该厂的污泥处理流程为:

二次沉淀池—→污泥泵站—→初次沉淀池—→污泥投配池—→污泥泵站—→污泥消化池—→贮泥池—→外运

同污水处理流程一样,高程计算从控制点标高开始。

A市污水处理厂厂区地面标高为4.2 m,初次沉淀池水面标高为6.7 m,二次沉淀池剩余污泥重力流进入污泥泵站,并由污泥泵打入初次沉淀池,在初次沉淀池起到生物絮凝作用,提高初次沉淀池的沉淀效果,并与初次沉淀池的沉淀污泥一起排入污泥投配池。

污泥处理流程的高程计算从初次沉淀池开始,初次沉淀池排出的污泥,其含水率为97%,污泥消化后,经静沉,含水率降至96%。初次沉淀池至污泥投配池的管道用铸铁管,长150 m,管径300 mm。污泥在管内呈重力流,流速为1.5 m/s,按下式求得其水头损失为

$$h_f/\text{m} = 2.49\left(\frac{150}{0.3^{1.17}}\right)\left(\frac{1.5}{71}\right)^{1.85} = 1.2$$

自由水头1.5 m,则管道中心标高(m)为

$$6.7 - (1.20 + 1.50) = 4.0$$

流入污泥投配池的管底标高(m)为

$$4.0-0.15=3.85$$

污泥投配池的标高可据此确定,见图6.5

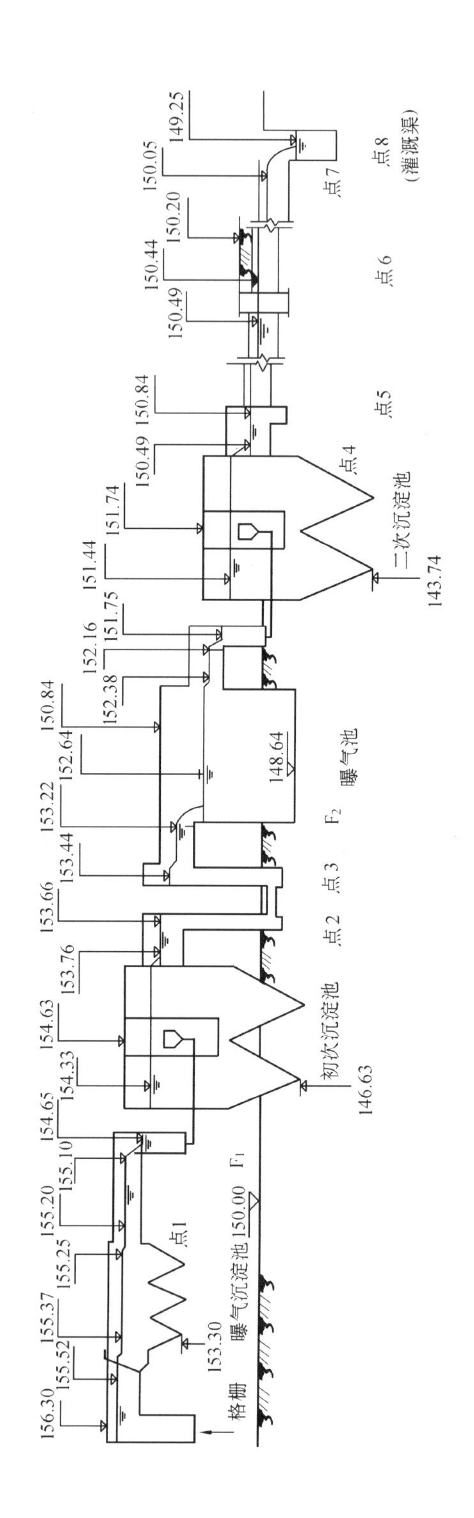

图 6.4　B 市污水处理厂污水处理流程高程布置图

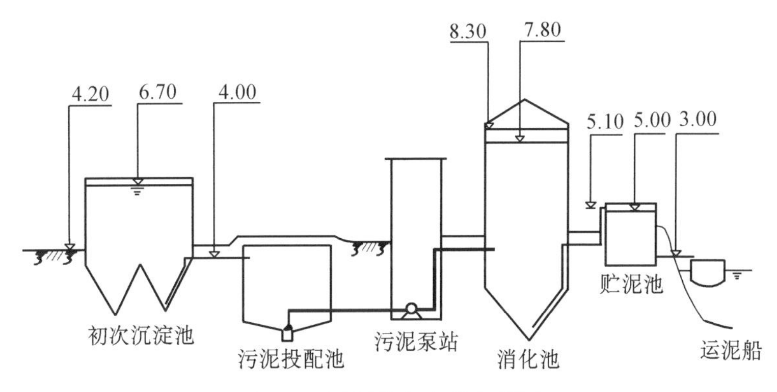

图6.5　污泥处理流程高程图

消化池至贮泥池的各点标高受河水位的影响(即受河中运泥船高程的影响),故以此点向上推算。设计要求贮泥池排泥管管中心标高至少应为3.0 m才能向运泥船排尽池中污泥,贮泥池有效水深为2.0 m,已知消化池至贮泥池的铸铁管管径为200 mm,管长70 m,并设管内流速为1.5 m/s,则根据上式已求得水头损失为1.20 m,自由水头设为1.5 m;又知消化池采用间歇式排泥运行方式,根据排泥量计算,一次排泥后池内泥面下降0.5 m,则排泥结束时消化池内泥面标高(m)至少应为

$$3.0+2.0+0.1+1.2+1.5=7.8$$

开始排泥时的泥面标高(m)为

$$7.8+0.5=8.3$$

式中0.1为管道半径,即贮泥池中泥面与入流管管底平。

应当注意的是:当采用在消化池内撇去上清液的运行方式时,此标高是撇去上清液后的泥面标高,而不是消化池正常运行时的池内泥面标高。

当需排出消化池中底部的污泥时,则需用排泥泵排除。

根据以上的计算结果,绘制污泥处理流程的高程图,见图6.5。

第三节　公用设施及辅助建筑物

一、污水处理工程的公用设施

污水处理厂的公用设施包括道路、给水管、雨水管、污水管、热力管、沼气管、电力及电讯电缆、照明设备、围墙、绿化等。

(1)道路

厂内道路应布置合理方便运输,通常围绕处理单元成环状。在这种情况下,道路可用单行线,宽度以3.5 m为宜;厂内主干道路应建成双行线,其宽度视污水处理厂规模大小而定,一般为6~7 m。

(2)供水

厂内供水一般由城市市政管网供应。管网布置应考虑各种处理构筑物的冲洗,并应考虑设置若干个消火栓。在大型污水处理厂内,用水量甚大,为了节约用水,可考虑设置中水管道,将部分二级处理出水加以适当深度处理,用于处理构筑物的洗涤、厕所冲洗,以及绿化、消防用水等。

(3)雨水排除

设计污水厂时应考虑雨水排除,以免发生积水事故,影响生产。在小型厂内,可在竖向设计时使雨水自然排除,不用修建雨水管。在大型厂内,则应设雨水管排除雨水。

(4)污水排除

厂内各种辅助建筑物如办公楼、化验室、宿舍等均有污水排出,必须设置污水管,污水管最后接入泵站前的城市污水干管中。厂内污水管也是各种构筑物放空或洗涤时的排水管。

(5)通讯

对于小型污水处理厂,一般只考虑安装少量的外线电话;大、中型污水处理厂,由于人员较多,生产及辅助生产、生活的建筑和构筑物较多,为满足生产调度、行政管理及生活上的需要,一般考虑安装30~200门的电话交换机。

(6)供电

污水处理厂电力负荷性质应视厂规模及重要性确定,根据负荷性质及当地供电电源条件来确定为一路或两路电源供电。对于大、中型污水处理厂,如电源有条件时,应争取采用双电源供电。供电电源的电压等级,应根据处理厂用电总容量及当地配电电网的情况,由供电部门确定。对于大型污水处理厂,厂内配电系统电压等级是否设车间级分变、配电所,应根据厂的规模大小及厂平面布置,进行经济技术比较后确定。

(7)仪表及自动控制

污水处理厂仪表及自动控制设计,要掌握适当的设计标准,在有工程实效的前提下,考虑技术先进的。测量仪表及自动控制设备的数量、造型及控制方式的确定,要满足提高运行管理水平、提高处理水质、节约药剂及能耗、改善劳动条件、减少运行管理人员等要求。小型污水处理厂一般只设少量仪表,就地控制;大、中型污水处理厂,一般设集中控制室,控制次数很少的,一般就地手动控制;控制次数较多的,可采用集中控制或自动控制。控制室位置的确定,要考虑到接近工艺设施,满足卫生、安静及采光、通风等条件。

(8)绿化

为了改善污水处理厂的环境和形象,保证工作人员的身心健康,必须尽可能在建筑物和构筑物之间或空地上进行绿化,形成优美的卫生环境。办公、化验、食堂、宿舍等经常有人工作和生活的地区,与处理构筑物之间,应有一定宽度的绿带隔离。在开敞式的处理池附近,不宜种植乔木,以免树叶落入池内,增加维护工作,应多种植草皮和灌木。

(9)围墙

为了防止闲杂人等进入污水厂,应设置围墙。围墙最好用漏空的,使外面的人可以看到厂内园林景观,一般可采用栅栏或上部开孔的矮砖墙。

二、污水处理工程的辅助建筑物

污水处理厂的辅助建筑物有办公楼、化验室、仓库、单身宿舍、维修车间、锅炉房、值班室、警卫室等,其规模和取舍随污水厂的规模和需要确定。在大型处理厂内,还需建托儿所、幼儿园和接待室等。

(1)办公及化验

办公室是行政管理的中心,也是全厂的集中控制中心。办公室(楼)应位于厂区进口处,以便来访和邮递人员出入。办公室的布置应考虑管理方便,其外型应较其他设施美观大方。行政办公用房,每人(即每一编制定员)平均面积为5.8～6.5 m²。化验室是检验污水处理工艺成果的地方,两者都是污水处理厂必不可少的建筑物。化验室面积和定员应根据污水厂规模和污水处理级别等因素确定,其面积和定员应按表6.4采用。在中、小型处理厂中,办公室和化验室可建在同一建筑物内;而在大型处理厂内,化验项目较为齐全,仪器设备也较多,为了避免干扰,最好单独设置。

表6.4　化验室面积和定员表

污水厂规模 $(10^4 m^3 \cdot d^{-1})$	面积/m²		定员/人
	一级厂	二级厂	二级厂
0.5～2	70～100	85～140	2～3
2～5	100～120	140～200	3～5
5～10	120～180	200～280	5～7
10～50	180～250	280～380	7～15

(2)维修间

维修间一般包括机修间、电修间和泥木工间。各部分面积和定员,应根据污水厂规模、处理级别等因素确定,可按表6.5、6.6、6.7采用。

表6.5　机修间面积与定员表

规模/$(10^4 m^3 \cdot d^{-1})$		0.5～2	2～5	5～10	10～50
一级厂	车间面积/m²	50～70	70～90	90～120	120～150
	辅助面积/m²	30～40	30～40	40～60	60～70
	定员/人	3～4	4～6	6～8	8～10
二级厂	车间面积/m²	60～90	90～120	120～150	150～180
	辅助面积/m²	30～40	40～60	60～70	70～80
	定员/人	4～6	6～8	8～12	12～18

表6.6　电修间面积与定员表

污水厂规模 $(10^4 m^3 \cdot d^{-1})$	一　级　厂		二　级　厂	
	面积/m²	定员/人	面积/m²	定员/人
0.5～2	15	2	20～30	2～3
2～5	15	2～3	30～40	3～5
5～10	20	3～5	40～50	5～8
10～50	20	5～8	50～70	8～14

表 6.7 泥木工间面积预定员表

污水厂规模 ($10^4 m^3 \cdot d^{-1}$)	一级厂		二级厂	
	面积/m^2	定员/人	面积/m^2	定员/人
5 ~ 10	30 ~ 40	2 ~ 3	40 ~ 50	3 ~ 5
10 ~ 50	40 ~ 70	3 ~ 5	50 ~ 100	5 ~ 8

(3)锅炉房

污水处理厂的锅炉房主要为污泥消化池加热服务,但也为各辅助建筑物供热服务。设计锅炉房时,应考虑设置堆煤场、堆渣场和运输问题。

(4)变电站

变电站应设在耗电量大的构筑物附近,在中、小型处理厂内,宜设在鼓风机房或进水泵站附近。但在大型处理厂内,各构筑物相距甚远,为了节省电缆,可设置若干个变电站,其数量视需要而定。

(5)仓库

仓库可集中或分散布置,其总面积应按表 6.8 采用。

表 6.8 仓库面积表

污水厂规模/($10^4 m^3 \cdot d^{-1}$)	二级厂仓库总面积/m^2
0.5 ~ 2	60 ~ 100
2 ~ 5	100 ~ 150
5 ~ 10	150 ~ 200
10 ~ 50	200 ~ 400

(6)食堂

食堂包括餐厅和厨房,面积定额应按表 6.9 采用。

表 6.9 食堂就餐人员面积定额表

污水厂规模/($10^4 m^3 \cdot d^{-1}$)	面积定额(每人)/m^2
0.5 ~ 2	2.6 ~ 2.4
2 ~ 5	2.4 ~ 2.2
5 ~ 10	2.2 ~ 2.0
10 ~ 50	2.0 ~ 1.8

注:就餐人员宜按最大班人数计(即当班的生产人员加上白班的生产辅助人员和管理人员)。

(7)浴室

男女浴室的总面积(包括淋浴间、更衣室、厕所等)应按表 6.10 采用。

表 6.10 浴室面积表

污水厂规模/($10^4 m^3 \cdot d^{-1}$)	二级厂浴室面积/m^2
0.5 ~ 2	20 ~ 50
2 ~ 5	50 ~ 120
5 ~ 10	120 ~ 140
10 ~ 50	140 ~ 150

对于一级处理厂的浴室面积可按上表中的下限选择采用。

(8)宿舍

宿舍包括值班宿舍和单身宿舍。值班宿舍是中、夜班工人临时休息用房,其面积按 4 m^2/人考虑,宿舍人数可按值班总人数的45% ~55%采用。单身宿舍是指常住在厂内的单身男女职工住房,其面积可按 5 m^2/人考虑。宿舍人数宜按污水厂定员人数的35% ~45%考虑。

(9)传达室

传达室可根据需要分为1 ~3 间(收发和休息等),其面积按表6.11 采用。

表6.11　传达室面积表

污水厂规模/($10^4 m^3 \cdot d^{-1}$)	面积/m^2
0.5 ~2	15 ~20
2 ~5	15 ~20
5 ~10	20 ~35
10 ~50	25 ~35

(10)进出口

污水处理厂的正门一般设在办公楼附近,污泥及物料运输最好另辟侧门,就近进出厂,以免影响环境卫生,并防止噪音干扰。

另外,在污水处理厂内还应设置露天操作工的休息室(带卫生间),其面积定额可按 5 m^2/人,总面积不少于25 m^2;污水处理厂内宜设置球类等活动场地,其面积按30 m×20 m考虑;厂内可设自行车车棚,车棚面积应由存放车辆数及其面积定额确定。存放车辆数可按污水厂定员的30% ~60%采用,面积定额可按0.8 m^2/辆考虑。跟污水处理厂有关的生活福利设施(如家属宿舍、托儿所等)应按国家有关规定执行。

第四节　污水处理工程设计举例

某城市是全国50个严重缺水城市之一。随着工业化及城市化进程的加快,该市的水环境污染问题日趋严重,城市周边水环境质量很差,严重危及市区20万人的生活用水和工业用水。为此,该市决定建设城市污水处理厂。

一、设计原始资料

该城市设计人口 N=20万人,平均生活污水量 q=24 700 m^3/d,变化系数 K_{z1}=1.45。工业废水量 q'=4 300 m^3/d,变化系数 K_{z2}=1.1,废水中污染物浓度为:BOD_5 质量浓度为240 mg/L,SS质量浓度为420 mg/L。污水温度 t=20 ℃,污水经二级处理后DO质量浓度为1.5 mg/L,BOD_5 质量浓度为20 mg/L,SS质量浓度为20 mg/L。

处理后的污水拟排入城市附近的河流,河流的最小流量 Q 为5 m^3/s,平均流速为0.4 m/s,河水温度为24.5 ℃,BOD_5 质量浓度为3 mg/L,SS质量浓度为50 mg/L,河水含溶解氧DO质量浓度为6.0 mg/L,SS允许增加量为1.2 mg/L。在污水总出口下游40 km处有集中取水处,要求 BOD_5 不超过4 mg/L。

处理厂处土质为亚粘土,平均地下水位为-8.5 m,城市最高温度28 ℃,最低温度-4 ℃,年平均温度20 ℃,冰冻深度0.7 m。城市污水管道进入污水厂时,管道水面标高假定在地面以下3.0 m。

污水厂所在地面标高为100.00 m,河流的最高水位为98.00 m。

二、设计步骤

1. 厂址选择

在污水处理厂设计中,选定厂址是一个重要环节,处理厂的位置对周围环境卫生、基建投资及运行管理等都有很大的影响。因此,在厂址的选择上应进行深入的调查研究和详尽的技术经济比较。

厂址选择的一般原则如下:

1)为了保证环境卫生的要求,厂址应与规划居住区或公共建筑群保持一定的卫生防护距离,这个防护距离根据当地具体情况而定,一般不小于300 m。

2)厂址应设在流经城市水源的下游,离城市集中供水水源处不小于500 m。

3)在选择厂址时尽可能少占农田或不占农田,而处理厂的位置又应便于农田灌溉和消纳污泥。

4)厂址应尽可能在城市和工厂夏季主导风向的下风向。

5)要充分利用地形,把厂址设在地形有适当坡度的城市下游地区,以满足污水处理构筑物之间的水头损失,使污水和污泥有自流的可能,以节约动力消耗。

6)厂址如果靠近水体,应考虑汛期不受洪水淹没的威胁。

7)厂址应设在地质条件较好、地下水位较低的地区,以利施工,并降低造价。

8)厂址的选择应考虑交通运输及水电供应等条件。

9)厂址的选择应结合城市总体规划,考虑远期发展,留有充分的扩建余地。

2. 污水处理程度的确定

(1)设计流量

该城市每天污水的平均流量为

$$Q_{平均}/(\mathrm{L \cdot s^{-1}})=q+q'=24\ 700+4\ 300=29\ 000\ \mathrm{m^3/d}=335.65$$

设计流量为

$$Q_{设计}/(\mathrm{L \cdot s^{-1}})=qK_{z1}+q'K_{z2}=24\ 700\times1.45+4\ 300\times1.1=40\ 545\ \mathrm{m^3/d}=469.27$$

(2)设计人口数

根据工业废水量和工业废水中含有的悬浮物浓度和生化需氧量浓度,折算成工业废水的当量人口数。

生活污水中的 BOD_5 及SS值分别取30 g/(人·d)和45 g/(人·d)。据此,工业废水折合的当量人口数见表6.12。

表 6.12　工业废水折合的当量人口数

厂　名	平均日污水量 $(m^3 \cdot d^{-1})$	悬浮物(SS)			五日生化需氧量(BOD_5)		
		质量浓度 $C/(g \cdot m^{-3})$	总　量 $CQ/(g \cdot d^{-1})$	当量人口 N_1/人	质量浓度 $C/(g \cdot m^{-3})$	总　量 $CQ/(g \cdot d^{-1})$	当量人口 N_1/人
工厂	4 300	420	1 806 000	40 133	240	1 032 000	34 400
合计	4 300			40 133			34 400

根据上表结果,则可算出该城市总的设计人口数,见表 6.13。

表 6.13　设计人口数计算表

污水来源	设计人口数/人	
	按 SS 计算	按 BOD_5 计算
居住区生活污水	200 000	200 000
工厂区工业废水	40 133	34 400
合　　计	240 133	234 400

(3)污水水质污染程度

每人每天生活污水排放量为

$$Q_s/L \cdot (人 \cdot d)^{-1} = Q_{生活平均}/N = 24\ 700 \times 1\ 000/200\ 000 = 123.5$$

生活污水平均悬浮物浓度为

$$\rho_{SS'}/(mg \cdot L^{-1}) = 45Q_s = 45/123.5 = 0.364\ g/L = 364$$

生活污水平均五日生化需氧量质量浓度为

$$\rho_{BOD'_5}/(mg \cdot L^{-1}) = 30/Q_s = 30/123.5 = 0.243\ g/L = 243$$

生活污水与工业废水混合后,SS 质量浓度为

$$\rho_{SS}/(mg \cdot L^{-1}) = (Q_{生活平均}\rho'_{SS} + Q_{工业平均}\rho_{SS工})/(Q_{生活平均} + Q_{工业平均}) = (285.88 \times 364 + 49.77 \times 420)/(285.88 + 49.77) = 372.30$$

生活污水与工业废水混合后,BOD_5 质量浓度为

$$\rho_{BOD_5}/(mg \cdot L^{-1}) = (Q_{生活平均}\rho'_{BOD_5} + Q_{工业平均}\rho_{BOD工})/(Q_{生活平均} + Q_{工业平均}) = (285.88 \times 243 + 49.77 \times 240)/(285.88 + 49.77) = 242.56$$

(4) 污水中污染物的处理程度确定

1) 污水中 SS 的处理程度

① 按污水排放口处 SS 的允许质量浓度计算

首先求出排放口处 SS 的允许排放浓度,根据已知条件,列出如下方程

$$\rho_{SS允许} = P\left(\frac{Q}{Q_{平均}} + 1\right) + \rho_{SS河}$$

式中　Q—— 河流流量(m^3/s);

$Q_{平均}$—— 污水平均流量(m^3/s);

P—— 流河中允许增加 SS 质量浓度(m^3/h);

$\rho_{SS河}$—— 河流中 SS 质量浓度(m^3/L)。

将河水的 $Q=5\ m^3/s$、$\rho_{SS}=50\ mg/L$、$Q_{平均}=0.336\ m^3/s$ 和 $P=1.2\ mg/L$ 代入上式，得出

$$\rho_{SS}/(mg\cdot L^{-1})=1.2(\frac{5}{0.336}+1)+50=69$$

则可求出 SS 的处理程度为

$$E_{SS}/\%=(372.30-69)/372.30=81.47$$

② 按污水排放口处出水水质要求计算

污水二级处理排放口 SS 质量浓度要求为 20 mg/L，则可求出 SS 的处理程度为

$$E_{SS}/\%=(372.30-20)/372.30=94.63$$

从这两种计算方法中比较得出，方法 ② 得出的处理程度高于方法 ①，所以本处理厂 SS 的处理程度定为 94.63%。

2）污水中 BOD_5 的处理程度

① 按河水中溶解氧的最低容许浓度计算

首先求出排放口处 DO 的混合浓度及混合温度

$$\rho_{DO_m}/(mg\cdot L^{-1})=\frac{Q\rho_{DO河}+Q_{平均}\rho_{DO水}}{Q+Q_{平均}}=\frac{5\times6+0.336\times1.5}{5+0.336}=5.72$$

$$t_m/℃=\frac{Qt_{河}+Q_{平均}t_{水}}{Q+Q_{平均}}=\frac{5\times24.5+0.336\times20}{5+0.336}=24.2$$

在水温为 24.2 ℃ 时，可查表或用下式计算耗氧速率常数 k_1 值

$$k_{1(24.2)}=k_{1(20)}\theta^{(24.2-20)}$$

式中　θ—— 温度系数，$\theta=1.047$；

　　$k_{1(20)}$——20 ℃ 时的耗氧速率常数，$k_{1(20)}=0.1$。

经计算得

$$k_{1(24.2)}=0.1\times1.047^{(24.2-20)}=0.121$$

同理可求得复氧速率常数 k_2 值

$$k_{2(24.2)}=k_{2(20)}\times1.024^{(24.2-20)}$$

式中　$k_{2(20)}$——20 ℃ 时的耗氧速率常数，$k_{2(20)}=0.2$。

计算得

$$k_{2(24.2)}/d^{-1}=0.2\times1.024^{(24.2-20)}=0.221$$

然后求起始点的亏氧量 D_0 和临界点的亏氧量 D_C。

查表得出 24.2 ℃ 时的饱和溶解氧浓度 $\rho_{DOS}=8.5\ mg/L$，可算出

$$\rho_0/(mg\cdot L^{-1})=8.5-5.72=2.78$$

$$\rho_C/(mg\cdot L^{-1})=8.5-4.0=4.5$$

这样就可以用试算法求起始点有机物浓度 L_0 和临界时间 t_c，设临界时间为 1.5 d，将此值代入下式

$$\rho_C=\frac{k_1}{k_2}\cdot L_0\cdot10^{-k_1\cdot t_C}=\frac{0.121}{0.221}\cdot L_0\cdot10^{-0.121\times1.5}$$

从而可求得 L_0 为 12.48 mg/L，将 $L_0=12.48\ mg/L$ 代入下式得

$$t_c/d=\frac{1}{k_2-k_1}\lg\left\{\frac{k_2}{k_1}\left[1-\frac{D_0(k_2-k_1)}{k_1L_0}\right]\right\}=1.732>1.5$$

进行第二次试算：设临界时间 $t_c = 1.7$ d，按照上面的方法求出 L_0 值为13.198 mg/L。将其再代入上式中，求得 $t_c = 1.785\ \text{d} > 1.7$ d。

同样的方法进行第三次试算，设临界时间 $t_c = 1.813$ d，求得 L_0 为13.63 mg/L，进一步计算出 $t_c = 1.813$ d，符合要求。污水排入河流后，河流中所允许的 BOD_5 浓度为13.63 mg/L。

根据下式可求出二级污水处理厂出口处的 BOD_5 值，即

$$13.63(Q + Q_{平均}) = (Q\rho_{BOD河} + Q_{平均}\rho_{BOD水})$$

计算得 $\rho_{BOD水} = 171.81$ mg/L，则污水处理程度为

$$E_{BOD_5}/\% = (242.56 - 171.81)/242.56 = 29.17$$

② 按河流中 BOD_5 的最高允许质量浓度计算处理程度

计算由污水排放口流到40 km处的时间

$$t/\text{d} = \frac{1\,000X}{86\,400V} = \frac{1\,000 \times 40}{86\,400 \times 0.4} = 1.157$$

将20 ℃ 时 L_{5R}、L_{5ST} 的数值换算成24.5 ℃ 时的数值，已知20 ℃ 时的 $L_{5ST} = 4$ mg/L，则

$$4 = L_0(1 - 10^{-0.1\times5})$$

计算得出 $L_0/(\text{mg}\cdot\text{L}^{-1}) = 4/0.684 = 5.85$，化为24.2 ℃ 时的 L_{5ST}，即

$$L_{5ST}/(\text{mg}\cdot\text{L}^{-1}) = 5.85(1 - 10^{-0.121\times5}) = 5.85 \times 0.7517 = 4.4$$

20 ℃ 时 $L_{5R} = 3$ mg/L，则 $L_0/(\text{mg}\cdot\text{L}^{-1}) = 3/0.684 = 4.38$。

24.2 ℃ 时的 $L_{5R} = 4.38 \times 0.7517 = 3.29$ mg/L，求24.2 ℃ 时的 L_{5e}，则

$$L_{5e} = \frac{Q}{Q_{设计}}\left(\frac{L_{5ST}}{10^{-k_1t}} - L_{5R}\right) + \frac{L_{5ST}}{10^{-k_1t}}$$

式中　Q—— 河水流量（m^3/s）；

$Q_{设计}$—— 排放河水中的生活污水设计流量（m^3/s）；

L_{5e}—— 排放污水中的 BOD_5 允许的质量浓度（mg/L）；

L_{5R}—— 河流中原有的 BOD_5 质量浓度（mg/L）；

L_{5ST}—— 水质标准中河水的 BOD_5 最高允许质量浓度（mg/L）；

t—— 污水排放口到计算断面的流行时间（d）。

设 $t/\text{m}^3\cdot\text{s}^{-1} = 1.157$ d；$Q = 5$；$Q_{设计}/(\text{m}^3\cdot\text{s}^{-1}) = 0.4693$；$L_{5R}/(\text{mg}\cdot\text{L}^{-1}) = 3.29$；$L_{5ST}/(\text{mg}\cdot\text{L}^{-1}) = 4.4$；$k_1 = 0.121/\text{d}$。

将这些数值代入上面公式中，得

$$L_{5e} = 35.73\ \text{mg/L}$$

将24.2 ℃ 时的 L_{5e} 转换成20 ℃ 时的数值

$$L_0/(\text{mg}\cdot\text{L}^{-1}) = 35.73/0.7517 = 47.53$$

其20 ℃ 时的 L_{5e} 为

$$L_{5e}/(\text{mg}\cdot\text{L}^{-1}) = 47.53 \times 0.684 = 32.51$$

则污水处理程度为

$$E_{BOD_5}/\% = (242.56 - 32.51)/242.56 = 86.6$$

③ 按污水排放口处出水水质要求计算

污水二级处理排放口 BOD_5 质量浓度要求为20 mg/L，则污水处理程度为

$$E_{BOD_5}/\% = (242.56 - 20)/242.56 = 91.75$$

比较三种方法得出的结果,方法 ③ 得出的处理程度高于方法 ① 和方法 ②,所以确定 BOD_5 的处理程度为 91.75%。

3. 处理工艺流程的选择

由于河流的水质较好,污水处理工程没有脱氮除磷的特殊要求,主要的去除目标是 BOD_5 和 SS,本设计采用活性污泥法二级生物处理,曝气池采用传统的推流式曝气池。污水及污泥的处理工艺流程如图 6.6 所示。

图 6.6　污水及污泥处理的工艺流程图

4. 各处理单元的计算

(1) 格栅

格栅设在处理构筑物之前,用于拦截水中较大的悬浮物和漂浮物,保证后续处理设施的正常运行。

本设计中,格栅与明渠连接,提升泵站的来水首先进入稳压井,然后进入格栅渠道。设明渠数 $N_1 = 2$,明渠内有效水深 $h_1 = 0.5$ m,水流速度 $v_1 = 0.6$ m/s,则明渠宽度 B_1 为

$$B_1/\text{m} = Q_{设计}/(v_1 \cdot h_1 \cdot N_1) = 0.46927/(0.6 \times 0.5 \times 2) = 0.78$$

取栅前水深 $h = 0.5$ m,过栅流速 $V = 0.8$ m/s,栅条间隙宽度 $b = 0.02$ m,格栅倾角 $\alpha = 60°$,格栅数 $N = 2$,则栅条间隙数 n 为

$$n/个 = Q_{设计} \cdot \frac{\sqrt{\sin\alpha}}{Nbhv} = \frac{0.46927 \times \sqrt{\sin 60°}}{2 \times 0.02 \times 0.5 \times 0.8} = 28$$

设栅条宽度 $S = 0.01$ m,则栅槽宽度 B 为

$$B/\text{m} = S(n-1) + bn = 0.01 \times (28-1) + 0.02 \times 28 = 0.83$$

水流通过格栅的水头损失为

$$\sum h = k\beta\left(\frac{S}{b}\right)^{4/3}\frac{v^2}{2g}\sin\alpha$$

式中　$\sum h$—— 水流通过格栅的水头损失(m);

k—— 系数,格栅受污堵塞后,水头损失增大倍数,一般 $k = 3$;

β—— 形状系数,本设计中,栅条采用锐边矩形断面,$\beta = 2.42$;

将各参数数值代入上式,计算得,$\sum h = 0.081$ m,取 $\sum h = 0.1$ m。

栅槽总高度 H 为

$$H = h + h_2 + \sum h$$

式中　h_2—— 栅前渠道超高,m,一般取 0.3 m。

则栅槽总高　　$H/\text{m} = 0.5 + 0.3 + 0.1 = 0.9$

栅槽总长度 L 为

$$L = l_1 + l_2 + 1.0 + 0.5 + H_1/\mathrm{tg}\alpha$$

式中　l_1—— 进水渠道渐宽部分长度(m);$l_1 = (B - B_1)/2\mathrm{tg}\alpha_1$;

l_2—— 栅槽与出水渠道渐缩长度(m);$l_2 = l_1/2$;

H_1—— 栅前槽高(m),0.8 m;

α_1—— 进水渠展开角(°),一般用20°。

将各参数代入,计算得 $L = 2.0$ m。

格栅每日产生的栅渣量 W 为

$$W = \frac{Q_{设计}W_1 \times 86\,400}{K_{总} \times 1\,000}$$

式中　W_1—— 栅渣量($m^3/10m^3$),本设计取为0.1 m^3 栅渣 /10^3 m^3 污水;

$K_{总}$ —— 生活污水流量总变化系数。

经计算得 $W = 2.9$ m^3/d,宜采用机械除污设备。

(2) 沉砂池

目前,应用较多的沉砂池池形有平流沉砂池、曝气沉砂池和旋流沉砂池,几种沉砂池各有特点,应结合实际情况综合考虑选定。本设计中选用曝气沉砂池,它是通过曝气作用使水流旋转,产生离心力,去除泥砂,排除的沉砂较为清洁,处理起来比较方便。

设污水在沉砂池中的水力停留时间 t 为2 min,则沉砂池的总有效容积 V 为

$$V/m^3 = 60Q_{设计}t = 60 \times 0.46927 \times 2 = 56$$

设污水在池中的水平流速 v 为0.06 m/s,则水流断面积 A 为

$$A/m^2 = Q_{设计}/v = 0.46927/0.06 = 7.8$$

取为8.0 m^2。

设有效水深 h 为2.0 m,则沉砂池总宽度 B 为

$$B/m = A/h = 8.0/2 = 4.0$$

设沉砂池共2座,则每座池宽 b 为

$$b/m = B/2 = 4.0/2 = 2.0$$

宽深比 $b : h = 1 : 1$,符合要求。

沉砂池的池长 L 为

$$L/m = V/A = 56/8 = 7$$

曝气沉砂池所需曝气量 q 为

$$q = 3\,600DQ_{设计}$$

式中　D——1 m^3 污水所需曝气量(m^3/m^3),取0.2m^3/m^3。

计算得,$q = 338$ m^3/h。采用穿孔管曝气,孔口直径为3 mm。

沉砂池底部的沉砂通过吸砂泵,送至砂水分离器,脱水后的清洁砂粒外运,分离出来的水回流至泵房吸水井。

沉砂池的出水通过管道送往初沉池集配水井,输水管道的管径为800 mm,管内最大流速为0.93 m/s。集配水井为内外套筒式结构,外径为4.0 m,内径为2.0 m。由沉砂池过来的输水管道直接进入内层套筒,进行流量分配,通过两根管径500 mm的管道送往2个初次沉淀池,管道内最大水流速度为1.19 m/s。

(3) 初次沉淀池

采用普通辐流式沉淀池,中心进水,周边出水,共2座。沉淀池表面负荷 q 取 2 $m^3/(m^2 \cdot h)$,则单池表面积 A 为

$$A/m^2 = \frac{Q_{设计}}{Nq} = \frac{0.46927 \times 3\ 600}{2 \times 2} = 422.34$$

池子直径 D 为

$$D/m = \sqrt{\frac{4A}{\pi}} = \sqrt{\frac{4 \times 422.34}{3.14}} = 23.19\ \text{m},取\ D = 24$$

设污水在沉淀池内的沉淀时间 t 为 1.5 h,则沉淀池的有效水深 h_2 为

$$h_2/m = qt = 2 \times 1.5 = 3.0$$

每座沉淀池每天污泥量 W_1 为

$$W_1 = \frac{SNt}{1\ 000n \times 24}$$

式中　S—— 每人每天产生的污泥量[L/(人·d)],取 0.5 L/(人·d);

N—— 设计人口数(人),240 133 人;

t—— 污泥在污泥斗内贮存时间(h),取 4h;

n—— 沉淀池个数(个)。

将各参数数值代入,得 W_1 为 10 m^3。

污泥斗的容积 V_1 的计算式为

$$V_1 = \frac{\pi h_5}{3}(r_1^2 + r_2^2 + r_1 r_2)$$

式中　h_5—— 污泥斗高度(m),$h_5 = (r_1 - r_2)\text{tg}\alpha$;

α—— 污泥斗倾角(°),60°;

r_1—— 污泥斗上部半径(m),2.0 m;

r_2—— 污泥斗下部半径(m),1.0 m。

经计算得　$V_1 = 12.69\ m^3$

设池底坡向污泥斗的坡度为 0.05,则坡底落差

$$h_4 = (12 - 2) \times 0.05 = 0.5\ \text{m}$$

池底可贮存污泥体积 V_2 为

$$V_2 = \frac{\pi h_4}{3}(R^2 + r_1^2 + R r_1)$$

式中　R—— 沉淀池半径(m),此处为 12 m。

经计算得　$V_2 = 90.01\ m^3$

所以,可贮存污泥的总体积

$$V = V_1 + V_2 = 12.69 + 90.01 = 102.7\ m^3 > 10\ m^3 \quad (足够)$$

沉淀池总高度 H 为

$$H = h_1 + h_2 + h_3 + h_4 + h_5$$

式中　h_1—— 保护高度(m),取 0.3 m;

h_2—— 有效水深(m),取 3.0 m;

h_3—— 缓冲层高(m),取0.3 m;

h_4—— 沉淀池底坡落差(m),0.5 m;

h_5—— 污泥斗高度(m),1.73 m。

$$H/\text{m} = 0.3 + 3.0 + 0.3 + 0.5 + 1.73 = 5.83$$

径深比校核为 $$D/h_2 = 24/3 = 8 \quad (\text{符合要求})$$

沉淀池的出水采用锯齿堰,堰前设挡板,拦截浮渣。沉在底部的沉泥通过刮泥机刮至污泥斗,依靠静水压力排除。出水槽采用双侧集水,出水槽宽度为0.5 m,水深0.4 m,槽内水流速度为0.59 m/s,堰上负荷为1.66 L/(m·s),小于2.9 L/(m·s),满足要求。

初次沉淀池的出水通过渠道流回初沉池集配水井外层套筒,渠道宽度为700 mm,渠道内水深0.5 m,渠道内水流速度为0.85 m/s。

(4) 曝气池

1) 污水处理程度的计算及曝气池的运行方式

① 污水处理程度的计算

原污水的 BOD_5 值为242.56 mg/L,经过初次沉淀池的处理,BOD_5 按降低25%考虑,则进入曝气池污水的 BOD_5 值(S_a)为

$$S_a/(\text{mg} \cdot \text{L}^{-1}) = 242.56 \times (1 - 25\%) = 181.92$$

为了计算去除率,首先按下式计算处理水中非溶解性 BOD_5 值,即

$$\rho_{BOD_5} = 7.1bX_aC_e$$

式中　b—— 微生物自身氧化率,一般介于0.05 ~ 0.10之间,此处取0.09;

X_a—— 活性微生物在处理水中所占比例,取值0.4;

C_e—— 处理水中悬浮固体浓度(mg/L),取值为30 mg/L。

代入各值,则

$$\rho_{BOD_5}/(\text{mg} \cdot \text{L}^{-1}) = 7.1 \times 0.09 \times 0.4 \times 30 = 7.67$$

处理水中溶解性 BOD_5 值(mg/L)为(出水 BOD_5 值为20 mg/L)

$$20 - 7.67 = 12.33$$

则 BOD_5 的去除率为

$$\eta/\% = \frac{181.92 - 12.33}{181.92} \times 100 = 93.22$$

② 曝气池的运行方式

在本设计中应考虑曝气池运行方式的灵活性和多样化,即以传统活性污泥法系统作为基础,又可按阶段曝气系统和吸附 - 再生曝气系统运行。这些运行方式的实现,是通过进水渠道的布设和闸板的控制来实现的。

2) 曝气池的计算和各部位尺寸的确定

①BOD污泥负荷的确定

拟定采用的BOD污泥负荷为0.3 kg/(kg·d)。但为稳妥,需加以校核,校核公式为

$$N_s = \frac{K_2 S_e f}{\eta}$$

其中,K_2 值取0.02,S_e = 12.33 mg/L,η = 0.93,f = 0.75,将各值代入上式得 N_s = 0.2,所以,N_s 值按0.2计算。

② 确定混合液污泥浓度(X)

根据已经确定的 N_s 值,查图得出相应的SVI值为120。取 $r = 1.2$,$R = 50\%$,按下式计算 X 值,即

$$X/(\text{mg} \cdot \text{L}^{-1}) = \frac{R \cdot r \cdot 10^6}{(1 + R)\text{SVI}} = \frac{0.5 \times 1.2 \times 10^6}{(1 + 0.5) \times 120} = 3\ 333$$

③ 确定曝气池容积

$$V/\text{m}^3 = \frac{QS_a}{N_s X} = \frac{29\ 000 \times 181.92}{0.2 \times 3\ 333} = 7\ 914$$

④ 确定曝气池各部位尺寸

曝气池共设2组,每组容积为 $7\ 914/2 = 3\ 957\ \text{m}^3$。设池深 h 为4.2 m,则每组曝气池的面积 F 为

$$F/\text{m}^2 = 3\ 957/4.2 = 942.14$$

池宽 B 取5 m,$B/h = 5/4.2 = 1.19$,介于1 ~ 2之间,符合规定,则池长 L 为

$$L/\text{m} = F/B = 942.14/5 = 188.43$$

$$L/B = 188.43/5 = 37.7 > 10 \quad (符合规定)$$

设每组曝气池共5廊道,每廊道长 L_1 为

$$L_1/\text{m} = L/5 = 188.43/5 = 37.7 \quad (取为38\ \text{m})$$

曝气池超高取0.5 m,则池子总高 H 为

$$H/\text{m} = 4.2 + 0.5 = 4.7$$

在曝气池面对初次沉淀池和二次沉淀池的一侧,各设横向配水渠道,并在池中部设纵向中间配水渠道与横向配水渠道相连接。在两侧横向配水渠道上设进水口,每组曝气池共有5个进水口,见图6.7。

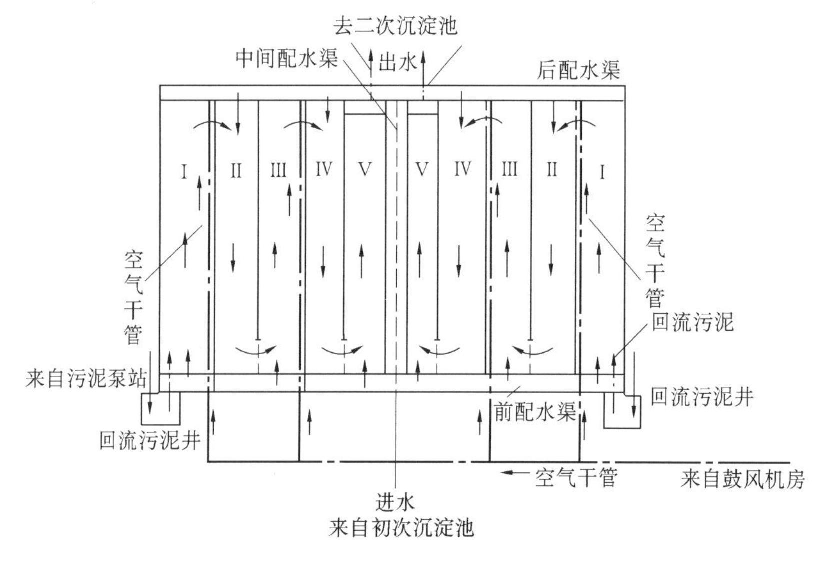

图6.7 曝气池平面图

在面对初次沉淀池的一侧,在每组曝气池的一端,廊道 I 进水口处设回流污泥井,井内设污泥空气提升器,回流污泥由污泥泵站送入井内,通过空气提升器回流至曝气池内。

按图6.7所示的平面布置,该曝气池可有多种运行方式。按传统活性污泥法系统运行,

污水及回流污泥同步从廊道 Ⅰ 的前侧进水口进入;按阶段曝气系统运行,回流污泥从廊道 Ⅰ 的前侧进入,而污水则分别地从两侧配水渠道的5个进水口均量地进入;按吸附-再生曝气系统运行,回流污泥从廊道 Ⅰ 的前侧进入,以廊道 Ⅰ 作为污泥再生池,污水则从廊道 Ⅱ 的后侧进水口进入,在这种情况下,再生池容积为全部曝气池的20%,或者以廊道Ⅰ及廊道Ⅱ为再生池,污水则从廊道 Ⅲ 的前侧进水口进入,此时,再生池容积为全部曝气池的40%。

3)曝气系统的设计与计算

本设计采用鼓风曝气系统。

① 平均时需氧量的计算

$$O_2 = a'QS_r + b'VX_V$$

式中　O_2—— 混合液需氧量(kgO_2/d);

a'—— 活性污泥微生物每代谢 1 kg BOD 所需的氧气(kg);

Q—— 污水平均流量(m^3/d);

S_r—— 被降解的有机污染物量(mg/L);

b'—— 每 1 kg 活性污泥每天自身氧化所需要的氧气(kg);

V—— 曝气池容积(m^3);

X_V—— 挥发性总悬浮固体浓度(g/L)。

查表得:$a' = 0.5$,$b' = 0.15$,将各参数值代入上式则有

$$O_2/(kg \cdot h^{-1}) = 0.5 \times 29\ 000 \times (181.92 - 20)/1\ 000 + 0.15 \times 7\ 914 \times 3\ 333 \times 0.75/1\ 000 = 5\ 315\ kg/d = 221.5$$

② 最大时需氧量的计算

$$O_{2max}/(kg \cdot h^{-1}) = 0.5 \times 0.46927 \times 3\ 600 \times (181.92 - 20)/1\ 000 + 0.15 \times 7\ 914 \times 3\ 333 \times 0.75/(1\ 000 \times 24) = 260.4$$

③ 每日去除的 BOD_5 值

$$\rho_{BOD_r}/(kg \cdot h^{-1}) = 29\ 000 \times (181.92 - 20)/1\ 000 = 4\ 695.7$$

④ 去除 1 kgBOD 的需氧量

$$\Delta O_2/(kgO_2 \cdot kg^{-1}BOD) = 5\ 315/4\ 695.7 = 1.13$$

⑤ 最大时需氧量与平均时需氧量之比

$$O_{2max}/O_2 = 260.4/221.5 = 1.18$$

4)供气量的计算

采用 W_M-180 型网状膜微孔空气扩散器,每个扩散器的服务面积0.49 m^2,敷设于距池底0.2 m处,淹没深度4.0 m,计算温度定为30 ℃。

查表得20 ℃ 和30 ℃ 时,水中饱和溶解氧值为

$$C_{s(20)} = 9.17\ mg/L; C_{s(30)} = 7.63\ mg/L$$

① 空气扩散器出口处的绝对压力(P_b)的计算式为

$$P_b/Pa = 1.013 \times 10^5 + 9\ 800H = 1.013 \times 10^5 + 9\ 800 \times 4 = 1.405 \times 10^5$$

空气离开曝气池池面时,氧的百分比为

$$O_t/\% = \frac{21(1 - E_A)}{79 + 21(1 - E_A)} \times 100$$

式中　E_A—— 空气扩散器的氧转移效率,此处取值12%。

代入 E_A 值,得

$$O_t/\% = \frac{21 \times (1-0.12)}{79 + 21 \times (1-0.12)} \times 100\% = 18.96$$

② 曝气池混合液中平均氧饱和度(按最不利的温度条件考虑)

$$C_{sb(30)}/(\mathrm{mg \cdot L^{-1}}) = 7.63 \times \left(\frac{1.405 \times 10^5}{2.026 \times 10^5} + \frac{18.96}{42}\right) = 8.74$$

换算为在 20 ℃ 条件下,脱氧清水的充氧量

$$R_0 = \frac{RC_{s(20)}}{\alpha[\beta \cdot \rho \cdot C_{sb(T)} - C] \cdot 1.024^{T-20}}$$

取值 $\alpha = 0.82, \beta = 0.95, C = 2.0, \rho = 1.0$。

代入各值,得

$$R_0/(\mathrm{mg \cdot h^{-1}}) = \frac{221.5 \times 9.17}{0.82 \times [0.95 \times 1.0 \times 8.74 - 2.0] \times 1.024^{30-20}} = 310.0$$

相应的最大时需氧量为

$$R_{0max}/(\mathrm{mg \cdot h^{-1}}) = \frac{260.4 \times 9.17}{0.82 \times [0.95 \times 1.0 \times 8.74 - 2.0] \times 1.024^{30-20}} = 364.5$$

③ 曝气池平均时供气量为

$$G_s/(\mathrm{m^3 \cdot h^{-1}}) = \frac{R_0}{0.3E_A} \times 100 = \frac{310.0}{0.3 \times 12} \times 100 = 8\ 611$$

曝气池最大时供气量为

$$G_{smax}/(\mathrm{m^3 \cdot h^{-1}}) = \frac{R_{0max}}{0.3E_A} \times 100 = \frac{364.5}{0.3 \times 12} \times 100 = 10\ 125$$

去除 1 kgBOD_5 的供气量(m^3 空气/kgBOD) 为

$$8\ 611 \times 24/4\ 695.7 = 44$$

1 m^3 污水的供气量(m^3 空气/m^3 污水)

$$8\ 611 \times 24/29\ 000 = 7.13$$

④ 本系统的空气总用量

除采用鼓风曝气外,本系统还采用空气在回流污泥井提升污泥,空气量按回流污泥量的 8 倍考虑,污泥回流比 R 值 50%,这样,提升回流污泥所需空气量(m^3/h) 为

$$\frac{8 \times 0.5 \times 29\ 000}{24} = 4\ 833$$

5) 空气管路系统计算

按图 6.7 所示的曝气池平面图,布置空气管道,在相邻的两个廊道的隔墙上设一根干管,共5根干管。在每根干管上设7对曝气竖管,共14条配气竖管。曝气池共设70条配气竖管,每根竖管的供气量(m^3/h) 为

$$10\ 125/70 = 144.6$$

曝气池平面面积(m^2) 为

$$38 \times 50 = 1\ 900$$

每个空气扩散器的服务面积按 0.49 m^2 计,则所需空气扩散器的总数(个) 为

$$1\ 900/0.49 = 3\ 878$$

每个竖管上安装的空气扩散器的数目(个)为

$$3\ 878/70 = 55$$

每个空气扩散器的配气量(m^3/h)为

$$140\ 125/(70 \times 55) = 2.65$$

将已布置的空气管路及布设的空气扩散器绘制成空气管路计算图,见图6.8,用以进行计算。

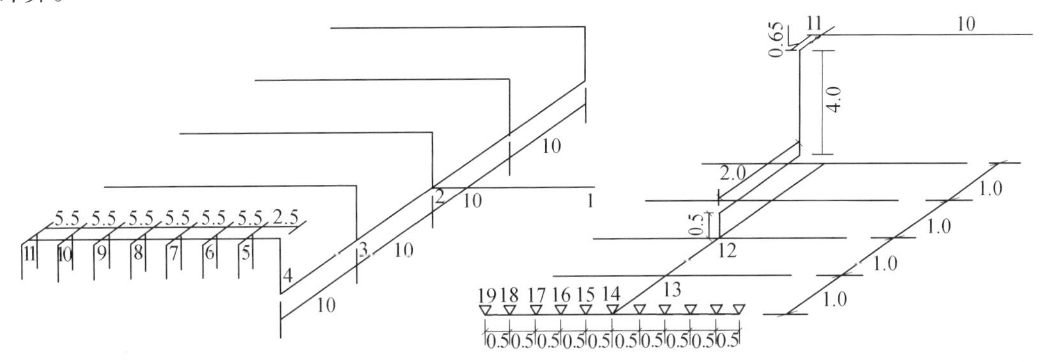

图6.8　空气管路计算图

选择一条从鼓风机房开始最长的管路作为计算管路。在空气流量变化处设计算节点,统一编号后列表进行空气管路计算,计算结果见表6.14。

经过计算得到空气管路系统的总压力损失(kPa)为

$$137.53 \times 9.8/1000 = 1.35$$

网状膜空气扩散器的压力损失为5.88 kPa,则总压力损失(kPa)为

$$5.88 + 1.35 = 7.23$$

为安全计,设计取值9.8 kPa

6) 空压机的选定

空气扩散装置安装在距离曝气池底0.2 m处,因此,空压机所需压力为

$$P/\text{kPa} = (4.2 - 0.2 + 1.0) \times 9.8 = 49$$

空压机供气量(m^3/min)量大时为

$$10\ 125 + 4\ 833 + 338 = 15\ 296\ m^3/h = 254.93$$

平均时为

$$8\ 611 + 4\ 833 + 338 = 13\ 782\ m^3/h = 229.7$$

根据所需压力和空气量,决定采用LG60型空压机6台,该型空压机风压50 kPa,风量60 m^3/min。

正常条件下,4台工作,2台备用;高负荷时,5台工作,1台备用。

曝气池的出水通过管道送往二沉池集配水井,输水管道内的流量按最大时流量加上回流的污泥量进行设计,回流比为50%,则输水管的管径为1 000 mm,管内最大流速为0.90 m/s,二沉池集配水井的结构同初沉池集配水井。

(5) 二次沉淀池

采用普通辐流式沉淀池,中心进水,周边出水,共2座。沉淀池表面负荷 q 取1.5 $m^3/(m^2 \cdot h^{-1})$,则单池表面积 A 为

$$A/\mathrm{m}^2=\frac{Q_{设计}}{Nq}=\frac{0.46927\times 3\ 600}{2\times 1.5}=563.12$$

池子直径 D 为

$$D/\mathrm{m}=\sqrt{\frac{4A}{\pi}}=\sqrt{\frac{4\times 563.12}{3.14}}=26.78\quad(取\ D=27\ \mathrm{m})$$

设污水在沉淀池内的沉淀时间 t 为 2.0 h,则沉淀池的有效水深 h_2 为

$$h_2/\mathrm{m}=qt=1.5\times 2=3.0$$

按 4 h 计算二沉池污泥部分所需容积 V 为

$$V/\mathrm{m}^3=\frac{4(1+R)QX}{X+X_\mathrm{R}}=\frac{4\times(1+0.5)\times 1\ 689\times 3\ 333}{3\ 333+12\ 000}=2\ 203$$

表 6.14　空气管路计算表

管段编号	管段长度 L/m	空气流量(G)		空气流速 v/(m·s^{-1})	管径 D/mm	配　件	管段当量长度 L_0/m	管段计算长度 (L_0+L)/m	压力损失 h_1+h_2	
		(m^3·h^{-1})	(m^3·min^{-1})						9.8 (Pa/m)	9.8 (Pa)
19 ~ 18	0.5	2.65	0.044	–	32	弯头 1 个	0.62	1.12	0.18	0.20
18 ~ 17	0.5	5.30	0.088	–	32	三通 1 个	1.18	1.68	0.18	0.30
17 ~ 16	0.5	7.95	0.132	–	32	三通 1 个	1.18	1.68	0.24	0.40
16 ~ 15	0.5	10.60	0.177	–	32	三通 1 个	1.18	1.68	0.37	0.62
15 ~ 14	0.5	13.25	0.221	–	32	三通 1 个	1.18	1.68	0.62	1.04
14 ~ 13	1.0	29.15	0.486	4.1	50	三通 1 个 异型管 1 个	1.27	2.27	0.35	0.79
13 ~ 12	1.0	58.30	0.972	4.3	70	四通 1 个 异形管 1 个	3.83	4.83	0.45	2.17
12 ~ 11	7.15	145.75	2.429	4.9	100	四通 1 个 弯头 3 个 异形管 1 个	11.30	18.45	0.36	6.64
11 ~ 10	5.5	291.50	4.858	10.0	100	三通 1 个	4.66	101.6	1.30	13.21
10 ~ 9	5.5	583.00	9.72	9.3	150	四通 1 个 异形管 1 个	9.66	15.16	0.45	6.82
9 ~ 8	5.5	874.50	14.575	7.6	200	四通 1 个 异形管 1 个	15.72	21.22	0.23	4.88
8 ~ 7	5.5	1166.00	19.433	10.0	200	四通 1 个	21.40	26.90	0.46	12.37
7 ~ 6	5.5	1457.50	24.292	13.1	200	四通 1 个	21.40	26.90	0.62	16.68
6 ~ 5	5.5	1749.00	29.15	14.5	200	四通 1 个	21.40	26.90	0.75	20.18
5 ~ 4	7.0	2040.50	34.008	13.2	250	四通 1 个 异形管 1 个 弯头 1 个	27.83	34.83	0.30	10.44
4 ~ 3	10.0	2040.5	34.008	13.2	250	弯头 1 个 三通 1 个 异形管 1 个	22.39	32.39	0.30	9.72
3 ~ 2	10.0	4081.00	68.02	9.6	500	三通 1 个	24.58	34.58	0.11	3.80
2 ~ 1	50	10202.5	170.04	15.8	600	四通 1 个 异形管 1 个	51.01	101.01	0.27	27.27
		合　计								137.53

可见,污泥所需容积较大,无法设计污泥斗容纳污泥。所以,在设计中采用机械刮吸泥

机连续排泥，而不设污泥斗存泥，只按构造要求在池底设0.05坡度及一个放空时用的泥斗，设泥斗高度为0.5 m。

沉淀池总高度H为

$$H = h_1 + h_2 + h_3 + h_4 + h_5$$

式中　h_1——保护高度(m)，取0.3 m；

h_2——有效水深(m)，取3.0 m；

h_3——缓冲层高(m)，取0.5 m；

h_4——沉淀池底坡落差(m)，计算为0.68 m；

h_5——污泥斗高度(m)，取0.5 m。

因此

$$H/\text{m} = 0.3 + 3.0 + 0.5 + 0.68 + 0.5 = 4.98$$

径深比校核

$$D/H_2 = 27/3 = 9 \quad (\text{符合要求})$$

沉淀池的出水采用锯齿堰，堰前设挡板，拦截浮渣。出水槽采用双侧集水，出水槽宽度为0.5 m，水深0.4 m，槽内水流速度为0.59 m/s，堰上负荷为1.46 L/(m·s)，小于1.7 L/(m·s)，满足要求。

二沉池的出水，通过渠道流回二沉池集配水井的外层套筒，渠道宽700 mm，渠道内水深0.5 m，水流速度为0.67 m/s，然后通过管径为800 mm的管道送往消毒接触池，管内流速为0.93 m/s。

(6) 消毒接触池

本设计采用两组三廊道平流式消毒接触池，接触时间$t = 30$ min，液氯消毒。

每座接触池的容积V为

$$V/\text{m}^3 = \frac{Q_{\text{设计}} \cdot t}{n} = \frac{0.46927 \times 3\,600 \times 0.5}{2} = 422.34$$

设有效水深$h_2 = 3.0$ m，则每座接触池的表面积A为

$$A/\text{m}^2 = V/h_2 = 422.34/3.0 = 140.78$$

设接触池每廊道宽3.5 m，则廊道总长L'为

$$L'/\text{m} = 140.78/3.5 = 40.22$$

每廊道长L为

$$L/\text{m} = L'/3 = 40.22/3 = 13.41 \quad (\text{取}13.5\ \text{m})$$

长宽比$L'/B = 40.22/3.5 = 11.5$，符合要求。

设经曝气处理后污水产生的污泥量为0.03 L/(人·d)，含水率为96%。则接触池中每天产生的污泥量W为

$$W/(\text{m}^3 \cdot \text{d}^{-1}) = 0.03 \times 234\,400/1\,000 = 7.03$$

产生的污泥由刮泥机刮至进水端，然后由排泥管送至污泥脱水机房。

设接触池的超高为0.3 m，池底坡度为0.05，则接触池总高H为

$$H/\text{m} = 0.3 + 3.0 + 0.05 \times 13.5 = 3.98$$

(7) 污水计量设备

为了提高污水厂的工作效率和运转管理水平，积累技术资料，应准确掌握污水量的变化情况。测量污水流量的设备和装置要求应当是水头损失小、精度高、操作简便且不易沉淀杂

物。本设计中采用巴氏计量槽,污水流量测定范围在0.055 ~ 0.650 m^3/s之间,主要部位尺寸为

$$W = 0.40\ m \quad B = 1.4\ m \quad A = 1.428 \quad 2A/3 = 0.952\ m$$

$$C = 0.70\ m \quad D = 0.96\ m \quad H_1 = 0.70\ m \quad H_2 = 0.49\ m$$

流量计量公式为

$$Q = 0.920H_1^{1.533}$$

式中　Q—— 流量(m^3/s);

H_1—— 上游水深(m)。

(8) 污泥浓缩池

采用竖流式污泥浓缩池,浓缩来自二沉池的剩余污泥,浓缩前污泥含水率为99.2%,浓缩后污泥含水率为97%。浓缩部分上升流速 v 取0.1 mm/s,浓缩时间 $t = 10$ h,池数 $n = 2$(1用1备)。

二沉池中每天排出的剩余污泥量 ΔX 为

$$\Delta X = YQS_r - KVX_V$$

式中　Y—— 产率系数,取为0.5;

K—— 活性污泥微生物自身氧化率,取为0.1;

V—— 曝气池容积(m^3)。

将各值代入得

$$\Delta X/(kg \cdot d^{-1}) = [0.5 \times 29\ 000 \times (181.92 - 20) - 0.1 \times 7\ 914 \times 3\ 333 \times 0.75]/1\ 000 = 369.5$$

污泥流量 Q_s 为

$$Q_s = \frac{\Delta X}{f \cdot X}$$

式中　X—— 剩余污泥浓度(g/L)。

将数据代入得

$$Q_s/(L \cdot s^{-1}) = \frac{369.5}{0.75 \times 12} = 41.05\ m^3/d = 0.48$$

浓缩池有效水深 h_2 为

$$h_2/m = vt = 0.000\ 1 \times 10 \times 3\ 600 = 3.6$$

设进水中心管流速 v_1 为0.1 m/s,则中心管面积 f 为

$$f/m^2 = \frac{Q_s}{v_1} = \frac{0.48}{0.1 \times 1\ 000} = 0.0048$$

中心管直径 d 为

$$d/m = \sqrt{\frac{4f}{\pi}} = \sqrt{\frac{4 \times 0.0048}{3.14}} = 0.08$$

喇叭口直径 $d_1/m = 1.35d = 1.35 \times 0.08 = 0.1$。

喇叭口高度 $h'/m = 1.35d_1 = 1.35 \times 0.1 = 0.135$。

浓缩后分离出来的污水流量 q 为

$$q/(L \cdot s^{-1}) = Q \cdot \frac{P_1 - P_2}{100 - P_2} = 0.48 \times \frac{99.2 - 97}{100 - 97} = 0.352$$

浓缩池有效面积 F 为

$$F/\mathrm{m}^2=\frac{q}{v}=\frac{0.352}{0.0001\times 1\,000}=3.52$$

浓缩池的直径 D 为

$$D/\mathrm{m}=\sqrt{\frac{4(F+f)}{\pi}}=\sqrt{\frac{4\times(3.52+0.0048)}{3.14}}=2.12$$

浓缩后的剩余污泥量 Q' 为

$$Q'/(\mathrm{m}^3\cdot\mathrm{d}^{-1})=Q\cdot\frac{100-P_1}{100-P_2}=0.48\times\frac{100-99.2}{100-97}=0.128\ \mathrm{L/s}=11.06$$

设污泥斗夹角 $\alpha=50°$，斗底直径为 0.6 m，则斗高 h_5 为

$$h_5/\mathrm{m}=\mathrm{tg}\,50°(2.12/2-0.6/2)=1.2$$

池子总高 H 为

$$H=h_1+h_2+h_3+h_4+h_5$$

式中　h_1——超高(m)，0.3 m；

h_2——有效水深(m)，3.6 m；

h_3——中心管与反射板之间高度(m)，0.5 m；

h_4——缓冲层高度(m)，0.3 m；

h_5——泥斗高度(m)，1.2 m。

计算得

$$H/\mathrm{m}=0.3+3.6+0.5+0.3+1.2=5.9$$

(9) 贮泥池

采用矩形贮泥池，贮存来自初次沉淀池和浓缩池的污泥量。来自初沉池的污泥量 Q_1 为(按初沉池悬浮物去除 50%)

$$Q_1/(\mathrm{m}^3\cdot\mathrm{d}^{-1})=\frac{Q(C_1-C_2)}{100-p_0}=\frac{29\,000\times(372-372\times 0.5)\times 100}{(100-97)\times 10^6}=180$$

来自污泥浓缩池的污泥量 $Q_2=11.06\ \mathrm{m}^3/\mathrm{d}$。则贮泥量为

$$Q/(\mathrm{m}^3\cdot\mathrm{d}^{-1})=Q_1+Q_2=180+11.06=191.06\quad(\text{设贮泥池设 2 座})$$

设贮泥池的贮泥时间 $t=8$ h，池高 $h_2=3$ m，则贮泥池表面积 F 为

$$F/\mathrm{m}^2=\frac{Q}{n\cdot h_2}=\frac{191.06\times 8}{2\times 3\times 24}=10.61$$

设贮泥池池宽 $B=3$ m，池长 L 为

$$L/\mathrm{m}=\frac{F}{B}=\frac{10.61}{3}=3.5$$

贮泥池底部为斗形，下底为 0.6 m×0.6 m，高度 $h_3=2$ m，设超高 $h_1=0.5$ m，则贮泥池的总高 H 为

$$H/\mathrm{m}=h_1+h_2+h_3=0.5+3+2=5.5$$

(10) 污泥消化池

采用固定盖式消化池，两级消化。一级消化池污泥投配率为 5%，二级消化池污泥投配率为 10%，消化温度为 33 ~ 35 ℃。一级消化池进行加温、搅拌；二级消化池不加热、不搅

拌，利用一级消化池的余温。

1）消化池容积计算

一级消化池的总容积 V 为

$$V/\mathrm{m}^3 = \frac{Q}{0.05} = \frac{191.06}{0.05} = 3\ 821.2$$

采用 2 座一级消化池，则每座池子的有效容积 V_0 为

$$V_0/\mathrm{m}^3 = \frac{V}{2} = \frac{3\ 821.2}{2} = 1\ 910.6$$

消化池直径 D 为

$$D/\mathrm{m} = \sqrt[3]{\frac{1\ 910.6}{0.3925}} = 16.9\ \mathrm{m}$$

取消化池直径为 17 m。

集气罩直径 d_1 采用 2 m，池底下锥体直径 d_2 采用 2 m，集气罩高度 h_1 采用 2 m，上锥体高度 h_2 采用 3 m，消化池柱体高度 h_3 应大于 $D/2 = 8.5$ m，采用 9 m，下锥体高度 h_4 采用 1 m，则消化池的总高度 H 为

$$H/\mathrm{m} = h_1 + h_2 + h_3 + h_4 = 2 + 3 + 9 + 1 = 15$$

集气罩容积 V_1 为

$$V_1/\mathrm{m}^3 = \frac{\pi d_1^2}{4} \cdot h_2 = \frac{3.14 \times 2^2}{4} \cdot 2 = 6.28$$

弓形部分容积 V_2 为

$$V_2/\mathrm{m}^3 = \frac{\pi}{24} \cdot h_2(3D^2 + 4h_2^2) = \frac{3.14}{24} \times 3 \times (3 \times 17^2 + 4 \times 3^2) = 354.4$$

圆柱部分容积 V_3 为

$$V_3/\mathrm{m}^3 = \frac{\pi D^2}{4} \cdot h_3 = \frac{3.14 \times 17^2}{4} \times 9 = 2\ 041.8$$

下锥体部分容积 V_4 为

$$V_4/\mathrm{m}^3 = \frac{\pi}{3} \cdot h_4 \left[\left(\frac{D}{2}\right)^2 + \frac{D}{2} \cdot \frac{d_2}{2} + \left(\frac{d_2}{2}\right)^2 \right] = \frac{3.14}{3} \times 1 \times [8.5^2 + 8.5 \times 1 + 1^2] = 85.56$$

则消化池的有效容积 V_0 为

$$V_0/\mathrm{m}^3 = V_3 + V_4 = 2\ 041.8 + 85.56 = 2\ 127.4$$

二级消化池的总容积 V 为

$$V/\mathrm{m}^3 = \frac{Q}{0.05} = \frac{191.06}{0.1} = 1\ 910.6$$

二级消化池共设 1 座，与 2 座一级消化池串联，二级消化池的各部分尺寸与一级消化池相同。

2）消化池各部分表面积计算

集气罩表面积 F_1 为

$$F_1/\mathrm{m}^2 = \frac{\pi}{4} \cdot d_1^2 + \pi d_1 h_1 = \frac{3.14}{4} \times 2^2 + 3.14 \times 2 \times 2 = 15.7$$

池顶表面积 F_2 为

$$F_2/\mathrm{m}^2 = \frac{\pi}{4}(4h_2^2 + D) = \frac{3.14}{4} \times (4 \times 3^2 + 17^2) = 255.12$$

池壁表面积(地上部分)F_3 为

$$F_3/\mathrm{m}^2 = \pi D h_5 = 3.14 \times 17 \times 5 = 266.9$$

池壁表面积(地下部分)F_4 为

$$F_4/\mathrm{m}^2 = \pi D h_6 = 3.14 \times 17 \times 4 = 213.5$$

池底表面积 F_5 为

$$F_5/\mathrm{m}^2 = \pi l\left(\frac{D}{2} + \frac{d_2}{2}\right) = 3.14 \times 7.6 \times (8.5 + 1) = 226.7$$

3) 消化池热工计算

① 提高新鲜污泥温度的耗热量

中温消化温度 $T_D = 35$ ℃,新鲜污泥年平均温度 T_s 为 17.3 ℃,日平均最低温度为 12 ℃。每座一级消化池投配的最大生污泥量为

$$V''/(\mathrm{m}^3 \cdot \mathrm{d}^{-1}) = 1\,910.6 \times 0.05 = 95.53$$

则全年平均耗热量为

$$W_1/\mathrm{kJ} = \frac{V''}{24} \cdot (T_\mathrm{D} - T_\mathrm{s}) \times 1\,000 \times 4.2 = \frac{95.53}{24} \times (35 - 17.3) \times 1\,000 \times 4.2 = 295\,904$$

最大耗热量为

$$W_{1\max}/\mathrm{kJ} = \frac{V''}{24} \cdot (T_D - T_S) \times 1\,000 \times 4.2 = \frac{95.53}{24} \times (35 - 12) \times 1\,000 \times 4.2 = 384\,508$$

② 消化池池体的耗热量

消化池各部分传热系数采用:

池盖 $K = 2.94\ \mathrm{kJ/(m^2 \cdot h \cdot ℃)}$;

池壁在地面以上部分为 $K = 2.52\ \mathrm{kJ/(m^2 \cdot h \cdot ℃)}$;

池壁在地面以下部分为 $K = 1.89\ \mathrm{kJ/(m^2 \cdot h \cdot ℃)}$;

池外介质为大气时,全年平均气温为 $T_A = 11.6$ ℃,冬季室外计算温度为 $T_A = -9$ ℃;

池外介质为土壤时,全年平均气温为 $T_B = 12.6$ ℃,冬季室外计算温度为 $T_B = -4.2$ ℃;

池盖部分全年平均耗热量为

$$W_2/(\mathrm{kJ \cdot h^{-1}}) = FK(T_\mathrm{D} - T_\mathrm{A}) \times 1.2 \times 4.2 = (15.7 + 255.12) \times 0.7 \times (35 - 11.6) \times 1.2 \times 4.2 = 22\,357.6$$

最大耗热量为

$$W_{2\max}/(\mathrm{kJ \cdot h^{-1}}) = FK(T_\mathrm{D} - T_\mathrm{A}) \times 1.2 \times 4.2 = (15.7 + 255.12) \times 0.7 \times (35 + 9) \times 1.2 \times 4.2 = 42\,039.9$$

池壁在地面以上部分,全年平均耗热量为

$$W_3/(\mathrm{kJ \cdot h^{-1}}) = FK(T_\mathrm{D} - T_\mathrm{A}) \times 1.2 \times 4.2 = 266.9 \times 0.6 \times (35 - 11.6) \times 1.2 \times 4.2 = 18\,866.27$$

最大耗热量为

$$W_{3\max}/(\mathrm{kJ \cdot h^{-1}}) = FK(T_\mathrm{D} - T_\mathrm{A}) \times 1.2 \times 4.2 = 266.9 \times 0.6 \times (35 + 9) \times 1.2 \times 4.2 = 35\,512.65$$

池壁在地面以下部分，全年平均耗热量为

$$W_4/(\mathrm{kJ\cdot h^{-1}})=FK(T_D-T_A)\times1.2\times4.2=213.5\times0.45\times(35-12.6)\times1.2\times4.2=10\ 846.5$$

最大耗热量为

$$W_{4max}/(\mathrm{kJ\cdot h^{-1}})=FK(T_D-T_A)\times1.2\times4.2=213.5\times0.45\times(35-4.2)\times1.2\times4.2=14\ 913.9$$

池底部分，全年平均耗热量为

$$W_5/(\mathrm{kJ\cdot h^{-1}})=FK(T_D-T_B)\times1.2\times4.2=226.7\times0.45\times(35-12.6)\times1.2\times4.2=11\ 517.1$$

最大耗热量为

$$W_{5max}/(\mathrm{kJ\cdot h^{-1}})=FK(T_D-T_B)\times1.2\times4.2=226.7\times0.45\times(35-4.2)\times1.2\times4.2=15\ 836$$

每座消化池总耗热量，全年平均耗热量为

$$W/(\mathrm{kJ\cdot h^{-1}})=295\ 904+22\ 357.6+18\ 886.27+10\ 846.5+11\ 517.1=359\ 511.47$$

最大耗热量为

$$W_{max}/(\mathrm{kJ\cdot h^{-1}})=274\ 508+42\ 039.9+35\ 512.65+14\ 913.9+15\ 836=492\ 810.45$$

4）沼气混合搅拌计算

消化池的混合搅拌采用多路曝气管式（气通式）沼气搅拌。

① 搅拌用气量

单位用气量采用6 $\mathrm{m^3/(min\cdot 1\ 000\ m^3)}$ 池容，则用气量 q 为

$$q/(\mathrm{m^3\cdot s^{-1}})=6\times\frac{1\ 910.6}{1\ 000}=11.5\ \mathrm{m^3/min}=0.19$$

② 曝气立管管径计算

曝气立管的流速采用12 m/s，则所需立管的总面积 $\mathrm{m^2}$ 为

$$\frac{0.19}{12}=0.0158$$

选用立管的直径为 D_g50 mm 时，每根断面 $A=0.00196\ \mathrm{m^2}$，所需立管的总数（根）则为

$$\frac{0.0158}{0.00196}=8.06，采用8根。$$

核算立管的实际流速为

$$v/(\mathrm{m\cdot s^{-1}})=\frac{0.19}{8\times0.00196}=12.12，符合要求$$

5）产气量

设产气率为6 $\mathrm{m^3}$ 气/$\mathrm{m^3}$ 泥，即泥气比为1∶6，则产气量为

$$q_{气}/(\mathrm{m^3\cdot d^{-1}})=6\times191.06=1\ 146.36\ \mathrm{m^3/d}$$

选择2座低压浮盖式贮气柜，贮气柜容积为230 $\mathrm{m^3}$，贮存4.8 h产生的沼气量。

（11）污泥脱水设备

采用带式压滤机，污泥消化过程中由于分解而使体积减少，按消化污泥中有机物含量占60%，分解率为50%，污泥含水率为95%，则由于含水率降低而剩余的污泥量为

$$Q/(\mathrm{m}^3 \cdot \mathrm{d}^{-1}) = Q_0 \cdot \frac{100 - P_1}{100 - P_2} = 191.06 \times \frac{100 - 97}{100 - 95} = 114.6$$

分解污泥容积 Q_1 为

$$Q_1/(\mathrm{m}^3 \cdot \mathrm{d}^{-1}) = 114.6 \times 0.6 \times 0.5 = 34.38$$

消化后剩余的污泥量 Q_2 为

$$Q_2/(\mathrm{m}^3 \cdot \mathrm{d}^{-1}) = 114.6 - 34.38 = 80.22$$

选择双网带式压滤机 2 台(1 用 1 备),每台处理污泥能力 4 m^3/h,每天工作 20 h。脱水后,污泥的含水率为 75%,污泥体积为 16.04 m^3,可用车外运或在厂内晾晒。

5. 附属建筑物

各附属构筑物的尺寸见表 6.15。

表 6.15　附属建筑物一览表

序　号	名　称	尺寸规格/(m×m)
1	综合办公楼	30×12
2	维修间	21×9
3	仓　库	21×6
4	食　堂	24×12
5	浴　室	12×9
6	变电所	12×9
7	锅炉房	15×9
8	车　库	15×6
9	传达室	4×4
10	加氯间	15×9
11	鼓风机房	24×12
12	回流污泥泵房	12×9
13	中心控制室	12×9
14	污泥脱水机房	15×9

6. 处理厂规划

(1)平面布置

按照平面布置的有关规定,应尽量节约用地,做到布置紧凑,使生活区位于夏季主导风向的上风向,来进行平面布置,见图 6.9。

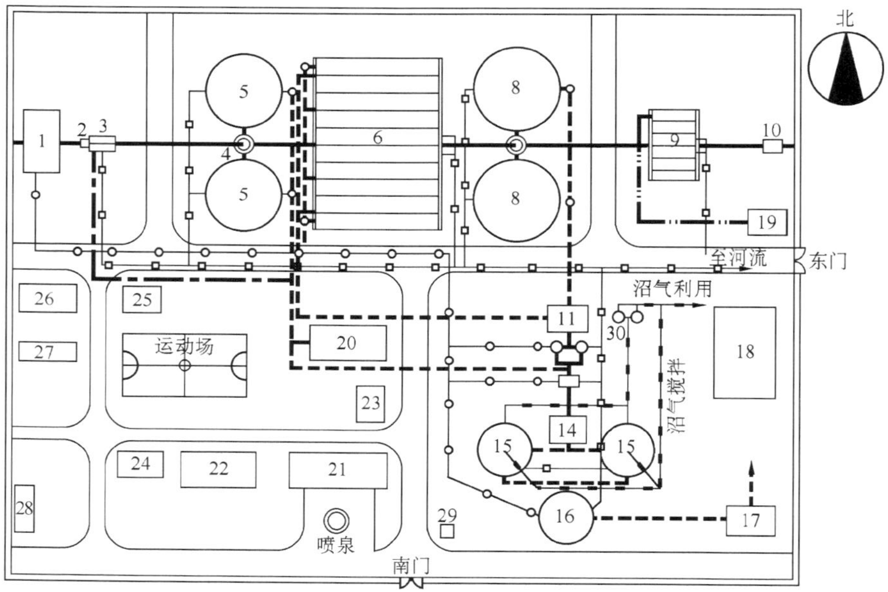

主要建(构)筑物一览表

序号	名称	规格	单位	数量	备注
30	沼气罐	$D=4$m	座	2	
29	传达室	4m×4m	座	1	
28	车库	21m×6m	座	1	
27	仓库	21m×6m	座	1	
26	维修间	21m×9m	座	1	
25	变电所	12m×9m	座	1	
24	锅炉房	15m×9m	座	1	
23	浴室	12m×9m	座	1	
22	食堂	24m×12m	座	1	
21	综合办公楼	30m×12m	座	1	
20	鼓风机房	24m×12m	座	1	
19	加氯间	15m×9m	座	1	
18	污泥晾晒场	30m×20m	座	1	
17	污泥脱水间	15m×9m	座	1	
16	二级消化池	$D=17$m	座	1	
15	一级消化池	$D=17$m	座	1	
14	中心控制室	12m×9m	座	1	
13	贮泥池	3.5m×3m	座	2	
12	污泥浓缩池	$D=2.12$m	座	2	
11	污泥回流泵房	12m×9m	座	1	
10	巴氏计量槽		座	1	
9	消毒接触池	13.5m×10.5m	座	2	
8	二次沉淀池	$D=27$m	座	2	
7	集配水井	$D=6$m	座	1	
6	曝气池	38m×25m	座	2	每座5廊道
5	初次沉淀池	$D=24$m	座	2	
4	集配水井	$D=6$m	座	1	
3	曝气沉砂池	7m×2m	座	2	
2	格栅渠道	2m×0.83m	座	2	
1	提升泵房	21m×15m	座	1	

某城市排水工程设计			
项目名称	排水工程设计-污水处理厂部分		
图　名	平　面　布　置　图	图号	
项目负责人	设计制图	日期	

图　例

- 污水管道
- 污泥管道
- 空气管道
- 加药管道
- 沼气管道
- 上清液管道
- 放空管道

说　明

1、本图比例尺为 1∶1 000;
2、厂区内的空地部分,应充分进行绿化。

图6.9　污水处理厂平面布置图

表6.16　污　水　高　程　计　算　表

序号	管渠及构筑物名称	$Q/(L\cdot s^{-1})$	管渠设计参数					水头损失/m				水面标高/m			地面标高/m	
			$\frac{B\times H(D)}{mm}$	H/m	$i/‰$	$v/(m\cdot s^{-1})$	L/m	沿程	局部	构筑物	合计	上游	下游	构筑物	上游	下游
1	出水口至计量堰	469	900×800	0.6	1.2	0.8	100	0.12	0.144		0.264	100.397	100.133		100.00	100.00
2	计量堰	469								0.36	0.36	100.757	100.397	100.577	100.00	100.00
3	计量堰至接触池	469	900×800	0.6	1.2	0.8	20	0.024	0.004		0.028	100.785	100.757		100.00	100.00
4	接触池	235								0.3	0.3	101.085	100.785	100.935	100.00	100.00
5	接触池至集配水井	469	800	0.8	1.3	0.93	41.5	0.054	0.004		0.058	101.143	101.085		100.00	100.00
6	集配水井至二沉池	235	700×700	0.5	1.9	0.85	19.5	0.037	0.004		0.041	101.184	101.143		100.00	100.00
7	二沉池	235								0.5	0.5	101.684	101.184	101.434	100.00	100.00
8	二沉池至集配水井	352	800	0.8	3.8	0.7	19.5	0.074	0.006		0.080	101.764	101.684		100.00	100.00
9	集配水井至曝气池	704	1000	1.0	1.3	0.90	23.5	0.03	0.006		0.036	101.80	101.764		100.00	100.00
10	曝气池	469								0.4	0.4	102.20	101.80	102.00	100.00	100.00
11	曝气池至集配水井	469	800	0.8	1.3	0.93	20	0.026	0.008		0.034	102.234	102.20		100.00	100.00
12	集配水井至初沉池	235	700×700	0.5	1.9	0.85	17	0.032	0.006		0.038	102.272	102.234		100.00	100.00
13	初沉池	235								0.52	0.52	102.774	102.272	102.523	100.00	100.00
14	初沉池至集配水井	235	500	0.5	3.8	1.19	17	0.064	0.006		0.070	102.844	102.774		100.00	100.00
15	集配水井至沉砂池	469	800	0.8	1.3	0.93	40	0.052	0.008		0.060	102.904	102.844		100.00	100.00
16	沉砂池	235								0.2	0.2	103.104	102.904	103.004	100.00	100.00
17	格栅	235								0.1	0.1	103.204	103.104	103.154	100.00	100.00
	合计														100.00	100.00

表6.17 污泥高程计算表

序号	管渠及构筑物名称	$Q/(L\cdot s^{-1})$	管渠设计参数				水头损失/m				水面标高/m		地面标高/m	
			D/mm	i/‰	$v/(m\cdot s^{-1})$	L/m	沿程	局部	构筑物	合计	上游	下游	上游	下游
1	二沉池	235							1.2	1.2	101.684	100.484	100.00	100.00
2	二沉池至污泥泵房	235	300	15	1.7	70	1.05	0.315		1.365	100.484	99.119	100.00	100.00
3	提升3.25 m										99.119	102.369	100.00	100.00
4	提升泵至浓缩池	0.48	200	10		10	0.1	0.03		0.13	102.369	102.239	100.00	100.00
5	浓缩池	0.48							1.2	1.2	102.239	101.039	100.00	100.00
6	浓缩池至贮泥池	0.128	200	10		10	0.1	0.03		0.13	101.039	100.909 (98.934)	100.00	100.00
7	提升6.975 m										100.909 (98.934)	105.909	100.00	100.00
8	一级消化池	1.11							1.2	1.2	105.909	104.709	100.00	100.00
9	一级至二级消化池	1.11	200	20		20	0.4	0.12		0.52	104.709	104.189	100.00	100.00
10	二级消化池	2.21							1.2	1.2	104.189	102.989	100.00	100.00
11	消化池至脱水机	0.93	200	20		43	0.86	0.258		1.118	102.989	101.871	100.00	100.00
12	脱水机	0.93							1.5	1.5	101.871	100.371	100.00	100.00
13	初沉池	1.04							1.5	1.5	102.774	101.274	100.00	100.00
14	初沉池至贮泥池	2.08	200	10		180	1.8	0.54		2.34	101.274	98.934	100.00	100.00

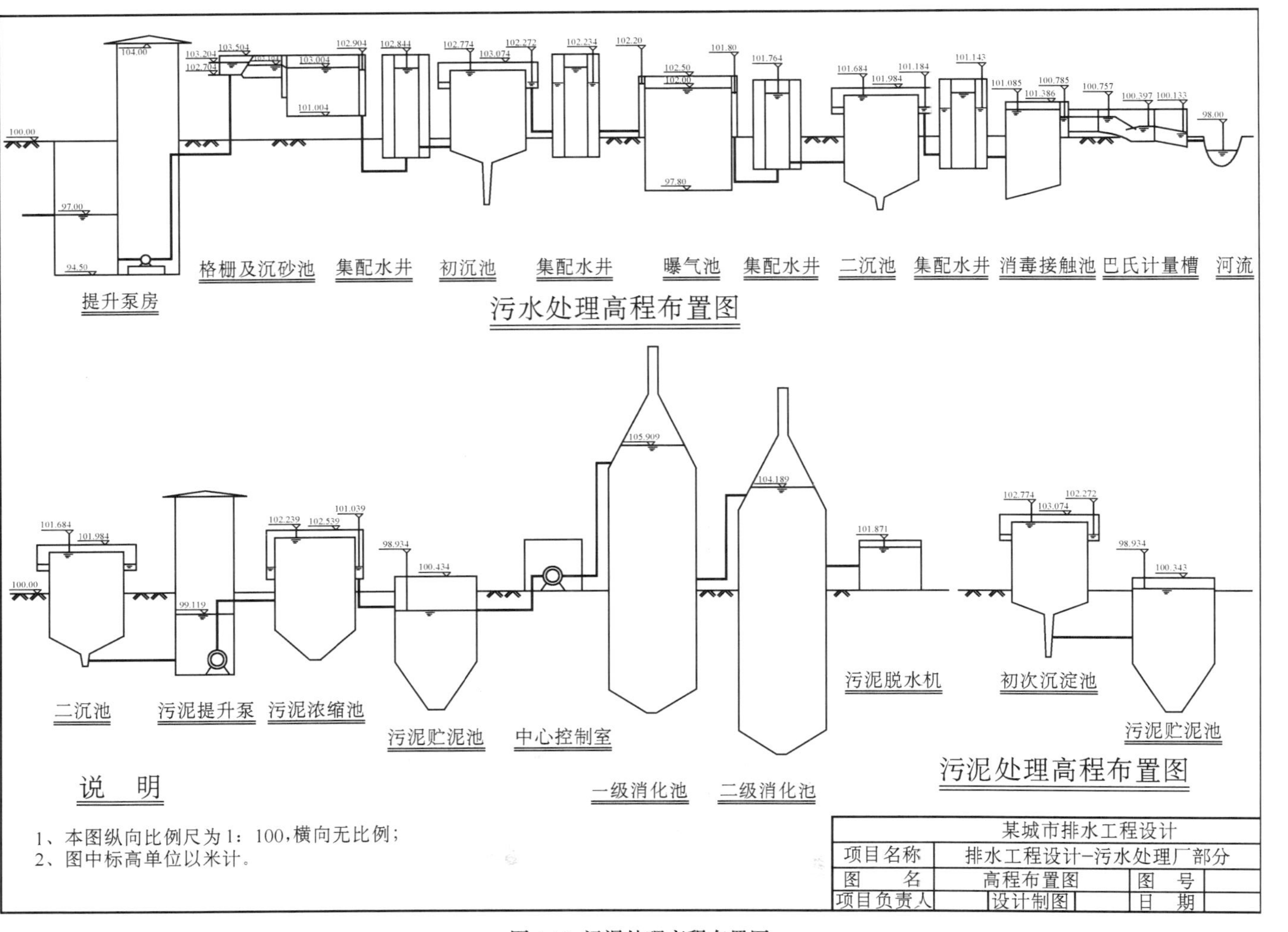

图6.10 污泥处理高程布置图

(2)高程布置

处理厂内的管道采用重力流,并尽量减少水头损失,各处理构筑物的水头损失按经验数值选取,同时应考虑处理厂扩建时的预留贮备水头。

污水的高程计算见表6.16,污泥的高程计算见表6.17,高程布置图见图6.10。

7. 污水提升泵站的设计

(1)水泵的选择

根据污水高程计算的结果,设泵站内的总损失为2 m,吸压水管路的总损失为2 m,则可确定水泵的扬程H为

$$H/\mathrm{m} = H_{ST} + \sum h = (103.204 - 97.00) + 2 + 2 = 10.2$$

水泵提升的流量按最大时流量考虑,Q=469.7 L/s。按此流量和扬程来选择水泵。

选择KDW250-250A型卧式离心泵,共4台,3用1备,单泵性能参数为:流量为166.7 L/s,扬程为14 m,电机功率37 kW。

(2)泵房形式及其布置

采用半地下式矩形结构。水泵为单排并列式布置,水泵基础尺寸为:1.2 m×0.8 m,泵房跨度为9 m,长度为21 m。吸水井与提升泵站合建,宽度为6 m,吸水井有效水深为2.0 m。水泵为自灌式,在吸水管上安装阀门,吸水管管径为450 mm,压水管管径为350 mm。

三、土建与公共工程

1. 土建工程

污水处理厂区所在地层结构简单,岩土性质均一,基本为亚粘土,无不良地质现象。工程地质条件可以满足各种构(建)筑物的要求,不必对地基进行特殊处理。

本设计中,所有构筑物均为钢筋混凝土结构,以提高池体的防渗能力;附属建筑均采用砖混结构,包括综合办公楼、维修间、仓库、食堂、浴室、变电所、锅炉房、车库、传达室、加氯间、鼓风机房、中心控制室等;回流污泥泵房地下为钢筋混凝土结构,地上为砖混结构;污泥脱水机房采用框架结构。

2. 公用工程

(1)供电

污水处理厂与污泥处理系统合计用电负荷见表6.18。

表6.18　用电负荷计算表

序号	设备名称	单机用电负荷/kW	设备数量	总用电负荷/kW	备　注
1	格栅除污机	0.75	2	1.5	
2	卧式离心泵	37	4	148	3用1备
3	电动葫芦	5.5	2	11	
4	吸沙泵	5.15	2	10.3	
5	砂水分离器	3.7	1	3.7	
6	刮泥机	2.2	2	4.4	

续表 6.18

序号	设备名称	单机用电负荷/kW	设备数量	总用电负荷/kW	备　注
7	鼓风机	75	6	450	5 用 1 备
8	污泥回流泵	37	4	148	
9	刮吸泥机	2.2	2	4.4	
10	加氯机	2.2	4	8.8	
11	污泥泵	13.5	2	27	1 用 1 备
12	带式压滤机	3.0	2	6.0	1 用 1 备
13	投药泵	1.1	2	2.2	
14	照明	10		10	
15	其他	20		20	
16	总计			855.3	

从上表中可以看出，合计用电负荷为 855.3 kW，其中，最大使用容量为 726.8 kW，按该市供电现状和发展，污水处理厂供电拟采用高压 10 kV 双回路，两路输电距离为 1.0 km。厂内设变配电站 1 座，内设 1 250 kW 低能耗变压器 1 台，及无功功率自动补偿器。厂内用电均接自变配电站，低压配电室内采用 380/220V 三相四线制供电。

(2) 自动控制与检测

本工程拟采用现代微机管理控制系统，对污水处理工艺中的各环节进行自动控制、自动监测及显示，从而达到处理效果好，运行经济，减少劳动强度，节省人力和提高效率的目的。

设计方案选用 STD 总线工业控制机作为自动控制系统的主机，另配备一套数据采集及输出控制接口硬件，并通过软件编程对各个设备进行先后有序协调统一的监测和管理，从而建立一套完善的微机自动监测与控制系统。需要在主要工艺处理构筑物内设污水及污泥的流量、溶解氧、MLSS、温度、水位、泥位等传感器，以便对运行参数进行连续监测，并将讯号传至微机系统。中控室内设大屏幕模拟显示系统，以便对全厂设备的运行状态及运行参数进行不间断的监视。中控室内设主控制台，以便对全厂工艺设备进行集中托运控制或手动/自动切换。自动控制项目见表 6.19；自动监测项目见表 6.20。

表 6.19　自动控制项目一览表

设备名称	内　容	主　令	一次仪表	控制设备	自控台数
鼓风机	开/停	DO	固定式溶氧仪	启动柜	6
格栅除污机	开/停	水位差	超声水位计	动力柜	2
污水泵	开/停	水位	超声水位计	启力柜	4

表 6.20 自动监测项目一览表

序号	监测项目	数量	一次仪表	显示地点	打印周期/h	
					瞬时量	累计量
1	污水流量	2	电磁流量计	大屏幕	2	24
2	回流污泥量	1	电磁流量计	大屏幕	2	
3	剩余污泥量	1	电磁流量计	大屏幕		24
4	曝气池内 DO	10	固定式溶氧仪	大屏幕	2	
5	曝气池内 MLSS	4	固定式 MLSS 仪	大屏幕	2	
6	曝气池内水温	4	热电阻	大屏幕	2	
7	进水水位	1	超声波水位计	大屏幕	2	
8	贮泥池泥位	2	超声波水位计	大屏幕	2	
9	电度	1	电度表	微机屏幕		24

(3)供水

本污水处理厂每日需水约 100 m^3,主要用于生活饮用、加氯机、污泥脱水机、绿化及冲洗地面,水源引自市政自来水管网。今后拟将处理厂最后出水进行深度处理后,作为非饮用水回用。

四、投资估算

1. 估算范围

本次投资估算包括污水处理工程各构筑物、污泥处理各构筑物、其他附属建筑工程、公用工程、厂区内管线、道路、绿化等,还包括部分厂外工程(供电线路、通讯线路、临时道路等)。

2. 编制依据

1)本工程依据《×省市政工程费用定额》的标准,及《×省市政工程费用定额的补充规定》中的排水工程费率,套用《全国市政工程预算定额×省市政工程单位估价表》中的定额基价,并对基价进行调整,调整系数为 15.34%。土方工程计算取地区材料基价系数,按《×省市政工程费用定额》中土石方工程费率计算。

2)工艺设计方案。

3. 投资估算

本工程的投资估算见表 6.21。

表 6.21 污水处理厂投资估算表

序号	工程或费用名称	估算价值/万元					合计/万元
		土建工程	安装工程	设备购置	工具购置	其他费用	
一	第一部分工程费	2 232.4	360.9	1 314.3	185.2		4 092.8
1	水处理工程	1 180.8	119.1	681.3			1 981.2

续表 6.21

序号	工程或费用名称	估算价值/万元					合计/万元
		土建工程	安装工程	设备购置	工具购置	其他费用	
(1)	污水泵房	32.5	4.7	30.8			68.0
(2)	格栅间	4.7	2.9	19.3			26.9
(3)	曝气沉砂池	10.7	3.3	12.7			26.7
(4)	初沉池	185.7	27.5	93.7			306.9
(5)	曝气池	638.1	39.8	294.4			972.3
(6)	二沉池	237.8	31.7	185.8			455.3
(7)	初沉池集配水井	9.7	0.8	3.5			14.0
(8)	二沉池集配水井	10.8	0.9	3.8			15.5
(9)	消毒接触池	17.8	1.3	5.3			24.4
(10)	巴氏计量槽	5.9	0.5	1.7			8.1
(11)	污泥回流泵房	27.1	5.7	30.3			63.1
2	污泥处理工程	580.3	49.8	322.9			953.0
(1)	污泥浓缩池	10.3	0.5	1.7			12.5
(2)	贮泥池	13.2	0.9	3.5			17.6
(3)	一级消化池	358.2	27.5	185.3			571.0
(4)	二级消化池	168.2	13.1	80.5			261.8
(5)	污泥脱水间	21.7	6.7	47.7			76.1
(6)	污泥晾晒场	8.7	1.1	4.2			14.0
3	附属建筑物	206.9	32.2	219.6	105.9		364.6
(1)	综合办公楼	43.2			21.3		64.5
(2)	食堂	34.5			15.1		49.6
(3)	浴室	12.9					12.9
(4)	锅炉房	16.2	4.7	35.5			56.4
(5)	变电所	15.8	11.7	73.7			101.2
(6)	中心控制室	18.5	13.7	90.9			123.1
(7)	维修间	22.7			11.3		34.0
(8)	仓库	12.6			22.7		35.3
(9)	车库	12.6			35.5		48.1
(10)	传达室	0.7					0.7
(11)	加氯间	17.2	2.1	19.5			38.8

续表 6.21

序号	工程或费用名称	估算价值/万元					合计/万元
		土建工程	安装工程	设备购置	工具购置	其他费用	
4	总平面工程	203.1	119.8	52.7			375.6
5	生产辅助设备			37.8	79.3		117.1
6	厂外配套工程	20.0	40.0				60.0
7	土方外运	41.3					41.3
二	第二部分工程费					285.0	285.0
三	预备费					225.0	225.0
四	小计						4 602.8
五	建设期贷款利息					115.1	115.1
六	工程总投资	2 232.4	360.9	1 314.3	185.2	625.1	4 717.9

五、劳动定员

1. 生产组织

污水处理厂隶属于市公用事业主管部门,生产受环保部门监督。根据国家《城镇污水厂和附属设备设计标准》(CJJ 131—89),结合该市具体情况,设立如下机构和人员。

生产机构:包括生产科、技术科、动力科、机修科与化验科。

管理科室:设办公室、财务科、经营科、人保科等。

技术人员配备以下专业:给排水(或环境工程)、电气、机械、工业自动化等。

生产工人配备以下工种:运转工、机修工、电工、仪表工、泥(木)工、司机、杂工等。

2. 劳动定员

由于该厂自动化程度高,因此,劳动定员大大减少,全厂劳动定员为 45 人,其中,管理人员 5 人,生产工人 40 人。污水处理厂必须连续运行,一经投产,除特殊情况外,不能停运,生产人员按“四班三运转配备”,每班生产工人 10 名。

3. 人员培训

为了使本厂建成后高效运转,专业技术人员和技术工人应在国内和与本厂工艺类似,且运行管理好的城市污水处理厂进行实践培训。

六、运行费用和成本核算

1. 成本估算的有关单价

1)电价:基本电价为 9.0 元/(kVA · 月),电表读值综合电价 0.50 元/(kWh)。

2)工资福利:每人每年 1.2 万元/(人 · 年)。

3)高分子絮凝剂:1.9 万元/t。

4)液氯:0.08 万元/t。

5)混凝剂及助凝剂:0.10 万元/t。

6)维修大修费率:大修提成率21%,维护综合费率1.0%。

2. 运行成本估算

(1)动力费

格栅除污机每天工作4 h,0.75×2×4=6,即6 kWh;

卧式离心泵每天工作24 h,37×3×24=2 664,即2 664 kWh;

电动葫芦按每天工作1 h计算,5.5×1×2=11,即11 kWh;

吸砂泵每天工作1 h计算,5.15×1×2=10.3,即10.3 kWh;

砂水分离器每天工作1 h计算,3.7×1=3.7,即3.7 kWh;

刮泥机每天工作4 h,2.2×2×4=17.6,即17.6 kWh;

鼓风机24 h工作,75×5×24=9 000,即9 000 kWh;

污泥回流泵24 h工作,37×4×24=3 552,即3 552 kWh;

刮吸泥机每天工作24 h,2.2×2×24=105.6 kWh;

加氯机每天工作4 h,2.2×4×24=211.2,即211.2 kWh;

污泥泵每天工作20 h,13.5×1×20=370,即370 kWh;

脱水机每天工作20 h,3.0×1×20=60,即60 kWh;

投药泵每天工作24 h,1.1×2×24=52.8,即52.8 kWh;

照明与其他用电合计240 kWh;

则合计每日用电量16 204.2 kWh;

电表综合电价(元/d)为16 204.2×0.5=8 102.1。

每日电贴(元/d)折算16 204.2/380×30×9×1/30=383。

即每月电费(元)为(8 102.1+383)×30=254 553,每年电费为305.46万元。

(2)工资福利费

全厂共45人,共计费用(万元/年)为:45×1.2=54

(3)药剂费用

污泥脱水聚丙烯酰胺投药量0.2%(按干重计),则药剂费为(万元/年)

$$16.04\times(1-75\%)\times0.002\times365\times1.9=5.56$$

(4)水费

污水厂每天用水100 m^3,水费(万元)为100×365×1.0=36 500元=3.65

(5)运费

每天外运含水率为75%的湿泥15.82 m^3(1 m^3泥约重1 t),运价为0.4元/(t.km),费用(万元/年)为16.04×0.4×10×365=23 418元/年=2.34。

(6)维护修理费

维护修理费取率按3.1%计,则年维护修理费用(万元/年)为

$$4\ 092.8\times3.1\%=126.88$$

(7)管理费(万元/年)

$$(305.18+54+5.56+3.65+2.34+126.88)\times8\%=40.5$$

3. 运行成本核算

合计年运行费用为540.94万元,则处理每立方米污水成本为0.511元。

第七章 城市污水处理新技术

城市污水处理以生物处理技术为主要手段，近年来，城市污水生物处理技术得到了迅速的发展，出现了很多新型的生物处理技术，这些新技术在国内外工程实例中均得到了很好的应用。本章主要介绍一些常用的生物处理技术，如 A_1/O 工艺、A^2O 工艺、AB 法、曝气生物滤池、分段进水工艺等。

第一节 A_1/O 生物脱氮工艺

A_1/O 工艺是缺氧-好氧生物脱氮的工艺(Anoxic-Oxic)的简称，A_1/O 法的出现是与人们环保意识的不断提高，主要是对水体富营养化（氮磷污染水体）的认识不断提高密切相关。

在自然界中，氮化合物是以有机体（动物蛋白、植物蛋白）、氨态氮（NH_4、NH_3）、亚硝态氮（NO_2^-）、硝态氮（NO_3^-）以及氮气（N_2）形式存在的。城市污水中的氮主要以有机氮、氨氮两种形式存在，硝态氮含量很低。其中有机氮 30% ~40%，氨氮 60% ~70%，亚硝酸盐氮和硝酸盐氮仅 5% 以下。

一、生物脱氮机理

脱氮过程即是各种形态的氮转化为氮气从水中脱除的过程。在好氧池中，污水中的有机氮被细菌分解成氨，硝化作用使氨进一步转化为硝态氮，然后在缺氧池中进行反硝化，硝态氮还原成氨气溢出。图 7.1 较为详细的显示了生物脱氮的过程。

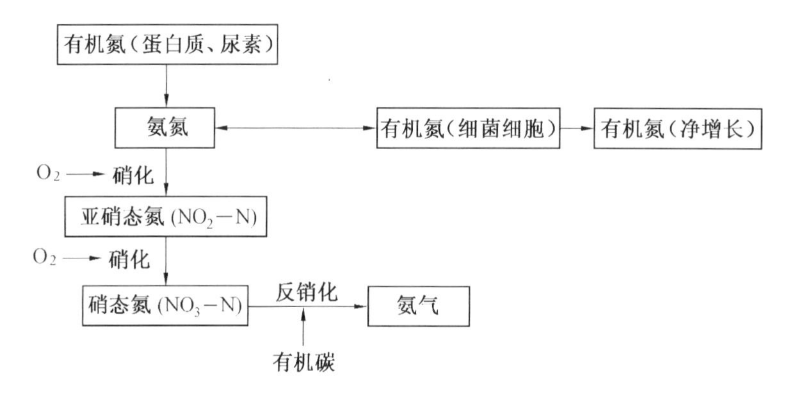

图 7.1 各种形态氮的生物转化

城市污水中的氮会发生氨化反应、硝化反应和反硝化反应。

1. 氨化作用

有机氮化合物(蛋白质等)的降解首先是氨化作用,即在细菌分泌的水解酶作用下,有机氮化合物水解断开肽键,脱除羧基和氨基形成氨,其反应式为

$$RCHNH_2COOH+O_2 \xrightarrow{\text{氨化菌}} RCOOH+CO_2+NH_3$$

2. 硝化作用

硝化过程分两步进行。在亚硝化菌的作用下,氨先转化为亚硝酸盐氮,然后再经硝化菌作用氧化成硝酸盐氮。反应方程为

$$NH_4^++1.5O_2 \xrightarrow{\text{亚硝化菌}} NO_2^-+2H^++H_2O+(243\sim352)\,kJ$$

$$NO_2^-+0.5O_2 \xrightarrow{\text{硝化菌}} NO_3^-+(64.5\sim86.3)\,kJ$$

$$NH_4^++1.83O_2+1.98HCO_3^- \longrightarrow 0.98NO_3^-+0.021C_5H_7NO_2+1.88H_2CO_3+1.04H_2O$$

亚硝化菌和硝化菌都是化能自养菌,能利用氧化过程中产生的能量,使 CO_2 合成细胞有机质,这一过程需氧量较大。每去除 1 g NH_2-N,约耗 4.33 gO_2,生成 0.15 g 新细胞,减少 7.14 g 碱度(以 $CaCO_3$ 计),耗去 0.08 g 无机碳(pH 值控制在 7~8)。

3. 反硝化作用

在反硝化菌的代谢活动下,NO_3-N 有两个转化途径,即同化反硝化(合成),最终产物为有机氮化合物,成为菌体的组成部分;异化反硝化(分解),最终产物为气态氮,其反应式为

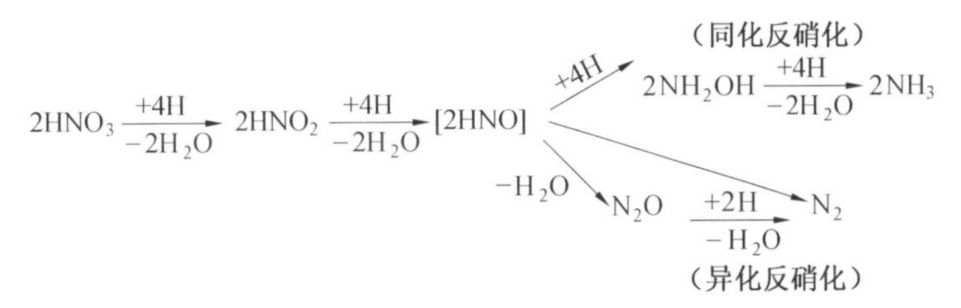

二、A_1/O 工艺流程

A_1/O 工艺流程,通常见图 7.2。缺氧池设置在好氧池前部,先将废水引入缺氧池,回流污泥中的反硝化菌利用原水中的有机物作为碳源,将回流混合液中的大量硝态氮(NO_x^--N)还原为 N_2,从而实现脱氮的目的。然后进入后续的好氧池,好氧池后设沉淀池,部分沉淀污泥回流到缺氧池,以提供足够的微生物量。同时将好氧池内混合液回流到缺氧池,以保证缺氧池有足够的硝酸盐。

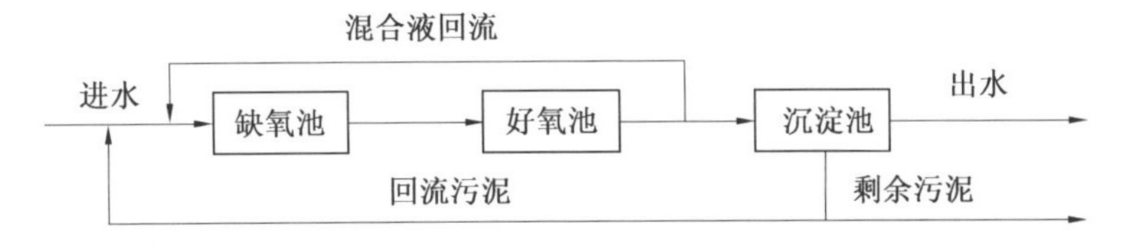

图 7.2　A_1/O 工艺流程示意图

三、结构特点

A_1/O 工艺由缺氧池与好氧池两部分组成，两池可分建，也可合建于一个反应器中，但中间用隔板隔开。其中，缺氧池的水力停留时间为 0.5～1 h，溶解氧小于 0.5 mg/L。为加强搅拌混合，防止污泥沉积，应设置搅拌器或水下推流器，功率一般为 10 W/m^3。好氧池的结构与普通活性污泥法相同，水力停留时间为 2.5～6 h，溶解氧为 1～2 mg/L。

反硝化不需外加碳源，而且可以减轻其后好氧池的有机负荷，降低运行费用，使反硝化残留的有机污染物得到进一步去除，提高出水水质。

另外，缺氧池与好氧池可建成生物膜处理构筑物组成生物膜 A/O 脱氮系统。在生物膜脱氮系统中，应进行混合液回流以提供缺氧池所需的 NO_3^--N，但污泥不需要回流。

四、设计参数

A_1/O 工艺设计参数见表 7.1。

表 7.1　A_1/O 工艺设计参数

名　　称	数　　值
水力停留时间 HRT/h	A 池 0.5～1.0，O 池 2.5～6 A：O=1：(3～4)
溶解氧/($mg \cdot L^{-1}$)	O 池 1～2，A 池趋近于零
pH 值	A 池 8.0～8.4，O 池 6.5～8.0
温度/℃	20～30
污泥龄 θ_c/d	>10
BOD_5 污泥负荷 N_s/[$kg \cdot (kg \cdot d)^{-1}$]	0.1～0.17
污泥质量浓度 X/($mg \cdot L^{-1}$)	2000～5000
总氮污泥负荷/[$kg \cdot (kg \cdot d^{-1})$]	≯0.05
混合液回流比 R_N/%	200～500
污泥回流比 R/%	50～100
反硝化池 $w(S\text{-}BOD_5)/w(NO_x^-\text{-}N)$	≮4

五、计算公式

1. 按 BOD_5 污泥负荷计算

A_1/O 工艺设计计算公式见表 7.2。

表7.2 A_1/O 工艺设计计算公式

名　称	公　式	符 号 说 明
1. 生化反应池容积比	$\frac{V_1}{V_2}=3\sim4$	V_1——好氧池容积(m^3) V_2——缺氧池容积(m^3)
2. 生化反应池总容积	$V=V_1+V_2=\frac{24QL_0}{N_sX}$	Q——污水设计流量(m^3/h) L_0——生物反应池进水BOD_5质量浓度(kg/m^3) N_s——BOD污泥负荷[kg/(kg·d)] X——污泥质量浓度(kg/m^3)
3. 水力停留时间	$t=\frac{V}{Q}$	t——水力停留时间(h)
4. 剩余污泥量	$W=aQ_{平}L_r-bVX_v+S_rQ_{平}\times50\%$ $X_v=fx$	W——剩余污泥量(kg/d) a——污泥产率系数[$kg/kgBOD_5$],一般为0.5～0.7 b——污泥自身氧化速率(d^{-1}),一般为0.05 L_r——生物反应池去除BOD_5质量浓度(kg/m^3) $Q_{平}$——平均日污水流量(m^3/d) X_v——挥发性悬浮固体质量浓度(kg/m^3) S_r——反应器去除的SS质量浓度(kg/m^3) $S_r=S_0-S_e$ S_0、S_e——分别为生化反应池进出水的SS质量浓度(kg/m^3) 50%——不可降解和惰性悬浮物量(NVSS)占总悬浮物量(TSS)的百分数 f——系数,取0.75
5. 剩余活性污泥量	$X_W=aQ_{平}L_r-bVX_v$	X_W——剩余活性污泥量(kg/d)
6. 湿污泥量	$Q_S=\frac{W}{1\,000(1-P)}$	Q_S——湿污泥量(m^3/d) P——污泥含水率(%)
7. 污泥龄	$\theta_c=\frac{VX_v}{X_w}$	θ_c——污泥龄(d)
8. 最大需氧量	$O_2=a'QL_r+b'N_r-b'N_D-c'X_w$	a'、b'、c'——分别为1、4.6、1.42 N_r——为氨氮去除量(kg/m^3) N_D——硝态氮去除量(kg/m^3) W——剩余污泥量(kg/d) X_W——剩余活性污泥量(kg/d)

续表 7.2

名　称	公　式	符号说明
9. 回流污泥浓度	$X_r = \frac{10^6}{SVI} \cdot r$	X_r—— 回流污泥浓度(kg/d) r—— 与停留时间、池身、污泥浓度有关的系数,一般 $r = 1.2$
10. 曝气池混合液浓度	$X = \frac{R}{1+R} \cdot X_r$	R—— 污泥回流比(%)
11. 内回流比	$R_N = \frac{\eta_{TN}}{1-\eta_{TN}} \times 100\%$	R_N—— 内回流比(%) η_{TN}—— 总氮去除率(%)

2. 按活性污泥法动力学模式计算

A_1/O 工艺设计计算公式见表 7.3。

表 7.3　A_1/O 工艺动力学模式设计计算公式

名　称	公　式	符号说明
1. 污泥龄	$\theta_c \approx$ ℃	θ_c—— 硝化菌最少世代时间,由图 7.2 确定
2. 硝化区容积	$V = \frac{YQ(L_0 - L_e)\theta_c}{X(1+K_d\theta_c)}$ 或 $V = \frac{Y'Q(L_0 - L_e)\theta_c}{X}$	V—— 硝化区(池)容积(m^3) K_d—— 内源呼吸系数(d^{-1}) Y—— 污泥产率系数($kgVSS/kgBOD_5$) Y'—— 净污泥产率系数(或表观污泥产率系数),$kgVSS/kgBOD_5$ Q—— 废水流量(m^3/d) L_0—— 原废水 BOD_5 质量浓度(mg/L) L_e—— 处理水 BOD_5 质量浓度(mg/L) θ_c—— 生物固体平均停留时间(d) Y 与 K_d 由表 7.4 确定 $Y' = \frac{Y}{1+K_d\theta_c}$
3. 反硝化区容积	$V_D = \frac{N_T \times 1\,000}{DNR \cdot X}$	V_D—— 反硝化区(池)所需容积(m^3) N_T—— 需要去除的硝酸氮量[$kg(NO_3 - N)/d$] X—— 混合液悬浮固体浓度(mg/L) DNR—— 反硝化速率[kgN/(kgMLSS·d)],反硝化速率与温度关系密切,其关系见图 7.3 $N_T = N_0 - N_w - N_e$ N_0—— 原废水中的含氮量(kg/d) N_w—— 随剩余污泥排放而去除的氮量(kg/d)(细菌细胞含氮量为 12.4%) N_e—— 随处理水排放挟走的氮量(kg/d)

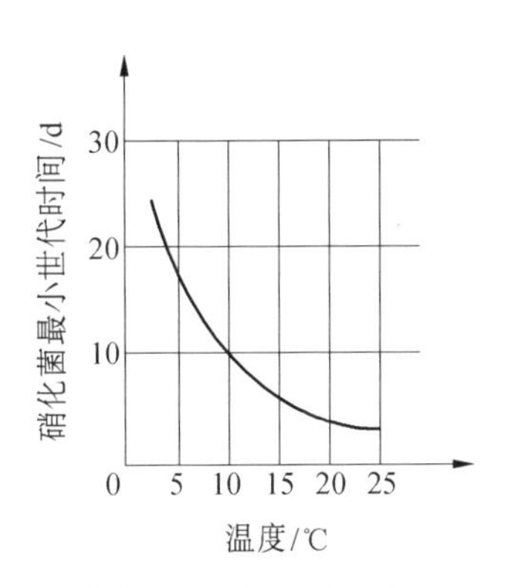

图 7.2　硝化菌最小世代时间与温度的关系

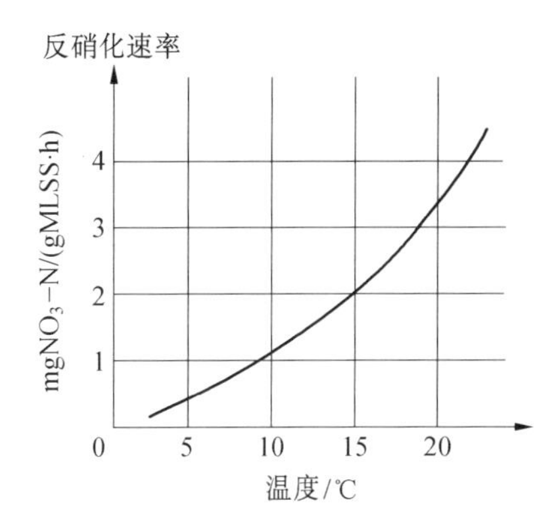

图 7.3　反硝化速率与温度之间关系

表 7.4　动力学常数值 Y、K_d 的参考值

动力学常数	脱脂牛奶废水	合成废水	造纸与制浆废水	生活污水	城市废水
$Y/(kgVSS/kgBOD_5)$	0.48	0.65	0.47	0.5～0.67	0.35～0.45
K_d/d^{-1}	0.045	0.18	0.20	0.048～0.06	0.05～0.10

六、设计计算例题

【例】 城市污水设计流量为 $Q_{设}=5\ 000\ m^3/h$，$K_z=1.3$，水温 15～25℃。

$$\rho_{BOD_5}=160\ mg/L, \rho_{SS}=110\ mg/L, \rho_{TKN}=25\ mg/L。$$

要求处理后二级出水：$\rho_{BOD_5}=20\ mg/L$，$\rho_{SS}=30\ mg/L$，$\rho_{NH_4^+-N}=0$，$\rho_{TN}<5\ mg/L$。设计 A_1/O 脱氮曝气池。

【解】 1. 设计参数计算

(1)BOD 污泥(MLSS)负荷：$N_s/(kg\cdot(kg\cdot d)^{-1})=0.15$

$$N_s \not> 0.18\ kg/(kg\cdot d)$$

②污泥指数：SVI=150

③回流污泥浓度

$$X_r=\frac{10^6}{SVI}\cdot r\quad (r=1)$$

$$x_r/(mg\cdot L^{-1})=\frac{10^6}{150}\times 1=6\ 600$$

④污泥回流比：$R=100\%$

⑤曝气池内混合液污泥浓度

$$x/(kg\cdot m^{-3})=\frac{R}{1+R}\cdot X_r=\frac{1}{1+1}\times 6\ 600=3\ 300\ mg/L=3.3$$

⑥TN 去除率

$$\eta_N/\%=\frac{\rho_{TN_0}-\rho_{TN_e}}{TN_0}=\frac{25-5}{25}\times 100=80$$

⑦内回流比

$$R_{内}/\% = \frac{\eta_{TN}}{1-\eta_{TN}} = \frac{0.8}{1-0.8} \times 100\% = 400$$

(2) A_1/O 池主要尺寸计算

①有效容积

$$V/m^3 = \frac{Q_{设} L_0}{N_s X} = \frac{5\ 000 \times 24 \times 150}{0.13 \times 3\ 300} = 41\ 958$$

②有效水深

$$H_1/m = 4.5$$

③曝气池总有效面积

$$S_{总}/m^2 = \frac{V}{H_1} = \frac{41\ 958}{4.5} = 9\ 324$$

④分两组,每组有效面积

$$S/m^2 = \frac{S_{总}}{2} = \frac{9324}{2} = 4\ 662$$

⑤设 5 廊道式曝气池,廊道宽 $b=10$ m,则单组曝气池池长

$$L_1/m = \frac{S}{5 \times b} = \frac{4\ 662}{50} = 93.2(取\ 93\ m)$$

⑥污水在 A_1/O 池内停留时间

$$t/h = \frac{V}{Q} = \frac{41\ 958}{5\ 000} = 8.4$$

⑦A:O=1:4,则 A 段停留时间为 $t_1=1.68$ h;O 段停留时间为 $t_2=6.72$ h。

(3)剩余污泥量

$$W = aQ_{平} L_r - bVx_V + S_r Q_{平} \times 50\%$$

① 降解 BOD 生成的污泥量

$$W_1/(kg \cdot d^{-1}) = aQ_{平} L_r = 0.55 \times (0.15-0.02) \times \frac{5\ 000 \times 24}{1.3} = 6\ 600$$

② 内源呼吸分解污泥量

$$X_v/(kg \cdot m^{-3}) = fX = 0.7 \times 3\ 300 = 2\ 310 = 2.31$$

$$W_2/(kg \cdot d^{-1}) = bVX_v = 0.05 \times 41\ 958 \times 2.31 = 4\ 846.1$$

③ 不可生物降解和惰性悬浮物量(NVSS)

该部分占总 TSS 约 50%,则

$$W_3/(kg \cdot d^{-1}) = S_r Q_{平} \times 50\% = (0.11-0.03) \times \frac{5\ 000 \times 24}{1.3} \times 0.5 = 3\ 692.3$$

④ 剩余污泥量

$$W/(kg \cdot d) = W_1 - W_2 + W_3 = 6\ 600 - 4\ 846.1 + 3\ 692.3 = 5\ 446.2$$

每日生成的活性污泥量

$$X_w/(kg \cdot d^{-1}) = W_1 - W_2 = 6\ 600 - 4\ 846.1 = 1\ 753.9$$

⑤ 湿污泥量

污泥含水率为 $P=99.2\%$

$$Q_s/(m^3 \cdot d^{-1}) = \frac{W}{1\ 000(1-p)} = \frac{5\ 446.2}{1\ 000 \times (1-0.992)} = 680.8$$

⑥ 污泥龄

$$\theta_c/\mathrm{d}=\frac{VX_v}{X_w}=\frac{2.31\times 41\ 958}{1\ 753.9}=55.26>10$$

(4)最大需氧量

$$\begin{aligned}O_2/(\mathrm{kg}\cdot \mathrm{d}^{-1})=&a'QL_r+b'N_r-b'N_D-c'X_W=\\&a'Q(L_0-L_e)+b'[Q(NK_0-NK_e)-0.12X_W]-\\&b'[Q(NK_0-NK_e-N)-0.12X_w]\times 0.56-c'X_W=\\&1\times 5000\times 24\times(0.16-0.02)+4.6\times\\&[5000\times 24\times(0.025-0)-0.12\times 1753.9]-\\&4.6\times[5000\times 24\times(0.025-0.005-0)-0.12\times 1753.9]\times\\&0.56-1.42\times 1753.9=2\ 1501.1\end{aligned}$$

缺氧池在水下设叶片式浆板或推进式搅拌器,使进水与回流污泥充分混合,曝气系统等其他部分计算方法与普通活性污泥法相同。

第二节　A_2/O 生物除磷工艺

A_2/O 工艺是厌氧-好氧生物除磷工艺(Anaerobic-Oxic)的简称。城市污水中的磷通常以有机磷、磷酸盐或者聚磷酸盐的形式存在,根据 Holmers 提出的活性污泥组成的化学式为 $C_{118}H_{170}O_5N_7P$,则其 C:N:P 为 46:8:1。但是城市污水中的 N 和 P 的浓度往往大于这个比例,用于合成的 P 一般只占 15% ~20%,所以传统活性污泥法通过微生物细胞合成而去除污水中的磷,一般为 10% ~20%。处理后的出水中,90%左右的磷以磷酸盐形式存在。

一、生物除磷原理

所谓生物除磷,是利用聚磷菌一类的微生物,能够过量地,在数量上超过其生理需要,从外部环境摄取磷,并将磷以聚合的形态贮藏在菌体内,形成高磷污泥,排出系统,达到从污水中除磷的效果。

其基本过程为:

(1)聚磷菌对磷的过剩摄取

在好氧条件下,聚磷菌进行有氧呼吸,不断地氧化分解其体内储存的有机物,同时也不断地通过主动输送的方式,从外部环境向其体内摄取有机物,由于氧化分解,不断地放出能量,能量为 ADP 所获得,并结合 H_3PO_4 而合成 ATP(三磷酸腺苷),即

$$\mathrm{ADP}+H_3PO_4+\text{能力}\longrightarrow \mathrm{ATP}+H_2O \qquad (1)$$

H_3PO_4 除一小部分是聚磷菌分解其体内聚磷酸盐而取得,大部分是聚磷菌利用能量,在透膜酶的催化作用下,通过主动输送的方式从外部将环境中的 H_3PO_4 摄入体内的,摄入的 H_3PO_4 一部分用于合成 ATP,另一部分则用于合成聚磷酸盐,这种现象就是“磷的过剩摄取”。

(2)聚磷菌的放磷

在厌氧条件下($DO=0,NO_x^+=0$),聚磷菌体内的 ATP 进行水解,放出 H_3PO_4 和能量,形

成 ADP,即

$$ATP+H_2O \rightarrow ADP+H_3PO_4+能量 \quad (2)$$

这样,聚磷菌具有在好氧条件下,过剩摄取 H_3PO_4,在厌氧条件下,释放 H_3PO_4 的功能,生物除磷技术就是利用聚磷菌这一功能而开创的。

二、工艺流程

A_2/O 工艺由前段厌氧池和后段好氧池串联组成,见图 7.4。

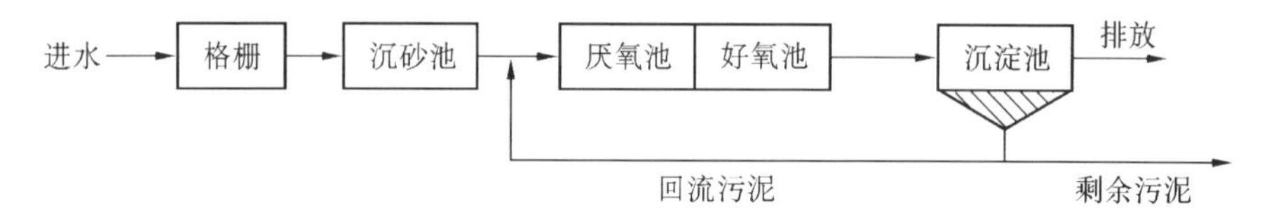

图 7.4　A_2/O 除磷工艺流程图

在 A_2/O 系统中,聚磷菌在厌氧池中吸附有机物(如脂肪酸),同时将贮存在细胞中聚磷酸盐中的磷,通过水解释放出来,并提供必须的能量。而随后在好氧池中,聚磷菌所吸收的有机物将被氧化分解并提供能量,同时能从污水中摄取比厌氧条件所释放的更多的磷,在数量上超过其细胞合成所需磷量,将磷以聚磷酸盐的形式贮藏在菌体内,而形成高磷污泥,通过剩余污泥系统排出,因而可获得相当好的除磷效果。

三、结构特点

A_2/O 工艺由厌氧池和好氧池组成。厌氧池设在好氧池之前,可起到生物选择器的作用,有利于抑制丝状菌的膨胀,改善活性污泥的沉降性能,并能减轻后续好氧池的负荷。反应池水力停留时间较短,一般厌氧池水力停留时间为 1 ~ 2 h,好氧池水力停留时间为 2 ~ 4 h,总停留时间为 3 ~ 6 h。厌氧、好氧水力停留时间之比一般为(1:2) ~ (1:3)。A_2/O 除磷工艺是通过排除富磷剩余污泥实现的,因此其除磷效果与排放的剩余污泥量直接相关,只有在短污泥龄条件下运行才能达到除磷的目的,A_2/O 除磷工艺的泥龄一般以 3.5 ~ 10 d 为宜。该工艺受运行条件和环境条件影响较大,且二沉池也难免会出现磷的释放,因此除磷率难以进一步提高。一般处理城市污水除磷率在 75% 左右。

四、设计参数

A_2/O 工艺设计参数见表 7.5。

表 7.5　A_2/O 法设计参数表

名　　称	数　　值
BOD_5 污泥(MLSS)负荷率 N_s/[kg·(kg·d)$^{-1}$]	≥0.1
TN 污泥(MLSS)负荷/[kg·(kg·d)$^{-1}$]	0.05
水力停留时间/h	3 ~ 6(A 池 1 ~ 2;O 池 2 ~ 4) A:O = 1 : (2 ~ 3)
污泥龄/d	5 ~ 10

续表 7.5

名　　称	数　　值
污泥指数 SVI	≤100
污泥回流比 R/%	40~100
混合液浓度 MLSS/($mg \cdot L^{-1}$)	2 000~4 000
溶解氧 DO/($mg \cdot L^{-1}$)	A_2 池≈0、O 池=2
温度/℃	5~30
pH 值	6~8
BOD_5/TP	20~30
COD/TN	≥10

五、计算公式

1. 按 BOD_5 污泥负荷计算

A_2/O 工艺设计计算公式见表 7.6。

表 7.6　A_2/O 工艺设计计算公式

名　　称	公　　式	符 号 说 明
1. 生化反应容积比	$\frac{V_1}{V_2}=2.5\sim3$	V_1——好氧池容积(m^3) V_1——厌氧池容积(m^3)
2. 生化反应池总容积	$V=V_1+V_2=\frac{24QL_0}{N_sX}$	V——生化反应总容积(m^3) Q——污水设计流量(m^3/h) L_0——生化反应池进水 BOD_5 质量浓度(kg/m^3) X——污泥质量浓度(kg/m^3) N_s——BOD 污泥(MLSS) 负荷[kg/(kg·d)]
3. 水力停留时间	$t=\frac{V}{Q}$	t——水力停留时间(h)
4. 剩余污泥量	$W=aQ_{平}L_r-bVX_v+S_rQ_{平}\times50\%$	a——BOD_5 污泥产率系数(kg/kg)，一般为 0.5~0.7 b——污泥自身氧化系数(d^{-1})，一般为 0.05 W——剩余污泥量(kg/d) L_r——生化反应池去除 BOD_5 质量浓度(kg/m^3) $Q_{平}$——平均日污水流量(m^3/d) S_r——反应器去除的 SS 质量浓度(kg/m^3) X_v——挥发性悬浮固体质量浓度(kg/m^3) $X_v=0.75X$

续表 7.6

名　　称	公　　式	符　号　说　明
5. 剩余活性污泥量	$X_W = aQ_{平} L_r - bVX_v$	X_W—— 剩余活性污泥量(kg/d)
6. 湿污泥量	$Q_s = \frac{W}{1\,000(1-P)}$	Q_s—— 湿污泥量(m^3/d) P—— 污泥含水率(%)
7. 污泥龄	$\theta_c = \frac{VX_v}{X_W}$	θ_c—— 污泥龄(d)
8. 最大需氧量	$O_2 = a'QL_r - b'X_W$	a'、b'—— 分别为 1.4、1.42
9. 回流污泥浓度	$X_r = \frac{10^6}{SVI} \cdot r$	X_r—— 回流污泥浓度(mg/L)
10. 混合液回流污泥浓度	$X = \frac{R}{1+R}X_r$	R—— 污泥回流比(%)

2. **采用劳-麦式方程计算**

A_2/O 工艺设计计算公式见表 7.7。

表 7.7　A_2/O 工艺计算公式

名　　称	公　　式	符　号　说　明
1. 污泥龄	$\frac{1}{\theta_c} = YN_s - K_d$ $\frac{1}{\theta_c} = \frac{Q}{V}(1 + R - R\frac{X_r}{X_v})$	θ_c—— 污泥龄(d) Y——BOD_5 污泥(VSS) 产率系数(kg/kg) N_s——BOD_5 污泥(MLSS) 负荷[kg/(kg · d)] K_d—— 内源呼吸系数(d^{-1}) Q—— 污水设计流量(m^3/d) V—— 反应器容积(m^3) R—— 回流比(%)
2. 曝气池内污泥浓度	$X = \frac{\theta_c}{t} \times \frac{Y(L_0 - L_e)}{(1 + K_d\theta_c)}$	X—— 曝气池内活性污泥质量浓度(kg/m^3) t—— 水力停留时间(h) L_0—— 原废水 BOD_5 质量浓度(mg/L) L_e—— 处理水 BOD_5 质量浓度(mg/L)
3. 最大回流污泥浓度	$X_{rmax} = \frac{10^6}{SVI} \cdot r$	X_{rmax}—— 最大回流污泥质量浓度(mg/L)
4. 最大回流挥发性悬浮固体浓度	$x_r = fX_{rmax}$	x_r—— 最大回流挥发性悬浮固体质量浓度(mg/L) f—— 系数,一般为 0.75

六、设计计算例题

【例】 城市污水设计流量 $Q = 5\,000\ m^3/h$,$K_2 = 1.3$,一级出水 $\rho_{COD} = 300$ mg/L,$\rho_{BOD_5} = 160$ mg/L, $\rho_{SS} = 135$ mg/L,$\rho_{TN} = 25$ mg/L,$\rho_{TP} = 5$ mg/L,要求二级出水达到 $\rho_{BOD_5} = 20$ mg/L,$\rho_{SS} = 30$ mg/L,$\rho_{NH_4^+ - N} = 0$,$\rho_{TP} \leqq 1$ mg/L,设计 A_2/O 曝气池。

【解】首先判断水质是否可采用 A_2/O 法：$\rho_{COD}/\rho_{TN}=300/25=12>10$；$\rho_{BOD_5}/\rho_{TP}=160/5=32>20$，可采用 A_2/O 法。

按劳-麦氏方程计算

1. 设计参数计算

取产率系数：$Y=0.5$，$K_d=0.05$，SVI=70，MLVSS=0.75 MLSS，泥龄 $\theta_c=7$ d。

（1）计算系统污泥负荷

$$\frac{1}{\theta_c}=YN_s-K_d（取\ Y=0.5,K_d=0.05）$$

$$N_s=0.38\ \text{kgBOD}_5/(\text{kgMLSS}\cdot\text{d})$$

（2）计算曝气池内污泥浓度 X_V

$$X_V=\frac{\theta_c}{t}\times\frac{Y(L_0-L_e)}{(1+K_d\theta_c)}$$

$$X_V\times V=\theta_c\times Q\times\frac{Y(L_0-L_e)}{(1+K_d\theta_c)}=7\times5\ 000\times24\times\frac{0.5\times(0.16-0.02)}{(1+0.05\times7)}=43\ 555.6$$

$$X_V=\frac{43\ 555.6}{V}$$

（3）根据已定 SVI 值，估算可能达到的最大回流污泥浓度

$$X_{rmax}/(\text{mg}\cdot\text{L}^{-1})=\frac{10^6}{\text{SVI}}\cdot r=\frac{10^6}{70}\times1=14\ 285.0$$

$$X_r/(\text{kg}\cdot\text{m}^{-3})=0.75\times14\ 285=10\ 714\ \text{mg/L}=10.71$$

（4）计算回流比（试算法）

由 $\frac{1}{\theta_c}=\frac{Q}{V}\left(1+R-R\frac{X_r}{X_V}\right)$ 得知

$$\frac{1}{7}=\frac{5\ 000\times24}{V}(1+R-\frac{10.71}{43\ 555.6}RV)$$

得

$$V=\frac{840\ 000(1+R)}{1+206.55R}$$

设 $R=0.4$，得 $V=14\ 064\ \text{m}^3$

（5）计算 X_V 及停留时间 t

$$X_V/(\text{mg}\cdot\text{L}^{-1})=\frac{43\ 555.6}{V}=\frac{43\ 555.6}{14\ 064}=3.1\ \text{kg/m}^3=3\ 100$$

$$t/\text{h}=\frac{V}{Q}=\frac{14\ 064}{5\ 000}=2.81$$

（6）取 $R=0.5$、0.6、1.0，重复④、⑤的计算，计算结果见表 7.8。

表 7.8 不同 R 取值计算出的 V、X_V 及 t 的值

R	V/m^3	$X_v/(kg\cdot m^3)$	t/h
0.4	14064	3.1	2.81
0.5	12083	3.6	2.42
0.6	10761	4.0	2.15
1.0	8094	5.4	1.62

2. 确定曝气池容积

(1)曝气池有效容积

从上表得出,随 R 的提高,曝气池内混合液浓度也增高,而曝气池容积下降,根据 HRT 的要求,选 $R=0.4$,则

$$V=14\ 064\ m^3$$

$$t=2.81\ h$$

(2)曝气池有效水深

$$H_1=4.2\ m$$

(3)曝气池有效面积

$$S_{总}/m^2=\frac{V}{H_1}=\frac{14\ 064}{4.2}=3\ 348.6$$

曝气池分两组,每组有效面积

$$S/m^2=\frac{S_{总}}{2}=\frac{3\ 348.6}{2}=1\ 674.3$$

(4)曝气池池长

设 4 廊道式曝气池,廊道宽为 $b=8$ m,则单组曝气池池长

$$L_1/m=\frac{S}{4\times b}=\frac{1\ 674.3}{32}=52$$

曝气池总长 $L/m=4\times L_1=208$,则 $L\geqslant(5\sim10)b$,符合要求。

$b=(1\sim2)H$, $b/H=8/4.2=1.9$,符合要求。

(5)停留时间

取 $A_2:O=1:2.5$,则 A_2 段停留时间为 $t_1=0.8$ h;O 段停留时间为 $t_2=2$ h。

3. 剩余污泥量

(1)降解 BOD 产生的污泥量为

$$W_1/(kg\cdot d^{-1})=a(L_0-L_e)Q=0.55\times\frac{160-20}{1\ 000}\times\frac{5\ 000\times24}{1.3}=7\ 107.7$$

(2)内源呼吸分解泥量

$$W_2/(kg\cdot d^{-1})=bVX_v=0.05\times14\ 064\times3.1=2\ 179.9$$

(3)不可生物降解和惰性悬浮物量(NVSS),该部分占总 TSS 的约 50%

$$W_3/(kg\cdot d^{-1})=Q(S_0-S_e)\times50\%=\frac{5\ 000\times24}{1.3}\times\frac{135-30}{1\ 000}\times0.5=4\ 846.15$$

(4)剩余污泥量

$$W/(\mathrm{kg}\cdot\mathrm{d}^{-1})=W_1-W_2+W_2=7\ 107.7-2\ 179.9+4\ 846.15=9\ 774$$

每日生成活性污泥量

$$X_w/(\mathrm{kg}\cdot\mathrm{d}^{-1})=W_1-W_2=7\ 107.7-2\ 179.9=4\ 927.8$$

(5)湿污泥量(剩余污泥含水率 $P=99.2\%$)

$$Q_s/(\mathrm{m}^3\cdot\mathrm{d}^{-1})=\frac{W}{(1-P)\times1\ 000}=\frac{9\ 774}{(1-0.992)\times1\ 000}=1\ 221.8$$

第三节　A²O 生物脱氮除磷工艺

A^2O 工艺是厌氧-缺氧-好氧生物脱氮除磷工艺(Anaerobic-Anoxic-Oxic)的简称,A^2O 工艺于 20 世纪 70 年代由美国专家在厌氧-好氧除磷工艺(A^2/O)的基础上开发出来的,该工艺同时具有脱氮除磷的功能可以同时完成有机物的去除、反硝化脱氮、过量摄取去除磷等功能,脱氮的前提是 NH_3-N 应完全反应,好氧池能完成这一功能,缺氧池则完成脱氮功能,厌氧池和好氧池联合完成除磷功能。

一、生物脱氮除磷原理

该工艺由厌氧池、缺氧池、好氧池三部分组成。污水首先进入首段厌氧池,与同步进入的从二沉池回流的含磷污泥混合,本池主要功能为释放磷,使污水中磷的质量浓度升高,溶解性有机物被微生物细胞吸收而使污水中 BOD 质量浓度下降;另外,NH_3^--N 因细胞的合成而被去除一部分,使污水中 NH_3^--N 浓度下降,但 NO_3^--N 含量没有变化。

在缺氧池中,反硝化菌利用污水中的有机物作碳源,将回流混合液中带入的大量 NO_3^--N和 NO_2^--N 还原为 N_2 释放至空气中,因此,BOD_5 质量浓度下降,NO_3^--N 质量浓度下降,而磷的变化很小。

在好氧池中,有机物被微生物生化降解下降;有机氮被氨化继而被硝化,使NO_3^--N浓度显著下降,但随着硝化过程,NO_3^--N 的质量浓度却增加,磷随着聚磷菌的过量摄取,也以比较快的速度下降。所以,A^2/O 工艺可以同时完成有机物的去除、硝化脱氮、磷的过量摄取而被去除等功能,脱氮的前提是 NO_3^--N 应完全硝化,好氧池能完成这一功能,缺氧池则完成脱氮功能,厌氧池和好氧池联合完成除磷功能。

二、A²/O 工艺流程

A^2/O 工艺流程图见图 7.5。

城市污水和回流污泥进入厌氧池,并借助水下推进器的作用使其混合。回流污泥中聚磷菌在厌氧池可吸收去除一部分有机物,同时释放出大量磷。该工艺是在厌氧-好氧除磷工艺中加入缺氧池,将好氧池流出的一部分混合液流至缺氧池前端,以达到反硝化脱氮的目的。然后混合液流入后端好氧池,污水中的有机物在其中得到氧化分解,同时聚磷菌从污水中吸收更多的磷,然后通过排放富磷剩余污泥而使污水中的磷得到去除。

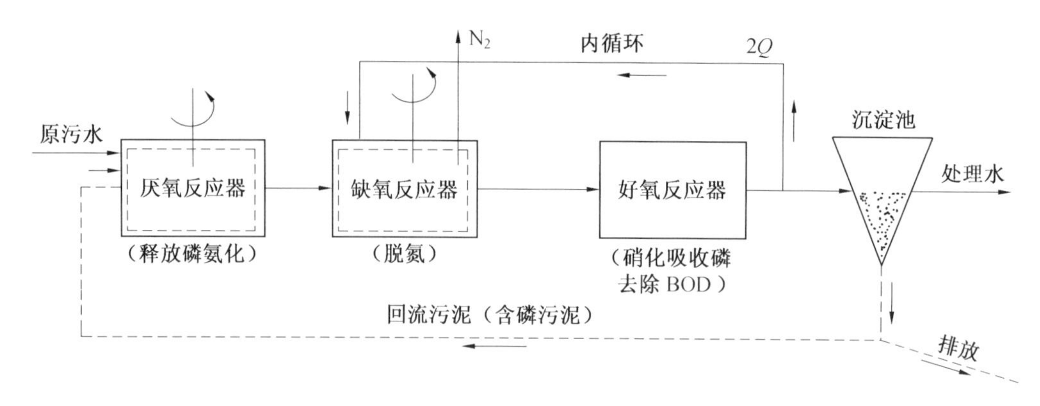

图 7.5　A^2/O 工艺流程图

三、构造特点

厌氧、缺氧、好氧三种不同的环境条件和不同种类微生物菌群的有机配合，能同时具有去除有机物、脱氮除磷的功能。三部分可以是独立的建筑，也可以建在一起用隔板互相隔开。在同步脱氮除磷工艺中，该工艺流程最为简单，总水力停留时间也少于同类其他工艺。厌氧区溶解氧小于 0.2 mg/L，水力停留时间约为 1 h；缺氧区溶解氧小于 0.5 mg/L，水力停留时间 1 h。好氧区溶解氧大于 2 mg/L，水力停留时间 3 ~ 4 h。污泥中含磷量很高，一般为 2.5% 以上。脱氮效果受混合液回流比大小的影响，除磷效果则受回流污泥中夹带 DO 和硝酸态氧的影响。

四、A^2/O 工艺的设计参数

当无实验资料时，设计可采用经验值，见表 7.8。

表 7.8　A^2/O 工艺的设计参数

名　　称	数　　值
BOD 污泥（MLSS）负荷 N_s/[kg·(kg·d)$^{-1}$]	0.15 ~ 0.2
TN 污泥（MLSS）负荷/[kg·(kg·d)$^{-1}$]	<0.05
TP 污泥（MLSS）负荷/[kg·(kg·d)$^{-1}$]	0.003 ~ 0.006
污泥（MLSS）浓度/(mg·L^{-1})	2 000 ~ 4 000
水力停留时间/h	6 ~ 8；厌氧∶缺氧∶好氧 = 1∶1∶(3 ~ 4)
污泥回流比/%	25 ~ 100
混合液回流比/%	100 ~ 300
泥龄 θ_c/d	20 ~ 30
溶解氧浓度/(mg·L^{-1})	好氧段 ρ(DO) = 2 缺氧段 ρ(DO) ≤0.5 厌氧段 ρ(DO) <0.2
ρ_{TP}/ρ_{BOD_5}	<0.06
ρ_{COD}/ρ_{TN}	>8
反硝化 $\rho_{BOD_5}/\rho_{NO_3^-}$	>4
温度/℃	13 ~ 18（≯30）

注：括号内数据供参数。

五、设计计算例题

【例】 城市污水设计流量为 5 500 m^3/h，$K_z=1.3$，一级出水 $\rho_{COD}=300$ mg/L，$\rho_{BOD_5}=180$ mg/L，$\rho_{SS}=140$ mg/L，$\rho_{TN}=25$ mg/L，$\rho_{TP}=5$ mg/L，水温为 10～25℃。

要求二级出水 $\rho_{BOD_5}=20$ mg/L，$\rho_{SS}=30$ mg/L，$\rho_{TN}<5$ mg/L，$\rho_{TP}\leqslant 1$ mg/L。

根据以上水质情况设计 A^2O 工艺处理工艺流程。

【解】 首先判断是否可采用 A^2/O 法

$$\rho_{COD}/\rho_{TN}=300/25=12>8$$

$$\rho_{TP}/\rho_{BOD_5}=5/180=0.028<0.6$$

1. 设计参数计算

(1)水力停留时间 HRT 为 $t=8$ h。

(2)BOD_5 污泥(MLSS)负荷为 $N_s=0.18$ kg/(kg·d)

(3)回流污泥浓度为 $X_s=10\ 000$ mg/L。

(4)污泥回流比为 50%。

(5)曝气池混合液浓度

$$X/(\text{kg}\cdot\text{m}^{-3})=\frac{R}{R+1}\times X_r=\frac{0.5}{1+0.5}\times 10\ 000=3\ 333\ \text{mg/L}\approx 3.3$$

2. 求内回流 R_N

TN 去除率为

$$\eta_{TN}/\%=\frac{\rho_{TN_0}-\rho_{TN_e}}{\rho_{TN_0}}=\frac{25-5}{25}\times 100\%=80$$

$$R_N/\%=\frac{\eta_{TN}}{1-\eta_{TN}}=\frac{0.8}{1-0.8}\times 100\%=400$$

3. A^2/O 曝气池容积计算

(1)有效容积

$$V/\text{m}^3=Qt=5\ 500\times 8=44\ 000$$

(2)池有效深度

$$H_1=4.5\ \text{m}$$

(3)曝气池有效面积

$$S_{总}/\text{m}^2=\frac{V}{H_1}=\frac{44\ 000}{4.5}=9\ 777.7$$

(4)分两组，每组有效面积

$$S/\text{m}^2=\frac{S_{总}}{2}=\frac{9\ 777.7}{2}=4\ 888.9$$

(5)设 5 廊道曝气池，廊道宽 8 m。

单组曝气池长度

$$L_1/\text{m}=\frac{S}{5\times b}=\frac{4\ 888.9}{5\times 8}=122.2$$

(6)各段停留时间

$$A_1:A_2:O=1:1:4$$

则厌氧池停留时间为 $t_1=1.33\text{h}$;

则缺氧池停留时间为 $t_2=1.33\text{h}$;

则好氧池停留时间为 $t_3=5.34\text{h}$。

4. 剩余污泥量 W

$$W=aQ_{平}L_r-bVX_V+S_rQ_{平}\times 50\%$$

(1)降解 BOD 产生的污泥量为

$$W_1/(\text{kg}\cdot\text{d}^{-1})=aQ_{平}(L_0-L_e)=0.55\times\frac{5\ 500\times 24}{1.3}\times(0.18-0.02)=8\ 935.4$$

(2)内源呼吸分解泥量

$$X_v/(\text{kg}\cdot\text{m}^3)=fx=0.75\times 3\ 300=2\ 475\ \text{mg/L}=2.48$$

$$W_2/(\text{kg}\cdot\text{d}^{-1})=bVX_v=0.05\times 44\ 000\times 2.48=5\ 456$$

(3)不可生物降解和惰性悬浮物(NVSS)

该部分占 TSS 约 50%,则

$$W_3/(\text{kg}\cdot\text{d}^{-1})=(S_0-S_e)Q_{平}\times 50\%=(0.14-0.03)\ \times=5\ 584.6$$

(4)剩余污泥量

$$W/(\text{kg}\cdot\text{d}^{-1})=W_1-W_2+W_3=8\ 935.4-5\ 456.0+5\ 584.6=9\ 064$$

每日生成活性污泥量为

$$X_w/(\text{kg}\cdot\text{d}^{-1})=W_1-W_2=8\ 935.4-5\ 456.0=3\ 479.4$$

(5)湿污泥量

(剩余污泥含水率 $P=99.2\%$)

$$Q_s/(\text{m}^3\cdot\text{d}^{-1})=\frac{W}{(1-P)\times 1\ 000}=\frac{9\ 064}{(1-0.992)\times 1\ 000}=1\ 133$$

第四节 曝气生物滤池工艺

曝气生物滤池(biological aerated filter)简称 BAF,是 20 世纪 80 年代末 90 年代初在普通生物滤池的基础上,并借鉴给水滤池工艺而开发的污水处理新工艺,最初用于污水厂的三级处理,后发展成直接用于二级处理。

一、BAF 工艺原理

曝气生物滤池可以看成是生物接触氧化法的一种特殊形式,即在生物反应器内装填高比表面积的颗粒填料,以提供微生物膜生长的载体,并根据污水流向不同分为下向流或上向流,污水由上向下或由下向上流过滤料层,在滤料层下部鼓风曝气,使空气与污水逆向或同向接触,使污水中的有机物与填料表面生物膜通过生化反应得到稳定,填料同时起到物理过滤作用。

典型的曝气生物滤池构造见图 7.6。

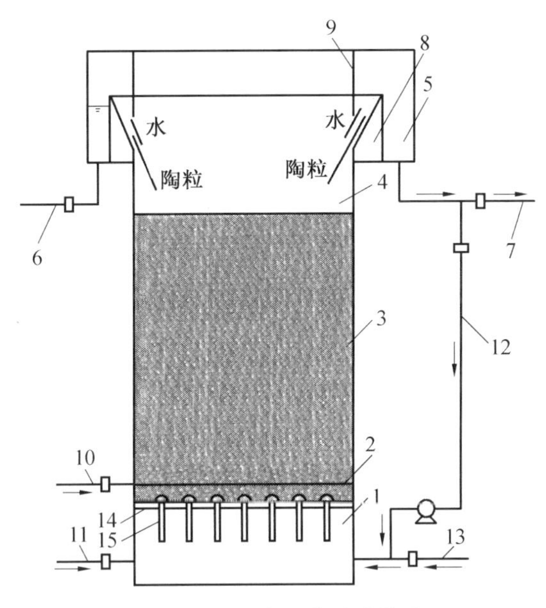

图 7.6　曝气生物滤池构造

1—缓冲配水区;2—承托层;3—滤料层;4—出水区;5—出水槽;6—反冲洗排水管;7—净化水排出管;8—料板沉淀区;9—栅型稳流板;10—曝气管;11—反冲洗供气管;12—反冲洗供水管;13—滤池进水管;14—滤料支撑板;15—长柄滤头

曝气生物滤池其主体由滤池池体、滤料层、承托层、布水系统、布气系统、反冲洗系统、出水系统、管道和自控系统组成。

由图 7.6 可知,曝气生物滤池从结构上共分成三个区域,即缓冲配水区 1、承托层 2 及滤料层 3、出水区 4 及出水槽 5。待处理污水由管道 13 流入缓冲配水区 1,污水在向上流过滤料层时,经滤料上附着生长的微生物膜净化处理后经过出水区 4 和出水槽 5 由管道 7 排出。缓冲配水区的作用是使污水均匀流过滤池。在待处理污水进入滤池起,同时由鼓风机鼓风并通过管道 10 向池内供给微生物膜代谢所需的空气(氧源),生长在滤料上的微生物膜从污水中吸取可溶性有机污染物作为其生命活动所需的营养物质,在代谢过程中将有机污染物分解,使废水得到净化。在滤池反冲洗时,较轻的滤料有可能被水流带至出水口处,并在斜板沉淀区 8 处沉降,而回流至滤池内,以保证滤池内的微生物浓度。斜板沉淀器的倾斜角度是根据实际运行经验而设定,以保证脱落的微生物膜在运行或反冲洗时能随水流被带到池外,而滤料则不会带到池外。当运行到一定程度时,由于滤料上增厚微生物膜,使出水水质变差,这时必须关闭进水管阀门,启动反冲洗水泵,利用储备在清水池中的处理出水对滤池进行反冲洗,反冲洗采用气、水联合反冲洗。为保证布水、布气均匀,在滤料支撑板 12 上均匀布置有曝气生物滤池专用的配水、配气滤头 15。

二、BAF 工艺流程

在采用曝气生物滤池处理工艺时,根据其处理对象的不同和要求的排放水质指标的不同,通常有以下三种工艺流程:一段曝气生物滤池法、两段曝气生物滤池法、三段曝气生物滤池法。实践证明,在不同的要求下,这三种处理系统各有特点,也各有其使用范围和使用要求。

1. 一段曝气生物滤池法

纯以去除污水中碳化合物为主的曝气生物滤池称为 DC 曝气生物滤池，纯益降解氨氮为主的曝气生物滤池成为 N 曝气生物滤池。

一段 DC 曝气生物滤池处理污水的流程见图 7.7。

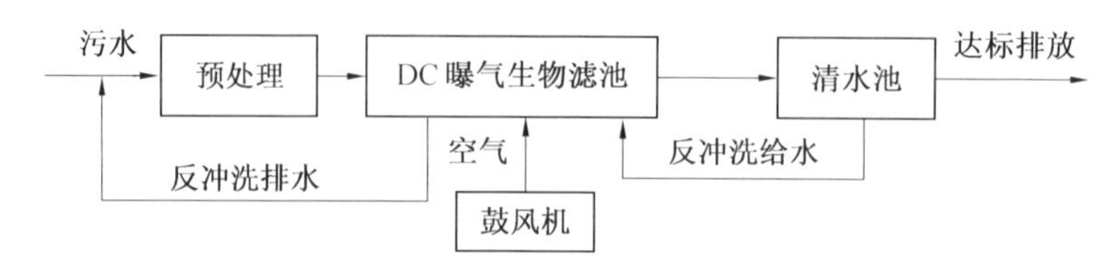

图 7.7　一段 DC 曝气生物滤池工艺流程

一段 N 曝气生物滤池处理污水的流程见图 7.8。

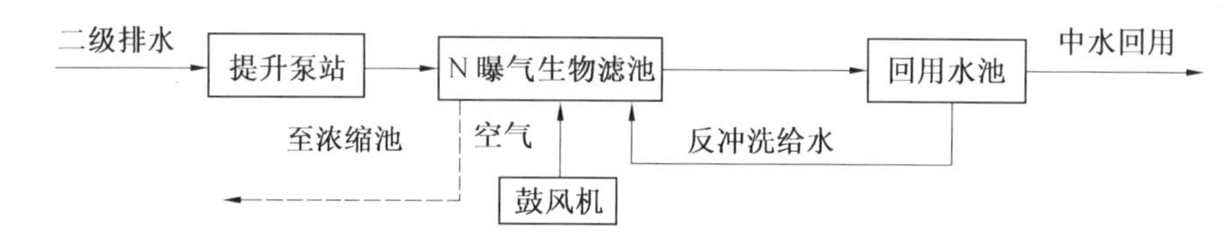

图 7.8　一段 N 曝气生物滤池工艺流程

原污水先经过预处理设施，去除原污水中大颗粒悬浮物后进入 DC 曝气生物滤池。

DC 曝气生物滤池依靠其内部粒状填料表面上生长的微生物膜，在污水流过滤料层并在供氧的条件时，污水中的有机物在好氧菌膜的作用下得以降解。DC 曝气生物滤池还可以将生物转化过程中产生的剩余污泥和进水带入的悬浮物进一步截留在滤床内，起到生物过滤的作用，所以在曝气生物滤池后不需要再设二沉池。另外，为避免积累的生物污泥和悬浮固体堵塞生物滤池，需定期利用处理后的出水对滤池进行反冲洗，排除增殖的活性污泥。

2. 两段曝气生物滤池法

两段曝气生物滤池法根据其组合形式可分为 DC+N 滤池组合和 DN+C/N 滤池组形式。DC+N 滤池组合主要用于对污水中有机物的降解和氨氮的硝化；DN+C/N 滤池组合主要用于将 C/N 池中产生的硝态氮回流至前置反硝化 DN 池。同时在 C/N 池降解 DN 池中没有消耗完的有机物，反硝化 DN 池采用原水中的有机物供作碳源，两段法可以在两个滤池中驯化出不同功能的优势菌种，各负其责，缩短生物氧化时间，提高生化处理效率，更适应水质的变化，使处理水水质稳定达标。

(1) DC+N 曝气生物滤池组合

DC+N 曝气生物滤池工艺见 7.9。

原污水先经过预处理设施，去除原污水中大颗粒悬浮物后进入 DC 曝气生物滤池。处理出水直接流入 N 曝气生物滤池进行硝化处理。

(2) DN+C/N 生物滤池组合

DN+C/N 生物滤池工艺流程见图 7.10。

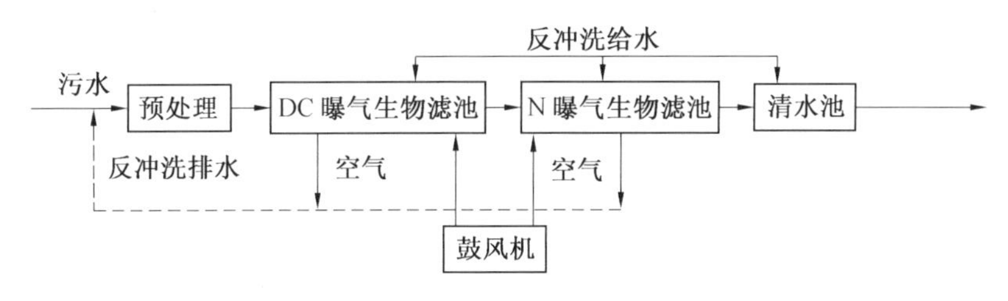

图 7.9　DC+N 曝气生物滤池工艺流程

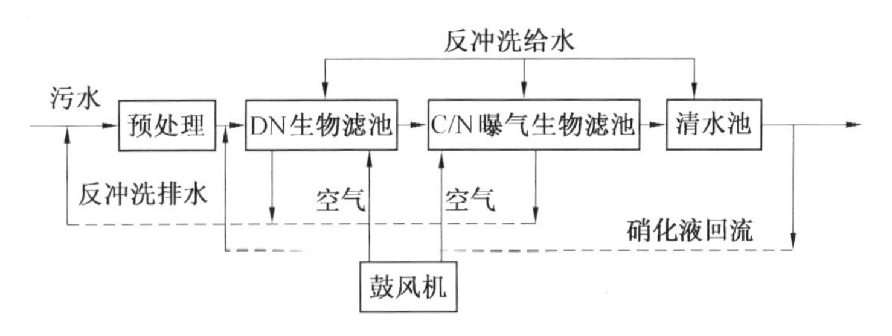

图 7.10　DN+C/N 生物滤池工艺流程

在该组合工艺中,第一级为 DN 反硝化生物滤池。污水中的氨氮经第二级 C/N 曝气生物滤池硝化处理后转化为硝酸盐,并通过回流泵回流至 DN 反硝化生物滤池,DN 滤池中的反硝化菌将回流水中的硝酸盐并利用原污水中的有机物作为碳源,最终将硝酸盐转化为氮气而起到脱氮的目的。

4. 三段曝气生物滤池

三段曝气生物滤池工艺流程见图 7.11。

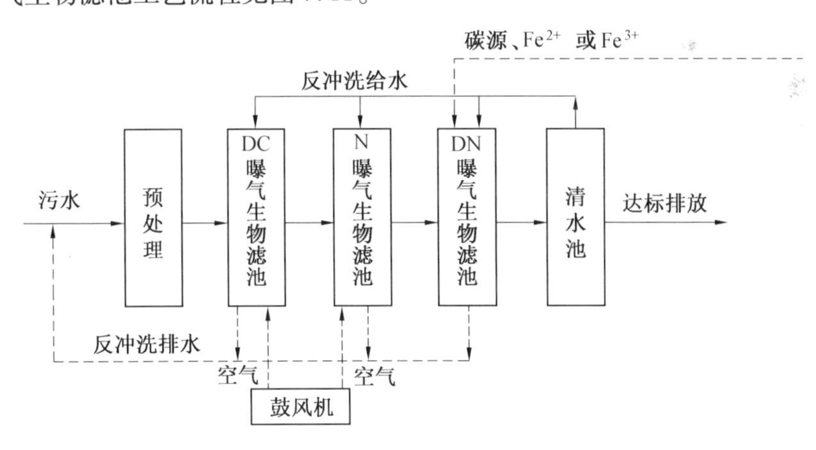

图 7.11　三段曝气生物滤池工艺流程

三段曝气生物滤池是在两段曝气生物滤池的基础上增加第三段反硝化滤池,同时可以在第二段滤池的出水中投加铁盐或铝盐进行化学除磷,所以第三段滤池也称为 DN 或 DNP 生物滤池。在工程中,根据需要,DN 生物滤池也可前置(类似于图 7.10 流程)。

三、构造特点

曝气生物滤池采用气水平行上向流,使气、水进行极好的均分,防止了气泡在滤层中的凝结，氧气利用率高，能耗低；与下向流过滤相反，上向流过滤持续在整个滤池高度上提供正压条件，可以更好地避免沟流或短流；上向流形成了对工艺有好处的半柱推条件，即使采用高过滤速度和高负荷仍能保证工艺的持久稳定性和有效性；采用气水平行上向流，使空间过滤能被更好地被运用，空气能将固体物质带入滤床深处，在滤池中能得到高负荷、均匀的固体物质，延长反冲洗周期，减少清洗时间和清洗时用水、用气量。由于曝气生物滤池对 SS 的截流作用，使出水中的活性污泥很少，故不需设置二沉池和污泥回流泵房，简化了处理流程。

四、BAF 设计参数

BAF 设计参数见表 7.10。

表 7.10　BAF 设计参数表

名称	数值
1. 滤池池体各层高度	滤料层:2.5 ~ 4.5 m 承托层:0.3 ~ 0.4 m 配水区高度:1.2 ~ 1.5 m 清水区高度:1.2 ~ 1.3 m 超高:0.3 ~ 0.5 m 总高度:5 ~ 7.5 m
2. 滤料	多用球形轻质多空生物陶粒
3. 承托层级配	直径 16 ~ 32 mm，厚度为 150 mm 直径 8 ~ 16 mm，厚度为 100 mm 直径 4 ~ 8 mm，厚度为 100 mm
4. 反冲洗系统	水的冲洗强度 5 ~ 6 L/(m^2 · s) 气的冲洗强度 10 ~ 15 L/(m^2 · s)
5 出水系统	单侧堰，出水堰口设计为 60°斜坡

曝气生物滤池的容积负荷 N_w 是指每立方米滤料每天能接受并降解 BOD 的量，以 kgBOD/(m^3 滤料 · d)表示。根据国内已建成投产的城市二级污水处理和运转实例，建议在设计时 N_w 的取值为 2 ~ 4 kgBOD/(m^3 滤料 · d)；在进行城市污水二级处理时，当要求出水 BOD 为 30 mg/L 时，N_w 的取值为 4 kgBOD/(m^3 滤料 · d)，当要求出水为 1 mg/L 或对 BOD 降解外还对氨氮硝化有要求时，当进行三级处理时采用 N_w 取值为 0.12 ~ 0.18 kgBOD/(m^3 滤料 · d)。

五、BAF 工艺设计公式

设计公式见表 7.11。

表 7.11　BAF 工艺设计公式表

名称	公式	符号说明
1. 滤料体积	$W=\dfrac{Q\Delta S}{1000N_w}$	W——滤料的总有效体积，m^3； Q——进入滤池的日平均污水量，m^3/d； ΔS——进出滤池的 BOD_5 的差值，mg/L； N_w——BOD_5 容积负荷率，kgBOD/(m^3·d)；
2. 曝气生物滤池总面积	$A=\dfrac{W}{H}$	A——曝气生物滤池的总面积，m^3； H——滤料层高度，m； H——一般取 2.5～4.5 m
3. 单格滤池截面积	$a=\dfrac{A}{n}$	a 应控制在≤100 m^2； n——曝气池联用数量，座。$n\geqslant 2$
4. 曝气生物滤池总高度	$H_0=H+h_1+h_2+h_3+h_4$	H_0——曝气生物滤池的总高度，m； H——滤料层高度，m； h_1——配水室高度，m； h_2——承托层高度，m； h_3——清水区高度，m； h_4——超高，m。
5. 污水流过滤料层高度的空塔停留时间	$l_1=\dfrac{AH}{Q}\times 24$	
6. 污水流过滤料层的实际停留时间	$t=\dfrac{AH}{Q}\times 24e$	e——滤料层的孔隙率，对于圆形陶粒填料，一般 $e=0.5$。

六、设计计算例题

【例】　设计处理 25 000 m^3/d 的城市污水处理厂，采用 DC 曝气生物滤池进行对 BOD 的降解，进水 $\rho_{BOD}=180$ mg/L，要求出水 $\rho_{BOD}=20$ mg/L，计算 DC 曝气生物滤池的尺寸。

【解】　取 ρ_{BOD}容积负荷率 $\rho_{Nw}=3$ kg/(m^3 滤料·d)，则需滤料体积为

$$W/m^3=\frac{Q\Delta S}{1\,000\,N_w}=\frac{25\,000\times(180-20)}{1\,000\times 3}=1\,333.3$$

取滤料层高度为 $H=4$ m，则 DC 曝气生物滤池总面积为

$$A/m^2=\frac{W}{H}=\frac{1\,333.3}{4}=333.3$$

滤池共分为 4 格，每格面积为

$$a/m^2=\frac{A}{n}=\frac{333.3}{4}=83.33$$

考虑到方形池最节省占地，所以单格滤池定为方形，每格尺寸为9.13 m×9.13 m。

取配水室高度 $h_1=1.2$ m，承托层高度 $h_2=0.3$ m，清水区高度 $h_3=1.0$ m，超高 $h_4=0.5$ m，则滤池总度为

$$H_0/\text{m}=h_1+h_2+h_3+h_4=4+1.2+0.3+1+0.5=7$$

污水流过滤料层的实际停留时间：

$$t/\text{h}=\frac{AH}{Q}\times 24e=\frac{333.3\times 4}{25\ 000}\times 24\times 0.5=0.64$$

第五节　多段进水强化生物脱氮工艺

连续流分段进水缺氧/好氧（A/O）是一种高效的污水生物脱氮工艺。原水多点进入系统，可省去硝化液内回流设施，并充分利用原水中有机碳源进行反硝化，节省药剂费用；此外，多点进水使得系统对溶解氧的需求更加平衡，并有效避免或降低洪峰流量时污泥被冲刷的危险。

一、工艺原理

进水沿池长分段投配，回流污泥在第一段的首端进入。各段的缺氧池与好氧池连接成为一个单元（段），通常每个系列分为2～4个单元。分段进水系统可看作几个缺氧/好氧处理单元的串联组合体，各池均采用完全混合式。工艺的硝化液从各段的好氧区直接流入到下一段的缺氧区，一般不需要设置内回流系统。当初沉池出水按同一比例均匀分配至各段的缺氧池时，进入各段的BOD和氮的负荷量虽然相同，但前面几段的MLSS浓度提高，导致泥龄增加、污泥负荷变小。好氧池（硝化池）池容的确定需考虑满足在设计水温下足以完成硝化作用所需的好氧泥龄。

二、工艺流程

分段进水A/O工艺流程见图7.12。

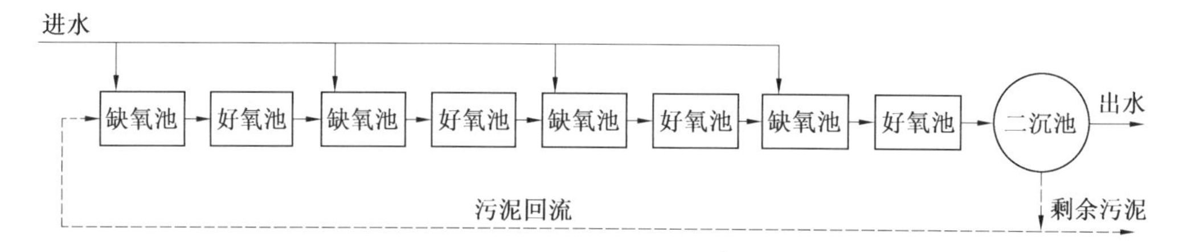

图7.12　分段进水A/O脱氮工艺

典型的分段进水A/O脱氮工艺流程，缺氧池与好氧池相连形成一个处理单元，通常分段进水A/O工艺由2～4段组成，各池均采用完全混合式。进水按一定比例依次进入各级缺氧区，回流污泥在第一段缺氧区进入。由于硝化液是由各段的好氧区直接流入下一段的缺氧区，并以下一级进水中的有机物为有机碳源进行反硝化，一般不需设内回流系统。

三、结构特点

分段进水生物脱氮工艺与前置反硝化系统相比,具有如下特点:

1)有机底物沿池长均匀分布,负荷均衡,在一定程度缩小了供氧速率与耗氧速率之间的差距,有利于降低能耗。

2)硝化液从各段的好氧区直接流入下一段的缺氧区,完全省去了传统污水生物脱氮技术的内循环步骤,从而简化了工艺流程,易于工艺的操作运行和管理。

3)上一段硝化产生的硝酸盐在下一段完全反硝化所需的碳源由下一段进水提供,最大程度地利用了进水中的有机碳源,且节省了外碳源的投加。

4)反硝化反应的出水直接进入硝化反应池,在一定程度上补充了硝化反应对碱度的要求。

5)脱氮效率高,出水总氮浓度低。

6)易于对原有的污水二级处理设施进行改造以达到生物脱氮的目的。对普通活性污泥法只需将污水改为分段进入到反应器内,同时将污水进入的一段反应区段改为缺氧方式运行即可以达到目的。

四、设计参数

分段进水 A/O 工艺在我国的应用尚处于研究阶段,所能借鉴的工程实际资料和数据不多,其工艺参数仅能参照一些实验结论,见表 7.12(仅供参考)。

表 7.12　分段进水 A/O 工艺设计参数

名称	数值	备注
反应器段数	2~4	
水力停留时间 HRT/h	7~12	各段 A/O 的 HRT 要依据进水水质及容积比例确定
溶解氧 DO/($mg \cdot L^{-1}$)	A 段 0~0.5 O 段 0.5~2	由于 A 段 DO 受前段 O 段携带 DO 影响,因此 O 段 DO 不宜过高
pH 值	A 段 8.0~8.4 O 段 6.5~8.0	
温度/℃	20~30	
污泥龄 θ_c/d	>10	
BOD_5 污泥(MLSS)负荷 N_s/($kg \cdot kg^{-1} \cdot d^{-1}$)	≯0.18	
污泥浓度 X/($mg \cdot L^{-1}$)	2 000~5 000	
总氮污泥(MLSS)负荷/($kg \cdot kg^{-1} \cdot d^{-1}$)	≯0.05	
污泥回流比 R/%	50~100	
反硝化池 S-BOD_5/NO_4^--N	≮4	

五、计算公式

分段进水 A/O 工艺其计算公式见表 7.13。

表 7.13　分段进水 A/O 工艺计算公式

名称	公式	符号说明
1. 污染物总处理效率 E_n	$E_n = 100\% - (100\% - E)^n$ （假设每个 A/O 周期的污染物去除效率为 E）	E_n——污染物总处理效率 E——每个 A/O 周期污染物处理效率 n——段数
2. 剩余污泥排放去除的氮量 η_{EX}	$\eta_{EX} = \dfrac{\alpha \cdot X_E \cdot Q_E}{C_{T-Nin} \cdot Q}$	η_{EX}——剩余污泥排放去除的氮量，% C_{T-Nin}——进水总氮的质量浓度，g/m^3 a——剩余污泥中的氮含量，g/g X_E——剩余污泥的质量浓度，g/m^3 Q_E——剩余污泥的排放量，m^3/d Q——流入反应器的水量，m^3/d
3. 硝化、反硝化去除的氮量 η_{DN}	$\eta_{DN} = (1-\eta_{EX})\dfrac{\left(\sum_{i=1}^{n-1}\dfrac{Q_i}{Q}+r\right)}{(1+r)}$	η_{DN}——硝化、反硝化去除的氮量，% Q_i——流入第 i 段进水量，m^3/d r——污泥回流比，%
4. 氮的总去除率 η_N	$\eta_N = \eta_{EX} + \eta_{DN}$	η_N——氮的总去除率，%
5. 最高理论脱氮率为 η	$\eta = \left(1 - \dfrac{1}{n} \times \dfrac{1}{1+r}\right) \times 100\%$	η——最高理论脱氮率，% n——反应器段数。
6. n 级反应器串联所需总的水力停留时间 T	$T = \dfrac{n}{K}\left[\left(\dfrac{C_0}{C_n}\right)^{\frac{1}{n}} - 1\right]$	T——总水力停留时间，h K——反应速率常数（与水温、pH 值及细菌种类等有关，通过试验确定，mg/(g · h)） C_0——进水有机物浓度，mg/L C_n——出水有机物浓度，mg/L
7. MLSS 浓度	$X_{O,i} = \dfrac{r+1}{4+i/N}X_N$	X_{Oi}——第 i 级好氧段 MLSS 质量浓度，mg/L X_N——最终段 MLSS 质量浓度，mg/L i——第 i 级 N——反应器级数
8. 好氧泥龄	$\theta_{CA} = 29.7\exp^{-0.102T}$	θ_{CA}——好氧泥龄 T——设计水温

续表 7.13

名称	公式	符号说明
9. 最后级好氧段容积 $V_{O,N}$	$V_{O,N}=\frac{\theta_{CA}\cdot Q_{in}(a\cdot C_{BOD,in}+b\cdot C_{SS,in}}{N\cdot X_N(1+C\cdot\theta_{CA})}$	Q_{in}——设计日平均污水量,m^3/d $V_{0,N}$——最后级好氧段容积,m^3 $V_{0,i}$——第 i 级好氧段容积,m^3 $C_{BOD,in}$——生物反应池进水 BOD 质量浓度,mg/L $C_{SS,in}$——生物反应池进水悬浮物质量浓度,mg/L a——BOD 污泥转换率,mg/mg b——SS 的污泥转换率,mg/mg C——衰减系数,d^{-1}
10. 第 i 段好氧段容积 $V_{O,i}$	$V_{O,i}=\frac{X_N}{X_i}\cdot V_{O,N}=\frac{r+i/N}{r+1}\cdot V_{O,X}$	
11. 缺氧段容积 $V_{A,i}$	$V_{A,i}:V_{O,i}=(1:1.5\sim1:1)$	

注:(1)工程上最终段 MLSS 质量浓度一般为 2 000 ~ 3 000 mg/L,其他各段好氧段 MLSS 的质量浓度 $X_{O,i}$ 由公式 7 算出,各段缺氧段 MLSS 质量浓度 $X_{A,i}$

(2)对于城市生活污水,反硝化 K_{DN} 速率一般为 0.27 mg/(g · h)左右,硝化速率 K_N 一般为 0.4 mg/(g · h)左右,所以各级缺氧段与好氧段的比值可采用 1 : 1.5,后 1 级缺氧段与前 1 级好氧段可采用相同的水力停留时间。

(3)常见理论脱氮率见表 7.14。

表 7.14　综合循环比 $r+R_n$ 与理论脱氮率 $\eta_{ON,max}$

$r+R_n$	1 级	2 级	3 级	4 级
0.50	33	67	78	83
0.75	43	71	81	86
1.00	50	75	83	88

其中 R_n 为最后一段内循环比,由于多段进水工艺一般无需内循环,故 R_n 一般为零。

六、设计计算例题

【例】 某污水厂设计流量为 25 000 m^3/d,进水水质为 $\rho_{BOD_5}=200$ mg/L,$\rho_{COD}=350$ mg/L,$\rho_{SS}=200$ mg/L,$\rho_{TN}=35$ mg/L,$\rho_{TP}=4$ mg/L,要求出水 $\rho_{BOD_5}\leqslant20$ mg/L,$\rho_{COD}\leqslant60$ mg/L,$\rho_{SS}\leqslant20$ mg/L,$\rho_{TN}\leqslant10$ mg/L,$\rho_{TP}\leqslant1$ mg/L,水温 $T=20℃$,设计分段进水 A/O 工艺。

【解】 设污泥回流比 $r=50\%$,

TN 去除率为

$$\eta/\%=\frac{L_0-L_e}{L_0}=\frac{35-10}{35}=71.4$$

由

$$\eta=\left(1-\frac{1}{n}\times\frac{1}{1+r}\right)\times100\%$$

η——最高理论脱氮率，%；

n——反应器段数。

得

$$\eta=\left(1-\frac{1}{n}\times\frac{1}{1+r}\right)\times100\%=71.4\%$$

所以

$$n=2.3$$

由表7.14，可采用3级A/O，理论脱氮率为78%，因为循环难以定量，内循环比 R_n 在设计时假设为零，等比例进水。

最末端好氧段污泥 MLSS X_N 为 2 500 mg/L，则

$$X_{0,2}/(\text{mg}\cdot\text{L}^{-1})=\frac{r+1}{0.5+2/N}X_N=\frac{0.5+1}{0.5+2/3}\times2\ 500=3\ 205$$

$$X_{0,1}/(\text{mg}\cdot\text{L}^{-1})=\frac{r+1}{0.5+2/N}X_N=\frac{0.5+1}{0.5+1/3}\times2\ 500=4\ 518$$

则各级污泥质量浓度为 4 518 mg/L，3 205 mg/L，2 500 mg/L。

反应池分为2组，每组设计水量为

$$25\ 000/2=12\ 500\ \text{m}^3/\text{d}$$

设有效水深为6 m，总水力停留时间 HRT=10 h，则每组反应器的总容积为

$$V/\text{m}^3=\frac{12\ 500\times10}{24}=5\ 208$$

各槽水力停留时间之比设为 $t(A_1):t(O_1):t(A_2):t(O_2):t(A_3):t(O_3)=$

$$1:1.5:1.5:2.3:2.3:3.4$$

各槽尺寸见表7.15。

表7.15　各槽尺寸

项目	12 500 m³/d（一组）			
	有效长/m	有效宽/m	有效水深/m	容积/m³
A_1	7.3	10	6	438
O_1	10.9	10	6	654
A_2	10.9	10	6	654
O_2	16.7	10	6	1 002
A_3	16.7	10	6	1 002
O_3	24.6	10	6	1 476
合计				5 226

第六节　AB 生物吸附降解工艺

AB 法是生物吸附降解工艺(Adsorption Biodegradation)的简称。该工艺属于高负荷活性污泥法,不设初沉池,由 A 段曝气池、中间沉淀池、B 段曝气池和二沉池组成,两段污泥各自回流。AB 法与传统生物处理方法相比,在处理效率、运行稳定性、工程的投资和运行费用等方面均有明显优势。

一、AB 法工艺原理

AB 法不设初沉池,进入 A 段的污水,是直接由排水管网来的。其中含有大量活性很强的细菌及微生物群落,与污水中的悬浮物和胶体组成悬浮物-胶体共存体,具有絮凝性和粘附力,再与回流污泥混合后,相互之间发生絮凝和吸附,此时难降解的悬浮物-胶体物质得到絮凝、吸附、粘结后于可沉降的悬浮物一起沉降,同时 A 段对于一部分可溶性有机物也具有生物降解作用。经过 A 段后,污水进入 B 段,B 段微生物主要为原生动物、后生动物和菌胶团。B 段内的原生动物吞噬微生物。经过 A 段在极高负荷的兼氧条件下处理后,一部分结构复杂的难降解有机物转变为可将降解的物质,使 B 段接受的污水水质水量都基本稳定,几乎不用考虑冲击负荷,得以充分发挥净化功能。由于 A 段具有除氮的功能,BOD/N 值有所降低,因此,B 段具有进行硝化反应的工艺条件。

二、AB 法工艺流程

AB 法工艺流程见图 7.12。

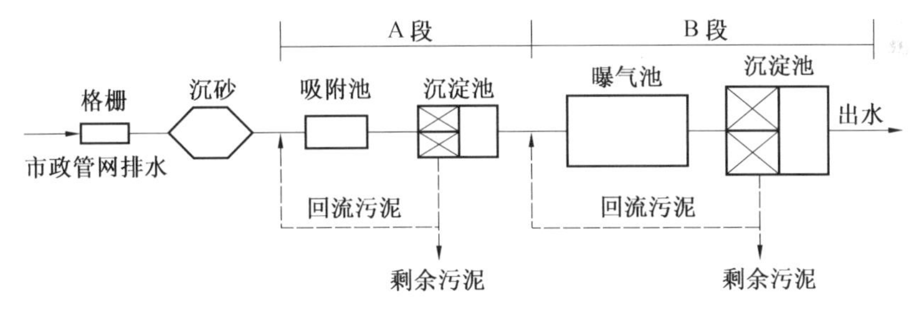

图 7.12　AB 法工艺流程

AB 法污水处理工艺是两段活性污泥法,A 段为吸附段,B 段为生物氧化段。该工艺的主要处理构筑物有 A 段曝气池、中间沉淀池、B 段曝气池和二沉池等。以 A 段为一级处理系统。A 段和 B 段拥有各自独立的污泥回流系统,因此有各自独特的微生物种群,有利于系统功能的稳定。A 段负荷较高,对污水中的有毒物质、pH 值、有机负荷及温度的变化具有一定的适应性。B 段的各项反应是以 A 段的正常工作为基础的,其中 A 段对于有机物的吸附作用是很重要的。B 段的生物系统主要由世代期长的真核微生物组成,并根据具体工艺情况有所变化。

三、构造特点

AB 工艺省去了传统污水生物处理工艺中的初沉池,根据微生物的生长和繁殖的规律,以及对有机基质的代谢关系,使 A 段和 B 段分别在两种不同的而且相差较为悬殊的负荷条件下运行,两段的污泥回流系统分开,保证处理过程中的生物相稳定性。A 段具有很高的有机负荷,在缺氧(兼性)环境下工作,溶解氧一般为 0.3 ~ 0.7 mg/L,水里停留时间为 30 ~ 40 min;B 段属传统活性污泥法,溶解氧为 2 ~ 3 mg/L,水力停留时间为 2 ~ 4 h;AB 工艺中的中沉池 HRT 可取 1 ~ 1.5 h,二沉池 HRT 为 1.5 h,均低于传统一段法工艺。

四、AB 工艺设计参数

AB 工艺设计参数见表 7.16。

表 7.16　AB 工艺设计参数

名　　称	A　　段	B　　段
BOD_5 污泥负荷 N_s/[kg·(kg·d)$^{-1}$]	3 ~ 4(2 ~ 6)	0.15 ~ 0.3(<0.15)
BOD_5 容积负荷 N_v/[kg·(m^3·d)$^{-1}$]	6 ~ 10(4 ~ 12)	≤0.9
污泥浓度(MLSS)/(mg·L^{-1})	2 000 ~ 3 000(1 500 ~ 2 000)	2 000 ~ 4 000(3 000 ~ 4 000)
污泥龄 SRT/d	0.4 ~ 0.7(0.3 ~ 0.5)	15 ~ 20(10 ~ 25)
水力停留时间 HRT/h	0.5 ~ 0.75	2.0 ~ 6.0
污泥回流比/%	<70(20 ~ 50)	50 ~ 100
溶解氧 DO/(mg·L^{-1})	0.3 ~ 0.7(0.2 ~ 1.5)	2 ~ 3(1 ~ 2)
气水比	(3 ~ 4):1	(7 ~ 10):1
SVI/(mL·g^{-1})	60 ~ 90	70 ~ 100
沉淀池沉淀时间/h	1 ~ 2	2 ~ 4
沉淀池表面负荷 q'/[m^3·(m^2·h)$^{-1}$]	1 ~ 2	0.5 ~ 1.0
需氧量系数 α'/[kgO_2·($kgBOD_5$)$^{-1}$]	0.4 ~ 0.6	1.23
NH_3-N 硝化需氧量系数 b'/[kgO_2·($kgNH_3$-N)$^{-1}$]		4.57
污泥增殖系数 α/[kg·($kgBOD_5$)$^{-1}$]	0.3 ~ 0.5	0.5 ~ 0.65
污泥含水率	98% ~ 98.7%	99.2% ~ 99.6%

注:括号内数据供参考。

五、计算公式

AB 法工艺计算公式见表 7.17。

表 7.17　AB 法工艺设计公式

项　目	公式 A	公式 B	符号说明
1. 曝气池容积	$V=\dfrac{24L_rQ}{N_sX_V}$	同左	V—— 曝气池容积(m^3) Q—— 设计流量(m^3/h) L_r—— 去除 BOD_5 质量浓度(kg/m^3) N_s—— BOD_5 污泥负荷率 [kg/(kg·d)] X_V——MLVSS 质量浓度(kg/m^3)
2. 水力停留时间	$t=\dfrac{V}{Q}$	同左	t—— 水力停留时间(h)
3. 最大总需氧量 $O_2=O_A+O_B$	$O_A=a'QL_r$	$O_B=a'QL_r+b'QN_r$ $L_r=L_a-Lt$	O_2—— 最大需氧量(kg/h) a'—— 需氧量系数($kgO_2/kgBOD_5$) L_r、L_a、L_t—— 各段曝气池去除 BOD_5 浓度(kg/m^3) b'—— NH_3-N 去除需氧量系数 [$kgO_2/(kgNH_3-N)$] N_r—— 需要硝化的氮量(kg/m^3)
4. 沉淀池面积	$A=\dfrac{Q}{q'}$	同左	A—— 沉淀池面积(m^2) q'—— 沉淀池表面负荷率 [$m^3/(m^2\cdot h)$]
5. 沉淀池高度设计	同“二沉池设计”		沉淀池有效水深取 2 ~ 4 m
6. 剩余污泥量	$W_A=Q_平S_r+\alpha QL_r$ $S_r=S_a-S_t$	$W_B=\alpha Q_平L_r$	$Q_平$ —— 平均流量(m^3/d) W_A—— 剩余污泥量(kg/d) S_r——A 段 SS 的去除浓度(kg/m^3)，A 段 SS 的去除率为 70% ~ 80% α—— 污泥增长系数
7. 污泥龄 θ_c	$\theta_{cA}=\dfrac{1}{\alpha_A\times N_{sA}}$	$\theta_{cB}=\dfrac{1}{\alpha_B\times N_{sB}}$	θ_c—— 污泥龄(d) N_{sA}—— A 段 BOD_5 污泥负荷 [kg/(kg·d)] N_{sB}——B 段污泥负荷 α_A、α_B——A、B 段污泥增长系数

续表 7.17

项　目	公　式		符号说明
	A	B	
8. 干污泥换算湿污泥	$Q_{sA}=\frac{W_A}{(1-P_A)\times 10^3}$	$Q_{sB}=\frac{W_B}{(1-P_B)\times 10^3}$	Q_{sA}——湿污泥体积产量(m^3/d) P——污泥含水率(%)
9. 回流污泥浓度	$X_R=\frac{10^6}{SVI}\cdot r$		$r=1.0\sim 1.2$

六、设计计算例题

【例】 城市污水厂设计水量 $Q=3\ 000\ m^3/h$,原水 $\rho_{BOD_5}=250$ mg/L,$\rho_{COD}=400$ mg/L,$\rho_{SS}=220$ mg/L,$\rho_{NH_3-N}=45$ mg/L,$\rho_{TN}=55$ mg/L。要求处理后二级出水 $\rho_{BOD_5}\leqslant 15$ mg/L,$\rho_{COD}\leqslant 50$ mg/L,$\rho_{SS}\leqslant 15$ mg/L,$\rho_{NH_3-N}\leqslant 15$ mg/L,试设计 AB 处理工艺。

【解】

1. 设计参数确定

A 段 BOD_5 污泥(MLSS)负荷:$N_{sA}=4$ kg/(kg·d)。

混合液污泥(MLSS)浓度:$X_A=2\ 000$ mg/L;污泥回流比 $R_A=0.5$。

B 段 BOD_5 污泥(MLSS)负荷:$N_{sB}=0.125$ kg/(kg·d)。

混合液污泥浓度:$X_B=3\ 500$ mg/L;污泥回流比 $R_B=1.0$。

2. 计算处理效率

BOD_5 总去除率

$$\eta/\%=\frac{250-15}{250}=94$$

A 段去除率 E_A 取 60%,则 A 段出水 BOD_5 为 100 mg/L,由此可算出 B 段去除率

$$E_B/\%=\frac{L_{tA}-L_{tB}}{L_{tA}}=\frac{100-15}{100}=85$$

3. 曝气池容积计算

A 段去除 BOD_5 为

$$L_{rA}/(kg\cdot m^{-3})=L_A-L_{tA}=250-100=125\ mg/L=0.125$$

$$X_{VA}/(kg\cdot m^{-3})=f\cdot X_A=0.75\times 2=1.5$$

则 A 段容积为

$$V_A/m^3=\frac{24Q\times L_{rA}}{N_{sA}\times X_{VA}}=\frac{24\times 3\ 000\times 0.125}{4\times 1.5}=1\ 500$$

B 段去除 BOD_5 为

$$L_{rB}/(kg\cdot m^{-3})=100-15=85\ mg/L=0.085$$

$$X_{VB}/(kg\cdot m^{-3})=f\cdot X_B=0.75\times 3.5=2.63$$

则 B 段容积为

$$V_B/m^3=\frac{24Q\times L_{rB}}{N_{sB}\times X_{VB}}=\frac{24\times 3\ 000\times 0.085}{0.125\times 2.63}=18\ 616$$

4. 曝气时间计算

$$T=\frac{V}{Q}$$

A 段曝气时间

$$t_A/h=\frac{V_A}{Q}=\frac{1\ 500}{3\ 000}=0.5\quad（符合要求）$$

B 段曝气时间

$$t_B/h=\frac{V_B}{Q}=\frac{18\ 616}{3\ 000}=6.21\quad（符合要求）$$

5. 剩余污泥量计算

(1)A 段剩余污泥量

设 A 段 SS 去除率为 75%，则

$$S_r/(kg\cdot m^{-3})=220\times 75\%=165\ mg/L=0.165$$

则干泥量为

$$W_A/(kg\cdot d^{-1})=QS_r+aQL_r=3\ 000\times 24\times 0.165+0.4\times 3\ 000\times 24\times 0.125=15\ 480$$

湿污泥量为(污泥含水率为 98.7%)

$$Q_A/(m^{-3}\cdot h^{-1})=\frac{W_A}{(1-P_A)\times 1\ 000}=\frac{15480}{(1-0.987)\times 1\ 000}=1190.77\ m^3/d=49.6$$

(2)B 段剩余污泥量

干泥量为

$$W_B/(kg\cdot d^{-1})=aQL_{rB}=0.51\times 3\ 000\times 24\times 0.085=3\ 121.2$$

湿污泥量为(污泥含水率为 99.5%)

$$Q_B/m^3/h=\frac{W_B}{(1-P_B)\times 1\ 000}=\frac{3\ 121.2}{(1-0.995)\times 1\ 000}=624.24\ m^3/d=26$$

(3)总泥量

$$Q_s/(m^3\cdot d^{-1})=Q_A+Q_B=1\ 190.77+624.24=1\ 815.01$$

6. 污泥龄 θ_c 计算

A 段污泥龄

$$\theta_{cA}/d=\frac{1}{\alpha_A\times N_{sA}}=\frac{1}{0.4\times 4}=0.625$$

B 段污泥龄

$$\theta_{cB}/d=\frac{1}{\alpha_B\times N_{sB}}=\frac{1}{0.51\times 0.125}=15.69$$

7. 最大需氧量计算

A 段最大需氧量

$$Q_A/(kg\cdot h^{-1})=a'QL_r=0.6\times 3\ 000\times 0.125=225$$

B 段最大需氧量

$$Q_B/(\mathrm{kg}\cdot\mathrm{h}^{-1})=a'QL_r+b'QN_r=1.23\times3\ 000\times0.085+4.57\times3\ 000\times(45-15)\times10^{-3}=725$$

总需氧量

$$O_2/(\mathrm{kg}\cdot\mathrm{h}^{-1})=Q_A+Q_B=225+725=950$$

第七节　SBR 间歇性活性污泥法工艺

SBR 法是间歇性活性污泥法(Sequencing Batch Reacter Activated Sludge Process)也称序批式活性污泥法的简称。SBR 法是在单一的反应器内,按时间顺序进行进水、反应(曝气)、沉淀、出水、待机(闲置)等基本操作,从污水的流入开始到闲置时间结束为一个周期操作,这种周期周而复始,从而达到污水处理的目的。

一、工艺原理

污水在反应器中按序列、间歇地进入每个反应工序,每个 SBR 反应器的运行操作在时间上也是按次序排列间歇运行的,流入、反应、沉淀、排放、闲置 5 个程序见图 7.13。

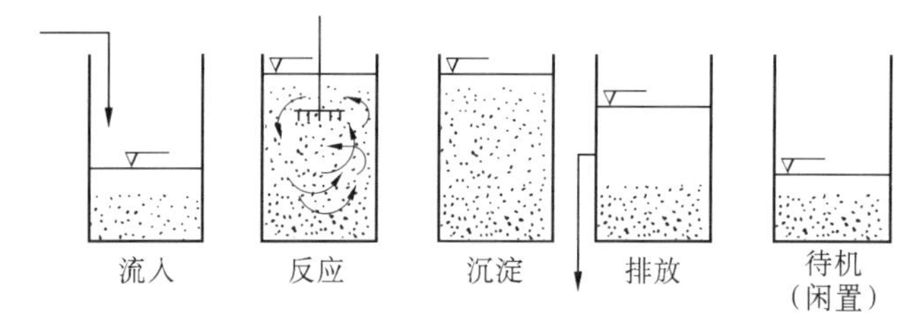

图 7.13　间歇式活性污泥法曝气池运行操作五个工序示意图

在流入工序实施前,闲置工序处理后的污水已经排放,曝气池中残存着高浓度的活性污泥混合液。当污水注入时,曝气池可以起到调节池的作用,如果进行曝气可以起到预曝气的效果,也可以使污泥再生,恢复其活性。当污水注满后,即开始曝气操作,是最重要的工序,如要求去除 BOD、硝化和磷的吸收则需要曝气,如反硝化则停止曝气而进行缓速搅拌。接下来进入沉淀过程,停止曝气和搅拌,使混合液处于静止状态,活性污泥与水分离,相当于二沉池的作用。经过沉淀后的上清液作为处理出水排放,沉淀的污泥作为种泥留在曝气池内,起到污泥回流的作用。在闲置工序,反应器处于停滞状态,等待下一个操作周期。在此期间,应间断或轻微曝气以避免污泥的腐化。经过闲置的活性污泥处于营养物的饥饿状态,因此当进入下一个周期的进水工序时,活性污泥就可以发挥较强的吸附能力增强去除作用。

二、工艺流程

SBR 法的流程见图 7.14。

SBR 工艺的主要反应器是序批式间歇反应器,一般不需设调节池,也无需另外设置二沉池、污泥回流及污泥回流设备。该工艺耐冲击负荷能力强,一般不会产生污泥膨胀且运行方式灵活,可同时具有去除 BOD 和脱氮除磷功能。SBR 按进水方式分为间歇进水和连续进水,按有机物负荷分为高负荷运行方式、低负荷运行方式及其他运行方式。

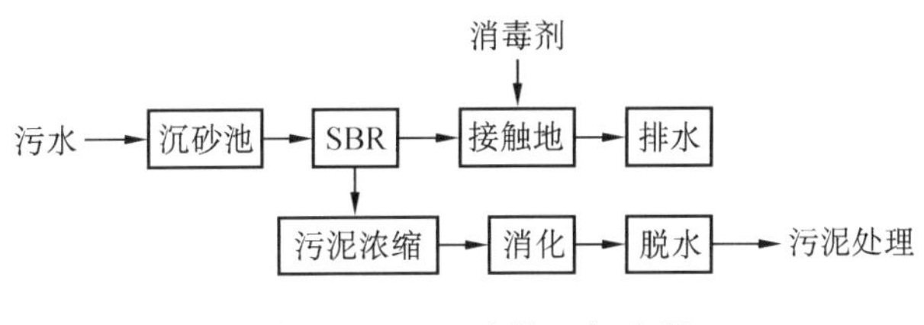

图7.14　SBR法的一般流程

三、构造特点

SBR工艺的主要构造特点如下。

(1) SBR反应器可建成长方形、圆形和椭圆形。排水后池内水深3～4 m,最高水位时池内水深4.3～5.5 m,超高1 m。

(2) 滗水器:SBR工艺要求单个反应器的排水形式均采用静止沉淀、集中排水的方式,为了保证排水时不会扰动池中各水层,使排水的上清液始终位于最上层,这就要求使用一种能随水位变化而可调节的出水堰,又叫滗水器。

(3) 曝气装置:SBR工艺常用的曝气设备为微孔曝气器,微孔曝气器可分为固定式和提升式两大类。

(4) 鼓风装置:SBR工艺多采用鼓风曝气系统提供微生物生长所需空气。

(5) 水下推进器:水下推进器的作用是搅拌和推流,一方面使混合液搅拌均匀;另一方面,在曝气供氧停止,系统转至兼氧状态下运行时,能使池中活性污泥处于悬浮状态。

(6) 自动控制系统:SBR采用自动控制技术,把用人工操作难以实现的控制通过计算机、软件、仪器设备的有机结合自动完成,并创造满足微生物生存的最佳环境。

四、设计参数

SBR工艺设计参数见表7.18。

表7.18　SBR工艺设计参数表

名　　称	高负荷运行	低负荷运行
	间歇进水	间歇进水或连续进水
BOD污泥负荷/[kg·(kg·d)$^{-1}$]	0.1～0.4	0.03～0.1
MLSS/(mg·L^{-1})		1 500～5 000
周　期　数	3～4	2～3
排除比(每一周期的排水量与反应池容积之比)	1/4～1/2	1/6～1/3
安全高度/cm(活性污泥界面以上最小水深)		50以上
需氧量/[(kgO_2·kgBOD)$^{-1}$]	0.5～1.5	1.5～2.5
污泥产量/[kgMLSS·(kgSS)$^{-1}$]	约1	约0.75

续表 7.18

<table>
<tr><td colspan="3" rowspan="2">名　　称</td><td>高负荷运行</td><td>低负荷运行</td></tr>
<tr><td>间歇进水</td><td>间歇进水或连续进水</td></tr>
<tr><td rowspan="3">溶解氧/($mg \cdot L^{-1}$)</td><td colspan="2">好氧工序</td><td colspan="2">≥2.5</td></tr>
<tr><td>缺氧工序</td><td>进水</td><td colspan="2">0.3~0.5</td></tr>
<tr><td></td><td>沉淀、排水</td><td colspan="2"><0.7</td></tr>
<tr><td colspan="3">反应池池数</td><td colspan="2">≥2($Q<500\ m^3/d$ 时可取 1)</td></tr>
</table>

五、设计计算公式

SBR 工艺的设计计算公式见表 7.19。

表 7.19　SBR 工艺设计计算公式

名　称	公　式	符 号 说 明
1. BOD 污泥(MLSS)负荷	$L_s = \dfrac{Q_s \cdot C_s}{e \cdot C_A \cdot V}$	L_s——BOD_5 污泥(MLSS) 负荷[kg/(kg · d)] Q_s—— 污水进水量(m^3/d) C_s—— 进水的平均 BOD_5(mg/L) C_A—— 曝气池内 MLSS 浓度(mg/L) V—— 曝气池容积(m^3) e—— 曝气时间比 $e = n \cdot T_A/24$ n—— 周期数,周期(d)
2. 曝气时间	$T_A = \dfrac{24 \cdot C_s}{L_s \cdot m \cdot C_A}$	T_A—— 一个周期的曝气时间(h) $1/m$—— 排出比
3. 沉淀时间	$T_s = \dfrac{H \cdot (1/m) + \varepsilon}{V_{max}}$	T_s—— 沉淀时间(h) H—— 反应池内水深(m) ε—— 安全高度(m) V_{max}—— 活性污泥界面的初期沉降速度(m/h) V_{max}——$7.4 \cdot 10^4 \cdot t \cdot C_A^{-1.7}$,$\rho$(MLSS) ≤3 000 mg/L V_{max}——$4.6 \cdot 10^4 \cdot C_A^{-1.26}$,$\rho$(MLSS) > 3 000 mg/L t—— 水温(℃)
4. 一个周期所需时间	$T_c \geq T_A + T_s + T_D$	T_c—— 一个周期所需时间(h) T_D—— 排水时间(h)
5. 周期数	$n = 24/T_c$	

续表 7.19

名 称	公 式	符 号 说 明
6. 曝气池容积	$V = \frac{m}{n \cdot N} \cdot Q_s$	N—— 池的个数(个)
7. 超过曝气池容量的污水进水量	$\Delta Q = \frac{r-1}{m} \cdot V$	ΔQ—— 超过曝气池容量的污水进水量(m^3) r —— 一个周期的最大进水量变化比，一般采用 1.2 ~ 1.8
8. 曝气池的安全容量	$\Delta V = \Delta Q - \Delta Q'$ 或 $\Delta V = m(\Delta Q - \Delta Q')$	ΔV—— 曝气池的必需安全容量(m^3) $\Delta Q'$—— 在沉淀和排水期中可接纳的污水量(m^3)
9. 修正后的曝气池容量	$V' = V$($\Delta V \leqslant 0$ 时) $V' = V + \Delta V$($\Delta V > 0$ 时)	V'—— 修正后的曝气池容量(m^3)
10. 曝气装置的供氧能力	$R_0 = \frac{O_D \cdot C_{SW}}{1.024^{T_2-T_1} \cdot \alpha(\beta C_s - C_A)} \cdot \frac{760}{P}$	O_D—— 每小时需氧量(kg/h) C_{SW}—— 清水 T_1(℃) 的氧饱和质量浓度(mg/L) C_s—— 清水 T_2(℃) 的氧饱和质量浓度(mg/L) T_1—— 以曝气装置的性能为基点的清水温度(℃) T_2—— 混合液的水温(℃) C_A—— 混合液的 DO(mg/L) R_0—— 曝气装置的供氧能力(kg/h) α—— K_{L_s} 的修正系数；高负荷法为 0.83，低负荷法为 0.93 β—— 氧饱和温度的修正系数；高负荷法为 0.95，低负荷法为 0.97 P—— 处理厂的大气压(10^5 Pa)

六、设计计算例题

SBR 的运行方式有高负荷间歇进水方式、低负荷间歇进水方式和低负荷连续进水方式，下面以高负荷间歇进水方式说明其设计计算方法。

【例】 污水设计水量为 $Q = 3\ 500\ m^3/d$，原水 $\rho_{BOD_5} = 250$ mg/L，$\rho_{COD} = 450$ mg/L，水温 10 ~ 20℃，要求处理后二级出水 $\rho_{BOD} \leqslant 20$ mg/L，试设计 SBR 污水处理工艺。

【解】

1. 参数拟定

BOD 污泥(MLSS)负荷为 $L_s = 0.25$ kg/(kg · d)；反应池数为 $N = 2$；反应池水深为 $H = 5$ m；排出比为 $1/m = 1/2.5$；活性污泥界面以上最小水深为 $h = 0.5$ m；MLSS 浓度为 $\rho_{MLSS} = 2\ 000$ mg/L。

2. 反应池运行周期各工序时间计算

(1)曝气时间

$$t_A/\mathrm{h}=\frac{24\times C_s}{L_s\times m\times C_A}=\frac{24\times 250}{0.25\times 2.5\times 2000}=4.8$$

(2)沉降时间

初期沉降速度

$$V_{max}/(\mathrm{m}\cdot\mathrm{h}^{-1})=7.4\times 10^4\times t\times C_A^{-1.7}$$

水温10℃时

$$V_{max}/(\mathrm{m}\cdot\mathrm{h}^{-1})=7.4\times 10^4\times 10\times 2\ 000^{-1.7}=1.8$$

水温20℃时

$$V_{max}/(\mathrm{m}\cdot\mathrm{h}^{-1})=7.4\times 10^4\times 20\times 2\ 000^{-1.7}=3.6$$

因此,必要的沉降时间为

水温10℃时

$$t_s/\mathrm{h}=\frac{H\cdot(1/m)+\varepsilon}{V_{max}}=\frac{5\cdot(1/2.5)+0.5}{1.8}=1.4$$

水温20℃时

$$t_s/\mathrm{h}=\frac{H\cdot(1/m)+\varepsilon}{V_{max}}=\frac{5\cdot(1/2.5)+0.5}{3.6}=0.7$$

(3)排出时间

沉淀时间在0.7~1.4 h之间变化,排出时间取2 h左右,则总的沉淀时间取3 h。

(4)一个周期所需要的时间为

$$t_c/\mathrm{h}\geqq t_A+t_s+t_D=4.8+3=7.8\ \mathrm{h}$$

所以周期次数 n 为

$$n=24/7.8=3.1$$

n 以3计,则每个周期为8 h。

(5)进水时间

$$t_f/\mathrm{h}=T_c/N=8/2=4$$

根据以上结果,1个周期的工作过程见图7.15

图7.15 SBR一个周期工作过程

3. **反应池容积计算**

(1)反应池容量

$$V/\mathrm{m}^3=\frac{m}{n\times N}\times Q_S=\frac{2.5}{3\times 2}\times 3\ 500=1\ 458$$

(2)进水流量变动的计算

根据进水时间和进水流量变化模式,一个周期的最大进水量变化比为 $r=1.5$。超过一

周期污水进水量 ΔQ 与 V 比值为

$$\Delta Q/V=(r-1)/m=(1.5-1)/2.5=0.2$$

如其他反应池尚未接纳容量，考虑流量之变动，各反应池的修征容量为

$$V'/\mathrm{m}^3=V(1+\Delta Q/V)=-1\ 458\times(1+0.2)=1\ 750$$

反应池水深 5 m，则反应池表面积（m^2）为

$$1\ 750/5=350$$

此外，在沉淀排出工艺中可能接受污水进水量 V 的 10%，则反应池的必要安全容量为

$$\Delta V/\mathrm{m}^3=\Delta Q-\Delta Q'=(0.2-0.1)\times1\ 458=145.8$$

$$V'/\mathrm{m}^3=V+\Delta V=1\ 458+145.8=1\ 603.8$$

反应池水深 5 m，则反应池表面积（m^2）为

$$1603.8/5=320.8$$

反应池的设计运行水位见图 7.16。

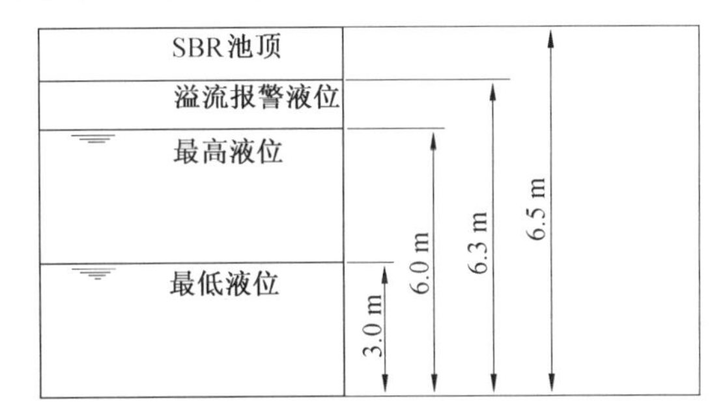

图 7.16　SBR 池的设计运行水位示意图

排水结束时水位

$$h_1/\mathrm{m}=5\times\frac{1}{1.2(1.1)}\times\frac{2.5-1}{2.5}=2.5(2.73)$$

基准水位

$$h_2/\mathrm{m}=5\times\frac{1}{1.2(1.1)}=4.17(4.55)$$

高峰水位

$$h_3/\mathrm{m}=5$$

警报，溢流水位

$$h_4/\mathrm{m}=5.0+0.5=5.5$$

污泥界面

$$h_5/\mathrm{m}=h_1-0.5=2.5-0.5=2.0$$

第八节　氧化沟工艺

氧化沟又称“循环曝气池”，污水和活性污泥的混合液在环状曝气渠道中循环流动，属于活性污泥法的一种变形。由于它运行成本低，构造简单，易于维护管理，出水水质好、耐冲

击负荷、运行稳定、并可脱氮除磷,可用于处理水量为 10×10^4 ~ 200×10^4 m^3/d 的污水厂。

一、氧化沟的工艺原理

氧化沟的曝气池呈封闭型,其污水流态可以按照完全混合-推流式考虑,其中浓度变化极小,进水将迅速得到稀释,因此具有很强的抗冲击负荷能力。若以较短时间间隔为观察基础,会发现氧化沟沿沟长存在着溶解氧浓度的变化,在曝气器下游溶解氧浓度高,但随着与曝气器距离的增加,溶解氧浓度将不断降低,呈现出由好氧区到缺氧区的交替变化。使沟渠中相继进行硝化和反硝化的过程,达到脱氮的效果;同时,使出水中活性污泥具有良好的沉降性能。

二、工艺流程

氧化沟的工艺流程见图 7.17。

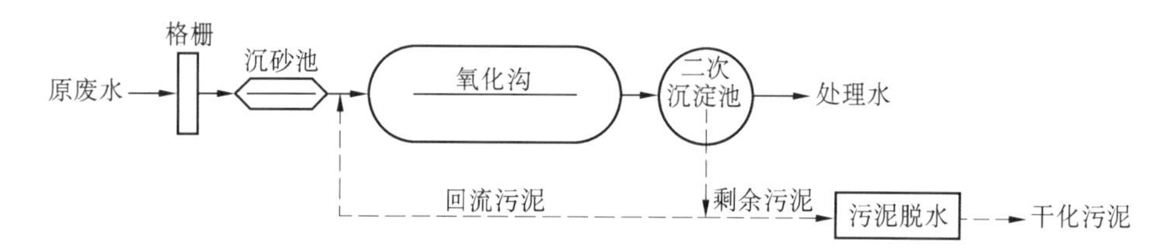

图 7.17　以氧化沟为生物处理单元的废水处理流程

采用氧化沟处理污水时,可不设初次沉淀池。二沉池可与曝气部分分设,此时需要设污泥回流系统,也可与曝气部分合建在同一沟渠中,此时可省去二沉池及污泥回流系统。由于氧化沟水力停留时间和污泥龄长,悬浮物和可溶解有机物可同时得到较彻底的去除,排除的剩余污泥已经得到高度稳定,因此无需进行厌氧消化。

三、构造特点

氧化沟工艺设施由氧化沟沟渠、曝气设备、进出口设施等组成。

1. 沟渠

沟渠可以为圆形或椭圆形,可以是单沟或多沟,多沟可以为一组同心的互相连通的沟渠,也可以是互相平行、尺寸相同的一组沟渠。其断面形式有梯形和矩形等。

2. 曝气设备

氧化沟常用的曝气设备有转刷、转盘、表面曝气和射流曝气等,不同的曝气装置导致了不同的氧化沟形式。曝气设备具有供氧、充分混合、推动混合液不停循环流动和防止活性污泥沉淀的功能。

3. 进出口设施

污水和回流污泥进入氧化沟的位置应与沟内混合液流出位置分开,流入位置应在缺氧区始端附近。回流污泥流入位置应在曝气设备后面的好氧部位,以防沉淀池污泥厌氧,确保处理水中的溶解氧,出水处应设可以升降的出水溢流堰。

4. 配水井

两个以上氧化沟并行工作时,应设配水井以保证均匀配水。

5. **导流墙**

为保持氧化沟内具有不淤流速，减少水头损失，需在氧化沟转折处设置薄壁结构导流墙，使水流平稳转弯，维持一定流速。

四、设计参数

氧化沟工艺的设计参数见表7.20。

表7.20　氧化沟工艺设计参数表

名　称		数　值
BOD_5 污泥(MLSS)负荷 N_s/[kg·(kg·d)$^{-1}$]		0.05~0.15
水力停留时间 t/h		10~24
污泥龄 θ_c/d		去除 BOD_5 时，5~8；去除 BOD_5 并硝化时，10~20；去除 BOD_5 并反硝化时，30
污泥回流比 R/%		50~100
污泥浓度 X/(mg·L^{-1})		2 000~6 000
BOD_5 容积负荷/[kg·(m^3·d)$^{-1}$]		0.2~0.4
出水水质/(mg·L^{-1})	BOD_5	10~15
	SS	10~20
	NH_3-N	1~3

五、计算公式

氧化沟工艺的计算公式见表7.21。

表7.21　氧化沟工艺计算公式表

名　称	公　式	符号说明
1. 碳氧化氮硝化容积	$V_1=\dfrac{YQ(L_0-L_e)\theta_c}{X(1+K_d\theta_c)}=\dfrac{YQL_r\theta_c}{(1+K_d\theta_c)}$	V_1—— 碳氧化氮硝化容积(m^3) Q—— 污水设计流量(m^3/d) X—— 污泥质量浓度(kg/m^3) L_0，L_e—— 分别为进、出水 BOD_5 质量浓度(mg/L) $L_r=L_0-L_e$，去除的 BOD_5 质量浓度(mg/L) θ_c—— 污泥龄(d) Y—— 污泥净产率系数(kgMLSS/kgBOD_5) Y 与泥龄的关系如图8.11所示，可供设计时参考 K_d—— 污泥自身氧化率(d^{-1})，对于城市污水，一般为0.05～0.1 d^{-1}

续表 7.21

名　　称	公　　式	符号说明
2. 最大需氧量	$O_2 = a'QL_r + b'N_r - b'N_D - c'X_W$	O_2—— 需氧量(kg/d) $a' = 1.47 \quad b' = 4.6 \quad c' = 1.42$ N_r—— 氨氮的去除量(kg/m^3) N_D—— 硝态氮去除量(kg/m^3) X_W—— 剩余活性污泥量(kg/d)
3. 剩余活性污泥量	$X_W = \dfrac{Q_{平} L_r}{1 + K_d\theta_c}$	$Q_{平}$ —— 污水平均日流量(m^3/d)
4. 水力停留时间	$t = \dfrac{24V}{Q}$	V—— 氧化沟容积(m^3) t—— 水力停留时间(h)
5. 污泥回流比	$R = \dfrac{X}{X_R - X} \times 100\%$	R—— 污泥回流比(%) X_R—— 二沉池底污泥浓度(mg/L)
6. 污泥负荷	$N_S = \dfrac{Q(L_0 - L_e)}{VX_V}$	N_S——BOD_5 污泥负荷[$kg \cdot (kg \cdot d)^{-1}$] X_V——MLVSS 浓度(mg/L)
7. 反硝化区脱氮量	$W = Q_{平} N_{Lr} - 0.124YQ_{平} L_r = Q_{平}(N_0 - N_e) - 0.124YQ_{平} L_r$	W—— 反硝化区脱氮量(kg/d) N_{Lr}—— 去除的总氮质量浓度(mg/L) N_0—— 进水总氮质量浓度(mg/L) N_e—— 出水总氮质量浓度(mg/L)
8. 反硝化区所需污泥量	$G = \dfrac{W}{V_{DN}}$	G—— 反硝化区所需污泥量(kg) V_{DN}—— 反硝化速率[($kgNO_3^- - N$)/($kgMLSS \cdot d$)]
9. 反硝化区容积	$V_2 = \dfrac{G}{X}$	V_2—— 反硝化区容积(m^3)
10. 氧化沟容积	$V = \dfrac{V_1 + V_2}{K}$	K—— 具有活性作用的污泥占总污泥量的比例，$K = 0.55$

六、设计计算例题

【例】 城市污水设计流量 12 万 m^3/d，$K_z = 1.3$，进水水质为 $\rho_{COD} = 220$ mg/L，$\rho_{BOD5} = 140$ mg/L，$\rho_{SS} = 135$ mg/L，$\rho_{NH3-N} = 25$ mg/L，$\rho_{TN} = 40$ mg/L，$\rho_{TP} = 9$ mg/L。设计三沟式氧化沟，要求脱氮，处理后二级出水 $\rho_{BOD_5} = 15$ mg/L，$\rho_{SS} = 20$ mg/L，$\rho_{NH_3-N} \approx 0$，$\rho_{TN} = 6$ mg/L。

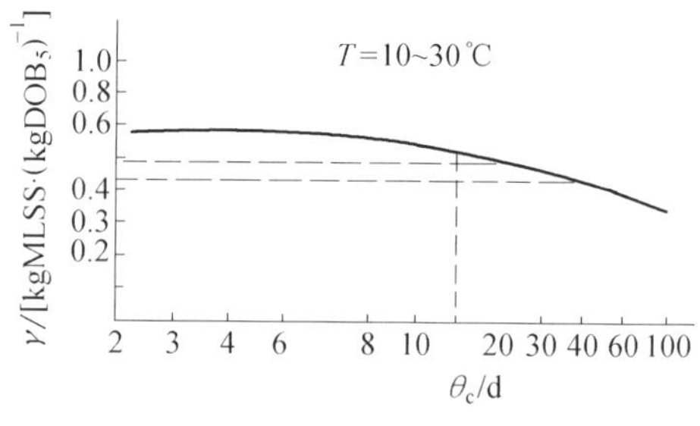

图 7.18　Y 与 t_a 的关系

【解】

1. 设计参数

污泥龄为 $\theta_c = 15$ d；污泥浓度为 4 000 mg/L；$K_d = 0.05$；查图 7.18，$\theta_c = 15$ d 时，$Y = 0.56$。

2. 氧化沟总容积(V)计算

(1)碳氧化、氮硝化区容积 V_1 计算

$$V_1/\mathrm{m}^3=\frac{YQL_r t_s}{X(1+K_d\theta_c)}=\frac{0.56\times120000\times(140-15)\times15}{4000\times(1+0.05\times15)}=18\ 000$$

(2)反硝化区脱氮量 W 计算

$$W=进水总氮量-(随剩余污泥排放的氮量+随水带走的氮量)$$

$$W=Q_{平}(N_0-N_e)-0.124YQL_r$$

$$W/(\mathrm{kg}\cdot\mathrm{d}^{-1})=\frac{120\ 000}{1.3}\times\left(\frac{40-6}{1\ 000}-0.56\times0.124\times\frac{140-15}{1\ 000}\right)=2\ 337.2$$

(3)反硝化区所需污泥量

$$G=\frac{W}{V_{DN}}$$

取 $V_{DN}=0.026\ \mathrm{kgNO_3^--N/(kgMLSS\cdot d)}$

$$G/\mathrm{kg}=\frac{2\ 337.2}{0.026}=89\ 893.5$$

(4)反硝化区容积

$$V_2/\mathrm{m}^3=\frac{G}{X}=\frac{89\ 893.5}{4}=22\ 473.4\ \mathrm{m}^3\approx22\ 473$$

(5)澄清沉淀区容积

三沟式氧化沟二条边沟可以轮换作澄清沉淀用。

(6)氧化沟总容积

$$V/\mathrm{m}^3=\frac{V_1+V_2}{K}=\frac{18\ 000+22\ 473}{0.55}=73\ 587$$

氧化沟分两组,则每组三沟式氧化沟容积为 $V/2$

$$V'/\mathrm{m}^3=\frac{V}{2}=\frac{73\ 587}{2}=36\ 793.6$$

氧化沟水深取 $H=3$ m,则每组氧化沟平面面积为

$$S_1/\mathrm{m}^2=\frac{V'}{H}=\frac{36\ 793.6}{3}=12\ 264.5$$

三沟中的每条沟的平面面积为

$$S_{11}/\mathrm{m}^2=\frac{S_1}{3}=\frac{12\ 264.5}{3}=4\ 088$$

取氧化沟为矩形断面,且单沟宽 $B=6$ m,则单沟长

$$L_1/\mathrm{m}=\frac{S_{11}}{B}=\frac{4\ 088}{6}=681.4(取\ 682\ \mathrm{m})$$

3. 剩余污泥量计算

$$X_w/(\mathrm{kg}\cdot\mathrm{d}^{-1})=\frac{YQ_{平}L_r}{1+K_d\theta_c}=\frac{0.56\times120\ 000\times\frac{140-15}{1\ 000}}{1.3\times(1+0.05\times15)}=3\ 692.3$$

湿污泥量

$$Q_s/(m^3 \cdot h^{-1})=\frac{X_w}{(1-p)\times 1\ 000}=\frac{3\ 692.3}{(1-0.992)\times 1\ 000}=461.5\ m^3/d=19.23$$

水力停留时间

$$t/h=\frac{24V}{Q}=\frac{24\times 73\ 587}{120\ 000}=14.7$$

所以符合要求。

4. 污泥负荷

$$N_s/(kg \cdot kg^{-1} \cdot d^{-1})=\frac{Q(L_0-L_e)}{VX_V}=\frac{120\ 000(140-15)}{73\ 587\times 4\ 000\times 0.75}=0.068$$

5. 最大需氧量计算

$$\begin{aligned} O_2/(kg \cdot d^{-1}) = & a'QL_r+b'N_r-b'N_D-c'X_W= \\ & a'Q(L_0-L_e)+b'[Q(NK_0-NK_e)-0.12X_W]- \\ & b'[Q(NK_0-NK_e-NO_e)-0.12X_W]\times 0.56-c'X_W= \\ & 1.47\times 120\ 000\times(0.14-0.015)+4.6\times \\ & [120\ 000\times(0.025-0)-0.12\times 3\ 692.3]- \\ & 4.6\times[120\ 000\times(0.04-0.006-0)-0.12\times 3\ 692.3]\times \\ & 0.56-1.42\times 3\ 692.3=16\ 638.9 \end{aligned}$$

第九节　水解-好氧处理工艺

水解-好氧工艺是用多功能的水解反应器代替传统工艺的初沉池，水解酸化池可将大分子物质转化为小分子物质，将环状结构转化为链状结构，进一步提高了污水的 BOD/COD 比，增加了污水的可生化性，为后续的好氧生化处理创造条件，减轻好氧段的有机负荷，使污水污泥得到同步处理，因此可取消污泥消化。

一、工艺原理

水解-好氧处理工艺由水解-酸化反应和好氧生物处理装置组成。水解是指有机物进入微生物细胞前、在胞外进行的生物化学反应。微生物通过释放胞外自由酶或连接在细胞外壁上的固定酶来完成生物催化反应。酸化是一类典型的发酵过程，微生物的代谢产物主要是各种有机酸。从机理上讲，水解和酸化是厌氧消化过程的两个阶段，但不同的工艺水解酸化的处理目的不同。水解酸化-好氧生物处理工艺中的水解目的主要是将原有废水中的非溶解性有机物转变为溶解性有机物，将其中难生物降解的有机物转变为易生物降解的有机物，提高废水的可生化性，以利于后续的好氧处理。在水解酸化过程中，80% 以上的进水悬浮物水解成可溶性物质，将大分子降解为小分子，不仅使难降解的大分子物质得到降解，而且出水 BOD_5/COD 比值提高了，降低了好氧生物处理的需氧量和曝气时间。

二、工艺流程

水解-好氧生物处理工艺流程见图 7.19。

水解好氧处理工艺主要由预处理工艺、水解反应器、好氧反应器等组成。污水先进入预处理工艺，大多采用水力筛或回转格筛，以避免堵塞水解池和布水系统。然后进入水解反应器，水解反应器为厌氧反应器，其形式可采用污泥悬浮型生物反应器或附着型生物反应器。其后的好氧反应器形式可选用活性污泥反应器或生物膜反应器，但从容积上要小于传统活性污泥曝气池，曝气量也可节省。由于污水污泥同步处理，因此可取消污泥消化池。

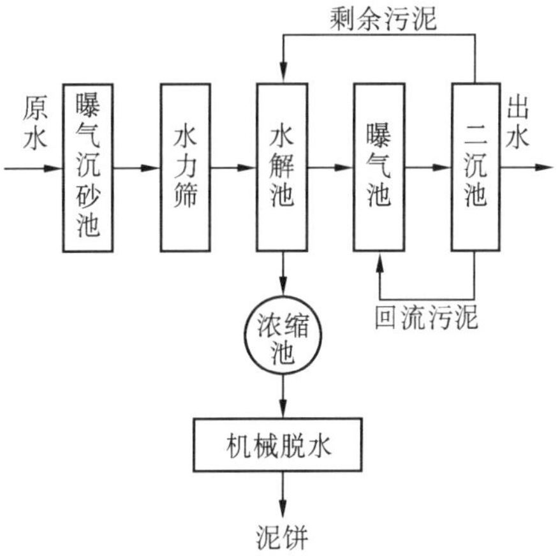

图 7.19　水解-好氧处理工艺流程图

三、结构特点

水解-好氧工艺有两个最为显著的特点：其一，水解池取代了传统的初沉池，水解池对有机物的去除率远远高于传统的初沉池，更为重要的是，经过水解处理，污水中的有机物不但在数量上发生了很大变化，而且在理化性质上也发生了变化，使污水更适宜后继的好氧处理，可用较少的气量在较短的停留时间内完成净化；其二，这种工艺在处理污水的同时，完成了对污泥的处理，使污水、污泥处理一元化，可以取消传统工艺过程的消化池。作为一种替代的处理工艺，在总的停留时间和能耗等方面比传统的活性污泥要有很大的优势。

采用水解-好氧处理工艺与传统活性污泥法相比，其基建投资、能耗和运行费用可分别节省 30% 左右。

四、设计参数

水解-酸化反应器设计参数见表 7.22。

表 7.22　水解-酸化反应器设计参数

名　　称	参　　数
水力负荷	$0.5 \sim 2.5\ m^3/(m^2 \cdot h)$
COD 容积负荷	$1.95 \sim 8.8\ kg/(m^3 \cdot d)$
停留时间	2 ~ 8 h
水　温	≮13 ℃
最大上升流速（对 UASB 反应器）	≤2.5 m/h

五、计算公式

表 7.23　水解–好氧反应器设计计算公式

名　　称	公　　式	符 号 说 明
1. 水解 – 酸化池容积	$V_1 = QT$	V_1—— 水解 – 酸化池容积(m^3) Q—— 设计水量(m^3/h) T—— 水力停留时间(h)
2. 处理效率	$\eta = \dfrac{L_0 - L_e}{L_0} \times 100\%$	η—— 处理效率(%) L_0—— 进水 BOD 质量浓度(mg/L) L_e—— 出水 BOD 质量浓度(mg/L)
3. 曝气池容积	$V_2 = \dfrac{QL_0}{N_S X}$	V_2—— 曝气池容积(m^3) N_S——BOD 污泥负荷[kg/(kg · d)] X—— 曝气池污泥质量浓度(mg/L)

六、设计计算例题

【例】 城市污水处理厂设计流量 $Q=3\ 500\ m^3/h$,进水 $\rho_{BOD5}=240$ mg/L,$\rho_{SS}=280$ mg/L,pH=6 ~8,水温为 13 ~20℃,要求处理后二级出水 $\rho_{BOD_5}=20$ mg/L,$\rho_{SS}=20$ mg/L。设计水解–好氧工艺污水处理厂。

【解】

1. 设计参数确定

水解池停留时间为 2 h;水解池 BOD_5 去除率为 25%;水解池 SS 去除率为 80%;水解池上升流速为 2 m/h;曝气池 BOD 污泥(MLSS)负荷取 0.3 kg/(kg · d);曝气池污泥浓度为 3 000 mg/L。

2. 去除效率

$$\eta/\% = \frac{240-20}{240}\times 100\% = 91.7$$

3. 水解池出水

$$\rho_{BOD5}/(mg \cdot L^{-1}) = 240\times(1-25\%) = 180$$

$$\rho_{SS}/(mg \cdot L^{-1}) = 280\times(1-80\%) = 56$$

4. 水解池总容积

$$V_1/m^3 = QT = 3\ 500\times 2 = 7\ 000$$

水解池采用 UASB 反应器,池数 $n=2$,则单池容积 $V'=V_1/2=3\ 500\ m^3$

5. 水解池总表面积　$$S/m^2 = \frac{V_1}{V_{上升}} = \frac{7\ 000}{2} = 3\ 500$$

6. 水解池单池表面积

$$S'/m^2 = \frac{V'}{V_{上升}} = \frac{3\ 500}{2} = 1\ 750$$

7. 曝气池总容积

$$V_2/\mathrm{m}^3=\frac{QL_0}{N_sX}=\frac{3\ 500\times24\times180}{0.\ 3\times3\ 000}=16\ 800$$

8. 曝气池单池容积

$$V'_2/\mathrm{m}^3=\frac{V_2}{n}=\frac{16\ 800}{2}=6\ 400$$

第十节　厌氧-好氧处理工艺

厌氧处理工艺最早用于处理城市污水处理厂的沉淀污泥，后来用于处理高浓度有机废水。20世纪60年代以后，相继开发了一系列效率高的厌氧生物处理反应器，如厌氧接触法、厌氧生物滤池、厌氧膨胀床和流化床、厌氧生物转盘、厌氧挡板式反应器、升流式厌氧污泥床(UASB)等。从传统的厌氧消化池到现在广泛流行的UASB厌氧反应器和内循环厌氧反应器(Internal Circulation)，废水厌氧处理技术已经日趋成熟。目前，厌氧工艺不仅可用于处理有机污泥和高浓度有机废水，也用于处理中、低浓度有机废水，包括城市污水和工业园区的污水。

一、厌氧生物处理原理

厌氧生物处理是指在无分子氧条件下通过厌氧微生物(包括兼氧微生物)的作用，将有机物分解转化成甲烷(CH_4)和二氧化碳(CO_2)等物质的过程，也称为厌氧消化。与好氧过程的根本区别在于不以分子态氧作为受氢体，而以化合态氧、碳、硫、氢等为受氢体。厌氧生物处理是一个复杂的微生物化学过程，依靠三大主要类群的细菌，即水解产酸细菌、产氢产乙酸细菌和产甲烷细菌的联合作用完成。因而将厌氧消化过程划分为三个连续的阶段，即水解酸化阶段、产氢产乙酸阶段和产甲烷阶段。

二、工艺流程

厌氧-好氧处理的一般工艺流程为

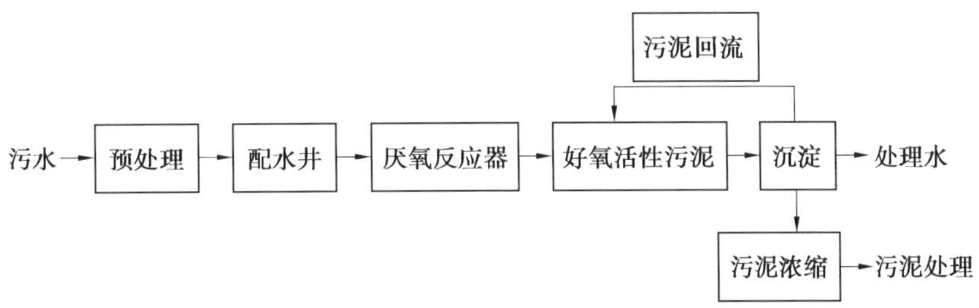

厌氧生物处理体系中的产甲烷菌对pH的变化非常敏感，pH在6.8~7.2时产甲烷菌的活性最高。此外，温度也是影响微生物生存及生物化学反应最重要的因素之一。中温消化的适宜温度为35~38℃，在污水进入厌氧反应器之前，需要在配水井内进行温度控制。污水经过厌氧生物处理后常常不能达到城市污水排放标准，需再经过好氧生物处理后达标排放。

三、厌氧反应器构造特点

山东美泉环保科技有限公司研发的内循环厌氧(MQIC)反应器,构造原理可以被看成是由两个UASB反应器上下串联而成。反应器由下面主要5个区组成:混合区、多循环混合区、精处理区、沉淀区和气液分离区。

(1)混合区:废水从反应器底部进入、颗粒污泥和泥水混合物在混合区内充分地反应和接触。

(2)多循环混合区:也称第一厌氧区,混合区里的污泥和废水混合后进入第一厌氧区,在高浓度颗粒污泥的作用下,有机物大部分降解转化为沼气。混合液上升和沼气的剧烈扰动使该反应区内污泥成膨胀和流化状态,加强了泥水的混合接触。产生的大量沼气将部分泥水混合物通过提升作用到达整个反应器顶部的气液分离区。

(3)精处理区:经第一厌氧区处理后的废水,除一部分被沼气提升外,其余的都通过三相分离器进入精处理区(第二厌氧区)。该区污泥浓度较低,废水中大部分有机物都已经在第一厌氧区中被降解,沼气产生量较少。

(4)沉淀区:精处理区的泥水混合物在沉淀区进行固液分离,上清液由出水管排走,沉淀的颗粒污泥返回精处理区。

(5)气液分离区:被提升的废水中的沼气通过泥水分离并导出处理系统,泥水混合物再沿着回流管返回到最下端的混合区,与反应器底部的污泥和进水充分混合,这就实现了混合液的内部循环。内循环的结果是:第一反应室不仅有很高的生物量、很长的污泥龄,还具有很大的升流速度,使该室内的颗粒污泥完全达到流化状态,有很高的传质速率,使生化反应速率提高,从而大大提高第一反应室的去除有机物能力。

四、设计参数

表7.24　内循环厌氧(MQIC)反应器设计参数

名称	参数
高度	20~25 m
高径比(H/D)	2~6
COD容积负荷	4~50 kg/(m^3·d)
水力停留时间	4~24 h
温度	33~38 ℃
水流上升流速	3~6 m/h

五、计算公式

表 7.25　内循环厌氧($MQIC$)反应器设计计算公式

项目	公式	符号说明
1. 有效容积	$V=\dfrac{Q(C_0-C_e)}{N_V}$	V——反应器有效容积,m^3 Q——废水的设计流量,m^3/d N_V——COD 容积负荷率,kg/(m^3·d) C_0——进水 COD 浓度,kg/m^3 C_e——出水 COD 浓度,kg/m^3
2. 外循环流量	$Q_{外循环}=\pi R^2 v-Q_{进水}$	$Q_{外循环}$——反应器外循环流量,m^3/h R——反应器半径,m v——反应器内的水流上升流速,m/h $Q_{进水}$——处理水量,m^3/h
3. 沼气产量	$Q_{沼气}=Q(C_0-C_e)\times 0.4$	$Q_{沼气}$——反应器产生的沼气量 Q——废水的设计流量,m^3/d C_0——进水 COD 浓度,kg/m^3 C_e——出水 COD 浓度,kg/m^3 0.4——每千克去除的 COD 转化为 0.4 m^3 的沼气

六、设计计算例题

【例】 某城市工业园区污水设计流量 3 000 m^3/d,进水水质为 $\rho_{COD_{cr}}=5\ 000$ mg/L,设计 MQIC 厌氧反应器,处理后要求出水达到 $\rho_{COD_{cr}}=1\ 000$ mg/L。

【解】

1. 设计参数

COD 容积负荷 $N_V=10$ kg/(m^3·d)。

2. 设计计算

(1)反应器有效容积 $V/m^3=\dfrac{Q(C_0-C_e)}{N_V}=\dfrac{3\ 000\times(5\ 000-1\ 000)/1\ 000}{12}=1\ 000$

设反应器高径比为 2.5,即 $H/D=2.5$

$$V/m^3=\frac{\pi D^2 H}{4}=\frac{3.14\times D^2\times 2.5D}{4}=1.962\ 5D^3=1\ 000$$

则 $D=8$ m,$H=20$ m。

(2)外循环流量:$Q_{外循环}/(m^3\cdot h^{-1})=\pi R^2 v-Q_{进水}=3.14\times 4^2\times 4-3\ 000/24=75.96$

(3)沼气产量:$Q_{沼气}/(m^3\cdot d^{-1})=Q(C_0-C_e)\times 0.4=3\ 000\times(5\ 000-1\ 000)/1\ 000\times 0.4=4\ 800$

第十一节　LINPOR 工艺

LINPOR 工艺是传统活性污泥法的一种改进，实质上是传统活性污泥法与生物膜法相结合而组成的双生物组分生物反应器。该工艺通过传统工艺曝气池中投加多孔泡沫塑料颗粒作为活性微生物的载体材料以改进传统工艺的处理效能和运行可靠性，防止污泥流失、污泥膨胀及提高氮磷去除效果等。

一、LINPOR 工艺原理

LINPOR 工艺的载体主要为多孔性泡沫海绵或泡沫塑料两种，其比表面积为 $(1\sim5)\times10^3\ m^2/g$，比一般生物滤池填料的比表面积高得多。且其孔径的大小有利于细菌和原生动物进入其空隙，进入其空隙的微生物并不完全处于附着生长状态，而是在空隙间充满了微生物，并存在着微生物附着生长和悬浮生长状态的不断交换。曝气所产生的紊动作用及气泡在空隙内外的传质，使其中的微生物保持较好的活性并避免结团现象的发生。因此 LINPOR 工艺大大增加了反应器中的生物量，增强了系统的运行稳定性及对冲击负荷的抵御能力，而且还可通过运行方式的改变使其具有不同的处理效能，达到不同的处理目的和要求。

二、工艺流程

LINPOR 工艺流程图见图 7.20。

LINPOR 工艺反应器中投加的填料通常占其有效容积的 10% ~30%。能用作 LINPOR 工艺反应器填料的材料必须满足严格的要求：如比表面积大，孔多且均匀，具有良好的湿润性、机械性、化学性和生物稳定性等，以保证该工艺的良好运行效果及较长的运行周期。由于填料处于悬浮态，因为为了防止其随处理出水的流失，需在反应器的出水区一端设置一道专门设计的穿孔不锈钢格栅。其为了防止填料堵塞格栅，通常要求在出水区的格栅处进行鼓泡曝气。此外，为了防止填料在窄长形的 LINPOR 反应器出水区过量积聚，需要用气泵将部分填料从出水区回送至进水区。

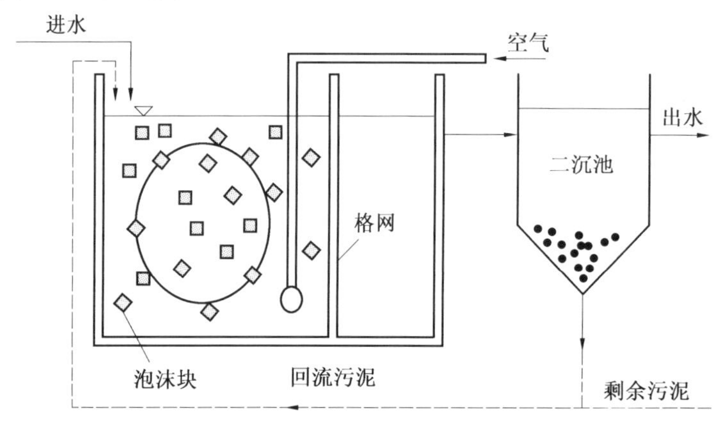

图 7.20　LINPOR 工艺流程图

三、运行方式

LINPOR 工艺根据其所能达到的处理功能和对象的不同，以三种不同的运行方式运行：

1）主要用于去除水中的含碳有机物的 LINPOR-C 工艺；

2）用于同时去除水中的碳和氮的 LINPOR-C/N 工艺；

3）用于脱氮的 LINPOR-N 工艺。

1. LINPOR-C 工艺

LINPOR-C 工艺流程见图 7.21。

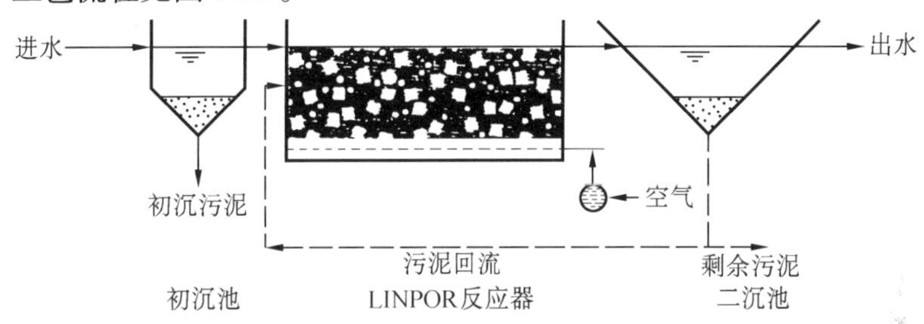

图 7.21　LINPOR-C 工艺流程图

LINPOR-C 工艺主要用于去除水中的含碳有机物。该工艺主要由初沉池、曝气池、二沉池、污泥回流系统和剩余污泥排放系统组成。曝气池内的微生物分为两个部分：一部分悬浮于混合液中呈游离态，另一部分则附着生长在填料上。运行过程中，悬浮态的活性污泥可穿过格栅流出曝气池，并在二沉池中进行泥水分离，实现污泥回流，而附着生物体则被设置在曝气池末端特制格栅截留。

LINPOR-C 反应器几乎适用于所有形式的曝气池，因而其特别适用于对超负荷运行的城市污水活性污泥法处理厂的改造。

2. LINPOR-C/N 工艺

LINPOR-C/N 工艺流程见图 7.22。

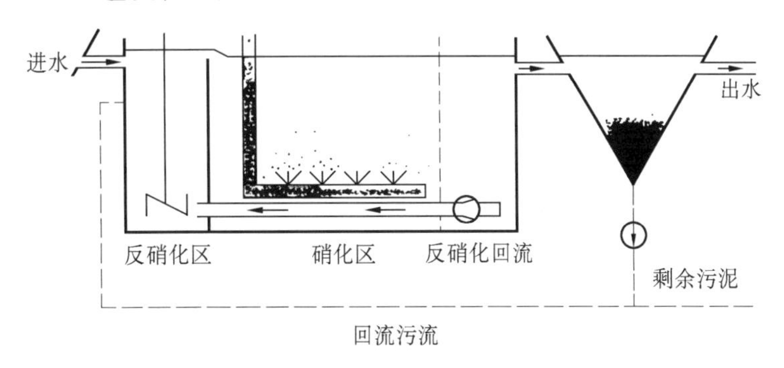

图 7.22　LINPOR-C/N 反应器与上游反硝化区相结合的基本组成

LINPOR-C/N 工艺具有同时去除水中的碳和氮的功能。该工艺增加了反硝化区，且其有机负荷低于 LINPOR-C 工艺。由于附着型硝化细菌数量很多，且其停流时间长于悬浮态微生物，所以该工艺可以得到良好的反硝化效果。悬浮填料可以形成缺氧区，因而能够实现有效的反硝化作用，脱氮率可达 50% 以上。

3. LINPOR-N 工艺

LINPOR-N 工艺又被称为“清水反应器”，只有那些附着生长于载体表面的生物才能生长繁殖，处于悬浮生长的生物量几乎不存在。该工艺可在极低或甚至不存在有机底物的情况下对废水实现良好的氨氮去除，常用于对经二级处理后的城市污水的深度处理。该工艺运行过程中无需污泥的沉淀分离和污泥的回流，从而节省了污泥沉淀分离及回流设备。

四、设计参数

LINPOR 工艺的设计参数，见表 7.26。

表 7.26　LINPOR 工艺的设计参数

名　　称	参　　数	
	LINPOR-C 和 LINPOR-C/N	LINPOR-N
填料投加体积分数(N)	10% ~30%	10% ~30%
载体表面生物量(x_1)	10 ~ 18 g/L，最大可达 30 g/L	
悬浮状态的生物浓度(x_2)	4 ~ 7 g/L	

五、计算公式

LINPOR 工艺计算公式见表 7.27。

表 7.27　LINPOR 工艺计算公式

名　　称	名　　称	符 号 说 明
1. 去除率	$\eta = \dfrac{L_0 - L_e}{L_0}$	η—— 去除率(%) L_0—— 进水 BOD_5 质量浓度(mg/L) L_e—— 出水 BOD_5 质量浓度(mg/L)
2. 反应器中平均污泥浓度 x	$x = Nx_1 + (1 - N)x_2$	x—— 平均污泥质量浓度(mg/L) x_1—— 附着污泥质量浓度(mg/L) x_2—— 悬浮污泥质量浓度(mg/L) N—— 填料投加体积分数(%)
3. 污泥负荷	$N_S = \dfrac{QL_0}{V[Nx_1 + (1 - N)x_2]}$	N_S——BOD_5 污泥(MLSS) 负荷[kg/(kg · d)] Q—— 设计流量(m^3/d) V—— 反应器容积(m^3)

续表 7.27

名　　称	名　　称	符 号 说 明
4. 容积负荷	$N_{SV}=\frac{QL_0}{V}$	N_{SV}——BOD_5 容积负荷[kg/(m^3·d)]
5. 总氮负荷	$N_{TN}=\frac{QL_N}{V[Nx_1+(1-N)x_2]}$	N_{TN}—— 总氮污泥(MLSS) 负荷[kg/kg·d] L_N—— 进水总氮质量浓度(mg/L)

六、设计计算例题

【例】 污水厂设计流量 $Q=3\,000\ m^3/h$,进水水质 $\rho_{BOD5}=230\ mg/L$,处理后出水水质为 $\rho_{BOD_5}=20\ mg/L$,设计曝气池为两组,每组容积为 6 455 m^3,设计 BOD_5 污泥(MLSS)负荷为 0.3 kg/(kg·d),反应器内污泥浓度为3 000 mg/L。现由于水量增加50%,故对该污水厂采用 LINPOR 工艺进行改造,在曝气池中投加 30% 填料,经测定悬浮 MLSS 为 2.5 g/L,附着 MLSS 为 9.5 g/L,计算改造后污泥负荷及容积负荷。

【解】

1. 设计参数确定

$$x_1=9.5\ g/L$$
$$x_2=2.5\ g/L$$
$$N=30\%$$

2. 计算处理效率

$$\eta/\%=\frac{200-20}{200}=95$$

3. 计算平均 MLSS

$$\rho_{MLSS}/(g\cdot L^{-1})=Nx_1+(1-N)x_2=30\%\times 9.5+(1-30\%)\times 2.5=4.6$$

4. 计算改造后 BOD 污泥负荷

$$N_S/[kg\cdot(kg\cdot d)^{-1}]=\frac{QL_0}{V_X}=\frac{3\,000\times(1+50\%)\times 24\times 230}{6\,455\times 2\times 4\,600}=0.42$$

5. 计算容积负荷

改造前 BOD_5 容积负荷为

$$N_SV_1/[kg\cdot(m^3\cdot d)^{-1}]=\frac{Q'L_0}{V}=\frac{3\,000\times 24\times 0.23}{6\,455\times 2}=1.28$$

改造后 BOD_5 容积负荷为

$$N_SV_2/[kg\cdot(m^3\cdot d)^{-1}]=\frac{QL_0}{V}=\frac{3\,000\times 24\times(1+50\%)\times 0.23}{6\,455\times 2}=1.92$$

由计算可知,改造后污泥负荷变化不大,而容积负荷有了很大提高,说明该工艺经改造后,处理能力得到较大提高。

第八章　城市污水处理构筑物的调试运行

城市污水处理厂的调试运行包括初步验收和单体试车、通水和联动试车以及微生物培养和试运行三部分内容。通过污水处理厂的调试运行,可进一步地检验土建工程、设备和安装工程的质量,验收工程运行是否能达到预期的设计效果,及时解决存在的问题,以保证城市污水处理厂的正常运行,实现污水处理工程项目的环境、社会及经济效益。

第一节　初步验收和单体试车

一、城市污水处理工程的验收

城市污水处理厂调试运行前应对各建筑物、构筑物、构筑物安装的设备、工艺管道、各种阀门仪器仪表、自控等设施进行验收。验收分为初步验收和最终验收两个阶段。土建工程在初步验收以后,一般由施工单位保修一年后才能最终验收。设备和其他安装工程在初步验收后也要经过一年的试运转、保修一年后才能最终验收。通过两阶段的验收可以让建筑物、构筑物及设备经过冷、热、潮湿等环境条件检验,充分曝露潜在问题,及时进行维护维修,以保证城市污水处理厂的稳定运行。

二、初步验收和单体试车

初步验收阶段要对建筑物、构筑物、设备等单体(项)进行试车验收,也叫单体(项)试车。

土建工程的初步验收应对照竣工图对建筑物、构筑物单体(项)对照竣工图进行外观尺寸实测实量,验收测量结果是否与图纸一致,设备安装位置是否符合设计要求。构筑物单体及工艺管道系统在通水试压、试漏后,如无问题,做好记录后方可投入使用。如有问题,则需及时返工。

设备的单体试车是在无负荷状态下对单体设备进行试运转,其目的是检验该设备或仪器仪表制造质量是否存在内在缺陷,确认其安装质量符合要求且其机械性能满足规定要求。因此设备的单机调试是以安装分部分项工程已经竣工为开始,以设备具备联动试车的条件为终止。设备单体试车需对设备进行外观检查、实际测量、性能测试后对照竣工资料检查验收。全部设备除止回阀外,均要进行通电调试和测定,设备厂家调试人员及污水处理厂操作人员应共同调试。设备单体试车之前需由电气负责人员检查设备的供电线路是否正常,供电开关是否正常,有无漏电现象。机械负责人员检查设备底座安装是否牢固,按设备说明准确地向润滑部分加油或油脂,对于电机带动的设备应点动试车,观察转向是否与标识一致。当确认准备工作完毕后可通电试车,并观察电压、电流是否符合要求,如有异常现象,应及时检查维修。还应观察设备的振动,噪声是否符合标准。如有异常,也应立即检查维修,正常后再试车,并做好相关记录。

初步验收和单体试车后应对各建筑物、构筑物、构筑物安装的设备、工艺管道、各种阀门仪器仪表、自控等设施所出现的问题进行及时处理、维修和设备(部件)更换,土建工程不合格处重新翻修,然后再组织验收,直到全部土建工程和设备安装达到合格,方可进行通水和联动试车。

第二节　通水和联动试车

一、通水和联动试车的目的和条件

为进一步考核城市污水处理厂设备的性能和安装质量,检查设备电气、仪器仪表、自动控制等在联动条件下的工作状况,检验土建构筑物、建筑物在通水和联动试运行能否达到工艺设计要求,进一步检查电气、仪器仪表和自动控制设备的性能及其与工艺设备联动的效果,还要特别检验中央控制室与各 PLC 就地开关柜能否控制用电设备开关,是否可以正确反映运行数据和显示图表。因此,在初步验收合格后还要进行通水和联动试车。

在初步验收和单体试车合格的基础上,为节约清水及节省调试费用,通水和联动试车可直接通入污水,不再使用清水联动试车。联动试车一般要经过 72 小时的运转考验。

通水和联动试车运行需具备以下条件:①污水处理厂外输水管道及泵站已具备输送污水的能力,同时污水处理厂也具备向外排水的能力;②厂外供电设施能满足通水和联动试运行负荷,同时厂内各主变压器和供电设备已经投入运行,并可满足联动运行的用电负荷;③电气和自控系统通过单体试车,已经能达到控制用电设备的条件,同时仪器仪表能显示和监控各种设备运行状况;④单体试车后,未通过初步验收的设备和构筑物已经过更换和维修达到合格。⑤污水处理厂操作人员经过充分的培训,同时各类安全操作规程已建立,操作人员对设备的性能及调试方法已基本掌握,具备对各设备的操作和运行能力。⑥化验室化验人员培训到位,化验室设备仪器、仪表安装到位,各种所需化验药品和标准溶液配备齐全。具备了分析水质各种指标的能力。⑦供货商及技术人员到现场,可指导现场操作人员通水和联动试运和各个环节,并逐步让运营人员独立掌握工作。

二、通水和联动试车方案(以 A/O 活性污泥法为例)

联动试车分为污水处理段和污泥处理段两个阶段试运行。先进行水处理段的联动调试,待再进行污泥处理段调试。污水处理段分预处理单元和生物处理单元两步调试。污泥处理段分为生物处理单元和理化处理单元,有的污水处理厂的污泥处理段无生物处理单元,可根据污水处理厂的实际情况安排。

1. 预处理系统

(1)进水闸门

在单机调试合格的基础上,重点调试在运行时是否能按生产运行指令控制闸门的开关,在紧急事故时备用电源是否能自动关闭进水闸门并通过溢流口排出,保证后续设备及构筑物的安全。

(2)粗格栅及进水泵房

检查当污水流入粗格栅后,PLC 自动控制是否可以根据进水流量利用液位仪、时间继电器、或两种方式同时控制开、停粗格栅的次数及耙齿启动的次数。还应逐步检查粗格栅功能或联动运行的功能。检查与粗格栅配套的设备皮带运栅渣机、栅渣压实机是否可在 PLC 控制下联动运行。重点检查当污水流入进水泵房前池,是否可以根据流量和液位控制开、停粗格栅台数,检查当泵房水位达到水泵启动水位后,是否可轮换启动潜污泵,并检查泵的启动、停止功能和运行状况。通过 PLC 系统,检查原设定的水泵轮值功能是否健全,各设定水位保护水信号是否好用。

(3)细格栅

细格栅的自动控制方式和配套的附属设施与粗格栅一样,运行调试可参照粗格栅运行方式进行。

(4)曝气沉砂池

在手动和自动控制下启动吸砂桥、吸砂泵,分别观察吸砂桥走到两端时磁力开关能否让吸砂桥自动开、停,吸砂泵能否按自控制设置的开启要求开停。并能将砂水送入砂渠道。浮渣刮板在一端将浮渣自动排入浮渣渠道。与曝气沉砂池配套的砂水分离器及时开启将砂、水分离,把砂送到砂箱。

(5)化学絮凝强化处理

为除磷达标,常采用化学絮凝处理,联动试车时也应通污水试车。检查加药池和混合反应池中自动投药设施、搅拌混合设施、稀释设施、存储设施、投加药液计量泵设施的运行情况,若反应池采用机械混合器需对机械混合装置进行运行测试。

2. A/O 活性污泥系统

A/O 活性污泥生物反应池联动试车需要联动测试的设备有进水渠道调节堰门、空气管道阀门、出水堰板及回流泵。生物反应池内的仪表有溶氧仪、pH 计和温度仪等。

(1)A 段

当生物反应池水位达到设计水位时,逐台启动水下搅拌器,检查搅拌器的工作状态和各项参数是否达到设计要求,并检查搅拌器启动到 A 段内流速达到设计要求的时间。注意在生物反应池进水前检查厌氧段的全部水下搅拌器提升装置,确保在淹没后能顺利提升检修。

(2)O 段

在通水和联动试车阶段主要对 O 段内的曝气装置的性能进行考核。检查是否可以通过 PLC 对池内溶氧仪的反馈信号,调整鼓风机叶片的张开和收缩以及风机的开启和关闭。

(3)沉淀池

当污水充入沉淀池后,待水位达到池深的 1/3 时才可启动刮泥桥,随水位的上升观察刮泥桥的运行情况。检查沉淀池的出水齿形堰的出水是否均匀。如不满足,应进行调整。观察回流污泥管道上的阀门能否按要求开启,并调整和开启阀门的角度控制回流泵的出泥量。观察剩余污泥泵管道上的逆止阀是否好用。如有堵塞或角度不可调就应拆开检修。观察桥的运行电缆是否运行正常,有无滑落的险情和缠绕的现象。

联动试车初期,应关闭沉淀池的污泥回流阀门。以检查污泥回流阀门是否漏水。待全部阀门检查没有问题才可继续向沉淀池进水。联动试车后可开启污泥回流阀门,向回流污泥泵房进水,以便进行回流污泥泵房的联动试车。

(4)回流污泥泵房

回流污泥泵房的联动试车方案可参照进水泵房,可先联动调试回流污泥泵,再调试剩余污泥泵。

3. 污泥处理系统

污泥处理段的联动调试要在污水处理段调试成功后进行。

(1)污泥厌氧消化

污泥厌氧消化的联动调试应先开启进泥泵,将消化池中充满污水,若污水处理系统已产生污泥则可充满污泥。待消化池充满到泥位线时,停止进污水或污泥,并将消化池泥位线以上的空气用氮气替代。消化池充满污水或污泥后,开启污泥循环泵和热交换器系统中的热水泵(可暂不加热),使消化池内的污泥循环起来。开启污泥搅拌泵,使消化池的污泥上下翻滚,防止沉淀。应特别注意热交换器套管内的泥压和水压。污泥循环泵和热水泵的开停顺序不能有误,否则可能压瘪热交换器内套管。

将脱硫装置内、沼气柜内等的空气都用氮气充满替代,观察压力表,超过额定压力后,可在保证安全的情况下向空中排放混合气体。需注意,不能排放的太急、太多,以免产生负压,压瘪设备。在消化池、沼气柜进行气体置换期间应每日监测各有关气体含量,只有沼气、氧气、硫化氢含量达标后才能向使用沼气的设备供气。

消化池上的水封阀,沼气管道上的水封阀,湿式沼气柜上的水封阀,应按设计要求填满水,冬季运行还要做好保温防冻工作。污泥处理系统中的各种安全阀应按要求到市级质量监督部门办理检验手续,确保能安全使用。设在污泥处理段的报警器如:CO、H_2S、可燃气体、CO_2 等,都必须到市级质量监督部门办理检验后才能安全使用。

(2)污泥脱水

污泥的理化处理主要工艺是加药—搅拌—混合—脱水—泥饼。加药主要是加分子有机絮凝剂,如阳离子聚丙烯酰胺 PAM;或是再添少量无机絮凝剂,如聚铝或聚铁效果会更好,但要注意先加无机药剂再加有机药剂的顺序。

脱水机以带式脱水机为例。开机前要检验絮凝药液是否配好,供气动元件的空气压缩机是否正常送压缩气体。供冲洗履带的水压是否足够。进药计量泵是否正确和可调。检查脱水机上的吸气除臭设备是否有效,机器上的照明设施是否安全可靠(防爆、防潮湿)。检查就地自控 PLC 是否正常监控运转和报警。

第三节　微生物的培养和试运行

污水处理厂在初步验收和单体试车以及通水和联动试车的基础上,若进水的污水水质、水量能满足初步运行的要求,即可进行微生物的培养和投产试运行。

一、污水处理厂微生物的培养

1. 活性污泥的培养和驯化

对采用活性污泥工艺的污水处理厂投产试运行,首先要培养活性污泥并对其进行驯化。

对于城市污水，菌种和所需的营养物质在城市污水中都存在，可直接通污水进行培养，若想加快活性法泥培养速度可采用接种法进行培养。

(1)活性污泥的培养

活性污泥培养的实质就是在一段时间内，通过一定的方法，使生物处理系统中产生并积累一定量的微生物，其培养方式主要有连续培养、间歇培养和接种培养三种方法。

1)连续培养：连续式培养是指在连续进水、连续出水的情况下进行的活性污泥培养方式。连续式培养的优点是培养时间短，微生物所需驯化时间短。其具体操作方法是根据进水量的大小确定进水泵开机台数和生物池开启组数，格栅机、沉砂池、二沉池全部投入运行，开启外回流泵(若有内回流泵，选择不开)，回流量控制在80%～120%，控制曝气区溶解氧大于2mg/L，连续运行。在此过程中，每天做好各项水质指标和控制参数的测定。当SV%达到10%以上时，活性污泥培养即告成功，此时的出水水质指标一般可达到设计要求。

2)间歇培养：间歇式培养是按进水、曝气、沉淀、排除上清液等四个阶段往复循环的培养方式。其特点是微生物积累周期长，驯化时间长，较连续培养操作工作量大。其具体操作方法是同时开启进水泵、格栅机、沉砂池，待生物池充满水后开始曝气，同时停止进水，定时测定生物池中的生物量及水质指标，当COD、SS明显小于进水时停止曝气，沉淀2 h后再进水，同时撇除上清液。在此过程中的水质指标和控制参数的测定及完成的标志同连续式培养。

3)接种培养：接种法即向生物反应池中投加其他污水处理厂的活性污泥，短时间歇培养后再进行连续培养，从而提高培养的速度。还要注意在培养的初期，由于污泥尚未大量形成，污泥浓度较低，故应控制曝气量，使之大大地低于正常运行期的曝气量。为了加快活性污泥的培养进程，还可以适当增加培养初期营养物浓度，也可以加入一些粪便、食品加工业的含氮磷丰富的废液，以及饭店的米泔水等。设有初沉池的处理系统可让废水超越初沉池而直接进入曝气池。

目前，一般城市污水处理厂活性污泥的培养多采用间歇培养与边续培养相结合的方式，其具体操作方法是先采用间歇式培养法，即将城市污水生物反应池中暂停进水，使生物反应池充满生活污水，闷曝(即曝气而不进污水)数小时后即可连续进水。进水量从小到大逐渐增加，连续运行数天后即可见活性污泥开始出现并逐渐增多。由于生活污水营养适宜，污泥很快增至所需浓度。

(2)活性污泥驯化

活性污泥的培养和驯化可分步进行也可同步进行。驯化的目的是选择适应实际水质情况的微生物，淘汰无用的微生物，对于有脱氮除磷功能的处理工艺，通过驯化使硝化菌、反硝化菌、聚磷菌成为优势菌群。具体做法是首先保持工艺的正常运转，然后，严格控制工艺控制参数，DO在厌氧池控制在0.1 mg/L以下，在缺氧池控制在0.5 mg/L以下，在好氧池控制在2～3 mg/L，好氧池曝气时间不小于5 h，外回流比50%～100%，内回流比200%～300%，并且，每天排除日产泥量30%～50%的剩余污泥。

在此过程中，每天测试进出水水质指标，当培养出的污泥及MLSS达到设计标准，出水水质达到设计要求，生物处理系统的各项指标达到设计要求，曝气池的生物镜检生物相丰富，有原生动物出现，则可认为活性污泥的培养和驯化成功。

2. 生物膜的培养与驯化

对采用接触氧化、生物滤池等生物膜工艺的城市污水处理厂而言，在微生物培养和试运行阶段需进行生物膜的培养与驯化。使具有代谢活性的微生物污泥在生物处理系统中的填料上固着生长的过程称为挂膜。挂膜也就是生物膜处理系统固着态污泥培养和驯化过程。

生物膜法刚开始投运时需要有一个挂膜阶段，有两方面目的：其一是使微生物生长繁殖直至填料表面布满生物膜，其中微生物的数量能满足污水处理的要求；另一方面还要使微生物逐渐适应所处理污水的水质，即对微生物进行驯化。挂膜过程中回流沉淀池出水和池底沉泥，可促进膜的早日完成。

(1)生物膜的挂膜

从微生物的角度来讲，挂膜就是接种，就是使微生物吸附在固体支承物(滤料、盘片等)上。因为吸附在固体支承物上的污泥或菌种不牢固，易被水冲走，所以接种后应创造条件，使已接种的微生物大量繁殖，牢固的附在固体支承物上。这就需要连续不断地提供营养物，因此，在挂膜过程中应同时投加菌液和营养物。

挂膜过程使用的方法一般有直接挂膜法和间接挂膜法两种。在各种形式的生物膜处理设施中，生物接触氧化池和塔式生物滤池由于具有曝气系统，而且填料量和填料空隙均较大，可以使用直接挂膜法；而普通生物滤池和生物转盘等设施需要使用间接挂膜法。

1)直接挂膜法：该方法是在合适的水温、溶解氧等环境条件及合适的 pH、BOD_5、C/N 等水质条件下，让处理系统连续进水，使水量逐渐增大。对于生活污水和城市污水可以采用直接挂膜法，一般经过 7 ~ 10 d 就可以完成挂膜过程。

2)间接挂膜法：当采用普通生物滤池和生物转盘等设施处理时，为了保证挂膜的顺利运行，可以通过预先培养和驯化相应的活性污泥，然后再投加到生物膜处理系统中进行挂膜，也就是间接挂膜。间接挂膜有两种方式：一种是密封循环法，即将菌液或菌液与驯化污泥的混合液从生物膜处理设备的一端流入(或从塔顶部淋洒下来)，从另一端流出，将流出液收集在一水槽内，槽内不断曝气，使菌和污泥处于悬浮状态，曝气一段时间后，将槽内的菌液(或菌液与驯化污泥的混合液)进行静止沉淀(0.5 ~ 1.0 h)，去掉上清液，适当加入营养物和废水，也可加入菌液和驯化污泥，再回流入生物膜法处理设备，如此循环形成一个密封系统，直到发现支承物上长有粘状污泥，可停止循环，开始连续进入废水。这种挂膜方法需要的菌种和污泥量大，而且由于营养物缺乏，代谢产物积累，因而成膜时间较长，一般需要 10 d 左右。另一种挂膜法叫连续法，即在菌液和污泥循环 1 ~ 2 次后即连续进水，使进水量逐渐增大。这种挂膜法由于营养物供应充足，只要控制挂膜液的流速，就可保证微生物的吸附。连续法成膜时间较短，一般 3 ~ 4 天即形成比较完善的生物膜，并具有较好的处理效果。

为了能尽量缩短挂膜时间，应保证挂膜营养液、污泥量及适宜于细菌生长的 pH 值、温度、营养比等。挂膜后应对生物膜进行驯化，使之适应所处理废水的环境。在挂膜过程中，应经常对生物相进行镜检，观察生物相的变化。挂膜驯化之后，系统即可进入试运行，测定生物膜法处理设备的最佳工作运行条件，并在最佳条件转入正常运行。

(2)生物膜培养和驯化需注意的问题

开始挂膜时，进水流量应小于设计值，可按设计流量的 20% ~ 40% 启动运转。在外观可见已有生物膜生成时，流量可提高至 60% ~ 80%，待出水效果达到设计要求时，即可提高流量至设计标准。

在生物转盘法中，用于硝化的转盘，挂膜时间要增加 2 ~ 3 周，并注意进水 BOD_5 应低于 30 mg/L，因自养性硝化细菌世代时间长，繁殖生长慢，若进水有机物过高，可使膜中异养细菌占优势，从而抑制了自养菌的生长。

当水中出现亚硝酸盐时，表明生物膜上硝化作用进程已开始；当出水中亚硝酸下降，并出现大量硝酸盐时，表明硝化菌在生物膜上已占优势，挂膜工作宣告结束。

挂膜所需的环境条件与活性污泥培菌时相同，要求进水具有合适的营养、温度、pH 等，尤其是氮磷等营养元素的数量必须充足，同时避免毒物的大量进入。

因初期生物膜量较少，反应器内充氧量可稍少. 使溶解氧不致过高；同时采用小负荷进水的方式，减少对生物膜的冲刷作用，增加填料或填料的挂膜速度。在冬季 13℃ 时挂膜，整个周期比温暖季节延长 2 ~ 3 倍。

在生物膜培养挂膜期间，由于刚刚长成的生物膜适应能力较差，往往会出现膜状污泥大量脱落的现象，这可以说是正常的，尤其是采用工业废水进行驯化时，脱膜现象会更严重。

要注意控制生物膜的厚度，保持在 2 mm 左右，不使厌氧层过分增长，通过调整水力负荷（改变回流水量）等形式使生物膜脱落均衡进行。同时随时进行镜检，观察生物膜生物相的变化情况，注意特征微生物的种类和数量变化情况。

3. 厌氧消化污泥的培养及驯化

大中型污水厂一般在污水处理段运行正常后，产生足够的污泥再培养厌氧菌。先将消化池内充满二级出水，投入来自其他消化池的厌氧污泥菌种，或接入水处理段的剩余污泥。在消化污泥来源缺乏的地方也可用人粪、牛粪、猪粪、酒糟、剩余的淀粉等有机废物稀释到含固率为 1–3% 的污泥投入消化池。培养消化污泥菌时，必须控制 pH 值和有机物投配负荷，pH 值应保持在 6.4 ~ 7.8 之间，污泥（MLVSS）有机负荷控制在 0.5 kg/(m^3 · d)之下。投配负荷过高，会导致挥发性脂肪酸大量积累，pH 增高，使酸衰退阶段太长，从而延长培养时间。充分搅拌消化池内的接种污泥或混合污泥。中温消化就要保持消化池内的水温在 35℃ ± 2℃，边进泥边加热，待加至所需温度及泥位后，暂停进泥。待厌氧消化正常后可逐渐增加投泥量，直至到正常加泥。每日分析沼气成分，所需数据正常时，取样品进行点火试验并注意防火、防爆后才可正式进行沼气利用工作。

二、城市污水处理厂的试运行需注意的问题

当微生物培养成功后，污水厂即可投产试运行。试运行的水量可根据来水情况安排。一般开始试运行时按照设计量的一半运行，待正常时再投入另一半试运行。试运行期间为了确定最佳工艺运行条件主要作为变量考虑的因素有污水的温度、pH、电导率、曝气池中的溶解氧和污泥浓度、消化池内泥温、pH 值、充氧系统的运行状态、加热污泥系统的运行情况、沼气柜的运行情况以及脱水机的运行状况。

污水处理厂试运行前应对所有设施、管道及水下设备进行检查，彻底清理所有杂物，以避免通水后管道、设备堵塞和维修水下设备影响调试的顺利进行。通水后进行水下设施设备的维护困难相当大，主要是因为维修需将水池放空，放空一次需花费较长时间及工作量，池中活性污泥及污水的排放去向也很难解决。因此，在通水前一定要认真检查、清理。对进水水质严格进行监控，尤其是 pH，超过要求时应立即采取相应措施，否则会使培菌工作前功尽弃。

培菌初期，曝气池会出现大量的白色泡沫，严重时会堆积2～3 m高，污染走道和现场仪器仪表，这一问题是培菌初期的必然现象，只要控制好溶解氧和采取适当的消泡措施就可以解决。

自来水水量和压力大小往往容易被大家忽视，在调试过程中，化验室和污泥脱水的一些仪器、设备对水量和水压有严格的要求，若达不到要求，这些仪器、设备将无法使用。污水厂一般远离城市，处于自来水的管网末梢，水量水压通常很小，因此，应设置一定的装置以提高水量水压。

第四节　城市污水处理厂运行与监测考核指标

一、主要运行指标

1. 系统中的微生物浓度指标

常用两个指标表示，分别是混合液悬浮固体浓度（简写为MLSS）和混合液挥发性悬浮固体浓度（简写MLVSS）。MLSS又称混合液污泥浓度，它表示在曝气池单位容积混合液内所含有的活性污泥固体物的总质量；MLVSS表示的是混合液活性污泥中有机性固体物质部分的浓度。这两个指标都间接表示反应池内参与反应的微生物的浓度，MLVSS表示的更为准确些。两者的比值一般为MLVSS/MLSS=0.75。

2. 活性污泥的沉降性能及其相关的指标

常用的两个指标是污泥沉降比（简写为SV）和污泥容积指数（简写为SVI）。

污泥沉降比是混合液在量筒内静置沉淀30 min后所形成沉淀污泥的容积与原混合液容积的比率，以百分率（%）表示。污泥沉降比能够反映曝气池运行过程的活性污泥量，可用以控制、调节剩余污泥的排放量。

污泥容积指数（简写为SVI）的物理意义是指曝气池出口处的混合液，经过30 min静置沉淀后，每克干污泥所形成的沉淀污泥所占有的容积（以mL计）。SVI值能够反映活性污泥的凝聚、沉降性能。对生活污水及城市污水，此值介于70～100 mL/g之间。SVI值过低，说明泥粒细小，无机质含量高，缺乏活性；此值过高，则说明污泥的沉降性能不好，并且有产生膨胀现象的可能。

3. 污泥龄（SRT）

污泥龄也称生物团体平均停留时间。活性污泥处理系统保持正常、稳定运行的一项重要条件，是必须在曝气池内保持相对稳定的悬浮固体量（活性污泥量）。但是，活性污泥参与反应的结果是使曝气池内的活性污泥量增长，这样，每天必须从系统排出相当于增长量的活性污泥量，以维持曝气池内的活性污泥量的恒定。污泥龄的物理含义就是曝气池内的活性污泥的总量与每天从系统排出的活性污泥量之比。通过控制污泥龄可以对系统中的优势菌种进行筛选。

4. 水力停留时间（HRT）

水力停留时间是指污水在系统中的平均停留时间，也是污水和微生物的反应时间，水力停留时间越短,处理系统在单位时间处理的水量就越大。

5. BOD 污泥负荷和 BOD 容积负荷

BOD 污泥负荷是指单位时间内,单位质量的活性污泥(MLSS)所接受的有机污染物(BOD_5)量。BOD 容积负荷是指单位时间内,单位体积的反应池(曝气池)所接受的有机污染物(BOD_5)的量,用 $kg/(m^3 \cdot d)$表示。从运行来讲,在满足出水水质的前提下,这两个指标越高,就说明反应器的生物污水处理效能越高。

6. 处理水量

污水厂处理水量是运行管理中的一个主要指标,在进水水量充足、出水达到水质标准的前提下,处理水量高,说明处理厂设备运行管理有效。目前城市污水处理厂的处理水量指标由上级主管部门根据该厂的处理能力和实际进厂的水量决定。污水处理厂应根据此安排、调整厂内的维修和技改等工作,但必须保证完成年处理量为计划指标的 95% 以上。

7. 污染物去除率

污染物去除率包括有机物、悬浮物、营养物等的去除效果,通常用百分率来表示。

8. 出水水质的达标率

污水处理厂出水水质达标率是指一年中出水水质的达标天数与全年应该运行的天数之比。通常这一指标应在 95% 以上。

9. 电耗指标

城市污水处理厂的电耗指标是指处理单位体积的污水或降解单位质量的有机物工艺所消耗的电力。通常我国污水厂的电耗指标,相对于污水为 0.15 ~ 0.3 $kW \cdot h/m^3$ 或相对于 BOD_5 为 0.65 ~ 1.5 $kW \cdot h/kg$。

10. 设备完好率和使用率

污水厂的设备完好率是指设备实际完好台数与应当完好的台数的比值。设备的使用率是指设备的使用台数与应当完好的台数的比值。管理良好的污水处理厂,其设备的完好率应该在 95% 以上。设备的使用率与设计、采购、安装的容余程度和其后管理、改造有关。

二、主要水质指标

1. 生化需氧量(BOD)

生化需氧量用来测定城市污水中的相对氧需要量,是间接表示污染程度的指标。

BOD 试验是一种经验型的生物方法,它是测量微生物生活时同化和氧化废水中的有机物所消耗的溶解氧。标准试验条件是在暗处培养一定时间(通常为 5 d)、一定温度(20℃)下的耗氧量,用 BOD_5,表示,单位为 mg/L。

2. 化学需氧量(COD)

化学需氧量用来测定城市污水中的相对氧需要量,也是用来间接表示有机物污染程度的一个指标。通常用重铬酸钾作为氧化剂进行测定,用 COD_{cr}表示,单位为 mg/L。

3. 总固体悬浮物(SS)

固体悬浮物是将水样过滤后在 105 ~ 110℃ 温度下把滤纸上截留物烘干所得的固体量,

是常用的重要水质指标,单位为 mg/L。在沉淀设备中,悬浮物的去除率是反映沉淀效果的重要指标。除总固体悬浮物,还常分析溶解性固体,它是指通过滤纸(0.45 μm)的固体悬在95%以上。

4. 有机氮(也称总凯氏氮,TKN)和总氮

有机氮是反映水中蛋白质、氨基酸、尿素等含氮有机物总量的一个水质指标。总氮(TN)是有机氮与氨氮、亚硝酸盐氮、硝酸盐氮之和。

5. 总磷(TP)

磷是造成水体富营养化的重要因素之一,废水中的磷一般具有3种形态,即正磷酸盐、聚磷酸盐和有机磷。磷常是刺激水生植物生长并导致富营养化的主要根源,水中的浮游藻类等水生生物的数量与磷的含量密切相关。《污水综合排放标准》对总磷的排放有相应的规定,因此原水和出水中磷的含量是重要的分析指标,是指导工艺运行的必要数据。

6. pH 值

pH 值用以表示水的酸碱性,当 pH=7 时,水呈中性;pH 小于 7 时,水呈酸性;pH 大于 7 时,水呈碱性。

三、污泥的监测指标

对污泥的监测分析可为控制二次污染提供必要的信息,同时提供工艺运行效果的优劣情况,并且为污泥的处理提供必要的数据。因此污泥的指标与水质指标一样重要。我国污水处理厂污泥监测见表8.1。表中有些项目要根据应用的实际工艺进行设置。

表8.1　污泥特性及污染物监测分析方法

序号	控制项目	测定方法	方法来源
1	污泥含水率	烘干法	(1)
2	有机质	重铬酸钾法	(1)
3	蠕虫卵死亡率	显微镜法	GB7959-87
4	粪大肠菌群菌值	发酵法	GB7959-87
5	总镉	石墨炉原子吸收分光光度法	GB/T17141-1997
6	总汞	冷原子吸收分光光度法	GB/T17136-1997
7	总铅	石墨炉原子吸收分光光度法	GB/T17171-1997
8	总铬	火焰原子吸收分光光度法	GB/T17137-1997
9	总砷	硼氰化钾-硝酸银分光光度法	GB/T17137-1997
10	硼	姜黄素比色法	(2)
11	矿物油	红外分光光度法	(2)
12	苯并(a)芘	气相色谱法	(2)
13	总铜	火焰原子吸收分光光度法	GB/T17138-1997
14	总锌	火焰原子吸收分光光度法	GB/T17138-1997
15	总镍	火焰原子吸收分光光度法	GB/T17139-1997

续表 8.1

序号	控制项目	测定方法	方法来源
16	多氯化二苯并二恶英/多氯代二苯并呋喃(PCDD/PCDF)	同位素稀释高分辨毛细管气相色谱/高分辨质谱法	HJ/T77-2001
17	可吸附有机卤化物(AOX)		待定
18	多氯联苯(PB)	气相色谱法	待定

注:暂采用下列方法,待国家方法标准发布后,执行国家标准。
(1)《城镇垃圾农用监测分析方法》。
(2)《农用污泥监测分析方法》。

第五节　工艺控制参数及规程的确定

一、工艺控制参数的确定

设计中的工艺控制参数是在预测的水量、水质条件下确定的,而实际投入运行时的污水处理厂的水量水质往往与设计有较大的差异,因此,必须根据实际水量水质情况来确定适宜的工艺控制参数,在保证污水处理厂正常、稳定运行出水且水质达标的条件下尽可能降低能耗。

(1)工艺参数内容

需确定的重要工艺参数有进水泵房的控制水位、沉砂池排砂周期、生物池溶解氧 DO 及氧化还原电位 ORP、污泥回流比 R、污泥浓度 MLVSS,污泥沉降比 SV%、污泥指数 SVI、污泥龄 SRT、剩余污泥排放周期及日排放量、二沉池泥面高度等,其中影响能耗大小的主要因素是进水水位的高低和污泥浓度 MLVSS 的大小,影响脱氮除磷效果的主要因素是溶解氧 DO 和污泥龄 SRT。

(2)工艺参数的确定方法

进水泵房水位在保证进水系统不溢流的前提下尽可能控制在高水位运行。用每天排除大量的体积与集砂容积对比来确定排砂周期,排砂量体积小于集砂容积。生物池 DO 及 ORP 根据厌氧池放磷情况、缺氧池反硝化情况、好氧池吸磷和硝化情况来确定,一般情况下厌氧池的 DO 小于 0.1 mg/L,缺氧池的 DO 小于 0.5 mg/L,好氧池的 DO 控制在 2 ~ 3 mg/L 之间,厌氧池 ORP 小于-250 mv,缺氧池 ORP 在-100 mv 左右,好氧池 ORP 大于 40 mv。回流比 R 的大小应根据污泥在二沉池的停留时间和磷的释放来确定,一般情况下 80% 左右较合适。污泥浓度 MLVSS 通过污泥负荷来确定,脱氮除磷工艺的 BOD_5 污泥(MLVSS)负荷一般在 0.12 kg/(kg · d)左右较合适。污泥龄 SRT 要考虑设计水质的要求,对脱氮除磷工艺而言,其一般控制在 8 d 左右。

二、工艺控制规程

工艺控制规程主要是用来指导生产运行的,是工艺运行的主要依据,其主要包含以下几方面的内容:第一,各构筑物的基本情况;第二,各构筑物运行控制参数;第三,设施设备运行方式;第四,工艺调整方法;第五,处理设施维护维修方式。工艺控制规程应在工艺参数确定后编制。

污水厂要正确运行,还应有一套完善的制度,其主要包括管理制度、岗位职责、操作规程、运行记录、设备设施档案等,在调试过程中可分步完成上述工作。

第九章　一级处理构筑物的运行管理

第一节　格栅的运行管理

一、格栅的工艺运行条件

1. 过栅流速的控制

污水在栅前渠道的流速一般应控制在 0.4 ~ 0.8 m/s，过栅流速应控制在 0.6 ~ 1.0 m/s，具体情况应视实际污物的组成、含砂量的多少及格栅距等具体情况而定。过栅流速太大，则容易把需要截留下来的软性栅渣冲走；过栅流速太小，污水中粒径较大的粒状物质有可能在栅前渠道内沉积。在实际运行中，可通过开停格栅的工作台数来控制过栅流速，使过栅流速控制在所要求的范围内。

2. 栅筛前后水位差的控制

可利用栅前、栅后水位差作为清渣控制参数，污水通过栅筛的前后水位差宜小于 0.3 m。栅筛前后水位差与栅渣量相关，栅渣量与地区特点、栅条间隙大小、废水流量以及下水道系统的类型等因素有关，及时清除栅渣是控制合理过栅流速的重要措施。投运清污泥台数过少，栅渣在格栅滞留时间过长，使污水过栅断面减少，造成过栅流速增大，拦污效率降低。如采用按时间设定自动运行，则需采用人工清渣相结合的方式，以避免特殊情况下栅渣滞留的现象。无论采取何种方式，值班人员均应定时巡检。

二、格栅的运行管理

1. 日常维护管理

格栅的日常维护应保证每天对栅条、除渣耙和栅渣箱等进行清理，及时清运栅渣，保证格栅通畅；检查并调节栅前的流量阀门，保证过栅流量的均匀分布，控制过栅流速在适合的范围；对于使用机械格栅的单位，格栅除污机是维护管理的重要部分，也是最容易发生故障的设备之一，日常运行管理的重点应放在格栅除污机是否运转正常，除污机开启前应检查机电设备是否具备开机条件，运行中有无异常声音，栅条是否变形，并做详细的运行记录；机电设备的运转情况发现故障应立即停车检修，应及时查清原因，做到定时加油，及时调换，检修除污机或人工清捞栅渣时应注意安全。定期检查渠道的沉砂情况，及时排砂并排除由于流速、渠道底部水面坡度和粗糙等原因引起的积砂问题。

2. 卫生和安全

清捞出的栅渣应妥善处理和处置，滤渣的去向和处理情况应合理。主要的处理方式有填埋、焚烧以及外运到固定的固体废弃物处理厂，确保固体废弃物的及时、妥善处理。栅渣中往往夹带许多挥发性油类等有机物，堆积后能够产生异味，因此应及时清运栅渣，以免造成气味污染。同时栅渣压榨液也应及时导入污水渠道中，严禁明渠流或地面漫流。汛期应加强巡视增加清污次数，栅筛除污机械工作时应监视。

第二节　沉砂池的运行管理

沉砂池的功能是从水中分离相对密度较大的无机颗粒，一般设在沉淀池之前，保护水泵和管道免受磨损。

一、沉砂池工艺运行条件

沉砂池的基本工艺运行参数包括停留时间和流速，各类沉砂池正常运行参数应符合表9.1的规定。

表9.1　各类沉砂池正常运行参数

序号	池型	停留时间/s	流速/$m \cdot s^{-1}$
1	平流沉砂池	30～60	0.15～0.30
2	竖流沉砂池	30～60	0.05～0.10
3	曝气沉砂池	60～180	0.25～0.30①

注：曝气沉砂池流速为旋流速度。

1. 停留时间和水流流速的控制

平流沉砂池运行操作主要是控制污水在池中的水流流速和停留时间。

水流流速的控制取决于沉砂粒径的大小。沉砂组成以大砂砾为主，水平流速应增大，以减少有机物的沉淀；若沉砂以小砂砾为主，减小水平流速也可保证砂砾的沉淀，同时大量有机物也会随之沉淀。

2. 旋流流速和旋转圈数控制

曝气沉砂运行操作主要控制旋流流速和旋转圈数。一般条件下曝气沉砂池中水流在流量最大时的停留时间为1～3 min，水平流速为0.1 m/s；空气量保证池中水的旋转速度在0.3 m/s左右，处理每立方米污水的曝气量为0.1～0.2 m^3 空气，有效水深为2～3 m。

曝气沉砂池中的旋转速度与砂粒粒径有关，粒径越小，所需的旋转速越大，但不能超过设计旋转速度的范围，否则会造成沉下的砂粒重新泛起。

旋转圈数与曝气强度相关，曝气强度越大，旋转圈数越多，沉砂效率越高；反之沉砂效率降低。

二、沉砂池的运行管理

1. 日常维护运行

(1)清渣

在沉砂池的前部，一般都设有细格栅，细格栅上的垃圾应及时清捞，格栅内外的水位差不应大于 30 cm，防止栅前水位升高到漫溢的程度，从而影响后续处理的正常进行。在一些平流沉砂池上，常设有浮渣挡板，挡板前浮渣应每天捞清。

(2)排砂

沉砂池的最重要操作是及时排砂。对于用砂斗重力排砂的沉砂池，一般应每日排砂一次。排砂时，应关闭进出水闸门，逐一打开排砂闸门，把沉砂池排空。若池底仍有杂粒，可微微打开进水闸门用污水冲清池底沉砂。采用机械除砂，排砂机械的运转间隔时间根据砂量及机械的能力而定，除砂机械应每日至少保证运行一次，操作人员应现场监视，发现故障及时采取处理措施。除砂机械工作完毕，应将其恢复到待工作状态。

(3)空气量调节

曝气沉砂池的空气量应每天检查和调节一次，根据水量进行调节，调节的依据是空气量仪表。如果没有空气量仪表，可测表面流速。若发现情况异常(如曝气减弱)，应停车排空检查。清理完毕重新投入运行，先通气后进水(防止砂粒进入扩散器)。曝气沉砂池的旋流速度难以测定，但其表面流速可用浮标测得，旋流速度比表面流速略小些(约 75%)。

(4)设备维护

每周至少一次对进、出水闸门及排渣闸门加油，清洁保养。每年定期油漆大保养。对装有机械设备的设施，每次交接班时要检查性能，保证随时都能正常运转。操作电动闸门时，操作人员不得离开现场，要密切注意电动闸门运行情况。如有异常现象，应立即关闭电源，查明原因，排除故障，才能继续运行。各种刮砂机操作保养方法不同，但有几个共同点应注意：①经常检查和加油；②减速器连续运行一段时间后彻底换油；②运行时注意紧固状态、温升、振动和噪音情况；④及时油漆防锈；⑥若数天未开刮砂机，一旦要重新启动时，必须探明沉砂淤积情况。如淤积过多，超过刮砂机的承受能力，必须设法排除淤积沉砂后再开刮砂机。⑦除砂机的限位装置应每月检修一次，应保持排砂管通畅。

(5)沉渣处理

沉渣应定期取样化验，主要项目有含水率及灰分，此外沉渣数量也应每天记录。刚排出的沉渣含水率很高，因此一般在沉砂池下面或旁边应设集砂池。集砂池墙上从上到下有撇水孔或缝。用竹箅或带孔塑料板挡住，水分通过小孔或缝流走，沉渣的含水率可降到 60% ~70%，为了使沉渣中有机物进一步减少，国外有些污水处理厂用淘洗设备，通过淘洗的沉渣用于填洼地或堆放于空地(国内未见有淘洗工艺)。沉渣的最终处置也很麻烦。沉渣包括石子、砂、煤这、草纸、纱头、布条、虫壳、瓜子壳、香烟头等数十种杂物。在生活污水为主的污水处理厂，即使是曝气沉砂池，沉渣中往往仍含有大量有机物，其灰分常在 50% 以下，又臭又脏，目前常用填埋法处理。在某些合流和有较多工业废水的污水处理厂，沉渣灰分略高些，一般可堆置于荒地或专用场地处理，有些地方可用于碱性土壤施肥以增加土壤的疏松程度。

(6)卫生及安全

沉砂池排出的沉砂应及时外运，不宜长期存放；清捞出的浮渣应集中堆放在指定地点，并及时清除。还应保持沉砂池及贮砂场的环境卫生。沉砂池上的电气设备应做好防潮湿、抗腐蚀处理。操作人员应在工作台上清捞浮渣。曝气沉砂池在运行中，不得随意停止供气。吊抓式除砂设备工作时，下面严禁站人。工作结束时，应将抓斗放在指定位置。除砂机工作完毕,必须切断现场电源。

二、常见的故障及问题

沉砂池的运转故障较少,常见的故障及问题如下:

1)重力排砂的沉砂池如操作失误,有可能引起排砂口堵塞。操作失误主要是指排砂间隔太长,数天或数周不排砂,沉砂结成块而堵塞排砂口。

2)沉砂池排砂管太长、转弯或起伏太多也容易引起管道堵塞,因此一般集砂池总是紧靠在沉砂池边上,以减少排砂管长度。

3)由于沉砂池上臭味较浓,气体腐蚀性强、沉砂池附属的机电设备比较容易损坏(如刮砂机和闸门启闭器锈蚀损坏),因此,对沉砂池附属机电设备的保养应予以加强。

第三节　初沉池的运行管理

初沉池的入流污水已经过格栅和沉砂池,去除了较大的飘浮物和相对密度较大、易于分离的颗粒物质,还需在初沉池中通过重力沉淀去除污水中尚存的细小砂粒和 SS。在进水水质正常的情况下,初沉池对入流污水中 BOD_5 和 SS 两项污染物去除率指标应分别大于 25% 和 40%。对初沉池的运行管理应在保证均匀布水、均匀出流的基础上,通过对工艺运行参数的控制、初沉池配套设施日常维护以及水面监视来及时应对由入流污水水量、水温及 SS 负荷的变化引起的出水水质变化,保证初沉池的出水水质满足设计要求。

一、初次沉淀池的工艺运行条件

1. 表面水力负荷的控制

初沉池表面水力负荷越低,SS 去除率越高。但由此可使活性污泥指数升高,有可能生成二沉池难以沉淀的絮体;SS 去除率高还可使曝气池所需的 SS 也被沉淀去除,导致曝气池进水 BOD_5/SS 升高,容易引起污泥膨胀和污泥指数上升,使处理出水水质恶化;同时水力负荷低,水力停留时间增加,可导致污水在初沉池中腐败。初沉池表面水力负荷太高,SS 的去除效率下降。因此,需根据污水处理厂入流污水水质、沉降性物质的比例和 SS 浓度由操作人员对表面负荷进行调节控制,将表面负荷控制在最佳范围。

表面负荷的调节控制可通过增减使用池数进行;对污水参数的短期变化,也可采用控制入池的方法,将污水在上游管网内进行短期储存。不同的污水处理厂应根据入流污水量及水质选定相应的值。当 SS 去除率过高时,应增加表面负荷,以增加曝气池 SS 的入流量。进水 SS 浓度过低时,若实际情况允许,通过超越管线将污水直接通入曝气池,可获得较好的处理效果。

2. 流量的调节控制

可通过调节配水井上各池进水闸阀的开启度,使并联运行的几个沉淀池水量均匀,负荷相等,停留时间一致。在污水入流量波动较大的情况下,为均衡各池的流量,可使用污水入流闸门对流量进行调节。入流闸门原则上全开,闸门关得过小,入流速度过快可导致入流侧发生紊流，影响沉淀效果。当多池运行而又未设置均匀分配污水处理量的设施时，入流水量最多的池闸门可关小一些，在不影响使用的情况下保持流量均衡。

3. 刮泥机运行方式的控制

初淀池的刮泥机可以连续运行，也可以间歇运行。根据初沉池和刮泥机的形式，确定刮泥方式、刮泥周期的长短，避免沉积污泥停留时间过长造成浮泥，或刮泥过于频繁扰动已沉下的污泥。

4. 排泥量的调节

初沉池的排泥量可根据下式进行计算

$$\text{初沉池污泥排泥量}/(m^3 \cdot d^{-1}) = \frac{\text{进水量}(m^3/d)\times(\text{进水 SS}-\text{出水 SS})(mg/L)}{10\ 000} \tag{9.1}$$

排泥是初沉池运行中最重要也是最难控制的一项操作，有连续排泥和间歇排泥两种方式。初沉池排泥的含水率要求在97%下，含水率低易于脱水，并可节省能耗，降低脱水机械设备的磨损，提高脱水效率。为了达到排出的污泥含水率低，在工艺条件允许的情况下常采用间歇排泥。初沉池排泥时间为排泥管中的固体含量由排泥开始降低到基本为零所需的时间。每次排泥的时间取决于污泥量、排泥泵的容量和浓缩池要求的进泥浓度。

排泥方式可分为人工控制和自动控制排泥泵的开停，根据污水处理厂的规模和实际情况选择适合的排泥方式。自动排泥最常用的控制方式是时间程序控制，即定时排泥，定时停泵，这种排泥方式要达到准确排泥，需要经常对污泥浓度进行测定或应采用污泥浓度计等仪器，通过调整泥泵的运行时间来控制污泥的排放量。

当发现排泥浓度下降，可能的原因是排泥时间偏长，应调整排泥时间。排泥管内的污泥浓度达到3%时，才能进行排泥，排泥管中的污泥浓度在排泥开始时较高，随时间逐渐降低，超过某一时刻后会迅速下降。排高浓度污泥时需在浓度急剧下降前停止排泥，可在排泥管路上设置污泥浓度计，当排泥浓度降至设定值时，泥泵自动停止，时间和临界浓度的设定可根据污水处理厂的运行经验来制定，由此控制排泥泵的开停时间及污泥的排量。

5. 回流水量的控制

回流水主要指污水处理厂内的杂排水、污泥浓缩设备的分离液、消化池的上清液、污泥脱水分离液和污泥焚烧设备的排气洗涤水等。回流水的水质和水量很难定量化，对初沉池的运行管理有一定的影响。在运行中应加强对厂内杂排水和污泥处理设施的管理和控制，防止高浓度SS回流水进入初沉池。

二、运行管理

1. 日常运行管理

操作人员根据池组设置、进水量的变化，应调节各池进水量，使各池均匀配水；初次沉淀池应及时排泥，并宜间歇进行；操作人员应经常检查初次沉淀池浮渣斗和排渣管道的排渣情况，并及时清除浮渣，平时应经常冲洗排渣斗，以免排渣不畅，影响出水水质。清捞出的浮渣应妥善处理；刮泥机待修或长期停机时，应将池内污泥放空；操作人员每日应注意水面是否有异常色及油流入，有无气泡、臭气、进出水是否均匀，是否附着泡沫，污泥是否随水流出。

2. 安全操作

人工清捞浮渣、清扫堰口时,应采取安全及监护措施;与排泥管道连接的闸井、廊道等,应保持良好通风;刮泥机在运行时,不得多人同时上刮泥机。

3. 维护保养

在日常巡视中应检查除渣装置、刮泥机、污泥计量装置、污泥泵、自控装置等是否正常工作,机器的检查、维护应根据操作方法、机器性质和设置场所等定期进行,发现故障立即处置。

三、异常问题的分析及对策

(1)污泥腐败上浮

沉淀时间过长、排泥不及时使污泥堆积时间过长或刮泥机工作异常均会引起污泥腐败上浮。当观察到初沉池水面产生气泡时,应及时加大排泥量。若污泥已发生上浮,可用网或压力水破碎,也可将上浮污泥引入曝气池进行处理。

(2)污泥从溢流堰流出

进水量过大、表面负荷过高或溢流堰负荷过大时会引起污泥从溢流堰流出,可通过减小进水量,增加溢流堰长度来解决。若出现浮渣溢流可能的原因是浮渣挡板淹没深度不够,或刮渣板损坏,或清渣不及时。

(3)池水发黑发臭

池水发黑发臭产生的原因有可能是污泥浓缩池大量高浓度 SS 分离液回流、腐败污水的进入或工厂排污出水不达标。可通过短时间内减少调节污水泵缩短污水在管路设施中的停留时间,加快新鲜污水的流入,以及选择适合的分离液排出位置,改善污泥处理设施的运转管理。

(4)出水异常

初沉池出水异常的主要表现为颜色的变化、透明度下降、有臭气产生及 SS 升高等。这些异常可能是由各池进水量不均衡,发生短流或异重流,回流水负荷过高,污泥排放不及时,初沉池构造上存在缺陷,配套设备异常所造成。因此,初沉池运行应详细记录每天排泥次数,排泥时间,温度,pH,刮泥机及泥泵的运转情况,排浮渣次数及渣量。对主要的控制参数进行记录,记录每班出泥参数。

第十章　二级处理构筑物的运行管理

第一节　曝气池的运行管理

一、曝气池的运行控制条件

1. BOD 负荷

曝气池中活性污泥对有机物的去除,首先是活性污泥对有机物的吸附,因此活性污泥与有机物的比值越高,污水中残存的有机物浓度越低,反之比值越低,有机物浓度越高。所以 BOD 负荷越高,有机物浓度也越高,负荷越低处理水质越好。BOD 负荷的适用范围因各污水处理厂工艺不同而不同,可根据设计手册中不同工艺的 BOD 负荷要求在污水处理厂的实际运行中进行调节。

考虑到沉淀的性能,BOD 污泥负荷应避开 0.5 ~1.5 kg/(kg · d)的范围,因为这一范围易产生污泥膨胀,影响沉淀效果。

2. 曝气池混合液溶解氧

环境溶解氧浓度为 0.3 mg/L 时,好氧生物的正常代谢活动即可维持,在曝气池中活性污泥以絮体形式存在,其絮体直径介于 0.1 ~0.5 mm 之间,当周围混合液溶解氧水平为 2.0 mg/L时,絮粒中心溶解氧降至 0.1 mg/L,已处于微缺氧状态。因此传统活性污泥法曝气池出口溶解氧控制在 2.0 mg/L 左右。在鼓风系统中,可控制进气量调节曝气中溶解氧的高低,曝气池溶解氧长期偏低一是污泥负荷过高,二是供氧设施功率过小,可从以上两方面进行改善和控制。

3. MLSS 污泥浓度

曝气池混合液须维持相对固定的污泥浓度 MLSS,才能维持好处理效果和处理系统稳定运行。每一种好氧活性污泥法处理工艺都有其最佳曝气池的 MLSS,一般情况下,生物处理系统常采用的污泥(MLSS)浓度是 2 500 ~3 000 mg/L。曝气池中 MLSS 接近其最佳值时,处理效果最好,MLSS 过低时往往达不到预期的处理效果。当 MLSS 过高时,泥龄延长,维持这些污泥中微生物正常活动所需的溶解氧数会增加许多,导致对充氧系统能力的要求增大。同时曝气池混合液的密度会增大,阻力增大,也就会增加机械曝气或鼓风曝气的电耗。也就是说,虽然 MLSS 偏高时,可以提高曝气池对进水水质变化和冲击负荷的抵抗能力,但在运行上往往是不经济的。而且有时还会导致污泥过度老化,活性下降,最后甚至影响处理水质。在实际运行时,往往需要通过加大剩余污泥排放的方式强制减少曝气池的 MLSS 值,刺激曝气池混合液中的微生物的生长和繁殖,提高活性污泥分解氧化有机物的活性。

污泥浓度的高低影响系统的稳定程度，浓度高的系统污泥总量高，对负荷的变化抵抗能力强，但所需供氧量大，如污泥浓度过高，则会使得供氧量难以满足工艺要求。

4. SV 的测定

污泥沉降比(Settling Velocity ,SV)又称 30 min 沉降率，是曝气池混合液在量筒内静置 30 min 后所形成的沉淀污泥容积占原混合液容积的比例，以% 表示。一般取混合液样 100 mL，用满量程 100 mL 量筒测量，静置 30 min 后泥面的高度恰好就是 SV 的数值。SV 值的测定简单快速是评定活性污泥浓度和质量的常用方法。

SV 值能反映曝气池正常运行时的污泥量、污泥的凝聚性和沉降性能等。可用于控制剩余污泥排放量，SV 的正常值一般在 15% ~30% 之间，低于此数值区说明污泥的沉降性能好，但也可能是污泥的活性不良。可少排泥或不排泥或加大曝气量。高于此数值区，说明需要排泥操作了，或采取措施加大曝气量。也可能是丝状菌的作用使污泥发生膨胀，需加大进泥量或减少曝气量。

污泥沉淀 30 ~60 min 后呈层状上浮且水质较清澈。说明活性污泥反应功能较强，产生了硝化反应，形成了较多的硝酸盐，在曝气池中停留时间较长，进入二沉池中发生反硝化，产生气态氮，使一些污泥絮体上浮。可通过减少曝气量或减少污泥在二沉池的停留时间来解决。在量筒中上清液含有大量的悬浮状微小絮体，而且透明度差、混浊。说明是污泥解体，其原因有曝气过度、负荷太低造成活性污泥自身氧化过度、有害物质进入等。可减少曝气量，或增大进泥量来解决。在量筒中泥水界面分不清，水质混浊其原因可能是流入高浓度的有机废水，微生物处于对数增长期，使形成的絮体沉降性能下降，污泥发散。可采取加大曝气量，或加大污水在曝气池中的停留时间来解决。

5. SVI 的调节

污泥容积指数(Sludge Volume Index,SVI)指曝气池出口处混合液经过 30 min 静置沉淀后，每克干污泥所形成的沉淀污泥所占的容积。单位以 mL/g 计。SVI 值排除了污泥浓度对污泥沉降体积的影响，因而比 SV 值能更准确地评价和反映活性污泥的凝聚、沉淀性能。一般说来，SVI 值过低说明污泥颗粒细小，无机物含量高，缺乏活性；SVI 过高说明污泥沉降性较差，将要发生或已经发生污泥膨胀。城市污水处理厂的 SVI 值一般介于 70 ~100 之间。SVI 值与污泥负荷有关，污泥负荷过高或过低，活性污泥的代谢性能都会变差，SVI 值也会变很高，存在出现污泥膨胀的可能。

6. 污泥龄的控制

污泥龄是指活性污泥在整个系统中的平均停留时间，一般用 SRT 表示。分解有机污染物的绝大部分微生物，其世代期都小于 3 d，因此只要控制污泥龄大于 3 d，这些微生物就能在活性污泥系统生存下来并得以繁殖。硝化杆菌的世代期一般为 5 d，因此要在活性污泥系统中培养出硝化杆菌，将 NH_3-N 硝化成 NO_3-N，则必须控制 SRT 大于 5 d。另外，SRT 直接决定着活性污泥系统中微生物的生长阶段。SRT 较大时，进行内源呼吸的微生物也能在系统中存在，而 SRT 较小时，只有对数增长期的微生物存在，处于内源呼吸期的微生物早已被剩余污泥带走。一般来说，对数增长期的微生物活性高，分解代谢有机污染物的能力强，但凝聚沉降性能较差；而内源呼吸期微生物可能已老化，分解代谢能力较差，但凝聚沉降性能较好。通过调节 SRT，可以选择合理的微生物生长阶段，使活性污泥即有较强的分解代谢能力,又有良好的沉降性能。传统活性污泥工艺一般控制 SRT 在 3 ~5 d。

7. 回流比的选择

回流比是回流污泥与入流污水量之比。回流污泥量是指从二沉池补充到曝气池的污泥量,通过调节回流量可调节工艺的运行状态,保证工艺正常运行。

二、曝气池的巡视与观察

在城市污水处理厂的日常运行中,通过肉眼观察也能够得到许多工艺运行状况的信息。

1. 活性污泥的色、味观察

正常运行的城市污水厂,活性污泥一般呈黄褐色。在曝气池溶解氧不足时,厌氧微生物会相应滋生,含硫有机物在厌氧时分解释放出 H_2S,污泥发黑、发臭;当曝气池溶解氧过高或进水过淡,负荷过低时,污泥中微生物可因缺乏营养而自身氧化,污泥中色泽转淡。良好的新鲜活性污泥略带有泥土味。

2. 活性污泥生物相观察

活性污泥生物相是指活性污泥中微生物的种类、数量、优势度及其代谢活力等相的形貌。生物相能在一定程度上反映出曝气系统的处理质量及运行状况。当环境条件(如进水浓度及营养、pH 值、有毒物质、溶解氧、—温度等)变化时,在生物相上也会有所反应。我们即可通过活性污泥中微生物的这些变化,及时发现异常现象或存在的问题,并以此指导运行管理。因此,对生物相的观察,已日益受到人们的重视。

一般,在运行正常的城市污水处理厂的活性污泥中,污泥絮体大,边缘清晰,结构紧密,具有良好的吸附及沉降性能。絮粒以菌胶团细菌为骨架,穿插生长着一些丝状细菌,但其数量远少于菌胶团细菌。微型动物中以固着类纤毛虫为主,如钟虫、盖纤虫、累枝虫等,还可见到部分盖型纤虫在絮粒上爬动,偶尔还可看到少量的游动纤毛虫等,在出水水质良好时,轮虫生长活跃。实践表明,对生物相的观察应注重以下几个方面。

(1)活性污泥的结构

取曝气池新鲜活性污泥,盛放到 100 mL 量筒中,静置 5 ~15 min 后,观察在静置条件下污泥的沉降速率,沉降后泥、水界面是否分明,上清液是否清澈透明。凡沉降速率快,泥、水界面清晰,上清液中未见细小污泥絮体悬浮于其中的污泥样品性能较好。

在低倍镜下观察法泥絮体中菌胶团的形状、结构、紧密程度,然后再转换至高倍镜下观察污泥絮粒中菌胶团细菌与丝状细菌的比例和絮体外游离细菌的多寡,凡絮粒大、圆形、封闭状、絮粒胶体厚实、结构紧密、丝状菌数量较少、未见游离细菌的污泥沉降及凝聚性能较好。

(2)生物活动状态

以钟虫为例,可观察其纤毛摆动的快慢,体内是否积累有较多的食物胞,伸缩泡的大小与收缩以及繁殖的情况等。微型动物对溶解氧的适应有一定的极限范围,当水中溶解氧过高或过低时,能见钟虫"头"端突出一个空泡,俗称"头顶气泡"。进水中难以分解或抑制性物质过多以及温度过低时,可见钟虫体内积累有未消化颗粒并呈不活跃状态,长期不动,会引起虫体中毒死亡。进水 pH 值突变时,能见钟虫呈不活跃状态,纤毛环停止摆动,轮虫缩入被甲内。此外,当环境条件不利于污泥中原生动物生存时,一般都能形成胞囊,这时,原生质浓缩，虫体变圆收缩，体外围以很厚的被建，以利度过不良条件。在出现上述现象时，即应查明原因，及时采取适当措施。

活性污泥中经常出现的丝状硫细菌，如发硫细菌、贝氏硫细菌等，对溶氧水平的反应非常敏感。当水中溶氧不足时，能将水中的 H_2S 氧化为硫，并以硫粒的形式积存于体内（可用低倍显微镜看到），而当溶解氧大于 1 mg/L 时，体内硫粒可被进一步氧化而消失，因此，通过对硫细菌体内硫粒的观察，可以间接地推测水中溶解氧的状况。

（3）同一种生物数量增减的情况

污泥膨胀往往与丝状细菌和菌胶团细菌的动态变化密切相关，我们可根据丝状细菌增长的趋势，及时采取必要措施，同时观察这些措施的效果。

在培菌阶段，固着型纤毛虫的出现，即标志着活性污泥已开始形成，出水已显示效果。轮虫及瓢体虫于培菌后期出现时，处理效果往往极为良好。但当污泥老化、结构松散解絮时，细小絮粒能为轮虫提供食料而促使其恶性繁殖，数量急剧上升，最后污泥被大量吞噬或流失，轮虫可因缺乏营养而大量死亡。

（4）生物种类的变化

在曝气池正常运行条件下，若污泥中生物的种类突然发生变化，可以推测运行状况亦在发生变化。如污泥结构松散转差时，常可发现游动纤毛虫大量增加；出水混浊、处理效果较差时，变形虫及鞭毛虫类原生动物的数量会大大增加。在城市污水处理厂运行中，应通过长期观察，找出本厂污水水质变化与生物相变化之间的相应关系，用以指示水质的变化情况。

三、曝气池的运行管理

1. 日常运行管理

按曝气池池组设置情况及运行方式，调节各池进水量，保证各池均匀配水，推流式和完全混合式可通过调节进水闸阀使并联运行的曝气池进水均匀，负荷相等。阶段曝气法则要求沿曝气池长分段多点均匀进水。无论采用何种运行方式，均应通过调整污泥负荷、污泥龄或污泥浓度等方式进行工艺调节和控制，控制曝气池出口处的溶解氧值为 2 mg/L。应经常观察曝气池中活性污泥生物相、上清液透明度、污泥颜色、状态、气味等，并定时测试和计算反映污泥特性的有关项目。当曝气池水温低时，可适当延长曝气时间、提高污泥浓度、增加泥龄，保证污水的处理效果。合建式的完全混合式曝气池的回流量，可通过调节回流闸板进行控制。操作人员应经常排放曝气器空气管路中的存水，待放完后，应立即关闭放水闸阀。曝气池产生泡沫和浮渣时，应根据泡沫颜色分析原因，采取相应措施恢复正常。

2. 安全操作

机械曝气叶轮不得脱离水面，叶片不得被异物堵塞。遇雨、雪天气，应及时清除池走道上的积水或冰雪。曝气池产生泡沫和浮渣溢到走廊时，上池工作应注意防滑。

3. 维护保养

应每年放空、清理曝气池一次，清通曝气头，检修曝气装置。表面曝气机、射流曝气器等曝气设备，应定期进行维修。

第二节　二沉池的运行管理

二沉池的作用是泥水分离,使经过生物处理的泥水混合液澄清,同时对混合液进行浓缩,为生化池提供浓缩后的回流污泥。

一、二沉池的工艺运行控制

1. 沉淀时间的调节

二沉池在运行中一般均全池使用,很少通过限制二沉池使用池数来调整沉淀时间,当进水量小于设计水量时,沉定时间过长也不会出现问题。这与初沉池不同。

2. 入流闸门的调节

二沉池污泥的密度较初沉池小,因此易受表面负荷的影响,均匀入流十分必要。

3. 污泥刮泥机的运转

二沉池的刮泥机一般连续运转。当池底污泥堆积时,应加大排泥量以防止活性污泥随水流出。

4. 回流比

回流比是回流污泥与入流污水量之比。回流污泥量是指从二沉池补充到曝气池的污泥量,通过调节回流量可调节工艺的运行状态,保证工艺正常运行。

5. 泥位

泥面的高低可以反应活性污泥在二沉池中的沉降性能,是控制剩余污泥排放的关键参数。正常运行的二沉池上清液厚度应不少于0.5~0.7 m。

6. 正常运行参数

二次沉淀池应按表10.1的规定的运行参数控制工艺运行。

表10.1　二次沉淀池正常运行参数

表面负荷($/m^2 \cdot h^{-1}$)	停留时间/h	污泥含水率/%
1.0~1.5	1.5~2.5	99.2~99.6

二、二沉淀池的运行控制

1. 日常运行

(1)调水量

操作人员根据池组设置、进水量的变化,应调节各池进水量,使之均匀配水。

(2)污泥排放

二次沉淀池的污泥必须连续排放。二次沉淀池刮吸泥机的排泥闸阀,应经常检查和调整,保持吸泥管路畅通,使池内污泥面不得超过设计泥面0.7 m。刮吸泥机集泥槽内的污物应每月清除一次。

(3)撇浮渣

浮渣用漏水勺捞起。注意不应丢入出水中,应专门收集处置。在带机械刮泥机的辐流沉淀池中,有浮渣撇除装置。浮渣报入集渣斗后,往往难以自流出斗,需要用水冲走或人工捞出。浮渣不宜投入排泥井,浮渣中的塑料物品常引起污泥泵的堵塞。

(4)校正堰板

堰板应保持水平,但使用若干年后,由于不均匀沉降等因素,堰板常发生倾斜,有的堰口出水过多,有的出水过少,甚至不出水,这时应校正堰板使成水平。这一工作是十分困难的,校正螺丝常生锈而拧不动,可调堰板就成了不可调堰板了。使用不锈螺丝或铜螺丝能基本解决这一困难。

(5)机件油漆保养

初沉池栏杆、排泥阀、配水阀及其他铁件易生锈,故需经常油漆保养。

(6)刮泥机检查、保养

刮泥机检查、保养 2 h 巡视一次运行情况,巡视内容为:机件紧固状态、运转部位的温升、振动和噪音、撇渣板的运行情况等。每班检查一次减速器润滑油情况,连续运行 3 个月全部更换润滑油一次。驱动链轮和链条经常加油,其他润滑部分也应注意油量是否适宜。

2. 安全操作

非操作人员未经允许不得上刮吸泥机。

3. 维护保养

刮吸泥机设备长期停置不用时,应将主梁两端加支墩;气提装置应定期检修;刮吸泥机的行走机构应定期检修。

三、沉淀池异常问题及解决对策

1. 上清液透明度下降

上清液透明度下降多是由于活性污泥性状异常所致,应对曝气池是否正常运转和入流水质进行调查后采取相对措失。

2. 活性污泥少量流出

调节出水堰高度,改变溢流堰位置,增加进水量和增大排泥量均可防止污泥上浮而引起的少量流出。

3. 活性污泥大量流出

①曝气池 MLSS 升高时,出流混合液的 SV 值也升高,引起二沉池内污泥界面上升,絮体大量流出。此时应增加排泥量,调整曝气池中的 MLSS 值。

②发生不均匀溢流,保证跌水位在溢流管渠以下的位置。

③由于丝状菌的过度繁殖,引起污泥膨胀,二沉池内污泥界面上升,具体操作参照污泥膨胀的应对措失。

第三节　活性污泥法运行中的异常现象与对策

在活性污泥法城市污水处理厂的日常运行管理中，有可能会出现污泥上浮、污泥膨胀、污泥腐化、产生大量泡沫等问题。这些问题的出现往往反映了曝气池的运行问题，若得不到及时解决，将直接影响系统的处理效果，甚至直接导致处理系统的失败。所以，研究解决常见问题的对策，对污水处理厂的日常运行管理至关重要。

一、污泥膨胀

污泥膨胀(sludge bulking)指污泥结构极度松散，体积增大、上浮、沉降性能恶化、难于沉降分离而影响出水水质的现象。在城市污水处理厂的活性污泥工艺中，污泥膨胀不但发生率高，发生普遍，而且一旦发生难以控制，通常都需要较长的时间来调整。

当污泥发生膨胀时，SV 值增大，有时达到 90%，SVI 达到 300 以上；大量污泥流失，出水浑浊；二次沉淀难以固液分离，回流污泥浓度低，有时还伴随大量的泡沫的产生，无法维持生化处理的正常工作。

污泥膨胀是生化处理系统较为严重的异常现象之一，它直接影响出水水质，并危害整个生化系统的运作。

污泥膨胀可分为非丝状菌膨胀和由丝状菌过度繁殖而产生的膨胀。

1. 非丝状菌膨胀

(1)产生原因

①水温低且污泥负荷高。当污水水温较低而污泥负荷过高时，此时细菌吸附了大量有机物，来不及代谢，在胞外积贮大量高粘性的多糖物质，使得表面附着物大量增加，很难沉淀压缩。

②营养物质缺乏。而当氮严重缺乏时，也有可产生膨胀现象。若缺氮，微生物便于工作不能充分利用碳源合成细胞物质，过量的碳源将被转变为多糖类在胞外贮存物，这种贮存物是高度亲水型化合物，易形成结合水，从而影响污泥的沉降性能，产生高粘性的污泥膨胀。

非丝状菌污泥膨胀发生时其生化处理效能仍较高，出水也还比较清澈，污泥镜检也看不到丝状菌。非丝状菌膨胀发生情况较少，且危害并不十分严重。

(2)临时控制措施

污泥助沉法：改善、提高活性污泥的絮凝性，投加絮凝剂，如硫酸铝等；改善、提高活性污泥的沉降性、密实性，投加粘土、消石灰等；

灭菌法：杀灭丝状菌，如投加氯、臭氧、过氧化氢等的药剂；投加硫酸铜，可控制有球衣菌引起的膨胀。

(3)工艺运行调节措施

①调整进水 pH 值；

②调整混合液中的营养物质；

③如有可能，可考虑调节水温—丝状菌膨胀多发生在 20°C 以上；

④调整 BOD 污泥(MLSS)负荷，当超过 0.35 kg/(kg · d)时，易发生丝状菌膨胀。

(4)永久性控制措施

对现有设施进行改造,或新厂设计时就加以考虑,从工艺运行上确保污泥膨胀不会发生;在工艺中增加一个生物选择器,该法主要针对低基质浓度下引起的营养缺乏型污泥膨胀,其出发点就是造成曝气池中的生态环境有利于选择性地发展菌胶团细菌,应用生物竞争的机制抑制丝状菌的过度增殖,从而控制污泥膨胀。

好氧选择器:在曝气池之前增加一个具有推流特点的预曝气池,其停留时间(HRT 为 5 ~ 30 min,多采用 20 min)的选择非常重要。

缺氧选择器:高的基质浓度;菌胶团细菌在缺氧条件下(但有 NO_3^-)有比丝状菌高得多的基质利用率和硝酸盐还原率。

厌氧选择器:其作用机制与缺氧选择器相似,即在厌氧条件下,丝状菌具有较低的多聚磷酸盐的释放速度而受到抑制。

2. 丝状菌膨胀

丝状菌膨胀主要是由于曝气池中丝状菌异常增殖而引起的,主要的丝状菌有:球衣菌属、贝氏硫细菌,以及正常活性污泥中的某些丝状菌如芽孢杆菌属等。丝状菌膨胀在日常工作中较为常见,成因也十分复杂。

(1)产生原因

①供氧不足。活性污泥的主体是菌胶团,与菌胶团比较,丝状菌和真菌生长时需较多的碳素,对氮、磷的要求则较低。它们对氧的需要也和菌胶团不同,菌胶团要求较多的氧(至少 0.5 mg/L)才能很好的生长,真菌和丝状菌(如球衣菌)在低于 0.1 mg/L 的微氧环境中,才能较好地生长。所以在供氧不足的时,菌胶团将减少,丝状菌、真菌则大量繁殖。

②pH 低。菌胶团生长适宜的 pH 值范围在 6 ~ 8,而真菌则在 pH 值等于 4.5 ~ 6.5 之间生长良好,所以 pH 值稍低时,菌胶团生长受到抑制,而真菌的数量则可能大大增加。

③水温高。水温是影响污泥膨胀的重要因素。丝状菌在高温季节(水温在 25℃以上)宜于生长繁殖,可引起污泥膨胀。

因此,污水如碳水化合物较多,溶解氧不足,缺乏氮、磷等养料,水温高或 pH 值较低的情况下,均能引起污泥膨胀。此外,超负荷、污泥龄过长或有机物浓度梯度小等,也会引起污泥膨胀。排泥不畅则引起结合水性污泥膨胀。事实也证明,在丝状菌与菌胶团细菌平衡时是不会产生污泥膨胀的,只有当丝状菌生长超过菌胶团细菌时,才会出现污泥膨胀现象。

(2)对策

预防丝状菌性污泥膨胀可采取以下一些措施:

①结合进水浓度和处理效果,变更曝气量,使有机物和曝气量维持适当的比例。

②严格控制排泥量和排泥时间。

③在回流污泥中投加漂白粉或液氯以消除丝状菌,加氯量可按干污泥质量的 0.3% ~0.6% 投加。

④调整 pH 值。

⑤投加 5 ~ 10 mg/L 氯化铁,促进凝聚,刺激菌胶团生长,此外,投加石棉粉末、硅藻土、黏土等物质也有一定的效果。

二、污泥解体

处理水浑浊、污泥絮凝体微细化,出水透明度降低,处理效果变坏等均是污泥解体现象。

(1)产生原因

导致这种异常现象的原因有运行中的问题,也可能由于污水中混入了有毒物质所致。运行不当(如曝气过量),会使活性污泥生物营养的平衡遭到破坏,微生物量减少且失去活性,吸附能力降低,絮凝体缩小;一部分则成为不易沉淀的羽毛状污泥,SV 值降低,使处理水变浑浊。当污水中存在有毒物质时,微生物会受到抑制、伤害,污泥失去活性,导致净化能力下降。一般可通过显微镜观察来判别产生的原因。

(2)控制措施

当鉴别出是运行方面的问题时,应对污水量、回流污泥量、空气量和排泥状态以及 SV、MLSS、DO 等多项指标进行检查,加以调整。当确定是污水中混入有毒物质时,应该考虑可能是有新的工业废水混入的结果。若确有新的废水混入,应责成其按国家排放标准加以局部处理。

三、污泥脱氮上浮

现象:污泥沉淀 30 ~ 60 min 后呈层状上浮,多发生在夏季,这种污泥在二沉淀池呈块状上浮的现象,并不一定是由于腐败所造成的,也可能是污泥反硝化造成。

(1)原因

当曝气时间较长或曝气量较大时,在曝气池中将会发生高度硝化作用而使混合液中含有较多的硝酸盐(尤其当进水中含有较多的氮化物时),此时,二沉池可能发生反硝化而使污泥上浮。当曝气内污泥泥龄过长时,硝化过程比较充分(NO_3^->5 mg/L),在沉淀池内发生反硝化作用,硝酸盐的氧被利用,氮即呈气体脱出附于污泥上,使之相对密度降低,整块上浮。试验表明,如果让硝酸盐含量高的混合液静止沉淀,在开始的 30 ~ 90 min 后污泥可能沉淀得很好,但不久就可以看到,由于反硝化作用所产生的氮气在泥中形成小气泡,使污泥整块地浮至水面。在做污泥沉降比试验时,由于只检查污泥 30 min 的沉降性能,往往会忽视污泥的反硝化作用。这是在活性污泥法的运行中应当注意的现象。

(2)控制措施

为防止这一异常现象的发生,应采取增加污泥回流或及时排除剩余污泥,或降低混合液污泥浓度,缩短污泥龄和降低溶解氧,减少曝气量或缩短曝气时间以减弱硝化作用以及减少二沉池进水量,减少二沉池的污泥量等措施解决。

四、污泥腐化

在沉淀池中污泥可能由于长期滞留而厌氧发酵,生成气体(H_2S、CH_4 等)从而发生大块污泥上浮的现象。腐化的活性污泥呈灰黑色、污泥发生厌氧反应,污泥中出现硫细菌,出水水质恶化。

(1)原因

曝气量过小,污水在二沉池的停留时间较长或二沉池排泥不畅,二沉池可能由于缺氧而腐化,即污泥发生厌氧分解,产生大量气体,最终使污泥上升。此外,除上述操作管理方面的原因外，构筑物设计不合理也会引起污泥上浮。若工艺中是曝气和沉淀合建的构筑物，往往会有以下两点原因会导致污泥上浮：一是污泥回流缝太大，沉淀区液体受曝气区搅拌的影响，产生波动，同时大量微气泡从回流缝窜出，携带污泥上升。二是导流室断面太小，气水分离效果较差，影响污泥沉淀。

它与污泥脱氮上浮所不同的是，污泥腐败变黑，产生恶臭。此时也不是全部污泥上浮，大部分都是正常地排出或回流，只是沉积在死角长期滞留的污泥才腐化上浮。

(2)防止的措施

①安设不使污泥外溢的浮渣设备。

②消除沉淀池的死角。

③加大池底坡度或改正池底刮泥设备，不使污泥滞留于池底。

此外，如曝气池内曝气过度，使污泥搅拌过于激烈，生成大量小气泡附聚于絮凝体上，也容易产生这种现象。防止措施是将供气控制在搅拌所需的限度内，而脂肪和油则应在进入曝气池之前去除。

五、泡沫问题

(1)产生原因

曝气池中产生泡沫的主要原因有：污泥停留时间、pH 值、溶解氧(DO)、温度、憎水性物质、曝气方式和气温气压及水温的交替变化等。泡沫会给生产操作带来一定困难，其危害主要有：①泡沫一般具有黏附性，常常会将大量活性污泥等固体物质卷入曝气池的漂浮泡沫层，泡沫层又在曝气池表面翻腾，阻碍氧气进入曝气池混合液，降低充氧效率；②生物泡沫蔓延到走道板上，影响巡视和设备维修；夏天生物泡沫随风飘荡，将产生一系列环境卫生问题，冬季泡沫结冰后，清理困难，给巡视和维护人员带来不便；③回流污泥中含有泡沫一起类似浮选的现象，损坏污泥的正常性能；生物泡沫随排泥进入泥区，干扰污泥浓缩和污泥硝化的顺利进行。

(2)控制方法

控制泡沫问题可采取如下措施：喷洒水、投加杀菌剂或消泡剂、降低污泥龄、回流厌氧上清液、向曝气反应器内投加填料和化学药剂等。

用自来水或处理后的出水喷洒曝气池水面的做法效果较好，价格低廉又易于操作，被广泛采用。但采用自来水时，浪费水资源，采用处理后出水时，影响操作环境。

投加消泡剂，如柴油、煤油等的做法效果也较好，可采用废机油等，价格低廉，但投量较多时会污染水体。从节约油量、减少油类物质进入水体造成污染的角度考虑，应慎用此法。

增加曝气池中活性污泥的浓度，此法是控制泡沫大量产生的最有效的治本之法，但在实际运行中可能没有足够的回流污泥以加大曝气池的污泥浓度。降低污泥龄能有效地抑制丝状菌的生长，以避免由其产生的泡沫问题。有试验表明，厌氧消化池上清液也能抑制丝状菌的生长，但由于上清液中 COD 和 NH_3-N 浓度很高，有可能影响最后的出水质量，应用时应慎重考虑。

第四节 城市污水处理新技术的运行管理

一、缺氧-好氧生物脱氮工艺(A_1/O 工艺)的运行管理

A_1/O 缺氧-好氧生物脱氮工艺在传统活性污泥工艺的基础上强化了生物脱氮的效能，将缺氧段(A_1 段)和好氧段(O 段)串联在一起，控制 A 段 DO 不大于 0.2 mg/L，O 段 DO 在 2 ~ 4 mg/L。在以去除含碳有机物和脱氮为主要目标的污水处理工程中，可采用 A_1/O 工艺，其去除机理如下：①缺氧段中的异养菌将污水中的淀粉、纤维、碳水化合物等悬浮污染物和可溶性有机物水解为有机酸，使大分子有机物转化为小分子有机物，不溶性的有机物转化成可溶性有机物，缺氧水解的产物可提高好氧池中污水的可生化性，提高氧的效率；②好氧段的异养菌将蛋白质、脂肪等污染物进行氨化，在充足供氧条件下，自养菌的硝化作用将 NH_3-N(NH_4^+)氧化为 NO_3^-，通过回流控制返回至缺氧池，在缺氧条件下，异氧菌的反硝化作用将 NO_3^- 还原为分子态氮(N_2)完成 C、N、O 在生态中的循环，实现污水无害化处理。

A_1/O 工艺对有机物的降解率是较高的(90% ~95%)，在运行过程注意控制不要产生污泥膨胀和污泥流失，其缺点是同步脱氮除磷效果较差。若原城市污水含磷浓度小于 3 mg/L，则选用 A_1/O 工艺是合适的。为了提高脱氮效果，在以生物脱氮为主要目的运行中，应注意控制以下几点。

1. 污水碱度的控制

入流污水碱度不足或呈酸性，会造成硝化效率的降低，出水氨氮含量升高。硝化反应过程会生成 HNO_3 使混合液 pH 下降，硝化菌对 pH 很敏感，最佳硝化 pH 范围为 8.0 ~ 8.4，为了保持适宜的 pH 就必须采取相应措施。由计算可知，使 1 g 氨氮(NH_3-N)完全硝化，约需碱度 7.1 g(以 $CaCO_3$ 计)；反硝化过程可产生 3.75 g 碱度/gNO_x-N 的碱度，可补偿硝化反应消耗碱度的一半左右。反硝化反应的最适宜 pH 值为 6.5 ~ 7.5，大于 8、小于 7 均不利。硝化段 pH 值 应大于 6.5，二沉池出水碱度应大于 20 mg/L，否则，难以保证工艺的脱氮效果。因此在 A_1/O 工艺的运行中，应在硝化段投加石灰等药剂来增加碱度和调整 pH 值，以保证良好的脱氮效果。

2. 溶解氧的控制

由于曝气池中的硝化菌在将氨氮转化为硝态氮的过程中也需耗费部分溶解氧，因此供氧不足会造成硝化效率的下降，运行时控制好氧段的 DO 值为 2 ~ 4 mg/L，满足硝化需氧量要求，按计算氧化 1 gNH_4^+ 需 4.57 g 氧。此外溶解氧过高，会造成过曝气的现象，使活性污泥解絮，影响处理效果。在 A_1/O 工艺的运行中应经常观硝化效率及污泥性状，及时调整曝气量。

3. 进水有机负荷的控制

当进水总氮过高或温度低于 15℃时，硝化菌的硝化效率会大大降低，此时应增加曝气池的投运个数，并提高混合液浓度，保证良好的污泥负荷。

4. 混合液内回流比的控制

混合液回流比 R 的大小直接影响反硝化脱氮效果，R 增大，脱氮率提高，但 R 增大增加电能消耗增加运行费，在城市污水处理厂的运行中应根据实际情况确定最佳的回流比。

经常测定混合液内回流比和缺氧池搅拌强度，防止缺氧段溶解氧高于 0.5 mg/L，过低的内回流比也可造成出水总氮浓度高。

可通过调节回流比控制缺氧池 BOD_5/NO_x^--N 比值>4 可以保证足够的碳/氮比，否则反硝化速率迅速下降；但当进入硝化池 BOD_5 值又应控制在 80 mg/L 以下，当 BOD_5 浓度过高，异养菌迅速繁殖，抑制自养菌生长使硝化反应停滞。

5. MLSS 的控制

通过剩余污泥回流量控制曝气池中 MLSS 浓度，一般应在 3 000 mg/L 以上，低于此值 A_1/O 系统脱氮效果明显降低。TKN/MLSS 负荷率在硝化反应中应在 0.05 g/(g·d)之下。在硝化反应中，影响硝化的主要因素是硝化菌的存在和活性，因为自氧型硝化菌最小比增长速度为 0.21/d；而异养型好氧菌的最小比增殖速度为 1.2/d。前者比后者的比增殖速度小得多。要使硝化菌存活并占优势，要求污泥龄大于 4.76 d；但对于异养型好氧菌，则污泥龄只需 0.8 d。在传统活性污泥法中，由于污泥龄只有 2～4 d，所以硝化菌不能存活并占有优势，不能完成硝化任务。要使硝化菌良好繁殖就要增大 MLSS 浓度或增大曝气池容积，以降低有机负荷，从而增大污泥龄。其污泥负荷率（BOD_5/MLSS）应小于 0.18 kg/(kg·d)。

6. 污泥龄 SRT 的控制

为了使硝化池内保持足够数量的硝化菌以保证硝化的顺利进行，确定的污泥龄应为硝化菌世代时间的 3 倍，硝化菌的平均世代时间约 3.3 d(20℃)。若冬季水温为 10℃，硝化菌世代时间为 10 d，则设计污泥龄应为 30 d。可根据实际运行中进出水水质参数调节 SRT，以保证硝化菌在曝气池中的停留时间满足生长需求。

7. 温度的控制

硝化反应 20～30℃，低于 5℃硝化反应几乎停止；反硝化反应 20～40℃，低于 15℃反硝化速率迅速下降。因此，在冬季应提高反硝化的污泥龄，降低负荷率，提高水力停留时间等措施保持反硝化速率。

二、厌氧-好氧生物除磷工艺（A_2/O 工艺）的运行管理

厌氧-好氧生物除磷工艺（A_2/O 工艺）是通过排除富含磷剩余污泥达到除磷的目的。其主要特点是工艺流程简单，无需投药，运行和基建费用低。缺点是除磷效率低，约为 75%，当入流污水中 P/BOD_5 值较高时，难以达到排放要求。该工艺由厌氧池、好氧池和二沉池构成，二沉池的剩余污泥回流至厌氧池进行富磷污泥的厌氧释磷，再进入好氧池过量地摄取磷，在该工艺的运行应注意控制以下几点。

1. 溶解氧的控制

在生物除磷系统中，聚磷菌的吸磷、释放磷主要是由水中的溶解氧浓度决定的。溶解氧是影响除磷的重要因子，在工艺运行过程中，好氧吸磷池的溶解氧应控制在 3～4 mg/L，厌氧释磷池的溶解氧应小于 0.2 mg/L。

2. NO_3-N 的控制

生物除磷系统中 NO_3^--N 的存在会抑制聚磷菌微生物的放磷作用。处理水中 NO_3^--N 浓度高,除磷效果差,除磷效果一般与 NO_3^--N 浓度呈负相关。为此,常采用同步脱氮除磷工艺。

3. BOD_5/TP 值的控制

污水中 BOD_5/TP 值是影响生物除磷的系统除磷效果的最重要因素之一。每去除 1 mgBOD_5约可去除磷 0.04～0.08 mg。为使出水总磷小于 1 mg/L,应满足废水中 BOD_5/TP 值大于 20,或溶解性 BOD_5/溶解性 P 大于 12～15 这样可以取得较好的除磷效果。在实际运行中,若进水 BOD_5/TP 值达不到上述标准,则需增设化学除磷设施,或进行工艺改造。

三、厌氧-缺氧-好氧生物脱氮除磷工艺(A^2/O 工艺)的运行管理

A^2/O 工艺是流程最简单,应用最广泛的脱氮除磷工艺,该工艺具有以下特点:

①将厌氧段放在第一级,厌氧池中的厌氧菌可承受高浓度、高有机负荷的进水,处理效果好,产生的污泥较传统活性污泥法少。

②该工艺将脱氮除磷放在一个系统中,即简化了污水处理的操作,又增加了处理工艺的功能。本工艺在系统上可称为最简单的同步脱氮除磷工艺,总的水力停留时间少于其他同类工艺。

③该工艺在厌氧、缺氧和好氧交替条件下运行,丝状菌不易大量增殖,减小了污泥膨胀发生的可能,SVI 值一般小于 100。

④该工艺污泥中含磷高,具有很高的肥效。

A^2/O 工艺的问题就是硝化菌、反硝化菌和聚磷菌在有机负荷、泥龄以及碳源需求上存在矛盾和竞争,很难在同一个系统中同时获得氮、磷的高效去除,阻碍着生物除磷脱氮技术应用。其中最主要的问题是厌氧环境下反硝化与释磷对碳源的竞争以及硝化菌需要在较长泥龄下生长,而生物除磷需要通过排泥来实现。因此,在 A^2/O 工艺的运行中,需要通过短泥龄增加污泥的排放量,并将泥龄控制在较窄的范围内,以兼顾除磷与脱氮的要求。因此在 A^2/O 工艺的运行中要对控制参数进行优化,以解决 A^2/O 工艺中存在矛盾关系,提高脱氮除磷效果。

1. MLSS 的控制

通常情况下,系统中 MLSS 越大,污泥中反硝化除磷菌(DPB)的数量越多,系统的反硝化除磷效果越好。反硝化聚磷菌数量的增长使得厌氧区释磷率随之呈指数增长,因此系统缺氧吸磷能务得到增强。试验获得在 A^2/O 工艺的厌氧池、缺氧池和曝气池中的 MLSS 控制在 3 000～3 800 mg/L 之间,并且 3 个反应池中 MLSS 浓度接近时,系统的脱氮除磷效果良好。因此在工艺的运行过程中,应注意控制由于运行不顺畅而导致的各反应池中 MLSS 值相差悬殊,定期检查回流污泥系统的污泥回流量,并可通过调节污泥回流比可调节生物反应池中 MLSS,保证 MLSS 浓度在适宜的范围内,同时定期检查厌氧和缺氧段液下搅拌器的工作情况,以避免各反应池 MLSS 的不均衡而引起的处理效果变差。

2. SRT 的控制

系统泥龄的长短对污泥摄磷作用及剩余污泥的排放量有直接的影响,并最终决定系统

的除磷效果。生物除磷系统在满足 PAO 生成所需的条件下应选用较短的泥龄。通常建议在以除磷为目的生物处理工艺中污泥龄应控制在 6～8 d。A^2/O 工艺作为同步脱氮除磷工艺,最小泥龄必须优先考虑硝化菌而非 DPB。在日常的运行管理中,还需维持较长的泥龄才能满足硝化菌生长的要求和系统中较高的污泥浓度。因此,合理的控制 A^2/O 工艺的泥龄是保证系统高效稳定运行的前提条件。有研究表明,将 SRT 控制在 15 d 可保证 A^2/O 工艺维持较高污泥浓度又可保证每日排泥以实现磷的去除,具体可结合污水处理厂的实际情况,对 SRT 进行控制,得出最优的污泥龄。

3. 污泥回流比的控制

随着污泥回流比的增大,系统的 TN 去除率提高,TP 去除率却呈现下降的趋势,而厌氧池出水 TP 浓度降低,缺氧池出水 TP 浓度升高。污泥回流比越大,使得回流污泥中携带进入厌氧池厌态氮越多,反硝化菌优先以有机物为电子供体进行脱氮。有机物的消耗使得厌氧合成贮存 PHB 的量减少,进而影响释磷量和后续的缺氧吸磷能力。另外,污泥回流比增大,还会增加动力消耗和运行费用。因此在实际运行中,保证污泥回流比满足系统有足够的污泥浓度。

4. 内循环比的控制

在 A^2/O 工艺中,硝酸盐通过内循环泵回流到缺氧区,在缺氧区反硝化聚磷菌以硝酸盐作为最终电子受体,以 PHB 作为电子供体,将污水中的含碳有机物作为反硝化碳源和厌氧释磷的碳源同时实现脱氮除磷,在实际的运行中,应根据污水处理厂水质特点,调节内回流比,实现 A^2/O 工艺的同步脱氮除磷。

四、AB 法工艺的运行管理

对于没有除磷要求的 AB 法,其运行管理相对比较简单,与传统活性污泥法没有太大区别,而对脱氮除磷有要求的 AB 法,运行过程中对参数的控制要复杂得多。

1. 溶解氧的控制

根据溶解氧浓度经常调节 A 段工艺的供气量是 A 段工艺的特点,当要求 A 段有较高的 BOD_5 去除率和除磷率,溶解氧控制在较高的水平,一般不低于 1.0 mg/L;当进水含有较多难降解的有机物时,可根据具体的情况适当降低 DO 值,使 A 段处于缺氧状态,以提高 A 段出水的可生化性;另一方面,A 段在长期缺氧环境条件下运行,会导致絮凝作用的减弱,并产生有抑制作用的代谢产物;为保证 BOD_5/COD 的比值的提高和 A 段处理效率,A 段最好以缺氧和好氧交替方式运行。

2. 回流比的控制

A 段污泥的沉淀性能良好,A 段不存在污泥膨胀和反硝化导致的污泥上浮,因此不需要太大的回流比。

3. 剩余污泥排放量

A 段剩余污的排放量,应根据 A 段的 MLSS 来控制,因为 A 段不是单纯的生物系统,合理地控制污泥浓度和 DO 值,其主要作用是完成生物的吸附。

4. B 段的控制

B 段的控制包括除磷和脱氮的控制，同传统活性污泥法一样，只是由于 A 段工艺的特殊性，应增加反映 A 段工艺特性的检测项目如：TSS、$TBOD_5$、$TCOD_{cr}$ 等指标，以准确评价 A 段的运行效果，使 A 段处于最佳状态。

五、SBR 活性污泥法工艺的运行管理

SBR 工艺有机物的降解规律与推流式曝气池类似，推流式曝气池是空间（长度）上的推流，而 SBR 反应池是时间意义上的推流。由于 SBR 工艺有机物浓度是逐渐变化的，在反应初期，池内有机物浓度较高，如果供氧速率小于耗氧速率，则混合液中的溶解氧为零。对单一微生物而言，氧气的获得可能是间断的，供氧速率决定了有机物的降解速率。随着好氧进程的深入，有机物浓度降低，供氧速率开始大于耗氧速率，溶解氧开始出现，微生物开始可以得到充足的氧气供应，有机物浓度的高低成为影响有机物降解速率的一个重要因素。从耗氧与供氧的关系来看，在反应初期 SBR 反应池保持充足供氧，可以提高有机物的降解速度，随着溶解氧的出现，应逐渐减少供氧量，可以节约运行费用，缩短反应时间。SBR 反应池在运行中需控制以下参数。

1. SBR 工艺排出比的控制

SBR 工艺反应初期有机物浓度的高低决定了 SBR 工艺排出比（$1/m$）的大小。排出比小，初始有机物浓度低，反之则高。根据微生物降解有机物的规律，当有机物浓度高时，有机物降解速率大，曝气时间可以减少。但是，当有机物浓度高时，耗氧速率也大，供氧与耗氧的矛盾可能更大。此外，不同污水活性污泥的沉降性能也不同。污泥沉降性能好，沉淀后上清液就多，宜选用较小的排出比，反之则宜采用较大的排出比。在污水处理厂的运行中排出比的选择还与污泥负荷率、混合液污泥浓度等有关。

2. SBR 反应池混合液污泥浓度

当 MLSS 浓度高时，所需曝气反应时间短，但是，当混合液污泥浓度高时，生化反应初期耗氧速率增大，供氧与耗氧的矛盾更大。除此以外，池内混合液污泥浓度的大小还决定了沉淀时间。污泥浓度高需要的沉淀时间长，反之则短。当污泥的沉降性能好，排出比小，有机物浓度低，供氧速率高，可以选用较大的数值，反之则宜选用较小的数值。SBR 工艺在运行中混合液污泥浓度的选择应综合多方面的因素来考虑。

3. 污泥负荷率的选择

污泥负荷率是影响曝气反应时间的主要参数，污泥负荷率的大小关系到 SBR 反应池最终出水有机物浓度的高低。当要求的出水有机物浓度低时，污泥负荷率宜选用低值；当废水易于生物降解时，污泥负荷率随着增大。污泥负荷率的选择应根据废水的可生化性以及要求的出水水质来确定。

4. SBR 工艺控制和调节

SBR 工艺采用间歇进水、间歇排水，SBR 反应池有一定的调节功能，可以在一定程度上起到均衡水质、水量的作用。通过供气系统、搅拌系统，自动控制方式，闲置期时间的选择，可以将 SBR 工艺与调节、水解酸化工艺结合起来，使三者合建在一起，从而节约投资与运行

管理费用。

在进水期采用水下搅拌器进行搅拌，进水电动阀的关闭采用液位控制，根据水解酸化需要的时间确定开始曝气时刻，将调节、水解酸化工艺与SBR工艺有机的结合在一起。反应池进水开始作为闲置期的结束则可以使整个系统能正常运行。具体操作方式如下所述：进水开始既为闲置结束，通过上一组SBR池进水结束时间来控制；进水结束通过液位控制，整个进水时间可能是变化的。水解酸化时间由进水开始至曝气反应开始，包括进水期，这段时间可以根据水量的变化情况与需要的水解酸化时间来确定，该时间不小于在最小流量下充满SBR反应池所需的时间。曝气反应开始既为水解酸化搅拌结束，曝气反应时间可根据计算得出。沉淀时间根据污泥沉降性能及混合液污泥浓度决定，它的开始即为曝气反应的结束。排水时间由滗水器的性能决定，滗水结束时间可以通过液位控制。闲置期的时间选择是调节、水解酸化及SBR工艺结合好坏的关键。闲置时间的长短应根据污水的变化情况来确定，实际运行中，闲置时间经常变动。通过闲置期间的调整，将SBR反应池的进水合理安排，使整个系统能正常运转，避免整个运行过程的紊乱。

六、氧化沟工艺的运行管理

1. 奥贝尔氧化沟

奥贝尔氧化沟是多级氧化沟，一般由三个同心椭圆形沟道组成，三沟容积分别占总容积的60% ~70%，20% ~30%和10%，污水由外沟道进入，与回流污泥混合，由外沟道进入内沟道再进入内沟道，在各沟道内循环数十到数百次，相当于一系列完全混合反应器串联在一起，最后经中心岛的可调堰门流出至二沉池。在各沟道横跨处安装有不同数量的水平转碟曝气机，进行供氧和较强的推流搅拌作用。使污水在系统经历好氧-缺氧周期性循环，从而使得污水得以净化。

(1)溶解氧控制

在奥贝尔氧化沟的运行过程中需对各沟的溶解氧进行控制，在第一沟内应低溶解氧运行，溶解氧控制在0.5 mg/L左右，可在进水碳源充足的情况下通过反硝化作用进行脱氮；后面的沟道内应提高溶解氧浓度，使其溶解浓度达到2 mg/L左右，当溶解氧低于1.5 mg/L时，应进行控制，在此运行条件下，可实现高有机物去除效率及硝化效率，并有利于聚磷菌在后面沟道内好氧过量摄取磷。

(2)MLSS控制

当HRT保持在正常条件下，MLSS过大时，尽管可保证处理效果，但为了维持氧化沟内一定的溶解氧浓度需提高充氧能力，增加了运行的能耗。另外，MLSS浓度过高往往容易导致出水SS增加，在奥贝尔氧化沟运行管理中应结合污水处理厂的实际情况调节MLSS浓度，使其保持在适宜的范围。

(3)转碟搅拌和推流强度

奥贝尔氧化沟的结构形式使其在工艺上呈现出推流式的特征，因而在保证各沟道内溶解氧满足要求的前提下，注意转碟搅拌和推流的强度，防止污泥在沟渠内沉淀 。

(4)设备的维护管理

奥贝尔氧化沟的设备包括曝气转碟、搅拌器等一些重要设备。应经常检查设备的电机表面温度，运转声音是否正常并定期检修、更换机油。

2. 三沟式氧化沟

三沟式氧化沟是交替式氧化沟的一种，是由三个相同的氧化沟组建在一起作为一个处理单元，每两个相邻的沟互相贯通，两侧氧化沟可以起到曝气和沉淀的作用。三沟式氧化沟具有活性污泥工艺和生物除磷、脱氮两种运行方式，具有序批式活性污泥法的运行方式，不设一沉池和二沉池，工艺流程简单。

三沟式氧化沟的运行及管理方式如下：

阶段 A：污水进入第 1 沟，转刷采用低速运行，污泥在悬浮状态下环流，溶解氧应控制在 0.5 mg/L以下，确保微生物利用硝酸盐所提供的氧，使硝态氮还原成 N_2，同时自动调节出水堰上升；污水和活性污泥混合液进入第 2 沟，第 2 沟内的转刷高速旋转，混合液在沟内保持环流，溶解氧应控制在 2.0 mg/L 左右，确保供氧量使氨氮转化为硝酸盐氮，处理后的混合液进入第 3 沟，第 3 沟的转刷正处于闲置状态，此时只作沉淀，实现泥水分离，处理后的出水通过降低的堰口排出系统。

阶段 B：污水由第 1 沟转向第 2 沟，此时第 1 沟、2 沟的转刷高速运转，1 沟由缺氧状态逐渐变为好氧状态，2 沟内的混合液进入第 3 沟，第 3 沟仍作为沉淀池进行泥水分离，处理后的水由第 3 沟排出系统。

阶段 C：进水仍然进入第 2 沟，此时第 1 沟转刷停运，进入沉淀分离状态，第 3 沟仍处于排水阶段。

阶段 D：进水从第 2 沟转向第 3 沟，第 1 沟出水堰口降低，第 3 沟堰口升高，混合液由第 3 沟流向第 2 沟，第 3 沟转刷开始低速运转，进行反硝化，出水从第 1 沟排出。

阶段 E：进水从第 3 沟转向第 2 沟，第 3 沟转刷高速运转，第 2 沟转刷低速运转实现脱氮，第 1 沟仍然作沉淀池，处理后的出水由第 1 沟排出系统。

阶段 F：进水仍进入第 2 沟，第 3 沟转刷停止运转，由运转转为静止沉淀，进行泥水分离，处理后的出水仍由第 1 沟排出，排水结束后进入下一个循环周期。

七、水解-好氧生物处理工艺的运行管理

水解-好氧生物处理工艺中的水解池是一种新型厌氧反应器，在水解池中避免了厌氧反应中时间长和控制条件要求高的甲烷发酵阶段，利用水解、产酸菌可以迅速降解水中有机物的特点，形成以水解产酸菌为主的厌氧上流式污泥床，由于水解池集生物降解、物理沉降和吸附为一体，在与初沉池停留时间相近的情况下，有机物去除效果显著高于初沉池，因此可用水解池取代传统的初沉池。经水解处理污水中难降解的大分子有机物转化为小分子有机物，提高了污水的可生物降解性，使得后续的好氧处理所需的停留时间缩短，能耗降低。同时，入流污水中的悬浮固体物质和后续好氧处理中的剩余污泥被水解为可溶性物质，从而使污泥得到处理，可取消传统工艺中的污泥消化池，实现了污水和污泥的一次性处理。与传统活性污泥处理工艺相比，水解-好氧生物处理工艺在总的停留时间和能耗等方面有很大的优势。

通常在设计合理，运转符合工艺要求的条件下，水解池的 COD_{cr}、BOD_5、SS 的去除率可分别达到 35～40%，25～35%，75～85%。在常温下采用水解-好氧生物工艺处理城市污水，在总停留时间 8.5 小时的条件下（水解 2.5 h，好氧 4 h，二沉 2.0 h），处理出水可达到地

面水排放标准，BOD_5、SS 去除率与传统的活性污泥法工艺相当，而 COD_{cr} 去除率要显著高于传统的工艺，平均出水 COD_{cr} 低于 100 mg/L。

在水解-好氧生物处理工艺，对水解酸化池的主要控制参数如下。

1. 污泥浓度

污泥浓度是水解酸化池在运行中最重要的控制参数之一。水解池的功能得以完成的重要条件之一是维持反应器内高浓度的厌氧污泥。一般建议污泥浓度控制在 10～20 g/L 可达到良好的处理效果。

2. 泥位控制

在水解酸化池实际运行中最主要的控制参数是泥位控制。在运行中可采用泥位计控制排泥，排泥应注意在高负荷时污泥的膨胀率较大大，污泥浓度低，后续污泥浓缩负荷大会导致排泥量不足，造成污泥溢出；而在低负荷时，排泥浓度高，在排泥时对污泥层的控制不易掌握。可通过控制水解酸化池上清液层高度来控制排泥量。

八、LINPOR 工艺的运行管理

LINPOR 工艺是传统活性污泥法的改型工艺，通过在传统活性污泥法曝气池中投加一定数量的多孔泡沫塑料颗粒作为活性生物量的载体材料而实现。该工艺可以改进传统活性污泥工艺在运行中由于水质水量的变化而引起的曝气池中污泥流失、生物量不足以及污泥膨胀等性能恶化问题，在强化对 COD_{cr} 和 BOD_5 去除的同时，提高对氨氮及总氮的去除效率。LINPOR 反应器实际上是一种悬浮生长的活性污泥与附着生长的生物膜的结合工艺，通过投加满足特殊要求的载体使之处理悬浮状态，不仅大大提高了反应器中的生物量，增强了生物系统运行的稳定性及其抗冲击负荷的能力，还可通过运行方式的控制使之具有不同的效能，达到不同的处理目的和要求。可在不增加原有曝气池容积和其他处理单元的前提下提高原有设施的处理能力和处理效果。

LINPOR 工艺在运行中主要分为三种运行方式，即主要用于强化去除废水中含碳有机物的 LINPOR-C 工艺，主要用于脱除污水中碳和氮（硝化或同时反硝化）污染物的 LINPOR-C/N 工艺和主要用于脱氮的 LINPOR-N 工艺。在 LINPOR 工艺的运行中，可通地控制以下参数来达到良好的运行效果。

在 LINPOR 工艺中，生物处理单元由曝气池二沉池构成，曝气池中的生物体由两部分组成：一部分附着生长于多孔塑料填料，另一部分悬浮生长于混合液中呈游离状。在 LIPOR-C 工艺的运行中应注意控制曝气池中的 MLSS，SVI 和污泥回流比等控制参数。在载体表面所生长的生物量通常为 10～18 g/L，最大可达 30 g/L。附着态的生物膜具有良好的 SVI 值，利于污泥的沉降性能的改善。

与 LINPOR-C 工艺相比，LINPOR- C/N 工艺同时具有去除污水中的有机物及脱氮的双重功能，生物反应池划分为缺氧段，好氧段，好氧段的混合液回至缺氧段进行反硝化，二沉池的剩余污泥回流到缺氧段的前端用以维持生物反应池中生物量。在 LINPOR- C/N 工艺中，由于存大较大数量的附着生长态硝化菌，其在反应器中的停留时间要比悬浮型生物量的停留时间要长的多，因而可获得优良的脱氮效果。在 LIPOR-C/N 的工艺运行中可通过控制混合液内回流比，剩余污泥回流比和好氧段的溶解氧来实现较高的有机物和氮的双重去除效率。

LINPOR-N 工艺适合应用于城市污水的深度处理，可在极低或不存在有机底物的情况下对废水实现良好的氨氮去除率，由于 LINPOR-N 工艺通常用于处理活性污泥工艺中的二沉池的出水，且在 LINPOR-N 工艺中几乎没有悬浮生长的生物量，所以 LINPOR-N 工艺有时也称为“清水反硝化反应器”。在 LINPOR-N 工艺中，所有的生物都附着生长在载体表面，在运行过程中无需污泥的沉淀分离和污泥的回流，可节省污泥回流及污泥沉淀设备。

在 LINPOR 工艺的运行中还需注意以下问题：

①生物反应器中的填料依靠曝气和水流的提升作用处理流化状态，在实际运行中，容易出现局部填料堆积的现象，为了避免填料堆积现象，需改进曝气管路的布设以及生物反应池的结构。

②生物反应池出水往往设置栅板或格网以避免填料流失，但容易造成堵塞，在运行管理中应设设置活动栅板，定期进行人工清理，也可设置空气反吹装置防止堵塞。

九、曝气生物滤池的运行管理

曝气生物滤池作为一种新型的污水处理工艺，是在传统生物膜法和普通快滤池的基础上发展起来的，在运行上，曝气生物滤池兼备上述两种工艺的特性的同时又具有独特的运行特性。在曝气生物滤池的运行管理中，在充分考虑其基础工艺特点的同时，须结合其自身特点选择合理的工艺运行方式。

在曝气生物滤池的运行中需重点控制以下参数。

1. 容积负荷的控制

应于城市污水处理的曝气生物滤池，其有机物容积负荷可根据其处理目标参照相关运行资料确定。有资料显示，应用于城市污水二级处理的曝气生物滤池，当进水 $BOD_5 \leq 200$ mg/L时，在运行过程中其容积负荷可达到 4～7 kg/(m^3·d)，而应用于城市污水处理厂的三级处理时，在进水 $BOD_5 \leq 25$ mg/L 时，其 BOD_5 容积负荷为 0.2～0.3 kg/(m^3·d)，这与应用于城市污水处理厂二级处理的曝气生物滤池有一定的差异。实际的运行经验表明，在一定的范围内，曝气生物滤池的 BOD_5 容积负荷越高，其出水的 BOD_5 值越高。在曝气生物滤池的运行中，不同出水水质所对应的适宜 BOD_5 负荷控范围见表 10.1。

表 10.1 曝气生物滤池运行中不同出水水质所对应的适宜 BOD_5 负荷控范围

曝气生物滤池类型	出水 BOD_5 浓度/(mg·L^{-1})	BOD_5 容积负荷/(kg·L^{-1})
C-BAF	5～10	2.5～3.5
C-BAF	10～20	3.5～5.5
N-BAF	5～10	2.0
DN-BAF	5～10	2.0

2. 进水水质的控制

曝气生物滤池对进水中的有机物和 SS 浓度有严格的要求，这是该工艺运行时同时具有高负荷生物滤池和普通快滤池的运行特性所决定的。对城市污水中的有机物而言，进入曝

气生物滤池的 BOD_5 一般控制在 150～200 mg/L 以下，若进水中 BOD_5 过高，易使进水端生物膜生长过快，而造成滤料层的堵塞，从而影响曝气生物滤池的运行周期及有效处理能力。可以在实际运行中强化前段生物处理的出水水质或用处理出水稀释进水 BOD_5 浓度来解决此问题。

对进水 SS 而言，曝气生物滤池进水 SS 浓度应控制在 60～100 mg/L 以下，应用于二级处理时取上述范围的高限，应用于深度处理或化处理时，取低限，控制曝气生物滤池进水中的 SS 有利于保证曝气生物滤池有足够长的运行周期，防止频繁的反冲洗降低其处理能力。

3. 反冲洗的控制

反冲洗是维曝气生物滤池正常运行和处理效果的关键，其反冲洗的目的是在较短的时间内，通过水、气的反冲洗，将滤料层中截留的 SS 及脱落的生物膜洗脱，而同时又必须保留适当的生物膜量。反冲洗强度过大，不仅将 SS 及脱落老化的生物膜洗脱，也可将滤料表面的生物膜冲掉，影响处理效果；若反冲洗强度过小，则会使曝气生物滤池的运行周期大大缩短，从而影响正常处理。

第十一章　污泥处理工艺的运行管理

第一节　污泥浓缩池的运行管理及工艺控制

一、重力浓缩池的运行管理

1. 运行方式

重力浓缩池的运行方式分为间歇运行和连续运行两种。

(1) 间歇运行

间歇运行的基本工况为:首先把待浓缩的污泥输送到重力浓缩池,经一定时间浓缩后,依次开启设在浓缩池上不同高度的清液管上的阀门,分层放掉上清液,然后通过污泥管排放污泥后,再向浓缩池内排入下一批待浓缩污泥。间隔运行方式适应于污泥量小的处理系统,浓缩池一般不少于 2 座,轮换操作,不设搅拌装置。

(2) 连续运行

连续式重力浓缩池基本工况为:污泥由中心进泥管连续进泥,浓缩污泥通过刮泥机刮到污泥斗中,并从排泥管排出,澄清水由溢流堰溢出。连续运行的重力浓缩池特点是:装有与刮泥机一起转动的垂直搅拌栅,能使浓缩效果提高 20% 以上。因为搅拌栅是缓慢旋转,可形成微小涡流,有助于颗粒间的凝聚,并可造成空穴,破坏污泥网状结构,促使污泥颗粒间的空隙水与气泡逸出。

2. 进泥量的控制

对某一确定的污泥浓缩池及污泥类型而言,进泥量存在最佳的控制范围。进泥量过大,超出池子的浓缩能力,上清液中的污泥量增加,排泥浓度降低,达不到应有的浓缩效果;进泥量过小,污泥在浓缩池中的停留时间过长,可导致污泥上浮。对一些具有除磷要求的工艺,厌氧环境会造成磷的释放,降低或破坏除磷效果。

进泥量的控制采用固体表面负荷 q_s 这个参数来确定,即单位时间(d)内每平方米池面所能浓缩的干固体污泥量(kg)。q_s 的大小与污泥种类、浓缩池构造及温度有关,是综合反应浓缩池对某种污泥浓缩能力的一个指标,一般温度为 15 ~ 20℃时,浓缩效果最佳。初沉污泥的浓缩效果较好,其固体表面负荷可控制在 90 ~ 150 kg/(m^2 · d)的范围内。活性污泥单独进行重力浓缩应控制在低负荷水平,一般在 10 ~ 30 kg/(m^2 · d)的范围。活性污泥和初沉污泥混合进行重力浓缩,如两者比例在 1 : 2 ~ 2 : 1 之间,q_s 可控制在 25 ~ 80 kg/(m^2 · d)之间,通常控制在 60 ~ 70 kg/(m^2 · d)之间。即使同一类型的污泥,q_s 的选择也因厂而异,运行人员应在运行实践中摸索出本厂的 q_s 最佳控制范围。

3. 浓缩效果的检测评价

在浓缩池的运行管理中，应经常对浓缩效果进行评价，随时予以调节。浓缩效果通常用浓缩比、固体回收率和分离率三个指标进行综合评价，见表11.1。

表11.1　重力浓缩效果评价指标

评价指标	含义	计算公式	
浓缩比 f	浓缩池排泥浓度与入流污泥浓度之比	$f=\dfrac{C_u}{C_i}$	C_u——入流污泥质浓度 kg/m³； C_i——排泥质浓度，kg/m³
固体回收率 η	被浓缩到排泥中的固体占入流总固体的百分比	$\eta=\dfrac{Q_u\cdot C_u}{Q_i\cdot C_i}\times100\%$	Q_u——浓缩池排泥量，m³/d Q_i——入流污泥量，m³/d
分离率 F	浓缩池上清液量占入流污泥量的百分比	$F=\dfrac{Q_e}{Q_i}\times100\%$	Q_e——浓缩池上清液量，m³/d

一般来说，浓缩初沉污泥时，浓缩比应大于2，固体回收率应大于90%；浓缩活性污泥与初沉污泥组成的混合污泥时，浓缩比应大于2，分离率应大于85%。如果某一指标低于以上数值，应分析原因，检查进泥量是否合适，控制的 q_s 是否合理，浓缩效果是否受到了温度等因素的影响(表11.2)。

表11.2　重力浓缩池正常运行参数

污泥类型	污泥固体负荷/(kg·m⁻²·d⁻¹)	污泥含水率/%		停留时间/h
		浓缩前	浓缩后	
初沉污泥	80～120	96～98	95～97	6～8
剩余活性污泥	20～30	99.2～99.6	97.5～98	6～8
初沉污泥与剩余活性污泥的混合污泥	50～75	96.5	95～98	10～12

3. 日常维护管理

重力浓缩池在日常运行中可参考表11.2所示的运行参数，根据所浓缩污泥的类型不同选择适且的污泥固体负荷；当初沉污泥和剩余活性污泥混合浓缩时，必须保证两者充分混匀，必要时在池前加设混合装置；操作人员应及时清除池面浮渣；在重力浓缩池运行过程中需保证入流污泥混合均匀，防止因混合不匀而出现密度异重流，降低浓缩效果；在高温天气注意 q_s 停留时间控制，勤观察、勤排泥，防止污泥上浮；当浓缩池较长时间未排泥时，应先排空浓缩池，严禁直接开启污泥浓缩机；在对设备的操作运行中应注意浓缩机械、机械电气性能检查维护；定期清池，检查是否积泥或积沙，并对水下部件予以防腐处理；在寒冷地区冬季出现结冰现象时，应先破冰并使之熔化后再开启污泥浓缩机。

4. 异常现象分析与对策

(1)污泥上浮

现象：液面有小气泡逸出，且浮渣量增多。

原因及对策：①进泥量太小，造成污泥在池内停留时间过长，污泥厌氧发酵，最终导致污泥大块上浮。可通过投加氧化剂(Cl_2,$KMnO_4$,O_3,H_2O_2)抑制微生物活动,减少投运池数,增加每池的进泥量,缩短进泥时间来解决,也可在浓缩池入流污泥中加入部分二沉池出水,可以防止污泥厌氧上浮,提高浓缩效果,同时还能适当降低恶臭程度;②排泥不及时或排泥量太小,应加强运行调度,增大排泥量或及时排泥;③进泥量过大,使固体表面④由于初沉池排泥不及时,污泥在初沉池内已经腐败,此时应加强初沉池的排泥操作。

(2)排泥浓度太低,浓缩比太小。

原因及解决对策:①进泥量太大,超过浓缩池的浓缩能力,应降低入流污泥量;②排泥太快,排泥速率超过浓缩速率,导致排泥中含有一些未完成浓缩的污泥,应降低排泥速率;③浓缩池发生短流,溢流扳不平整,进泥口深度不合适,入流挡板或导流筒脱落,温度和入流浓度突变或冲击进泥,均可导致短流,可根据不同情况予以处理。

二、气浮浓缩法的运行管理

1. 运行中应注意的问题

(1)是否投加混凝剂的问题

活性污泥是絮凝体,在絮凝时能捕获和吸附气泡,达到气浮的效果。在溶气比、固体负荷、水力负荷、停留时间相同的条件下,投加混凝剂与不投加混凝剂,对浓缩污泥的固体浓度、固体回收率并无明显差别。因此,气浮浓缩不一定需要投加混凝剂,在实际运行中应通过实验效果及性价比分析确定。

(2)污泥膨胀的影响

气浮浓缩活性污泥时,也存在着污泥膨胀的问题。运行时,应该常测定 SVI 值,以指导气浮池的运行。污泥膨胀会影响气浮浓缩,当发现 SVI 值在不正常范围时,可采用应对污泥膨胀的措施来解决。

(3)刮泥周期的影响

一般情况下,刮泥周期越长,上浮污泥的固体浓度将增加。上浮后的浓缩污泥是非常稳定的污泥层,即使停止进入溶气水或者再受到机械力(如刮风下雨)的作用,也不会破碎或下沉。气浮浓缩池污泥应及时刮除,每次刮泥量不宜太多,太多则可使污泥层底部的污泥带着水分上翻到表面,影响浓缩效果。

2. 异常现象分析及对策

(1)气浮污泥含固量太低

原因及对策:①刮泥周期太短,刮泥太勤,不能形成良好的污泥层。应降低刮泥频率,延长刮泥周期;②溶气量不足,导致气固比降低,因此气浮污泥的浓度也降低。应增大空压机的供气量,改善溶气不足情况;③入流污泥太大或浓度太高,超过了气浮浓缩能力,可通过降低进泥量解决。

第二节　污泥消化池的运行管理

一、消化池工艺运行控制

1. 常规运行参数

污泥厌氧中温消化正常运行参数应符合表11.3的规定。

表11.3　污泥厌氧中温消化正常运行参数

序 号	项目		运行参数
1	温 度/℃		34±1
2	投配率/%		4～8
3	污泥含水率/%	进 泥	95～98
		出 泥	95 左右
4	pH 值		7～8
5	有机物分解率/%		大于 30
6	污泥沼气搅伴供气量	$m^3/(m^2 \cdot h)$	0.8
		m^3/m 圆周长 · h	4～5
7	沼气搅拌方法	次/d	30
		min/次	$CH_4>55$
8	沼气中主要气体成分/%		$CO_2<38$
			$H_2<2$
			$H_2S<0.01$
			$N_2<6$
9	产气率(m^3 气/m^3 泥)		>5

2. 进排泥控制

在消化池的实际运行中，投泥量不能超过系统的消化能力，否则将降低消化效果。但投泥量也不能过低，过低的投泥量虽可保证污泥的消化效果，但处理能力将大大降低，造成消化能力的浪费。最佳投泥量应为低于系统消化能力的最大投泥量，计算式为：

$$Q_i = \frac{VF_v}{C_i f_v} \tag{12.1}$$

式中　V——消化池有效容积，m^3；

F_V——消化系统的最大允许有机负荷，$kg/(m^3 \cdot d)$；

C_i——进泥的污泥浓度，kg/m^3；

f_v——进泥干污泥中有机成分，%；

Q_i——投泥量，m^3/d。

按上式计算，还应核算消化时间：

$$T=\frac{V}{Q_i}\geqslant T_m \tag{12.2}$$

式中 T——污泥消化时间，d；

T_m——最短允许消化时间，d。

当进泥浓度较高时，投泥量主要受 f_v 的制约；当进泥浓度较低时，投泥量主要受 T_m 的制约。提高进泥浓度的关键是运行好浓缩处理单元，实际运行中应尽可能使投泥接近连续，在达到每日进泥量标准的前提下，每日进泥次数越多，每次进泥量越少越好。

3. pH 值及碱度的控制

在厌氧消化正常运行的条件下，产酸菌和产甲烷菌会自保持平衡，并将消化液的 pH 值自动调节在6.5～7.5 的范围内。此时，碱度一般为1 000～5 000 mg/L(以 $CaCO_3$ 计)之间，典型值在2 500～3 500 mg/L 之间。在厌氧消化池运行期间，应注意观察挥发性脂肪酸、碱度、挥发性脂肪酸/碱度、甲烷含量等指标的变化，如发现异常，则应开始控制 pH 值及碱度控制。

4. 加热系统的控制

甲烷菌对温度的波动非常敏感，一般应将消化液的温度波动控制在±1.0℃范围之间，这需要在运行过程中严格控制加热。

5. 搅拌系统的控制

搅拌是高效消化的关键操作之一，目前运行的消化池系统绝大多数采用间歇搅拌运行，在运行过程需注意在投泥及蒸汽直接加热过程中应同时进行搅拌，如采用底部排泥尽量不搅拌，如采用上部排泥则宜同时进行搅拌。

二、消化池的日常运行管理

1. 日常管理

对污泥消化池而言，消化系统对工艺条件及环境因素的变化反应更敏感，需定期取样分析，并根据情况随时进行工艺控制。消化池内，应按一定投配率投加新鲜污泥，并定时排放消化污泥，在运行过程中注意控制污泥投加量，对中温消化，每日投加的固体量不应超过池内固体量的5%，投入污泥固体含量为2%～4%，一般间歇投加，小流量连续投泥会引起泵和输泥管堵塞。

消化池的排泥量应与投泥量相当，一般采取间歇重力排泥，排泥时闸门应快速全开，避免管路被泥砂堵塞。上清液排出量与消化污泥排量有关，应根据经验确定。上清液一般每天排放数次，有破浮渣设备的消化池，在排上清液前应暂停破浮渣设备的运行，并应防止池内液面下降过多，沼气进入上清液管道。

沼气产量和沼气中甲烷含量是判断消化状态的重要指标，应经常监测。排泥和上清液时，池内会形成负压，应防止空气漏入，池内气压上升时应检查安全阀和水封的工作情况，注意防爆问题。用沼气搅拌污泥宜采用单池进行。在产气量不足或在启动期间搅拌无法充分进行时，应采用辅助措施搅拌。

经常检查热交换器污泥和热水进出口的温度,加热系统应定期维护,发现异常应及时进行调节和维修。搅拌系统应予以定期维护。沼气搅拌立管常有被污泥及污物堵塞现象,可以将其它立管关闭,大气量冲洗被堵塞的立管。如机械搅拌桨有污物缠绕,若机械搅拌可以反转,定期反转可甩掉缠绕的污物。另外,应定期检查搅拌轴穿顶板处的气密性。

消化池运行一段时间后,应停止运行,进行全面的防腐防渗检查与处理,同时应定期进行清砂和清渣,防止砂在消化池内的积累。

消化池系统内许多管路和阀门为间歇运行,冬季应注意防冻,定期检查消化池及加热管路系统的保温效果;若效果不佳,应更换保温材料,防止由于保温效果不好而造成的热损失。热交换器长期停止使用时,必须关闭通往消化池的进泥闸阀,并将热交换器中的污泥放空。

消化池污泥必须在 2 ~5 h 之内充分混合一次。消化池中的搅拌不得与排泥同时进行。应监测产气量、pH 值、脂肪酸、总碱度和沼气成分等数据,并根据监测数据调整消化池运行工况。

消化池溢流管必须通畅,并保持其水封高度。环境温度低于 0℃时,应防止水封结冰。

2. **安全操作**

在投配污泥、搅拌、加热及排放等项操作前,应首先检查各种工艺管路闸阀的启闭是否正确,严禁跑泥、漏气、漏水。每次蒸汽加热前,应排放蒸汽管道内的冷凝水。沼气管道内的冷凝水应定期排放。消化池排泥时,应将沼气管道与贮气柜联通。消化池内压力超过设计值时,应停止搅拌。

消化池放空清理应采取防护措施,池内有害气体和可燃气体含量应符合相关规定。操作人员检修和维护加热、搅拌等设施时,应采取安全防护措施。应每班检查一次消化池和沼气管道闸阀是否漏气。

3. **维护保养**

消化池的各种加热设施均应定期除垢、检修、更换。消化池池体、沼气管道、蒸气管道和热水管道、热交换器及闸阀等设施、设备应每年进行保温检查和维修。

寒冷季节应做好设备和管道的保温防冻工作。热交换器管路和闸阀处的密封材料应及时更换。正常运行的消化池,宜 5 年彻底清理、检修一次。

三、消化池异常问题及排除

厌氧消化过程易于出现酸化,即产酸量与用酸量不协调,这种现象称为欠平衡。厌氧消化作用欠平衡时可以显示出如下的症状:①消化液挥发性有机酸浓度增高;②沼气中甲烷含量降低;②消化液 pH 值下降;④沼气产量下降;⑥有机物去除率下降。以上症状中最先显示的是挥发性有机酸浓度的增高,故它是一项最有用的监视参数,有助于尽早地察觉欠平衡状态的出现。其他症状则因其显示的滞缓性,或者因其并非专一的欠平衡症状,故不如前者那样灵敏有用。

厌氧消化作用欠平衡的原因是多方面的,如有机负荷过高;进入 pH 值过低或过高;碱度过低,缓冲能力差及有毒物质抑制;反应温度急剧波动;池内有溶解氧及氧化剂存在等。

一经检测到系统处于欠平衡状态时,就必须立即控制并加以纠正,以避免欠平衡状态进一步发展到消化作用停顿的程度。可暂时投加石灰乳以中和积累的酸,但过量石灰乳能起杀菌作用。解决欠平衡的根本办法是查明失去平衡的原因,有针对性地采取纠正措施。

第三节　污泥脱水干化的运行管理

一、工艺控制

用于消化污泥脱水的各种类型脱水机的能力和运转参数应符合表 11.4 的规定。

表 11.4　各种类型脱水机运转参数

脱水机类型	进泥含水率/%	泥饼含水率小于/%	投加化学调节剂占污泥干重/%	生产能力/(kg 干泥/$m^{-2}\cdot h^{-1}$)	回收率/%
带式压滤机	95 ~ 97	80	有机高分子絮凝剂 0.2 ~ 0.4	120 ~ 350	70 ~ 80
真空过滤机	95 ~ 97	80	三氯化铁 10 ~ 15 碱式氯化铝加石灰 8 ~ 10	8 ~ 15	70
离心脱水机	95 ~ 97	75	有机高分子絮凝剂 0.04 ~ 0.10	10 ~ 20	80 ~ 90
板框压滤机	95 ~ 97	65	三氯化铁 4 ~ 7 氧化钙 11.0 ~ 22.5	2 ~ 10	80

露天干化场污泥脱水运行参数应符合表 11.5 的规定。

表 11.5　露天干化场污泥脱水运行参数

干化周期/d	开始时污泥厚度/cm	开始时污泥含水率/%	最终污泥含水率/%
10 ~ 40	30 ~ 50	97	65 ~ 70

二、运行管理

1. 日常运行管理

用机械设备进行污泥脱水时,应选用合适的化学调节剂。化学调节剂的投加量应根据污泥的性质、消化程度、固体浓度等因素,通过试验确定。应按照化学调节剂的种类、有效期、贮存污泥条件来确定贮备量和贮存方式。化学调节剂先存的应先用。药剂量的配制应符合脱水工艺的要求。污泥脱水完毕,应立即将设备和滤布冲洗干净。用干化场进行污泥脱水时,污泥应依次投放在干化床上,并根据污泥干化周期晾晒、起运干污泥。污泥干化场在雨季应减少使用次数。干化场的滤料应每年补充或更换。

2. 安全操作

污泥脱水机械带负荷运行前,应空车运转数分钟。污泥脱水机在运行中,随污泥变化应及时调整控制装置。在溶药池边工作时,应注意防滑。在污泥干化场操作时,应采取防滑等安全措施。操作人员应做好机房内的通风工作。严禁重载车进入干化场。

3. 维护保养

投泥泵、投药泵和溶药池停用后,必须用清水冲洗。冲洗滤布的喷嘴和集水槽应经常清洗或疏通。皮带运输机应定期检查和维修。干化场的围墙与围堤应定期进行加固维修，并清通排水管道，检查、维修输泥管道和闸阀。压缩机和液压系统应定期检修。

第四节　污泥综合利用与最终处置

污泥的综合利用及最终处置方法的采用，取决于污泥的性质及当地条件。前者是以物尽其用、变废为宝为目标的最终处置方法，在可能条件下应优先考虑采用，但应同时认真考虑经济上的得失以及综合利用过程可能产生的二次污染问题及其解决措施。

一、污泥的综合利用

(1)污泥制肥

有机污泥含有各种植物的基本养分，能供给大多数农作物生长所需的全部氮和磷，典型的城市污水处理厂的污泥中含有4%氮、2.5%磷和0.5%钾(以质量计)。此外，还能增加植物中某些微量元素的含量，而这些微量元素，又是动物缺乏的养分。例如，动物食料常缺乏的微量元素有锌、铜、镍、铬等，而且污泥中还含有各种维生素。因而在农业上施用污泥是提高动物食料和饲料的质量。污泥中营养物质的速效性与污泥的种类有关，如消化污泥比原生有机污泥具有更大的农田及园艺施肥价值。

(2)污泥制土壤改良剂

污泥中除含营养物质外，其中腐殖质、石灰和水分，都是有利于农业生产的因素。有些物质可以起到改良土壤的性质与结构的作用，因而可作为土壤的调节剂。

由此可见，污泥可作为农业肥料、饲料及土壤的调节剂。但是污泥在农业上的应用必须满足卫生要求，即不得含有致病微生物寄生虫卵及有毒物质的含量也必须在限量之内。

第十二章　城市污水厂的监测

第一节　水样的采集和处理

一、水样采集的目的和注意事项

城市污水处理厂水样采集的目的是用来分析出水达标情况和对各个工艺环节的运行状况。水样的采集是要通过采集很少的一部分来反映被采样体的整体面貌,因此采出有代表性样品的关键。

采集水样时,首先应用专用的水样瓶按规定的计划、时间和地点采样。在正式采样前要将采样瓶用被采样水冲洗3遍。采集管道出水应将管道内的水样在放流一定时间后采集,保证采集的水具有正常情况的代表性。采集反应池内的水样应在不同深度和位置取样。对有大块漂浮物等特殊情况应以有代表性为原则决定取舍和取舍的方式。对易变化的水样,采集后应尽快分析或采取恒温、加药固化等措施将水样临时保存,并应及时进行分析。采集的水样要做好记录,样瓶上要明确标记采集水样的时间、采样点。

二、水样的采集频率

从理论上讲,水样的采集频率是越高越好,时间间隔越短越好,从而分析结果也越可靠,但水样的采集时间和分析时间限制了采集的时间间隔,同时也加大了工作量。对城市污水处理厂的水样采集还要考虑实际的可能和实用意义。表12.1列举了某城市污水处理厂取样分析的一般方法,仅供参考。

表12.1　某城市污水处理厂取样分析的一般方法

工艺单元	取样位置	项目	取样目的	取样频率	取样类型
一级处理	进水	BOD_5	质检	每日一次	混合
		TSS	质检	每周一次	混合
		pH值	工艺控制	每周一次	瞬时
		TN	质检	每日一次	瞬时
		NH_3-N	质检	每周一次	瞬时
	出水	BOD_5	质检	每周一次	混合
		TSS	质检	每周一次	混合
		DO	质检	每周一次	瞬时
		pH值	质检	每日一次	瞬时
	污泥	TS	工艺控制	每日一次	混合
		VS	工艺控制	每周一次	混合

续表 12.1

工艺单元	取样位置	项目	取样目的	取样频率	取样类型
二级处理	混合液	DO	工艺控制	每日一次	瞬时
		温度	工艺控制	每日一次	瞬时
		TSS	工艺控制	每日一次	混合
		VSS	工艺控制	每日一次	混合
		NO_3-N	工艺控制	每周一次	瞬时
	回流污泥	TSS	工艺控制	每日一次	混合
	二沉出水	BOD_5	质检	每日一次	混合
		TSS	质检	每日一次	混合
		DO	质检	每日一次	瞬时
		TN	质检	每周一次	瞬时
		NH_3-N	质检	每周一次	瞬时
		NO_2-N	质检	每周一次	瞬时
		NO_3-N	质检	每周一次	瞬时
		pH 值	质检	每日一次	瞬时
		大肠杆菌	质检	每日一次	瞬时
厌氧消化	消化进泥	TS	质检	每日一次	瞬时
		VS	质检	每日一次	瞬时
		pH 值	工艺控制	每日一次	瞬时
		碱度	工艺控制	每周一次	瞬时
	消化池	温度	工艺控制	每日一次	瞬时
		挥发酸	工艺控制	每周一次	瞬时
		碱度	工艺控制	每周一次	瞬时
		pH 值	工艺控制	每日一次	瞬时
		重金属	工艺控制	每周一次	瞬时
	消化出泥	挥发酸	工艺控制	每周一次	瞬时
		TS	质检	每日一次	瞬时
		VS	质检	每日一次	瞬时
		TN	工艺控制	每周一次	瞬时
	消化上清液	TS	质检	每日一次	混合
		TSS	工艺控制	每日一次	混合
		BOD_5	工艺控制	每日一次	混合
	沼气	CH_4	工艺控制	每日一次	混合

第二节　处理构筑物的监测指标

一、一级处理构筑物监测指标

1. 格栅

应记录每天发生的栅渣量,用容量或重量均可。根据栅渣量的变化,可以间接判断格栅的拦污效率。当栅渣量比历史记录减少时,应分析格栅是否运行正常,观察是否有短流现象的发生。

测定栅前、栅后水位,水头损失一般应控制在0.3 m以内。水头损失突然增大,有两种可能的原因:进水水量增加,或格栅局部堵死。通过栅前、栅后水位计算过栅流速,分析过栅流速控制是否合理,是否应及时清污。

2. 沉砂池

应连续测量并记录每天的除砂量,可以用重量法测定,用以合理地安排排砂次数。

应定期测量初沉池排泥中的含砂量,以干污泥中砂的百分含量表示,这是衡量沉砂池除砂效果的一个重要因素。

应定期测定沉砂池和洗砂设备排砂中的有机物含量。

对于曝气沉砂池,应准确记录每天的曝气量。

3. 初沉池

处理厂初沉池的进出水应进行以下项目的分析及测量:

(1)SS:取不同时段多个瞬时样的平均值,计算去除率。小处理厂可每周2次或1次,大型处理厂应每天1次。

(2)BOD_5:24 h混合样,计算去除效率。小处理厂可每周2次或1次,大型处理厂应每天1次。

(3)可沉固体:进行1 h沉降试验,并计算去除率。小处理厂可每天1次,大型处理厂应每天数次,每班至少1次。

(4)pH值:每天数次,每班至少1次。

(5)TS:大型处理厂每天至少1次。

(6)TVS:大型处理厂每天至少1次。

(7)FOG:每周1次。

(8)温度:每天数次。

初沉池排泥就进行以下项目的分析及测量。

(1)排泥的含固量:每天1次。

(2)VS:每天1次,取多个瞬时样的均值。

(3)pH:每天数次。

初沉池运转中,每班应记录以下内容:

排泥次数,排泥时间;排浮渣次数,浮渣量;温度和 pH 值;刮泥机及泥泵的运转情况。

二、级处理构筑物监测指标

(1)流量:进水流量、出水流量 、回流污泥量、剩余污泥量、混合液回流量、供气量。大型污水处理厂,流量最好选用在线监测。

(2)COD:进水 COD 和出水 COD,取混合样,每天 1 次。

(3)BOD_5:进水 BOD_5 和出水 BOD_5,取混合样,每天 1 次。

(4)SS 进水和出水的 TSS,混合液的 MLSS 和 MLVSS,回流污泥的 RSS 和 RVSS。可取瞬时样,每天一次。

(5)DO:厌氧段、缺氧段和好氧段的 DO 值,每天数次测量。大型处理厂最好采用在线连续测定的方式。

(6)温度:入流污水、混合液以及环境温度,每天 1 次。

(7)TKN:入流污水和出流污水的 TKN。取混合样,每天 1 次。

(8)NH_3-N:入流污水和二沉池出水的 NH_3-N。取混合样,每天 1 次。

(9)NO_3-N:入流污水、二沉污水、厌氧段、缺氧段和回流污泥中的 NO_3-N。取混合样,每天 1 次。

(10)TP:入流污水和二沉池出水的 TP。取混合样,每天 1 次。

(11)pH 值每天数次,每班至少 1 次。

(12)污泥的容积指数(SVI):每天 2 ~3 次。

(13)污泥的沉降比(SV):污泥的沉降比(SV)应每天测定 2 ~3 次。

(14)污泥含磷量:定期分析 MLVSS 中的磷含量,每周 1 次。

(15)耗氧速率(SOUR):曝气池好氧段末端混合液的 SOUR,第周 1 次。

活性污泥的耗氧速率是指单位重量的活性污泥在单位时间内所能消耗的溶解氧量,它是衡量活性污泥的生物活性的一个重要指标。SOUR 在运行管理中的重要作用在于指示入流污水是否有太多难降解物质,以及活性污泥是否中毒。若 SOUR 值急剧降低,应立刻分析原因并采取措施,否则会使出水水质超标。

(16)生物相:每天观察混合液和回流污泥的生物相。

(17)氧化还原电位(ORP):连续测定厌氧段、缺氧段和好氧段中混合液的 ORP。

(18)泥位:定期测定二沉池泥位。大型处理厂最好在线连续测定。

三、污泥处理系统监测指标

1. 污泥浓缩池

(1)含水率(含固量):浓缩池进泥和排泥,每天 3 次,取瞬时样。

(2)BOD_5:浓缩池上清液,每天 1 次,取连续混合样。

(3)SS: 浓缩池上清液,每天 3 次,取瞬时样。

(4)TP:浓缩池上清液,每天 1 次,取连续混合样。

(5)温度:测量进泥及池内污泥温度,每天 3 次。

(6)流量:测量进泥量与排泥量,连续测量。

2. 污泥消化池

(1)流量:包括投泥量、排泥量和上清液排放量,应测量并记录每一运行周期内的以上各值。

(2)pH 值:包括进泥、消化液排泥和上清液的 pH 值,每天至少测 2 次。

(3)含固量:包括进泥、排泥和上清液的含固量,每天至少分析 1 次。

(4)有机分:包括进泥、排泥和上清液中干固体中的有机分,每天至少分析 1 次。

(5)碱度:包括测定进泥、排泥、消化液和上清液中的碱度,每天至少分析 1 次,小型处理厂可只测消化液中的碱度。

(6)挥发性脂肪酸(VFA):测定进泥、排泥、消化液和上清液中的 VFA,每天至少 1 次,小型处理厂可只测消化液中的 VFA。

(7)BOD_5:测上清液中的 BOD_5 值,每两天 1 次。

(8)SS:测上清液中的 SS 值,每两天 1 次。

(9)NH_3-N:包括进泥、排泥、消化液和上清液中 NH_3-N 值,每天 1 次。

(10)TKN:包括进泥、排泥、消化液和上清液中 KTN 值,每天 1 次。

(11)TP:测上清液中的 TP 值,每天 1 次。

(12)大肠菌群:测进泥和排泥的大肠菌群,每周 1 次。

(13)蛔虫卵:测进泥和排泥的蛔虫卵数,每周 1 次。

(14)沼气成分分析:应沼气中的 CH_4、CO_2、H_2S 三种气体的含量,每天 1 次。

(15)沼气流量:应尽量连续测量并记录沼气产量。

第三节　污水处理厂化验检测方法

一、水质检测指标

水质检测指标包括:COD、BOD、DO、pH 值、氨氮、亚硝酸盐氮、硝酸盐氮、磷、挥发性脂肪酸和总碱度的测定。

1. COD 的测定

COD 通常采用重铬酸钾法,亦称回流法,测定值用 COD_{Cr}表示。

(1)原理

在强酸性溶液中,一定量的重铬酸钾氧化水样中还原性物质,过量的重铬酸钾以试亚铁灵作指示剂,用硫酸亚铁铵溶液回滴。根据用量算出水样中还原性物质消耗氧的量。

(2)干扰及其消除

酸性重铬酸钾氧化性很强,可氧化大部分有机物,加入硫酸银作催化剂时,直链脂肪族化合物可完全被氧化,而芳香族有机物却不易被氧化,吡啶不被氧化,挥发性直链脂肪话化合物、笨等有机物存在于蒸气相,不能与氧化剂液体接触,氧化不明显。氯离子能被重铬酸盐氧化,并且能与硫酸银作用产生沉淀,影响测定结果,故在回流前向水样中加入硫酸汞,使成为络合物以消除干扰。氯离子含量于 2 000 mL/L 的样品应先做定量稀释,使含量降低至

2 000 mg/L 以下，再行测定。

（3）方法的适用范围

用0.25 mol/L 浓度的重铬酸钾溶液可测定大于 50 mg/L 的 COD 值。用 0.025 mol/L 浓度的重铬酸钾溶液可测定 5～50 mg/L 的 COD 值，但准确度较差。

（4）仪器

回流装置：带 250 mL 锥形瓶的全玻璃回流装置（如取样量在 30 mL 以上，采用 500 mL 锥形瓶的全玻璃回流装置）。

①加热装置：电热板或变阻电炉。

②50 mL 酸式滴定管。

（5）试剂

①重铬酸钾标准溶液（$1/6K_2Cr_2O_7$，0.250 0 mol/L）：称取预先在 120℃烘干 2 h 的基准或优级纯重铬酸钾确良 12.258 g 溶于水中，移入 1 000 mL 容量瓶，稀释至标线，摇匀。

②试亚铁灵指示液：称取 1.485 g 邻菲罗啉（$C_{12}H_3N_2 \cdot H_2O$，1，10－phenanthnoline），0.695 g硫酸亚铁（$FeSO_4 \cdot 7H_2O$）溶于水中，稀释至 100 mL，贮于棕色瓶内。

③硫酸亚铁铵标准溶（$(NH_4)_2Fe(SO_4)_2 \cdot 6H_2O$，0.1 mol/L：称取 39.5 g 硫酸亚铁铵溶于水中，边搅拌边缓慢加入 20 mL 浓硫酸，冷却后移入 1 000 mL 容量瓶中，加水稀释至标线，摇匀。临用前，用重铬酸钾标准溶液标定。

标定方法

准确吸取 10.00 mL 重铬酸钾标准溶液于 500 mL 锥形瓶中，加水稀释至 110 mL 左右，缓慢加入 30 mL 浓硫酸，混匀。冷却后，加入 3 滴试亚铁灵指示液（约 0.15 mL），用硫酸亚铁铵溶液滴定，溶液的颜色由黄色经蓝绿色至红褐色即为终点。

$$c[(NH_4)_2Fe(SO_4)_2]=\frac{0.250\ 0\times10.00}{V}$$

式中　c——硫酸亚铁铵标准溶液的浓度（mol/L）；

V——硫酸亚铁铵标准滴定溶液的用量（mL）。

④硫酸－硫酸银溶液：于 2 500 mL 浓硫酸中加入 25 g 硫酸银。放置 1～2 d，不时摇动使其溶解（如无 2 500 mL 容器，可在 500 mL 浓硫酸中加入 5 g 硫酸银）。

⑤硫酸汞：结晶或粉末。

（5）步骤

①取 20 mL 混合均匀的水样（或适量水样稀释至 20 mL）置 250 mL 磨口的锥形瓶中，准确加入 10 mL 重铬酸钾标准溶液及数粒小玻璃珠或沸石，连接磨口回流冷凝管，从冷凝管上口慢慢地加入 30 mL 硫酸－硫酸银溶液，轻轻摇动锥形瓶，使溶液混匀，加热回流 2 h（自开始沸腾时计时）。

注：a. 对于化学需氧量高的废水样，可先取上述操作所需体积 1/10 的废水样和试剂，于 15×150 mm 硬质玻璃试管中，摇匀，加热后观察是否变成绿色。如溶液显绿色，再适当减少废水取样量，直至溶液不变绿色为止，从而确定废水樣分析时应取用的体积。稀释时，所取废水样量不得少于 5 mL，如果化学需氧量很高，则废水样应多次稀释。b. 废水中氯离子含量超过 30 mg/L 时，应先把 0.4 g 硫酸汞加入回流锥形瓶中，再加 20 mL 废水（或适量废水稀释至 20 mL），摇匀。以下操作同上。

②冷却后，用 90 mL 水冲洗冷凝管壁，取下锥形瓶。溶液总体积不得少于 150 mL，否则因酸度太大，滴定终点不明显。

③溶液再度冷却后，加 3 滴试亚铁灵指示液，用硫酸亚铁铵标准溶液滴定，溶液的颜色由黄色经蓝绿色至红褐色即为终点，记录硫酸亚铁铵标准溶液的用量。

④测定水样的同时，以 20 mL 重蒸馏水，按同样操作步骤作空白试验。记录滴定空白时硫酸亚铁铵标准溶液的用量。

计算

$$\rho_{COD_{Cr}}/(mg \cdot L^{-1})=\frac{(V_0-V_1)\times c\times 8\times 1\ 000}{V}$$

式中　c——硫酸亚铁铵标准溶液的浓度（mol/L）；

V_0——滴定空白时硫酸亚铁铵标准溶液用量（mL）；

V_1——滴定水样时硫酸亚铁铵标准溶液的用量（mL）；

V——水样的体积（mL）；

8——氧（$\frac{1}{2}O$）摩尔质量（g/mol）。

（6）注意事项

①使用 0.4 g 硫酸汞络合氯离子的最高量可达 40 mg，如取用 20 mL 水样，即最高可络合 2 000 mg/L 氯离子浓度的水样。若氯离子浓度较低，亦可少加硫酸汞，使保持硫酸汞∶氯离子＝10∶1（质量比）。若出现少量氯化汞沉淀，并不影响测定。

②水样取用体积可在 10～50 mL 范围之间，但试剂用量及浓度需按表 1 进行相应调整，也可得到满意的结果。

表 12.2　水样取用量和试剂用量表

水样体积 / mL	2 500 mol/L $K_2Cr_2O_7$ 溶液/mL	H_2SO_4-$AgSO_4$ 溶液 /mL	$HgSO_4$ /g	$FeSO_4(NH_4)_2SO_4$ /(mol · L^{-1})	滴定前总体积 /mL
10.0	5.0	15	0.2	0.050	70
20.0	10.0	30	0.4	0.100	140
30.0	15.0	45	0.6	0.150	210
40.0	20.0	60	0.8	0.200	280
50.0	25.0	75	1.0	0.250	350

③对于化学需氧量小于 50 mg/L 的水样，应改用 0.025 0 mol/L 重铬酸钾标准溶液，回滴时用 0.01 mol/L 硫酸亚铁铵标准溶液。

④水样加热回流后，溶液中重铬酸钾剩余量应为加入量的 1/5～4/5 为宜。

⑤用邻苯二甲酸氢钾标准溶液检查试剂的质量和操作技术时，由于每克邻苯二甲酸氢钾的理论 COD_{cr} 为 1.176 g，所以溶解 0.425 1 g 邻苯二甲酸氢钾（$HOOCC_6H_4COOK$）于重蒸馏水中，转入 1 000 mL 容量瓶，用重蒸馏水稀释至标线，使之成为 500 mg/L 的 COD_{cr} 标准溶液。用时新配。

⑥COD_{cr} 的测定结果应保留三位有效数字。

⑦每次实验时,应对硫酸亚铁铵标准滴定溶液进行标定,室温较高时尤其应注意其浓度的变化。

2. BOD_5 的测定

(1)方法原理

生化需氧量是指在规定条件下,微生物分解存在水中的某些可氧化物质,特别是有机物所进行的生物化学过程中消耗溶解氧的量。此生物氧化全过程进行的时间很长,如在20℃培养时,完成此过程需100多d。目前国内外普遍规定于20±1℃培养5 d,分别测定样品培养前后的溶解氧,二者之差即为BOD_5值,以氧的毫克/升(mg/L)表示。

对某些地面水及大多数工业废水,因含较多的有机物,需要稀释后再培养测定,以降低其浓度和保证有充足的溶解氧。稀释的程序应使培养中所消耗的溶解氧大于2 mg/L,而剩余溶解氧在1 mg/L以上。

为了保证水样稀释后有足够的溶解氧,稀释水通常要通入空气进行曝气(或通入氧气),使稀释水中溶解氧接近饱和。稀释水中还应加入一定量的无机营养盐和缓冲物质(磷酸盐、钙、镁和铁盐等),以保证微生物生长的需要。

对于不含或少含微生物的工业废水,其中包括酸性废水、碱性废水、高温废水或经过氯化处理的废水,在测定BOD_5时应进行接种,以引入能分解废水中有机物的微生物。当废水中存在着难于被一般生活污水中的微生物以正常速度降解的有机物或含有剧毒物质时,应将驯化后的微生物引入水样中进行接种。

本方法适用于测定BOD_5大于或等于2 mg/L,最大不超过6000 mg/L的水样。当水样BOD_5大于6 000 mg/L,会因稀释带来一定的误差。

(2)仪器

①恒温培养箱(20±1℃)。

②5~20 L细口玻璃瓶。

③1 000~2 000 mL量筒。

④玻璃搅棒:棒的长度应比所用量筒高度长200 mm。在棒的底端固定一个直径比量筒底小,并带有几个小孔的硬橡胶板。

⑤溶解氧瓶:250~300 mL之间,带有磨口玻璃塞并具有供水封用的钟形口。

⑥虹吸管:供分取水样和添加稀释水用。

(3)试剂

①磷酸盐缓冲溶液:将8.5 g磷酸二氢钾(KH_2PO_4),21.75 g磷酸氢二钾(K_2HPO_4),33.4 g七水合磷酸氢二钾($K_2HPO_4 \cdot 7H_2O$)和1.7 g氯化铵(NH_4Cl)溶于水中,稀释至1 000 mL。此溶液的pH应为7.2。

②硫酸镁溶液:将22.5 g七水合硫酸镁($MgSO_4 \cdot 7H_2O$)溶于水中,稀释至1 000 mL。

③氯化钙溶液:将27.5 g无水氯化钙溶于水,稀释至1 000 mL。

④氯化铁溶液:将0.25 g六水合氯化铁($FeCl_3 \cdot 6H_2O$)溶于水,稀释至1 000 mL。

⑤盐酸溶液(0.5 mol/L):将40 mL(ρ=1.18 g/mL)盐酸溶于水,稀释至1 000 mL。

⑥氢氧化钠溶液(0.5 mol/L):将20 g氢氧化钠溶于水,稀释至1 000 mL。

⑦亚硫酸钠溶液($1/2Na_2SO_3$=0.025 mol/L):将1.575 g亚硫酸钠溶于水,稀释至1 000 mL。此溶液不稳定,需每天配制。

⑧葡萄糖-谷氨酸标准溶液:将葡萄糖($C_5H_{12}O_6$)和谷氨酸(HOOC-CH_2-CH_2-$CHNH_2$-COOH)在103℃干燥1 h后,各称取150 mg溶于水中,移入1 000 mL容量瓶内并稀释至标线,混合均匀。此标准溶液临用前配制。

⑨稀释水:在5~20 L玻璃瓶内装入一定量的水,控制水温在20℃左右。然后用无油空气压缩机或薄膜泵,将吸入的空气先后经活性炭吸附管及水洗涤管后,导入稀释水内曝气2~8 h,使稀释水中的溶解氧接近于饱和。停止曝气亦可导入适量纯氧。瓶口盖以两层经洗涤晾干的纱布,置于20℃培养箱中放置数小时,使水中溶解氧含量达8 mg/L左右。临用前每升水中加入氯化钙溶液、氯化铁溶液、硫酸镁溶液、磷酸缓冲溶液各1 mL,并混合均匀。

稀释水的pH值应为7.2,其BOD_5应小于0.2 mg/L。

⑩接种液:可选择以下任一方法,以获得适用的接种液。

a. 城市污水,一般采用生活污水,在室温下放置一昼夜,取上清液供用。

b. 表层土壤浸出液,取100 g花园或植物生物土壤,加入1 L水,混合并静置10 min,取上清液供用。

c. 用含城市污水的河水或湖水。

d. 污水处理厂的出水。

e. 当分析含有难于降解物质的废水时,在其排污口下游3~8 km取水样做为废水的驯化接种液。若无此种水源,可取中和或经适当稀释后的废水进行连续曝气,每天加入少量该种废水,同时加入适量表层土壤或生活污水,使能适应该种废水的微生物大量繁殖。当水出现大量絮状物,或检查其化学需氧量的降低值出现变更时,表明适用的微生物已进行繁殖,可用作接种液。一般驯化过程需要3~8 d。

⑪接种稀释水:分取适量接种液,加于稀释水中,混匀。每升稀释水中接种液加入量为:生活污水1~10 mL;或表层土壤浸出液20~30 mL;或河水,湖水10~100 mL。

接种稀释水的pH值为7.2,BOD_5值以在0.3~1.0 mg/L之间为宜。接种稀释水配制后立即使用。

(4)步骤

①水样的预处理:a. 水样的pH值若超出6.5~7.5范围时,可用盐酸或氢氧化钠溶液调节pH近于7,但用量不要超过水样体积的0.5%。若水样的酸度或碱度很高,可改用高浓度的碱或酸液进行中和。

b. 水样中含有铜、铅、锌、镉、铬、砷、氰等有毒物质时,可使用经驯化的微生物接液的稀释水进行稀释,或提高稀释倍数以减少毒物的浓度。

c. 含有少量游离氯的水样,一般放置1~2 h,游离氯即可消失。对于游离氯在短时间不能消散的水样,可加入亚硫酸钠溶液,以除去之,其加入量由下述方法决定。

取已中和好的水样100 mL,加入1+1乙酸10 mL,10%(m/V)碘化钾溶液1 mL,混匀,以淀粉溶液为指示剂,用亚硫酸钠溶液滴定游离碘。由亚硫酸钠溶液消耗的体积,计算出水样中应加亚硫酸钠溶液的量。

d. 从水温较低的水域或富营养化的湖泊中采集的水样,可遇到含有过饱和溶解氧,此时应将水样迅速升温至20℃左右,在不使满瓶的情况下,充分振摇,并时时开塞放气,以赶出过饱和的溶解氧。

从水温较高的水域或废水排放口取得的水样,则应迅速使冷却至20℃左右,并充分振摇,使与空气中氧份压接近平衡。

②不经稀释水样的测定:

溶解氧含量较高、有机物含量较少的地面水,可不经稀释,而直接以虹吸法,将约20℃的混匀水样转移入两个溶解氧瓶内,转移过程中应注意不使产生气泡,以同样的操作使两个溶解氧瓶充满水样后溢出少许,加塞。瓶内不应留有气泡。

其中一瓶随即测定溶解氧,另一瓶的瓶口进行水封后,放入培养箱中,在20±1℃培养5 d。在培养过程中注意添加封口水。

③需经稀释水样的测定:

a.稀释倍数的确定:根据实践经验,提出下述计算方法,供稀释时参考。

地面水,由测得的高锰酸盐指数与一定的系数的乘积,即求得稀释倍数,见表12.3。

表12.3　由高与一定的系数的乘积求得的稀释倍数

高锰酸盐指数/($mg \cdot L^{-1}$)	系数
<5	——
5~10	0.2、0.3
10~20	0.4、0.6
>20	0.5、0.7、1.0

工业废水,由重铬酸钾法测得的COD值来确定,通常需做三个稀释比。

使用稀释水时,由COD值分别乘以0.075、0.15、0.225三个系数。

注:COD_{cr}值可在测定COD过程中,加热回流至60 min时,用由校核试验的笨二甲酸氢钾溶液按COD测定相同操作步骤制备的标准色列进行估测。

b.稀释操作:可分一般稀释法和直接稀释法。

一般稀释法:按照选定的稀释比例,用虹吸法沿筒壁先引入部分稀释水(或接种稀释水)于1 000 mL量筒中,加入需要量的均匀水样,再引入稀释水(或接种稀释水)至800 mL,用带胶板的玻棒小心上下搅匀。搅拌时勿使搅棒的胶板露出水面,防止产生气泡。

按不经稀释水样的测定相同操作步骤,进行装瓶、测定当天溶解氧和培养5 d后的溶解氧。

另取两个溶解氧瓶,用虹吸法装满稀释水(或接种稀释水)作为空白试验。测定5 d前后的溶解氧。

直接稀释法:直接稀释法是在溶解氧瓶内直接稀释。在已知两个容积相同(其差小于1 mL)的溶解氧瓶内,用虹吸法加入部分稀释水(或直接稀释水),再加入根据瓶容积和稀释比例计算出的水样量,然后用稀释水(或直接稀释水)使刚好充满,加塞,勿留气泡于瓶内。其余操作与上述一般稀释法相同。

BOD_5测定中,一般采用叠氮化钠改良法测定溶解氧。如遇干扰物质,应根据具体情况采用其他测定法。

(5)计算

①不经稀释直接培养的水样

$$\rho_{BOD_5}/(\ mg \cdot L^{-1}) = \rho_1 - \rho_2$$

式中 c_1——水样在培养前在溶解氧浓度(mg/L);

c_2——水样经 5 d 培养后,剩余溶解氧浓度(mg/L)。

②经稀释后培养的水样

$$\rho_{BOD_5}/(mg \cdot L^{-1}) = \frac{(\rho_1 - \rho_2) - (\rho_{B1} - \rho_{B2})f_1}{f_2}$$

式中 ρ_{B1}——稀释水(或接种稀释水)在培养前的溶解氧(mg/L);

ρ_{B2}——稀释水(或接种稀释水)在培养后的溶解氧(mg/L);

f_1——稀释水(或接种稀释水)在培养液中所占比例;

f_2——水样在培养液中所占比例。

注:f_1、f_2 的计算:例如培养液的稀释比为 3%,即 3 份水样,97 份稀释水,则 $f_1=0.97$,$f_2=0.03$。

注事事项:a. 水中有机物的生物氧化过程,可分为两个阶段:第一阶段为有机物中的碳和氢,氧化生成二氧化碳和水,此阶段称为碳化阶段。完成碳化阶段在 20℃ 大约需 20 d 左右。第二阶段为含氮物质及部分氨,氧化为亚硝酸盐及硝酸盐,称为硝化阶段。完成硝化阶段在 20℃ 时需要约 100 d。因此,一般测定水样 BOD_5 时,硝化作用很不显著或根本不发生硝化作用。但对于生物处理池的出水,因其中含有大量的硝化细菌。因此,在测定 BOD_5 时也包括了部分含氮化物的需氧量。对于这样的水样,如果我们只需要测定有机物降解的需氧量,可加入硝化抑制剂,抑制硝化过程。为此目的,可在每升稀释水样中加入 1 mL 浓度为 500 mg/L 的丙烯基硫脲(ATU,$C_4H_5N_2S$)或一定量固定在氯化钠上的 2-氯代-6-三氯甲基吡啶(TCMP,$Cl-C_5H_3N-C-CH_3$),使 TCMP 在稀释样品中的浓度大约为 0.5 mg/L。b. 玻璃器皿应彻底洗净。先用洗涤剂浸泡清洗,然后用稀盐酸浸泡,最后依次用自来水、蒸馏水洗净。c. 在两个或三个稀释比的样品中,凡消耗溶解氧大于 2 mg/L 和剩余溶解氧大于1 mg/L 时,计算结果时,应取其平均值。若剩余的溶解氧小于 1 mg/L,甚至为零时,应加大稀释比。溶解氧消耗量小于 2 mg/L,有两种可能,一是稀释倍数过大;另一种可能是微生物菌种不适应,活性差,或含毒物质浓度过大。这时可能出现在几个稀释比中,稀释倍数大的消耗溶解氧反而较多的现象。d. 为检查稀释水和接种液的质量,以及化验人员的操作水平,可将 20 mL 葡萄糖-谷氨酸标准溶液用接种稀释水稀释至 1000 mL,按测定 BOD_5 的步骤操作。测得 BOD_5 的值应在 180 ~ 230 mg/L 之间。否则应检查接种液、稀释水的质量或操作技术是否存在问题。e. 水样稀释倍数超过 100 倍时,应预先在容量瓶中用水初步稀释后,再取适量进行最后稀释培养。

3. DO 的测定

(1)原理

水样中加入硫酸锰和碱性碘化钙,水中溶解氧将低价锰氧化成高价锰,生成四价锰的氢氧化物棕色沉淀、加酸后,氢氧化物沉淀溶解并与碘离子反应而释出游离碘,以淀粉作指示剂,用硫代硫酸钠滴定释出碘,可计算溶解氧的含量。

(2)仪器

250 ~ 300 mL 溶解氧瓶。

(3)试剂

①硫酸锰溶液:称取 480 g 硫酸锰($MnSO_4 \cdot 4H_2O$)或 364 g($MnSO_4 \cdot H_2O$)溶于水,用

水稀释至1 000 mL。此溶液加至酸化过的碘化钾溶液中,遇淀粉不得产生蓝色。

②碱性碘化钾溶液:称取500 g碘化钾(或135 gNaI)溶于200 mL水中,待氢氧化钠溶液冷却后,将两溶液合并,混匀,用水稀释至1 000 mL。如有沉淀,则放置过夜后,倾出上清液,贮于棕色瓶中。用橡皮塞塞紧,避光保存。此溶液酸化后,遇淀粉不应产生蓝色。

③1+5硫酸溶液。

④1%(m/V)淀粉溶液:称取1 g可溶性淀粉,用少量水调成糊状,再用刚煮沸的水冲稀至100 mL,冷却后,加入0.1 g水杨酸或0.4 g氯化锌防腐。

⑤0.205 00 mol(1/6K2Cr2O7)重铬酸钾标准溶液:称取于105~110℃烘干2 h并冷却为重铬酸钾1.225 8 g,溶于水,移入1 000 mL容量瓶中,用水稀释至标线,摇匀。

⑥称取6.2 g硫代硫酸钠($Na_2S_2O_3 \cdot 5H_2O$)溶于煮沸放冷的水中,加入0.2 g碳酸钠,用水稀释至1 000 mL。贮于棕色瓶中,使用前用0.025 01 mol/L重铬酸钾标准溶液标定,标定方法为

$$M=\frac{10.00\times 0.025\ 00}{V}$$

式中　M——硫代硫酸钠溶液的浓度(mol/L);

V——滴定时消耗硫代硫酸钠溶液的体积(mL)。

在250 mL碘量瓶中,加入100 mL水和1 g碘化钾,加入10 mL0.025 00 mol/L重铬酸钾标准溶液、5 mL1+5硫酸溶液密塞,摇匀。于暗处静置5 min后,用待标定的硫代硫酸钠溶液滴定至溶液呈淡黄色,加入1 mL淀粉溶液,继续滴定至蓝色刚好褪去为止,记录用量。

⑦硫酸,$\rho=1.84$。

(4)步骤

①溶解氧的固定:用吸管插入溶解氧瓶的液面下,加入1 mL硫酸锰溶液、2 mL碱性碘化钾溶液,盖好瓶塞,颠倒混合数次,静置。待棕色沉淀物降至瓶内一半时,再颠倒混合一次,待沉淀物下降到瓶底,一般在取样现场固定。

②析出碘:轻轻打开瓶塞,立即用吸管插入液面下加入2.0 mL硫酸,小心盖好瓶塞,颠倒混合摇匀,至沉淀物全部溶解为止,放置暗处5 min。

③滴定:吸取100 mL上述溶液于250 mL锥形瓶中,用硫代硫酸钠溶液滴定至溶液呈淡黄色,加入1 mL淀粉溶液,继续滴定至蓝色刚好褪去为止,记录硫代硫酸钠溶液用量。

④计算

$$\rho_{DO}/(\mathrm{mg\cdot L^{-1}})=\frac{M\cdot V\times 8\times 1\ 000}{100}$$

式中　M——硫代硫酸钠溶液浓度(mol/L);

V——滴定时消耗硫代硫酸钠溶液体积(mL)。

4. pH的测定

(1)方法原理

以玻璃电极为指示电极,饱和甘汞电极为参比电极组成电池,在25℃理想条件下,氢离子活度变化10倍,使电动势偏移59.15 mv。许多pH计上有温度补偿装置,以使校正温度差异,用于常规水样监测可准确和再现至0.1pH单位,较精密的仪器可准确到0.10pH。为了提高测定的准确度,校准仪器时应选用的标准缓冲溶液的pH值应与水样的pH值接近。

(2)仪器

① 各种型号的 pH 计或离子活度计。

② 玻璃电极。

③ 甘汞电极或银-氯化银电极。

④ 磁力搅拌器。

⑤ 50 mL 烧杯,最好是聚乙烯或聚四氟乙烯烧杯。

(3)试剂

用于校准仪器的标准缓冲溶液,按表 12.4 规定的数量称取试剂,溶于水中,在容量瓶内定容至 1 000 mL。水的电导率应低于 2 μs/cm,临用前煮沸数分钟,赶除二氧化碳,冷却,取 50 mL 冷却的水,加 1 滴饱和和氯化钾溶液,如 pH 在 6 ~ 7 之间即可用于配制各种标准缓冲溶液。

表 12.4　pH 标准溶液的配制

标 准 物 质	pH(25℃)	每 1 000 mL 水溶液中所含试剂的质量(25℃)
基本标准		
酒石酸氢钾(25℃饱和)	3.557	6.4 g$KHC_4H_4O_3$①
柠檬酸二氢钾	3.776	11.41 g$KH_2C_8H_5O_7$
邻苯二甲酸氢甲	4.008	10.12 g$KHC_8H_4O_4$
磷酸二氢钾+磷酸氢二钠	6.865	3.388 g$KH_2PO_4$② +3.533 gNa_2HPO_4
磷酸二氢钾+磷酸氢二钠	7.413	1.179 g$KH_2PO_4$② +4.302 g$Na_2HPO_4$②③
四硼酸钠	9.180	3.80 g$Na_2B_4O_7 \cdot 10H_2O$③
碳酸氢钠+碳酸钠	10.012	2.92 g$NaHCO_3$ +2.640 gNa_2CO_3
辅助标准		
二水合四草酸钾	1.679	12.61 g$KH_3C_4O_3 \cdot 2H_2O$④
氢氧化钙(25℃饱和)	12.454	1.5 g$Ca(OH)_2$①

注:①近似溶解度;②在 110 ~ 130℃烘干 2 h;③用新煮沸过并冷却的无二氧化碳水;④烘干温度不可超出 60℃。

(4)步骤

①按照仪器使用说明书准备。

②将水样与标准溶液调到同一温度,记录测定温度,把仪器温度补偿旋钮调至该温度处。选用与水样 pH 值相差不超过 2 个 pH 单位的标准溶液校准仪器。从第一个标准溶液中取出两个电极,彻底冲洗,并用滤纸吸干。再浸入第 2 个标准溶液中,共 pH 值约与前一个相差 3 个 pH 单位。如测定值与第二个标准溶液 pH 值之差大于 0.1 pH 值时,就要检查仪器、电极或标准溶液是否有问题。当三者无异常情况时方可测定水样。

③水样测定:先用水仔细冲洗两个电极,再用水样冲洗,然后将电极浸入水样水中,小心搅拌或摇动使其均匀,待读数稳定后记录 pH 值。

④注意事项:

a. 玻璃电极在使用前应在蒸馏水中浸泡 24 h 以上。用毕,冲洗干净,浸泡在水中。

b. 测定时,玻璃电极在球泡应全部浸入溶液中,使它稍高于甘汞电极的陶瓷芯端,以免搅拌时碰破。

c. 玻璃电极的内电极与球泡之间以及甘汞电极的内电极与陶瓷芯之间不可存在气泡,

以防断路。

d. 甘汞电极的饱和和氯化钾液面必须高于汞体，并应有适量氯化钾晶体存在，以保证氯化钾溶液的饱和。使用前必须先拔掉上孔胶塞。

e. 为防止空气中二氧化碳溶入或水样水二氧化碳逸失，测定前不宜提前打开水样瓶塞。

f. 玻璃电极球泡受污染时，可用稀盐酸溶解无盐结垢，用丙酮除去油污（但不能用无水乙醇）。按上述方法处理的电极应在水中浸泡一昼夜再使用。

g. 注意电极的出厂日期，存放时间过长的电极性能将变劣。

5. 氨氮的测定

（1）方法原理

氨氮的测定采用纳氏试剂光度法。碘化汞和碘化钾的碱性溶液与氨反应生成淡红棕色胶态化合物，此颜色在较宽的波长范围内强烈吸收。通常测量用波长在410 ~ 425 nm 范围。

（2）干扰及消除

脂肪胺、芳香胺、醛类、丙酮、醇类和有机氯胺类等有机化合物，以及铁、锰、镁和硫等无机离子，因产生异色或浑浊而引起干扰，水中颜色和浑浊亦影响比色。为此，须经絮凝沉淀过滤或蒸馏预处理，易挥发的还原性干扰物质，还可在酸性条件下加热以除去，对金属离子的干扰，可加入适量的掩蔽剂加以消除。

（3）方法的适用范围

本法最低检出浓度为0.025 mg/L（光度法），测定上限2 mg/L，采用目视比色法，最低检出浓度为0.02 mg/L。水样作适当的预处理后，本法可适用于地面水、地下水、工业废水和生活污水。

①仪器：分光光度计；pH 计

②试剂：配制试剂用水无法应为无氨水。

a. 纳氏试剂

可选择下列一种方法制备：

i. 称取20 g碘化钾溶于约25 mL水中，边搅拌边分次少量加入二氯化汞（$HgCl_2$）结晶粉末（约10 g），至出现朱红色沉淀不易溶解时，改为滴加饱和二氯化汞溶液，并充分搅拌，当出现微量朱红色沉淀不再溶解时，停止滴加氯化汞溶液。

另称取60 g氢氧化钾溶于水，并稀释至250 mL，冷却至室温后，将上述溶液在边搅拌下，徐徐注入氢氧化钾溶液中，用水稀释至400 mL中，混匀。静置过夜，将上清液移入聚乙烯瓶中，密塞保存。

ii. 称取16 g氢氧化钠，溶于50 mL水中，充分冷却至室温。

另称取7 g碘化钾和10 g碘化汞（HgI_2）溶于水，然后将此溶液在搅拌下徐徐注入氢氧化钠溶液中，用水稀释至100 mL，贮于聚乙烯瓶中，密塞保存。

b. 酒石酸钾钠溶液

称取50 g酒石酸钾（$KNaC_4H_4O6 \cdot 4H_2O$）溶于100 mL水中，加热煮沸以除氨，放冷，定容至100 mL。

c. 铵标准贮备溶液

称取3.819 g经100℃干燥过的氯化铵（NH_4Cl）溶于水中，移入1000 mL容量瓶中，稀释至标线。此溶液每毫升含1.00 mg氨氮。

d. 铵标准使用溶液

移取5.00 mL铵标准贮备液于500 mL容量瓶中，用水稀释至标线。此溶液每毫升含0.010 mg氨氮。

③步骤：

a. 校准曲线的绘制

吸取0 mL、0.50 mL、1.00 mL、3.00 mL、5.00 mL、7.00 mL和10.0 mL铵标准使用液于50 mL比色管中，加水至标线，加1.0 mL酒石酸钾钠溶液，混匀。加1.50 mL纳氏试剂，混匀。放置10 min后，在波长420 nm处，用光程20 mm比色皿，以水为参比，测量吸光度。

由测得的吸光度，减去零浓度空白管的吸光度后，得到校正吸光度，绘制以氨氮含量(mg)对校正吸光度的校准曲线。

b. 水样的测定

i. 分取适量经絮凝沉淀预处理后的水样(使氨氮含量不超过0.1 mg)，加入50 mL比色管中，稀释至标线，加1.0 mL酒石酸钾钠溶液。

ii. 分取适量经蒸馏预处理后的留出液，加入50 mL比色管中，加一定量1 mol/L氢氧化钠溶液以中和硼酸，稀释至标线。加1.5 mL纳氏试剂，混匀。放置10 min后，同校准曲线步骤测量吸光度。

c. 空白试验

以无氨水代替水样，作全程序空白测定。计算

$$\text{氨氮}(\mathrm{N,mg/L})=\frac{m}{V}\times 1\ 000$$

由水样测得的吸光度减去空白试验的吸光度后，从校准曲线上查得氨氮含量(mg)。

式中 m——由校准曲线查得的氨氮量(mg)；

V——水样体积(mL)。

6. 亚硝酸盐氮的测定

亚硝酸盐(NO_2-N)是氮循环的中间产物，不稳定。根据水环境条件，可被氧化成硝酸盐，也可被还原成氨。亚硝酸盐可使人体正常的血红蛋白(低铁血红蛋白)氧化成为高铁血红蛋白，发生高铁血红蛋白症，失去血红蛋白在体内输送氧的能力，出现组织缺氧的症状。亚硝酸盐可与仲胺类反应生成具致癌性的亚硝胺类物质，在pH值较低的酸性条件下，有利于亚硝胺类的形成。

水中亚硝酸盐的测定方法通常采用重氮-偶联反应，使生成红紫色染料。方法灵敏，选择性强。所用重氮和偶联试剂种类较多，最常用的，前者为对氨基苯磺酰胺和对氨基苯磺酸，后者为N-(1萘基)-乙二胺和a-萘胺。

亚硝酸盐在水中可受微生物等作用而很不稳定，在采集后应尽快进行分析，必要时以冷藏抑制微生物的影响。

(1)方法原理

在磷酸介质中，pH值为1.8±0.3时，亚硝酸盐与对氨基苯磺酰胺反应，生成重氮盐，再与N-(1-萘基)-乙二胺偶联生成红色染料。在540 nm波长处有最大吸收。

(2)干扰及消除

氯胺、氯、硫代硫酸盐、聚磷酸钠和高铁离子有明显干扰。水样呈碱性(pH≥11时)，可

加酚酞溶液为指示剂，滴加磷酸溶液至红色消失。水样有颜色或悬浮物，可加氢氧化铝悬浮液并过滤。

(3)方法的适用范围

本法适用于饮用水、地面水、地下水、生活污水和工业废水中亚硝酸盐的测定。最低检出浓度为0.003 mg/L；测定上限为0.20 mg/L亚硝酸盐氮。

(4)仪器

分光光度计。

(5)试剂

实验用水均为不含亚硝酸盐的水。

①无亚硝酸盐的水：于蒸馏水中加入少许高锰酸钾晶体，使呈红色，再加氢氧化钡(或氢氧化钙)使呈碱性。置全玻璃蒸馏器中蒸馏。弃去50 mL初馏液，收集中间约70%不含锰的馏出液。亦可于每升蒸馏水中加1 mL浓硫酸和0.2 mL硫酸锰溶液(每100 mL水中含36.4 g$MnSO_4 \cdot H_2O$)，加入1～3 mL0.04%高锰酸钾溶液呈红色，重蒸馏。

②磷酸(ρ=1.70 g/ mL)。

③显色剂：于500 mL烧杯内，置于250 mL水和50 mL磷酸，加入20.0 g对氨基苯磺酰胺。再将1.00 gN-(1-萘基)-乙二胺二盐酸溶于上述溶液中，转移至500 mL容量瓶中，用水稀释至标线，混匀。此溶液贮于棕色瓶中，保存在2～5℃，至少可稳定1个月。

注意：本试剂有毒性，避免与皮肤接触或吸入体内。

④亚硝酸盐氮标准贮备液：称取1.232 g亚硝酸钠($NaNO_2$)溶于150 mL水中，转移至1 000 mL容量瓶中，用水稀释至标线，每毫升含约0.25 mg亚硝酸盐氮。

本溶液贮于棕色瓶中，加入1 mL三氯甲烷，保存在2～5℃，至少可稳定1个月。贮备液的标定如下：

在300 mL具塞锥形瓶中，移入50.00 mL0.050 mol/L高锰酸钾溶液，5 mL浓硫酸，用50 mL无分度吸管，使下端插入高锰酸钾溶液液面下，加入50.00 mL亚硝酸钠标准贮备液，轻轻摇匀，置于水浴上加热至70～80℃，按每次10.00 mL的量加入足够的草酸钠标准溶液，使红色褪去并过量，记录草酸钠标准溶液用量(V_2)。然后用高锰酸钾标准溶液滴定过量草酸钠至溶液呈微红色，记录高锰酸钾标准溶液总用量(V_1)。

再以50 mL水代替亚硝酸盐氮标准贮备液，如上操作，用草酸钠标准溶液标定高锰酸钾溶液的浓度(c_1)。按下式计算高锰酸钾标准溶液浓度

$$c_1(1/5\mathrm{KMnO_2})=\frac{0.050\ 0\times V_4}{V_3}$$

按下式计算亚硝酸盐氮标准贮备液的浓度

$$亚硝酸盐氮(\mathrm{N,mg/L})=\frac{(V_1c_1-0.050\ 0\times V_2)\times 7.00\times 1\ 000}{50.00}=140\ V_1c_1-7.00\times V_2$$

式中　c_1——经标定的高锰酸钾标准溶液的浓度(mol/L)；

V_1——滴定亚硝酸盐氮标准贮备液时，加入高锰酸钾标准溶液总量(mL)；

V_2——滴定亚硝酸盐氮标准贮备液时，加入草酸钠标准溶液总量(mL)；

V_3——滴定水时，加入高锰酸钾标准溶液总量(mL)；

V_4——滴定空白时，加入草酸钠标准溶液总量(mL)；

7.00——亚硝酸盐氮(1/2N)的摩尔质量(g/mol);

50.00——亚硝酸盐标准贮备液取用量(mL);

0.0500——草酸钠标准溶液浓度($1/2Na_2C_2O_4$, mol/L)。

⑤亚硝酸盐氮标准中间液:分取适量亚硝酸盐氮标准贮备液(使含12.5 mg亚硝酸盐氮),置于250 mL容量瓶中,用水稀释至标线。此溶液每毫升含50.0 μg亚硝酸盐氮。

中间液贮于棕色瓶内,保存在2～5℃,可稳定一周。

⑥亚硝酸盐氮标准使用液:取10.00 mL亚硝酸盐氮标准中间液,置于500 mL容量瓶中,用水稀释至标线。每毫升含1.00 μg亚硝酸盐氮。

此溶液使用时,当天配制。

⑦氢氧化铝悬浮液:溶解125 g硫酸铝钾[$KAl(SO_4)_2 \cdot 12H_2O$]或硫酸铝铵[$NH_4Al(SO_4)_2 \cdot 12H_2O$]于1 000 mL水中,加热至60℃,在不断搅拌下,徐徐加入55 mL氨水,放置约1 h后,移入1 000 mL量筒内,用水反复洗涤沉淀,最后至洗涤液中不含亚硝酸盐为止。澄清后,把上清液尽量全部倾出,只留稠的悬浮物,最后加入300 mL水,使用前应振荡均匀。

⑧高锰酸钾标准溶液($1/5KMnO_4$,0.050 0 mol/L):溶解1.6 g高锰酸钾于1 200 mL水中,煮沸0.5～1小时,使体积减少到1 000 mL左右,放置过夜。用G-3号玻璃砂芯滤吕过滤后,滤液贮存于棕色试剂瓶中避光保存,按上述方法标定。

⑨草酸钠标准溶液($1/2Na_2C_2O_4$,0.050 0 mol/L):经105℃烘干2 h的优级纯无水草酸钠3.350 g于750 mL水中,移入1 000 mL容量瓶中,稀释至标线。

(6)步骤

①校准曲线的绘制:在一组6支50 mL比色管中,分别加入0 mL、1.00 mL、3.00 mL、5.00 mL、7.00 mL和10.00 mL亚硝酸盐标准使用液,用水稀释至标线。加入1.0 mL显色剂,密塞,混匀。静置20 min后,在2 h以内,于波长540 nm处,用光程长10 mm的比色皿,以水为参比,测量吸光度。

从测得的吸光度,减去零浓度空白管的吸光度后,获得校正吸光度,绘制以氮含量(μg)对校正吸光度的标准曲线。

②水样的测定:当水样pH≥11时,可加入1滴酚酞指示液,边搅拌边逐滴加入(1+9)磷酸溶液,至红色刚消失。

水样如有颜色和悬浮物,可向每100 mL水中加入2 mL氢氧化铝悬浮液,搅拌,静置,过滤,弃去25 mL初滤液。

分取经预处理的水样入50 mL比色管中(如含量较高,则分取适量,用水稀释至标线),加1.0 mL显色剂,然后按校准曲线绘制的相同步骤操作,测量吸光度。经空白校正后,从校准曲线上查得亚硝酸盐氮量。

③空白试验:用实验用水代替水样,按相同步骤进行全程序测定。计算

$$\text{亚硝酸盐氮}(\mathrm{N,mg/L})=\frac{m}{V}$$

式中　m——水样中测得的校正吸光度,从校准曲线上查得相应的亚硝酸盐氮含量(μg);

V——水样的体积(mL)。

7.硝酸盐氮的测定

水中硝酸盐是在有氧环境下,各种形态的含氮化合物中最稳定的氮化合物,亦是含氮有

机物经无机化作用最终阶段的分解产物。亚硝酸盐可经氧化而生成硝酸盐，硝酸盐在无氧环境中，亦可受微生物的作用而还原为亚硝酸盐。

水中硝酸盐氮（NO_3-N）含量相差悬殊，从数十微克/升至数十毫克/升，清洁的地面水中含量较低，受污染的水体，以及一些深层地下水中含量较高。

制革废水、酸洗废水、某些生化处理设施的出水和农田排水可含大量的硝酸盐。

摄入硝酸盐后，经肠道中微生物作用转变成亚硝酸盐而出现毒性作用。文献报道，水中硝酸盐氮含量达数十毫克/升时，可致婴儿中毒。

水中硝酸盐的测定方法颇多，常用的有酚二磺酸光度法、镉柱还原法、戴氏合金还原法、离子色谱法、紫外法和电极法等。

酚二磺酸法测量范围较宽，显色稳定。镉柱还原法用于测定水中低含量的硝酸盐。戴氏合法还原法对严重污染并带深色的水样最为适用。离子色谱法需有专用仪器，但可同时和其他阴离子联合测定。紫外法和电极法常作为筛选法。

水样采集后应及时进行测定。必要时，应加硫酸使 pH<2，保存在4℃以下，在24 h内进行测定。

（1）方法原理

硝酸盐在无水情况下与酚二磺酸反应，生成硝基二磺酸酚，在碱性溶液中生成黄色化合物，进行定量测定。

（2）干扰

水中含氯化物、亚硝酸盐、铵盐、有机物和碳酸盐时，可产生干扰。含此类物质时，应作适当的前处理。

（3）方法的适用范围

本法适用于测定饮用水、地下水和清洁地面水中的硝酸盐氮。最低检出浓度为0.02 mg/L，测定上限为2.0 mg/L。

（4）仪器

① 分光光度计。

② 瓷蒸发皿：75～100 mL。

（5）试剂

实验用水应为无硝酸盐水。

①酚二磺酸：称取25 g苯酚（C_5H_2OH）置于500 mL锥形瓶中，加150 mL浓硫酸使之溶解，再加75 mL发烟硫酸[含13%三氧化硫（SO_3）]，充分混合。瓶口插一小漏斗，小心置瓶于沸水浴中加热2 h，得淡棕色稠液，贮于棕色瓶中，密塞保存。

注：①当苯酚色泽变深时，应进行蒸馏精制。②无发烟硫酸时，亦可用浓硫酸代替，但应增加在沸水中加热时间至6小时。制得的试剂尤为注意防止吸收空气的水气，以免随着硫酸浓度的降低，影响硝基化反应的进行，使测定结果渐次偏低。

②氨水。

③硫酸盐标准贮备液：称取0.721 8 g经105～110℃干燥2 h的硝酸钾（KNO_3）溶于水，移入1 000 mL容量瓶中，稀释至标线，混匀。加2 mL二氯甲烷作保存剂，至少可稳定6个月。每毫升该标准贮备液含0.100 mg硝酸盐氮。

④硝酸盐标准使用液：吸取50.0 mL硝酸盐标准贮备液，置蒸发皿内，加0.1 mol/L氢

氧化钠溶液使调至 pH8,在水浴上蒸发至干。加 2 mL 酚二磺酸,用玻璃棒研磨蒸发皿内壁,使残渣与试剂充分接触,放置片刻,重复研磨一次,放置 10 min,加入少量水,移入 500 mL 容量瓶中,稀释至标线,混匀。贮于棕色瓶中,此溶液至少稳定 6 个月。每毫升该标准贮备液含 0.010 mg 硝酸盐氮。

注:本标准溶液应同时制备两份,用以检查硝化完全与否。如发现浓度存在差异时,应重新吸取标准贮备液进行制备。

⑤硫酸银溶液:称取 4.397 g 硫酸银(Ag_2SO_4)溶于水,移至 1 000 mL 容量瓶中,用水稀释至标线。1.00 mL 此溶液可去除 1.00 mg 氯离子(Cl^-)。

⑥氢氧化铝悬浮液:参见亚硝酸盐氮(一)试剂 7。

⑦高锰酸钾溶液:称取 3.16 g 高锰酸钾溶于水,稀释至 1 L。

(6)步骤

①校准曲线的绘制:于一组 50 mL 比色管中,按表 12.5 所示,用分度吸管加入硝酸盐氮标准使用液,加水至约 40 mL,加 3 mL 氨水使成碱性,稀释至标线,混匀。在波长 410 nm 处,按表 12.5 选比色皿,以水为参比,测量吸光度。

由测得的吸光度值减去零管的吸光度值,分别绘制不同比色皿光程长的吸光度对硝酸盐氮含量(mg)的校准曲线。

表 12.5　校准系列中所用标准使用液体积

标准溶液体积/ mL	硝酸盐氮含量/mg	比色皿光程长/mm
0	0	10 或 30
0.10	0.001	30
0.30	0.003	30
0.50	0.005	30
0.70	0.007	30
1.00	0.010	10 或 30
3.00	0.030	10
5.00	0.050	10
7.00	0.070	10
10.0	0.10	10

②水样的测定:

a. 干扰的清除:水样混浊和带色时,可取 100 mL 水样于具塞量筒中,加入 2 mL 氢氧化铝悬浮液,密塞振摇,静置数分钟后,过滤,弃去 20 mL 初滤液。

b. 氯离子的去除:取 100 mL 水样移入具塞量筒中,根据已测定的氯离子含量,加入相当量的硫酸银溶液,充分混合。在暗处放置 0.5 h,使氯化银沉淀凝聚,然后用慢速滤纸过滤,弃去 20 mL 初滤液。

注:i. 如不能获得澄清滤液,可将已加碳酸银溶液后的试样,在近 80℃的水浴中加热,并用力振摇,使沉淀充分凝聚,冷却后再进行过滤。ii. 如同时需去除带色物质,则可在中入硫酸银溶液并混匀后,再加入 2 mL 氢氧化铝悬浮液,充分振摇,放置片刻待沉淀泊,过滤。

③亚硝酸盐的干扰:当亚硝酸盐氮含量超过 0.2 mg/L 时,可取 100 mL 水样,加 1 mL

0.5 mol/L硫酸，混匀后，滴加高锰酸钾溶液至淡红色保持15 min不褪为止，使亚硝酸盐氧化为硝酸盐，最后从硝酸盐氮测定结果中减去亚硝酸盐氮量。

④测定：取50.0 mL经预处理的水样于蒸发皿中，用pH试纸检查，必要时用0.5 mol/L硫酸或0.1 mol/L氢氧化钠溶液调节至微碱性（pH=8），置水浴上蒸发至干。加1.0 mL酚二磺酸，用玻璃棒研磨，使试剂与蒸发皿内残渣充分接触，放置片刻，再研磨一次，放置10 min，加入约10 mL水。

在搅拌下加入3～4 mL氨水，使溶液呈现最深的颜色。如有沉淀，则过滤，将溶液移入50 mL比色管中，稀释至标线，混匀。于波长410 nm处，选用10 mm或30 mm比色皿，以水为参比，测量吸光度。

注：如吸光度值超出校准曲线范围，可将显色溶液用水进行倍量稀释，然后再测量吸光度，计算时乘以稀释倍数。

③空白试验

以水代替水样，按相同步骤，进行全程序空白测定。计算

$$硝酸盐氮(N,mg/L)=\frac{m}{V}\times 1\ 000$$

式中　m——从校准曲线上查得的硝酸盐氮量（mg）；

V——分取水样体积（mL）。

经去除氯离子的水样，按下式计算

$$硝酸盐氮(N,mg/L)=\frac{m}{V}\times 1\ 000\times\frac{V_1+V_2}{V_1}$$

式中　V_1——水样体积量（mL）；

V_2——硫酸银溶液加入量（mL）。

8. 总磷的测定

（1）方法原理

在酸性条件下，正磷酸盐与钼酸铵、酒石酸锑氧钾反应，生成磷钼杂多酸，被还原剂抗坏血酸还原，则变成蓝色络合物，通常即称磷钼蓝。

（2）干扰及消除

砷含量大于2 mg/L有干扰，可用硫代硫酸钠去除。硫化物含量大于2 mg/L有干扰，在酸性条件下通氮气可以去除。六价铬大于50 mg/L有干扰，用亚硫酸钠去除。亚硝酸盐大于1 mg/L有干扰，用氧化消解或加氨磺酸均可以去除。铁浓度为20 mg/L，使结果偏低5%；铜浓度达10 mg/L不干扰；氟化物小于70 mg/L是允许的。海水中大多数离子对显色的影响可以忽略。

（3）方法的适用范围

本方法最低检出浓度为0.01 mg/L（吸光度A=0.01时所对应的浓度）；测定上限为0.6 mg/L。

可适用于测定地面水、生活污水及日化、磷肥、机加工金属表面磷化处理、农药、钢铁、焦化等行业的工业废不澡的正磷酸盐分析。

（4）仪器

分光光度计。

(5)试剂

①1+1 硫酸。

②10%(m/V)抗坏血酸溶液:溶解 10 g 抗坏血酸于水中,并稀释至 100 mL。该溶液贮存在棕色玻璃瓶中,在低温处可稳定几周。如颜色变黄,则弃去重配。

③钼酸盐溶液:溶解 13 g 钼酸铵[$(NH_4)_3Mo_7O_{24}\cdot 4H_2O$]于 100 mL 水中。溶解 0.35 g 酒石酸锑氧钾[$K(SbO)C_4H_4O_6\cdot 1/2H_2O$]于 100 mL 水中。

在不断搅拌下,将钼酸铵溶液徐徐加到 300 mL(1+1)硫酸中,加酒石酸锑氧钾溶液并且混合均匀。

④浊度-色度补偿液:混合两份体积的(1+1)硫酸和一份体积的 10%(m/V)抗坏血酸溶液。此溶液当天配制。

⑤磷酸盐贮备溶液:将磷酸二氢钾(KH_2PO_4)于 100℃ 干燥 2 小时,在干燥器中放冷。取 0.217 g 溶于水,移入 1 000 mL 容量瓶中。加(1+1)硫酸 5 mL,用水稀释至标线。此溶液每毫升含 50.0 μg 磷(以 P 计)。

⑥磷酸盐标准溶液:吸取 10.00 mL 磷酸盐贮备液于 250 mL 容量瓶中,用水稀释至标线,此溶液每毫升含 2.00 μg 磷。临用时现配。

(7)步骤

①校准曲线的绘制:取数支 50 mL 具塞比色管,分别加入磷酸盐标准溶液 0、0.50、1.00、3.00、5.00、10.0、15.0 mL,加水至 50 mL。

a. 显色:向比色管中加入 1 mL10%(m/V)抗坏血酸溶液混匀,30 s 后加 2 mL 钼酸盐溶液充分混匀,放置 15 min。

b. 测量:用 10 mm 或 30 mm 比色皿,于 700 nm 波长处,以零浓度溶液为参比,测量吸光度。

②样品测定:分取适量水样(使含磷量不超过 30μg)用水稀释至标线。以下按绘制校准曲线的步骤进行显色和测量。减去空白试验的吸光度,并从校准曲线上查出含磷量。

(8)计算

$$\text{磷酸盐}(P,mg/L)=\frac{m}{V}$$

式中 m——由校准曲线查得的磷量(μg);

V——水样体积(mL)。

9. 挥发性脂肪酸的测定

测定 VFA 有两种方法.一种采用蒸汽蒸馏后测定,另一种较为常用的方法是气相色谱法。

滴定法的原理是将废水以磷酸酸化后,从中蒸发出挥发性脂肪酸,再以酚酞为指示剂用 NaOH 溶液滴定馏出液。废水中的氨态氮可能对测定形成干扰,因此应当首先在碱性条件下蒸发出氨态氮。

(1)药品

①10% NaOH 溶液;

②NaOH 标准溶液,0.100 0 mol/L;

③10% 磷酸溶液,取 70 mL 密度 1.7 g/cm,的磷酸用水稀释至 1 L;

④酚酞指示剂。

(2)测定步骤

于蒸馏瓶中放入50～200 mL的待测废水,其VFA含量不超过30 mmoL。如水体积不足100 mL,可以蒸馏水稀释至100 mL。放入几滴酚酞指示剂。

加入10% NaOH溶液,使溶液成碱性,并使NaOH略过量。

开始蒸馏,至蒸馏瓶中剩余的液体为50～60 mL为止。

用蒸馏水将蒸馏瓶剩余液体稀释至原来的体积,用10 mL10%的磷酸酸化,在接收瓶中放入10 mL蒸馏水并使接收瓶与蒸馏瓶上的冷凝管连接,导入管应浸入接收瓶的液面以下。蒸馏至瓶中液体为15～20 mL时为止。待蒸馏瓶冷却后,加入50 mL蒸馏水再次蒸馏,至剩余10～20 mL为止。

为了除去二氧化碳、硫化氢、二氧化硫等干扰物,可向馏出液中通入高纯氮气10～20 min,然后加入10滴酚酞,用NaOH标准溶液滴定至淡粉色不消失为止。

挥发性脂肪酸含量计算为

$$c_{VFA}=\frac{V_{NaOH}\cdot c}{V_S}\times 1\ 000$$

式中　V_{NaOH}——滴定消耗的NaOH标准溶液的体积, mL;

c——滴定消耗的NaOH标准溶液的准确浓度,mol/l;

V_S——被测废水水样的体积, mL;

VFA也可以以乙酸计,单位为mg/L。

10.总碱度的测定

(1)原理

用标准浓度的酸溶液滴定水样,用酚酞和甲基橙做指示剂,根据指示剂颜色的变化判断终点。根据滴定水样所消耗的标准浓度的酸的用量,即可计算出水样的碱度。

(2)仪器

25 mL酸式滴定管、250 mL锥形瓶。

(3)试剂

①无二氧化碳水:配制试剂所用的蒸馏水或去离子水使用前煮沸15 min,冷却至室温。pH值大于6.0,电导率小于2 μs/cm。

②酚酞指示剂:称取1 g酚酞溶于100 mL95%乙醇中,用0.1 mol/LNaOH溶液滴至出现淡红色为止。

③甲基橙指示剂:称取0.1 g甲基橙溶于100 mL蒸馏水中。

④碳酸钠标准溶液($1/2Na_2CO_3$=0.050 0 mol/L):称取2.648 g(于250℃烘干4 h)无水碳酸钠(Na_2CO_3),溶于无CO_2的去离子水中,转移至1 000 mL容量瓶中,用水稀释至标线,摇匀。贮于聚乙烯瓶中,保存时间不要超过一周。

⑤盐酸标准溶液(0.050 0 mol/L):用刻度吸管吸取4.2 mL浓HCl(ρ=1.19 g/mL),并用蒸馏水稀释至1 000 mL,此溶液浓度=0.050 mol/L。其准确浓度标定如下:

用25.00 mL移液管吸取Na_2CO_3标准溶液丁250 mL锥形瓶中,加无CO_2去离子水稀释至100 mL加入3滴甲基橙指示剂,用HCl标准溶液滴定至由桔黄色刚变为桔红色,记录HCl标准溶液的用量(平行滴定三次)。按下式计算其推确浓度

$$c=25.00\times0.05/V$$

式中　c——盐酸溶液的浓度，mol/L；

V——消耗的盐酸标准溶液体积，mL。

(4)步骤

①用100 mL移液管吸取水样于250 mL锥形瓶中，加入4滴酚酞指示剂，摇匀。若溶液无色，不需用HCl标准溶液滴定，请按步骤2进行。若加酚酞指示剂后溶液变为红色，用HCl标准溶液滴定至红色刚刚褪为无色，记录HCl标准溶液的用量。

②在上述锥形瓶中，滴入1～2滴甲基橙指示剂，摇匀。用HCl标准溶液滴定至溶液由桔黄色刚刚变为桔红色为止。记录HCl标准溶液用量(平行滴定三次)。

(5)计算

①总碱度

$$总碱度(以 CaO 计, mg/L)=\frac{c\times(P+M)\times28.04}{V}\times1\ 000$$

$$总碱度(以 CaCO_3 计, mg/L)=\frac{c\times(P+M)\times50.05}{V}\times1\ 000$$

式中　c——盐酸标准溶液的浓度，mol/L：

P——水样加酚酞指示剂滴定到红色退去盐酸标准溶液用量，mL；

M——水样加酚酞指示剂滴定到红色退去后，接着加甲基橙滴定到变色时盐酸标推溶液用量，mL；

V——水样体积，mL。

②根据T、P之间的关系计算氢氧化物、碳酸盐、重碳酸盐碱度。

二、污泥监测指标

污泥检测指标包括：SS、SV_{30}和VSS的测定。

1. SS的测定

SS是指在103～105℃烘干后的称量量为总不可滤残渣。

许多江河在雨季由于地面大量泥砂和各种污染物被雨水冲刷，使水中悬浮物大量增加，地面水中存在悬浮物使水体浑浊，降低透明度，影响水生生物的呼吸和代谢，甚至造成鱼类窒息死亡。悬浮物多时，还可能造成河道阻塞。造纸、皮革、冲渣、选矿、湿法粉碎和喷淋除尘等工业操作中产生大量含无机、有机的悬浮物废水。因此，在水和废水处理中，测定悬浮物具有特定意义。

总不可滤残渣(悬浮物)是指不能通过滤器的固体物。当用滤纸或石棉坩埚法测定时，由于滤孔大小对测定结果有很大影响，两种方法所得结果与滤膜法有出入，报告结果时，应注明测定方法。石棉坩埚法通常用于测定含酸或碱浓度较高的水样的悬浮物。

从总残渣减去总不滤残法也可得到总不可滤残渣的含量。实验常采用滤膜法和滤低法。

(1)滤膜法

用滤膜过滤水样，经103～105℃烘干后得到总不可滤残渣(悬浮物)含量。

①仪器：称量瓶，内径30～50 mm。滤膜、孔径为0.45 μm及相应的滤器。

②步骤：a. 将1张滤膜放在称量瓶中，打开瓶盖，每次在103～105℃烘干2 h，取出，放冷后盖好瓶盖称重，直至恒重为止（两次称重相差不超出0.000 5 g）。b. 分取除去悬浮物后，振荡均匀的适量水样（使含总不可滤残渣大于2.5 mg），通过上面称至恒重的滤膜过滤；用蒸馏水冲洗残渣3～5次。如样品中含油脂，用10 mL石油醚分两次淋洗残渣。c. 小心取下滤膜，放入原称量瓶内，在103～105℃烘箱内，打开瓶盖，每次烘2 h取出，放冷后盖好瓶盖称重，直到恒重为止。

③计算

$$总不可滤残渣(mg/L)=\frac{(A-B)\times 1\ 000\times 1\ 000}{V}$$

式中　A——总不可滤残渣+滤膜及称量瓶重(g)；

B——滤膜及称量瓶重(g)；

V——水样体积(mL)。

④注意事项：a. 树枝、水草、鱼等杂质应从水样中去除。b. 废水粘度高时，可加2～4倍蒸馏水稀释，振荡均匀，待沉淀物下降后再过滤。

(2)滤纸法

方法原理、步骤和计算均与滤膜法相同。

采用中速定量滤纸为滤料，用前应先用蒸馏水洗滤纸，以除去可溶性物质，再烘干至恒重。

计算

$$总不可滤残渣(mg/L)=\frac{(A-B)\times 1\ 000\times 1\ 000}{V}$$

式中　A——总不可滤残渣+石棉坩埚重(g)；

B——石棉坩埚重(g)；

V——水样体积(mL)。

2. SV_{30}测定

SV_{30}采用沉降法进行测定

污泥沉降比能够反映曝气池运行过程的活性污泥量，可用以控制剩余污泥的排放量，还能通过它及时地发现污泥膨胀等异常现象的发生。有一定的实用价值，是活性污泥处理系统重要的运行参数，也是评定活性污泥数量和质量的重要指标。

(1)检测方法

将污泥混合液在100 mL量筒内静置30 min后所形成沉淀污泥的容积占原混合液容积的百分率，以%表示。

$$SV/\%=\frac{V}{100}\times 100\%$$

式中　V —— 100 mL试样在100 mL量筒中，静止30 min沉淀后污泥所占的体积，mL；

3. VSS的测定

挥发性固体，是指污泥中在600℃的燃烧炉之能够能被燃烧，并以气体逸出的那部分固体。它通常用于表示污泥中的有机物的量，常用mg/L表示，有时也重量百分数表示。

VSS的测定方法为取定量污泥，离心机（转速为4 500 rpm）离心10 min后，将离心后固体部分完全转移至坩埚内，放入烘箱内于105℃下烘至恒重后，放入马弗炉内，在600℃下灼烧至恒重后，取出测定其VSS值。其值为两次恒重质量之差．单位为mg/L，即为VSS值。

4. 可沉降物的测定

水和废水可沉降物依测定方法的不同，用体积或质量表示。下面介绍体积法。

(1)方法原理

用英霍夫锥形管(Imhoff Cone)将水或废水样放置1 h，直接读出可沉降物所占的体积。

(2)仪器

英霍夫锥形管及架。

(3)步骤

将振荡均匀的水或废水样倾入英霍夫锥形管至1 000 mL标线，待沉降45 min后用玻璃棒轻轻旋动筒内壁四周水样，继续沉降5 min，记录可沉降物体积(mL或L)。如沉降物下沉的大颗粒之间分布着水珠，估计其所占体积扣除之。当可沉降物与上浮物分离时，不要把上浮物作为可沉降物。

第十三章　污水处理工程设计参考资料

第一节　有关设计的参考资料

一、《污水综合排放标准》(GB 8978—1996)

1. 主题内容与适用范围

(1)主题内容

本标准按照污水排放去向,分年限规定了69种水污染物最高允许排放浓度及部分行业最高允许排水量。

(2)适用范围

本标准适用于现有单位水污染物的排放管理,以及建设项目的环境影响评价、建设项目环境保护设施设计、竣工验收及其投产后的排放管理。

按照国家综合排放标准与国家行业排放标准不交叉执行的原则,造纸工业执行《造纸工业水污染物排放标准》(GB 3544—92),船舶行业执行《船舶污染物排放标准》(GB 3552—83),船舶工业执行《船舶工业污染物排放标准》(GB 4286—84),海洋石油开发工业执行《海洋石油开发工业含油污水排放标准》(GB 4914—85),纺织染整工业执行《纺织染整工业水污染物排放标准》(GB 4287—92),肉类加工工业执行《肉类加工工业水污染物排放标准》(GB 13457—92),合成氨工业执行《合成氨工业水污染物排放标准》(GB 13458—92),钢铁工业执行《钢铁工业水污染物排放标准》(GB 13456—92),航天推进剂行业使用执行《航天推进剂水污染物排放标准》(GB 14374—93),兵器工业执行《兵器工业水污染物排放标准》(GB 14470.1～14470.3—93 和 GB 4274～4279—84),磷肥工业执行《磷肥工业水污染物排放标准》(GB 15580—95),烧碱、聚氯乙烯工业执行《烧碱、聚氯乙烯工业水污染物排放标准》(GB 15581—95),其他水污染物排放均执行《污水综合排放标准》(GB8978—1996)。

2. 引用标准

下列标准所包含的条文,通过本标准中引用而构成为本标准的条文。

GB 3097—82　海水水质标准

GB 3838—88　地面水环境质量标准

GB 8703—88　辐射防护规定

3. 定义

1)污水:指在生产与生活活动中排放的水的总称。

2)排水量:指在生产过程中直接用于工艺生产的水的排放量。不包括间接冷却水、厂区锅炉排水、电站排水。

3)一切排污单位:指本标准适用范围所包括的一切排污单位。

4)其他排污单位:指在某一控制项目中,除所列行业外的一切排污单位。

4. 技术内容

(1)标准分级

1)排入 GB 3838Ⅲ类水域(划定的保护区和游泳区除外)和排入 GB 3097 中二类海域的污水,执行一级标准。

2)排入 GB 3838 中Ⅳ、Ⅴ类水域和排入 GB 3097 中三类海域的污水,执行二级标准。

3)排入设置二级污水处理厂的城镇排水系统的污水,执行三级标准。

4)排入未设置二级污水处理厂的城镇排水系统的污水,必须根据排水系统出水受纳水域的功能要求,分别执行①和②规定。

5)GB 3838 中Ⅰ、Ⅱ类水域和Ⅲ类水域中划定的保护区和游泳区,以及 GB 3097 中一类海域,禁止新建排污口,现有的排污口应按水体功能要求,实行污染物总量控制,以保证受纳水体水质符合规定用途的水质标准。

(2)标准值

1)本标准将排放的污染物按其性质及控制方式分为两类。

①第一类污染物,不分行业和污水排放方式,也不分受纳水体的功能类别,一律在车间或车间处理设施排放口采样,其最高允许排放浓度必须达到本标准要求(采矿行业的尾矿坝出水口不得视为车间排放口)。

②第二类污染物,在排污单位排放口采样,其最高允许排放浓度必须达到本标准要求。

2)本标准按年限规定了第一类污染物和第二类污染物最高允许排放浓度及部分行业最高允许排水量,分别如下。

①1997 年 12 月 31 日之前建设(包括改、扩建)的单位,水污染物的排放必须同时执行表 13.1、13.2、13.3 的规定。

表 13.1 第一类污染物最高允许排放浓度 mg/L

序号	污染物	最高允许排放浓度	序号	污染物	最高允许排放浓度
1	总汞	0.05	8	总镍	1.0
2	烷基汞	不得检出	9	苯并[a]芘	0.000 03
3	总镉	0.1	10	总铍	0.005
4	总铬	1.5	11	总银	0.5
5	六价铬	0.5	12	总 α 放射性	1 Bq/L
6	总砷	0.5	13	总 β 放射性	10 Bq/L
7	总铅	1.0			

表 13.2　第一类污染物最高允许排放浓度

（1997 年 12 月 31 日之前建设的单位）　mg/L

序号	污　染　物	适　用　范　围	一级标准	二级标准	三级标准
1	pH 值	一切排污单位	6～9	6～9	6～9
2	色度（稀释倍数）	染料工业	50	180	—
		其他排污单位	50	80	—
3	悬浮物（SS）	采矿、选矿、选煤工业	100	300	—
		脉金工业	100	500	—
		边远地区砂金选矿	100	800	—
		城镇二级污水处理厂	20	30	—
		其他排污单位	70	200	400
4	五日生化需氧量（BOD_5）	甘蔗制糖、苎麻脱胶、湿法纤维板工业	30	100	600
		甜菜制糖、酒精、味精、皮革、化纤浆粕工业	30	150	600
		城镇二级污水处理厂	20	30	—
		其他排污单位	30	60	300
5	化学需氧量（COD）	甜菜制糖、焦化、合成脂肪酸、湿法纤维板、染料、洗毛、有机磷农药工业	100	200	1 000
		味精、酒精、医药原料药、生物制药、苎麻脱胶、皮革、化纤浆粕工业	100	300	1 000
		石油化工工业（包括石油炼制）	100	150	500
		城镇二级污水处理厂	60	120	—
		其他排污单位	100	150	500
6	石油类	一切排污单位	10	10	30
7	动植物油	一切排污单位	20	20	100
8	挥发酚	一切排污单位	0.5	0.5	2.0
9	总氰化合物	电影洗片（铁氰化合物）	0.5	5.0	5.0
		其他排污单位	0.5	0.5	1.0
10	硫化物	一切排污单位	1.0	1.0	2.0
11	氨氮	医药原料药、染料、石油化工工业	15	50	—
		其他排污单位	15	25	—
12	氟化物	黄磷工业	10	20	20
		低氟地区（水体含氟量<0.5 mg/L）	10	20	30
		其他排污单位	10	10	20
13	磷酸盐（以 P 计）	一切排污单位	0.5	1.0	—
14	甲醛	一切排污单位	1.0	2.0	5.0
15	苯胺类	一切排污单位	1.0	2.0	5.0

续表 13.2

序号	污染物	适用范围	一级标准	二级标准	三级标准
16	硝基苯类	一切排污单位	2.0	3.0	5.0
17	阴离子表面活性剂(LAS)	合成洗涤剂工业	5.0	15	20
		其他排污单位	5.0	10	20
18	总铜	一切排污单位	0.5	1.0	2.0
19	总锌	一切排污单位	2.0	5.0	5.0
20	总锰	合成脂肪酸工业	2.0	5.0	5.0
		其他排污单位	2.0	2.0	5.0
21	彩色显影剂	电影洗片	2.0	3.0	5.0
22	显影剂及氧化物总量	电影洗片	3.0	6.0	6.0
23	元素磷	一切排污单位	0.1	0.3	0.3
24	有机磷农药(以P计)	一切排污单位	不得检出	0.5	0.5
25	粪大肠菌群数	医院①、兽医院及医疗机构含病原体污水	500个/L	1000个/L	5000个/L
		传染病、结核病医院污水	100个/L	500个/L	1000个/L
26	总余氯(采用氯化消毒的医院污水)	医院①、兽医院及医疗机构含病原体污水	<0.5②	>3(接触时间≥1h)	>2(接触时间≥1h)
		传染病、结核病医院污水	<0.5②	>6.5(接触时间≥1.5h)	>5(接触时间≥1.5h)

注:①指50个床位以上的医院。

②加氯消毒后须进行脱氯处理,达到标准。

表 13.3 部分行业最高允许排水量

(1997年12月31日之前建设的单位)

序号	行业类别			最高允许排水量或最低允许水重复利用率
1	矿山工业	有色金属系统选矿		水重复利用率75%
		其他矿山工业采矿、选矿、选煤等		水重复利用率90%选煤
		脉金选矿	重选	16.0 m³/t矿石
			浮选	9.0 m³/t矿石
			氰化	8.0 m³/t矿石
			碳浆	8.0 m³/t矿石
2	焦化企业(煤气厂)			1.2 m³/t焦炭
3	有色金属冶炼及金属加工			水重复利用率80%

续表 13.3

序号	行业类别	最高允许排水量或最低允许水重复利用率
4	石油炼制工业(不包括直排水炼油厂) 加工深度分类 A. 燃料型炼油厂	>500 万 t,1.0 m^3/t 原油 250～500 万 t,1.2 m^3/t 原油 <250 万 t,1.5 m^3/t 原油
	B. 燃料+润滑油型炼油厂	>500 万 t,1.5 m^3/t 原油 250～500 万 t,2.0 m^3/t 原油 <250 万 t,2.0 m^3/t 原油
	C. 燃料+润滑油型+炼油化工型炼油厂(包括加工高含硫原油、页岩油和石油添加剂生产基地的炼油厂)	>500 万 t,2.0 m^3/t 原油 250～500 万 t,2.5 m^3/t 原油 <250 万 t,2.5 m^3/t 原油
5	合成洗涤剂工业 — 氯化法生产烷基苯	200.0 m^3/t 烷基苯
	合成洗涤剂工业 — 裂解法生产烷基苯	70.0 m^3/t 烷基苯
	合成洗涤剂工业 — 烷基苯生产合成洗涤剂	10.0 m^3/t 产品
6	合成脂肪酸工业	200.0 m^3/t 产品
7	湿法生产纤维板工业	30.0 m^3/t 产品
8	制糖工业 — 甘蔗制糖	10.0 m^3/t 甘蔗
	制糖工业 — 甜菜制糖	4.0 m^3/t 甜菜
9	皮革工业 — 猪盐湿皮	60.0 m^3/t 原皮
	皮革工业 — 牛干皮	100.0 m^3/t 原皮
	皮革工业 — 羊干皮	150.0 m^3/t 原皮
10	发酵、酿造工业 — 酒精工业 — 以玉米为原料	100.0 m^3/t 酒精
	发酵、酿造工业 — 酒精工业 — 以薯类为原料	80.0 m^3/t 酒精
	发酵、酿造工业 — 酒精工业 — 以糖蜜为原料	70.0 m^3/t 酒精
	发酵、酿造工业 — 味精工业	600.0 m^3/t 味精
	发酵、酿造工业 — 啤酒工业(排水量不包括麦芽水部分)	16.0 m^3/t 啤酒
11	铬盐工业	5.0 m^3/t 产品
12	硫酸工业(水洗法)	15.0 m^3/t 硫酸
13	苎麻脱胶工业	500 m^3/t 原麻或 750 m^3/t 精干麻
14	化纤浆粕	本色:150 m^3/t 浆 漂白:240 m^3/t 浆
15	粘胶纤维工业(单纯纤维) — 短纤维(棉型中长纤维、毛型中长纤维)	300 m^3/t 纤维
	粘胶纤维工业(单纯纤维) — 长纤维	800 m^3/t 纤维
16	铁路货车洗刷	5.0 m^3/辆
17	电影洗片	5 m^3/1000 m 35 mm 的胶片
18	石油沥青工业	冷却池的水循环利用率 95%

②1998 年 1 月 1 日起建设(包括改、扩建)的单位,水污染物的排放必须同时执行表 13.1、13.4、13.5 的规定。

表 13.4　第二类污染物最高允许排放浓度

(1998 年 1 月 1 日后建设的单位)　　mg/L

序号	污染物	适用范围	一级标准	二级标准	三级标准
1	pH 值	一切排污单位	6~9	6~9	6~9
2	色度(稀释倍数)	一切排污单位	50	80	—
3	悬浮物(SS)	采矿、选矿、选煤工业	70	300	—
		脉金选矿	70	400	—
		边远地区砂金选矿	70	800	—
		城镇二级污水处理厂	20	30	—
		其他排污单位	70	150	400
4	五日生化需氧量(BOD_5)	甘蔗制糖、苎麻脱胶、湿法纤维板、染料、洗毛工业	20	60	600
		甜菜制糖、酒精、味精、皮革、化纤浆粕工业	20	100	600
		城镇二级污水处理厂	20	30	—
		其他排污单位	20	30	300
5	化学需氧量(COD)	甜菜制糖、合成脂肪酸、湿法纤维板、染料、洗毛、有机磷农药工业	100	200	1000
		味精、酒精、医药原料药、生物化工、苎麻脱胶、皮革、化纤浆粕工业	100	300	1000
		石油化工工业(包括石油炼制)	60	120	500
		城镇二级污水处理厂	60	120	—
		其他排污单位	100	150	500
6	石油类	一切排污单位	5	10	20
7	动植物油	一切排污单位	10	15	100
8	挥发酚	一切排污单位	0.5	0.5	2.0
9	总氰化合物	一切排污单位	0.5	0.5	1.0
10	硫化物	一切排污单位	1.0	1.0	1.0
11	氨氮	医药原料药、染料、石油化工工业	15	50	—
		其他排污单位	15	25	—
12	氟化物	黄磷工业	10	15	20
		低氟地区(水体含氟量<0.5 mg/L)	10	20	30
		其他排污单位	10	10	20
13	磷酸盐(以 P 计)	一切排污单位	0.5	1.0	—

续表 13.4

序号	污　染　物	适　　用　　范　　围	一级标准	二级标准	三级标准
14	甲醛	一切排污单位	1.0	2.0	5.0
15	苯胺类	一切排污单位	1.0	2.0	5.0
16	硝基苯类	一切排污单位	2.0	3.0	5.0
17	阴离子表面活性剂（LAS）	一切排污单位	5.0	10	20
18	总铜	一切排污单位	0.5	1.0	2.0
19	总锌	一切排污单位	2.0	5.0	5.0
20	总锰	合成脂肪酸工业	2.0	5.0	5.0
		其他排污单位	2.0	2.0	5.0
21	彩色显影剂	电影洗片	1.0	2.0	3.0
22	显影剂及氧化物总量	电影洗片	3.0	3.0	6.0
23	元素磷	一切排污单位	0.1	0.1	0.3
24	有机磷农药(以 P 计)	一切排污单位	不得检出	0.5	0.5
25	乐果	一切排污单位	不得检出	1.0	2.0
26	对硫磷	一切排污单位	不得检出	1.0	2.0
27	甲基对硫磷	一切排污单位	不得检出	1.0	2.0
28	马拉硫磷	一切排污单位	不得检出	5.0	10
29	五氯酚及五氯酚钠（双五氯酚计）	一切排污单位	5.0	8.0	10
30	可吸附有机卤化物（AOX）(以 Cl 计)	一切排污单位	1.0	5.0	8.0
31	三氯甲烷	一切排污单位	0.3	0.6	1.0
32	四氯化碳	一切排污单位	0.03	0.06	0.5
33	三氯乙烯	一切排污单位	0.3	0.6	1.0
34	四氯乙烯	一切排污单位	0.1	0.2	0.5
35	苯	一切排污单位	0.1	0.2	0.5
36	甲苯	一切排污单位	0.1	0.2	0.5
37	乙苯	一切排污单位	0.4	0.6	1.0
38	邻-二甲苯	一切排污单位	0.4	0.6	1.0
39	对-二甲苯	一切排污单位	0.4	0.6	1.0
40	间-二甲苯	一切排污单位	0.4	0.6	1.0
41	氯苯	一切排污单位	0.2	0.4	1.0
42	邻二氯苯	一切排污单位	0.4	0.6	1.0
43	对二氯苯	一切排污单位	0.4	0.6	1.0
44	对硝基氯苯	一切排污单位	0.5	1.0	5.0

续表 13.4

序号	污染物	适用范围	一级标准	二级标准	三级标准
45	2,4-二硝基氯苯	一切排污单位	0.5	1.0	5.0
46	苯酚	一切排污单位	0.3	0.4	1.0
47	间-甲酚	一切排污单位	0.1	0.2	0.5
48	2,4-二氯酚	一切排污单位	0.6	0.8	1.0
49	2,4,6-三氯酚	一切排污单位	0.6	0.8	1.0
50	邻苯二甲酸二丁酯	一切排污单位	0.2	0.4	2.0
51	邻苯二甲酸二辛酯	一切排污单位	0.3	0.6	2.0
52	丙烯腈	一切排污单位	2.0	5.0	5.0
53	总硒	一切排污单位	0.1	0.2	0.5
54	粪大肠菌群数	医院①、兽医院及医疗机构含病原体污水	500个/L	1000个/L	5000个/L
		传染病、结核病医院污水	100个/L	500个/L	1000个/L
55	总余氯(采用氯化消毒的医院污水)	医院①、兽医院及医疗机构含病原体污水	<0.5②	>3(接触时间≥1h)	>2(接触时间≥1h)
		传染病、结核病医院污水	<0.5②	>6.5(接触时间≥1.5h)	>5(接触时间≥1.5h)
56	总有机碳(TOC)	合成脂肪酸工业	20	40	—
		苎麻脱胶工业	20	60	—
		其他排污单位	20	30	—

注:其他排污单位指除在该控制项目中所列行业以外的一切排污单位。

①指50个床位以上的医院。

②加氯消毒后须进行脱氯处理,达到标准。

表 13.5 部分行业最高允许排水量

(1998年1月1日后建设的单位)

序号	行业类别			最高允许排水量或最低允许水重复利用率
1	矿山工业	有色金属系统选矿		水重复利用率75%
		其他矿山工业采矿、选矿、选煤等		水重复利用率90%选煤
		脉金选矿	重选	16.0 m^3/t矿石
			浮选	9.0 m^3/t矿石
			氰化	8.0 m^3/t矿石
			碳浆	8.0 m^3/t矿石
2	焦化企业(煤气厂)			1.2 m^3/t焦炭
3	有色金属冶炼及金属加工			水重复利用率80%

续表 13.5

序号	行 业 类 别		最高允许排水量或最低允许水重复利用率
4	石油炼制工业(不包括直排水炼油厂) 加工深度分类 A. 燃料型炼油厂 B. 燃料+润滑油型炼油厂 C. 燃料+润滑油型+炼油化工型炼油厂(包括加工高含硫原油页岩油和石油添加剂生产基地的炼油厂)	A	>500 万 t,1.0 m^3/t 原油 250~500 万 t,1.2 m^3/t 原油 <250 万 t,1.5 m^3/t 原油
		B	>500 万 t,1.5 m^3/t 原油 250~500 万 t,2.0 m^3/t 原油 <250 万 t,2.0 m^3/t 原油
		C	>500 万 t,2.0 m^3/t 原油 250~500 万 t,2.5 m^3/t 原油 <250 万 t,2.5 m^3/t 原油
5	合成洗涤剂工业	氯化法生产烷基苯	200.0 m^3/t 烷基苯
		裂解法生产烷基苯	70.0 m^3/t 烷基苯
		烷基苯生产合成洗涤剂	10.0 m^3/t 产品
6	合成脂肪酸工业		200.0 m^3/t 产品
7	湿法生产纤维板工业		30.0 m^3/t 产品
8	制糖工业	甘蔗制糖	10.0 m^3/t 甘蔗
		甜菜制糖	4.0 m^3/t 甜菜
9	皮革工业	猪盐湿皮	60.0 m^3/t 原皮
		牛干皮	100.0 m^3/t 原皮
		羊干皮	150.0 m^3/t 原皮
10	发酵、酿造工业	酒精工业:以玉米为原料	100.0 m^3/t 酒精
		酒精工业:以薯类为原料	80.0 m^3/t 酒精
		酒精工业:以糖蜜为原料	70.0 m^3/t 酒精
		味精工业	600.0 m^3/t 味精
		啤酒工业(排水量不包括麦芽水部分)	16.0 m^3/t 啤酒
11	铬盐工业		5.0 m^3/t 产品
12	硫酸工业(水洗法)		15.0 m^3/t 硫酸
13	苎麻脱胶工业		500 m^3/t 原麻
			750 m^3/t 精干麻
14	粘胶纤维工业(单纯纤维)	短纤维(棉型中长纤维、毛型中长纤维)	300 m^3/t 纤维
		长纤维	800 m^3/t 纤维
15	化纤浆粕		本色:150 m^3/t 浆;漂白:240 m^3/t 浆

续表 13.5

序号	行　业　类　别		最高允许排水量或最低允许水重复利用率
16	制药工业医药原料药	青霉素	4 700 m^3/t 青霉素
		链霉素	1 450 m^3/t/链霉素
		土霉素	1 300 m^3/t 土霉素
		四环霉素	1 900 m^3/t 四环霉素
		洁霉素	9 200 m^3/t 洁霉素
		金霉素	3 000 m^3/t 金霉素
		庆大霉素	20 400 m^3/t 庆大霉素
		维生素 C	1 200 m^3/t 维生素 C
		氯霉素	2 700 m^3/t 氯霉素
		新诺明	2 000 m^3/t 新诺明
		维生素 B_1	3 400 m^3/t 维生素 B_1
		安乃近	180 m^3/t 安乃近
		非那西汀	750 m^3/t 非那西汀
		呋喃唑酮	2 400 m^3/t 呋喃唑酮
		咖啡因	1 200 m^3/t 咖啡因
17	有机磷农药工业②	乐果①	700 m^3/t 产品
		甲基对硫磷(水相法)①	500 m^3/t 产品
		对硫磷(P_2S_5)①	500 m^3/t 产品
		对硫磷($PSCl_3$ 法)①	550 m^3/t 产品
		敌敌畏(敌百虫碱解法)	200 m^3/t 产品
		敌百虫	40 m^3/t 产品(不包括三氯乙醛生产废水)
		马拉硫磷	700 m^3/t 产品
18	除草剂工业②	除草醚	5 m^3/t 产品
		五氯酚钠	2 m^3/t 产品
		五氯酚	4 m^3/t 产品
		2 甲 4 氯	14 m^3/t 产品
		2,4-D	4 m^3/t 产品
		丁草胺	4.5 m^3/t 产品
		绿麦隆(以 Fe 粉还原)	2 m^3/t 产品
		绿麦隆(以 Na_2S 粉还原)	3 m^3/t 产品
19	火力发电工业		3.5 m^3/(MW · h)
20	铁路货车洗刷		5.0 m^3/辆
21	电影洗片		5 m^3/1 000 m 35 mm 的胶片
22	石油沥青工业		冷却池的水循环利用率 95%

注:①不包括 P_2S_5、$PSCl_3$、PCl_3 原料生产废水。　②产品浓度按 100% 计。

③建设(包括改、扩建)单位的建设时间,以环境影响评价报告书(表)批准日期为准划分。

(3)其他规定

1)同一排放口排放两种或两种以上不同类别的污水,且每种污水的排放标准又不同时,其混合污水的排放标准按污水综合排放标准附加说明计算。

2)工业污水污染物的最高允许排放负荷量按污水综合排放标准附加说明计算。

3)污染物最高允许年排放总量按污水综合排放标准附加说明计算。

4)对于排放含有放射性物质的污水,除执行本标准外,还须符合《辐射防护规定》(GB 8703—88)。

5. 监测

(1)采样点

采样点应按第一、二类污染物排放口的规定设置,在排放口必须设置排放口标志、污水水量计量装置和污水比例采样装置。

(2)采样频率

工业污水按生产周期确定监测频率。生产周期在8 h以内的,每2 h采样一次;生产周期大于8 h的,每4 h采样一次;其他污水采样,24 h不少于2次。最高允许排放浓度按日均值计算。

(3)排水量

以最高允许排水量或最低允许水重复利用率来控制,均以月均值计。

(4)统计

企业的原材料使用量、产品、产量等,以法定月报表或年报表为准。

(5)测定方法

本标准采用的测定方法参见国家标准。

6. 标准实施监督

1)本标准由县级以上人民政府环境保护行政主管部门负责监督实施。

2)省、自治区、直辖市人民政府对执行国家水污染物排放标准不能保证达到水环境功能要求时,可以制定严于国家水污染物排放标准的地方水污染物排放标准,并报国家环境保护行政主管部门备案。

二、污水排放城市下水道水质标准(GJ 18—86)

1. 总则

1)根据《中华人民共和国环境保护法》(试行)、《中华人民共和国水污染防治法》、《工业企业设计卫生标准》,为了保护城市下水道设施不受损坏,保证城市污水处理厂的正常运行,保障养护管理人员的人身安全,保护环境,防止污染,充分发挥设施的社会效益、经济效益、环境效益,特制定本标准。

2)本标准适用于向城市下水道排放污水的所有单位(含个体户)的污水水质控制。

3)各城市因自然条件和污水成分不同,可根据本标准制定地方标准;在有条件的城市,亦可根据本标准的原则采用总量控制。

4)本标准由城市市政排水管理部门负责监督并执行。

2. 一般规定

1)严禁排入腐蚀下水道设施的污水。

2)严禁向城市下水道倾倒垃圾、积雪、粪便、工业废渣和排放易于凝集的、易堵塞下水道的物质。

3)严禁向城市下水道排放剧毒物质(氰化钠、氰化钾等)、易燃、易爆物质(汽油、煤油、重油、润滑油、煤焦油、苯系物、醚类及其他有机溶剂等)和有害气体。

4)医疗卫生、生物制品、科学研究、肉类加工等含有病原体的污水必须经过严格消毒处理,除遵守本标准外,还必须按有关专业标准执行。

5)放射性污水向城市下水道排放,除遵守本标准外,还必须按《放射防护规定》[GBJ 8—74(内部试行)]执行。

6)水质超过本标准的污水,不得用稀释法降低其浓度,排入城市下水道。

3. 水质标准

排入下水道的污水水质,其最高容许浓度必须符合《污水排入城市下水道水质标准》,见表13.6。

表13.6 污水排入城市下水道水质标准

mg/L(除水温、pH值及易沉固体)

序号	项目名称	最高允许浓度
1	pH值	6~9
2	悬浮物	400
3	易沉固体	10 mL/(L·1.5 min)
4	油脂	100
5	矿物油类	20
6	苯系物	2.5
7	氰化物	0.5
8	硫化物	1
9	挥发性酚	1
10	温度	35 ℃
11	生化需氧量(5 d 20 ℃)	100(300)
12	化学耗氧量(重铬酸钾法)	150(500)
13	溶解性固体	2000
14	有机磷	0.5
15	苯胺	3
16	氟化物	15
17	汞及其无机化合物	0.05
18	镉及其无机化合物	0.1
19	铅及其无机化合物	1
20	铜及其无机化合物	1
21	锌及其无机化合物	5
22	镍及其无机化合物	2
23	锰及其无机化合物	2
24	铁及其无机化合物	10
25	锑及其无机化合物	1
26	六价铬无机化合物	0.5
27	三价铬无机化合物	3
28	硼及其无机化合物	1
29	硒及其无机化合物	2
30	砷及其无机化合物	0.5

注:括号内数字适用于有城市污水处理厂的下水道系统。

4. 水质监测

1)汞、镉、六价铬、钾、铅及其无机化合物,以车间或处理设备排水口抽检浓度为准。其他控制项目,以单位排水口的抽检浓度为准。

2)水质数据,以市政污水监测部门的检测数据为准。

3)水质监测方法应按有关规定执行。

第二节　室外排水设计规范(污水处理厂部分,GBJ 14—87)

一、污水处理厂的厂址选择和总体布置

1)污水处理厂位置的选择,应符合城镇总体规划和排水工程总体规划的要求,并应根据下列因素综合确定:

①在城镇水体的下游;

②在城镇夏季最小频率风向的上风侧;

③有良好的工程地质条件;

④少拆迁,少占农田,有一定的卫生防护距离;

⑤有扩建的可能;

⑥便于污水、污泥的排放和利用;

⑦厂区地形不受水淹,有良好的排水条件;

⑧有方便的交通、运输和水电条件。

2)污水厂的厂区面积应按远期规模确定,并做出分期建设的安排。

3)污水厂的总体布置应根据厂内各建筑物和构筑物的功能和流程要求,结合厂址地形、气象和地质条件等因素,经过技术经济比较确定,并应便于施工、维护和管理。

4)污水厂厂区内各建筑物造型应简洁美观,选材恰当,并应使建筑物和构筑物群体的效果与周围环境协调。

5)生产管理建筑物和生活设施宜集中布置,其位置和朝向应力求合理,并应与处理构筑物保持一定距离。

6)污水和污泥的处理构筑物宜根据情况尽可能分别集中布置。处理构筑物的间距应紧凑、合理,并应满足各构筑物的施工、设备安装和埋设各种管道,以及养护维修管理的要求。

7)污水厂的工艺流程、竖向设计宜充分利用原有地形,符合排水通畅、降低能耗、平衡土方的要求。

8)厂区消防及消化池、贮气罐、余气燃烧装置、污泥气管道及其他危险品仓库的位置和设计,应符合现行的《建筑设计防火规范》的要求。

9)污水厂内可根据需要,在适当地点设置堆放材料、备件、燃料或废渣等物料以及停车的场地。

10)污水厂的绿化面积不宜小于全厂总面积的30%。

11)污水厂应设置通向各构筑物和附属建筑物的必要通道。通道的设计应符合下列要

求：

①主要车行道的宽度：单车道为3.5 m，双车道为6~7 m，并应有回车道；

②车行道的转弯半径不宜小于6 m；

③人行道的宽度为1.5~2 m；

④通向高架构筑物的扶梯倾角不宜大于45°；

⑤天桥宽度不宜小于1 m。

12）污水厂周围应设围墙，其高度不宜小于2 m。工业企业污水站的围护可按具体需要确定。

13）污水厂的大门尺寸应能容最大设备或部件出入，并应另设运除废渣的侧门。

14）污水厂并联运行的处理构筑物间应设均匀配水装置，各处理构筑物系统间宜设可切换的连通管渠。

15）污水厂内各种管渠应全面安排，避免相互干扰。管道复杂时宜设置管廊。处理构筑物间的输水、输泥和输气管线的布置，应使管渠长度短、水头损失小、流行通畅、不易堵塞和便于清通。各污水处理构筑物间的连接，在条件适宜时，应采用明渠。

16）污水厂应合理地布置处理构筑物的超越管渠。

17）处理构筑物宜设排空设施，排出的水应回流处理。

18）污水厂的给水系统与处理装置衔接时，必须采取防止污染给水系统的措施。

19）污水厂供电宜按二级负荷设计。为维持污水厂最低运行水平的主要设备的供电，必须为二级负荷，当不能满足上述要求时，应设置备用动力设施。

20）污水厂应根据处理工艺的要求，设污水、污泥和气体的计量装置，并可设置必要的仪表和控制装置。

21）污水厂附属建筑物的组成及其面积应根据污水厂的规模、工艺流程和管理体制等，结合当地实际情况确定，并应符合现行的有关规定。

22）工业企业污水处理站的附属建筑物宜与该工业企业的有关建筑物统一考虑。

23）位于寒冷地区的污水处理厂，应有保温防冻措施。

24）根据维护管理的需要，宜在厂区内适当地点设置配电箱、照明、联络电话、冲洗水栓、浴室、厕所等设施。

25）高架处理构筑物应设置适用的栏杆、防滑梯和避雷针等安全措施。

二、污水处理构筑物

1. 一般规定

1）城市污水排入水体时，其处理程度及方法应按现行的国家和地方的有关规定，以及水体的稀释和自净能力、上下游水体利用情况、污水的水质和水量、污水利用的季节性影响等条件，经技术经济比较确定。

2）城市污水处理厂的处理效率，一般可按表13.7采用。

表 13.7 污水处理厂的处理效率

处理级别	处理方法	主 要 工 艺	处理效率/%	
			SS	BOD_5
一级	沉淀法	沉淀	40~55	20~30
二级	生物膜法	初次沉淀,生物膜法,二次沉淀	60~90	65~90
	活性污泥法	初次沉淀,曝气,二次沉淀	70~90	65~95

注:①表中 SS 表示悬浮固体量,BOD_5 表示五日生化需氧量。

②活性污泥法根据水质、工艺流程等情况,可不采用初次沉淀。

3)在水质和(或)水量变化大的污水厂中,可设置调节水质和(或)水量的设施。

4)污水处理构筑物的设计流量,应按分期建设的情况分别计算。当污水为自流进入时,按每期的最大日最大时设计流量计算;当污水为提升进入时,应按每期工作水泵的最大组合流量计算。

曝气池的设计流量,应根据曝气池类型和曝气时间确定。曝气时间较长时,设计流量可酌情减小。

5)合流制的处理构筑物,除应按本章有关规定设计外,尚应考虑雨水进入后的影响,一般可按下列要求采用:

①格栅、沉砂池,按合流设计流量计算;

②初次沉淀池,一般按旱流污水量设计,按合流设计流量校核,校核的沉淀时间不宜小于 30 min;

③二级处理系统一般按旱流污水量计算,必要时可考虑一定的合流水量;

④污泥浓缩池、湿污泥池和消化池的容积,以及污泥干化场的面积,一般可按旱流情况加大 10%~20% 计算;

⑤管渠应按相应最大日最大时设计流量计算。

6)城市污水的设计水质,在无资料时,一般应按下列要求采用:

①生活污水的五日生化需氧量应按每人每日 20~35 g 计算;

②生活污水的悬浮固体量应按每人每日 35~50 g 计算;

③生产污水的设计水质,可参照同类型工业已有资料采用,其悬浮固体量和五日生化需氧量,可折合人口当量计算;

④在合流制的情况下,进入污水处理厂的合流污水中悬浮固体量和五日生化需氧量应采用实测值;

⑤生物处理构筑物进水的水温宜为 10~40 ℃,pH 值宜为 6.5~9.5,有害物质不得超过有关规定的容许浓度,营养组合比(五日生化需氧量:氮:磷)可为 100:5:1。

7)各处理构筑物的个(格)数不应少于 2 个(格),并宜按并联系列设计。当污水量较小时,其中沉砂池可考虑 1 个(格)备用。

8)处理构筑物的入口处和出口处宜采取整流措施。

9)城市污水厂应根据排放水体情况和水质要求考虑设置消毒设施。

2. 格栅

1)在污水处理系统或水泵前,必须设置格栅。

2)格栅栅条间空隙宽度,应符合下列要求:

①在污水处理系统前,采用机械清除时为16~25 mm,采用人工清除时为25~40 mm。

②在水泵前,应根据水泵要求确定。如水泵前格栅栅条间空隙宽度不大于20 mm,污水处理系统前可不再设置格栅。

3)污水过栅流速宜采用0.6~1.0 m/s,格栅倾角宜采用45°~75°。

4)格栅上部必须设置工作台,其高度应高出格栅前最高设计水位0.5 m,工作台上应有安全和冲洗设施。

5)格栅工作台两侧过道宽不应小于0.7 m。工作台正面过道宽度,采用机械清除时不应小于1.5 m,采用人工清除时不应小于1.2 m。

(6)格栅间应设置通风设施。

3. 沉砂池

1)城市污水处理厂宜设置沉砂池。

2)平流沉砂池的设计应符合下列要求:

①最大流速应为0.3 m/s,最小流速应为0.15 m/s;

②最大流量时停留时间应不小于30 s;

③有效水深不应大于1.2 m,每格宽度不宜小于0.6 m。

3)曝气沉砂池的设计应符合下列要求:

①水平流速为0.1 m/s;

②最大时流量的停留时间为1~3 min;

③有效水深为2~3 m,宽深比为1:1.5;

④处理每立方米污水的曝气量为0.1~0.2 m^3 空气;

⑤进水方向应与池中旋流方向一致,出水方向应与进水方向垂直,并宜设置挡板。

4)城市污水的沉砂量,可按每立方米污水0.3 L计算;合流制污水的沉砂量应根据实际情况确定。沉砂量的含水率为60%,密度为1 500 kg/m^3。

5)砂斗容积不应大于2 d的沉砂量,采用重力排砂时,砂斗斗壁与水平面的倾角不应小于55°。

6)除砂宜采用机械方法,并设置贮砂池或晒砂场。采用人工排砂时,排砂管直径不应小于200 mm。

4. 沉淀池

1)城市污水沉淀池的设计数据宜按表13.8采用。生产污水沉淀池的设计数据,应根据试验或实际生产运行经验确定。

表13.8 城市污水沉淀池设计数据

沉淀池类型		沉淀时间/h	表面水力负荷/[$m^3/(m^2 \cdot h)$]	每人每日污泥量/g	污泥含水率/%
初次沉淀池		1.0~2.0	1.5~3.0	14~27	95~97
二次沉淀池	生物膜法后	1.5~2.5	1.0~2.0	7~19	96~98
	活性污泥法后	1.5~2.5	1.0~1.5	10~21	99.2~99.6

2)沉淀池的超高不应小于0.3 m。

3)沉淀池的有效水深宜采用2～4 m。

4)当采用污泥斗排泥时,每个泥斗均应设单独的闸阀和排泥管。泥斗的斜壁与水平面的倾角,方斗宜为60°,圆斗宜为55°。

5)初次沉淀池的污泥区容积,宜按不大于2 d的污泥量计算。曝气池后的二次沉淀池污泥区容积,宜按不大于2 h的污泥量计算,并应有连续排泥措施。机械排泥的初次沉淀池和生物膜法处理后的二次沉淀池污泥区容积,宜按4 h的污泥量计算。

6)排泥管的直径不应小于200 mm。

7)当采用静水压力排泥时,初次沉淀池的静水头不应小于1.5 m;二次沉淀池的静水头,生物膜法处理后不应小于1.2 m,曝气池处理后不应小于0.9 m。

8)沉淀池出水堰最大负荷,初次沉淀池不宜大于2.9 L/(s·m);二次沉淀池不宜大于1.7 L/(s·m)。

9)沉淀池应设置撇渣设施。

10)平流沉淀池的设计,应符合下列要求:

①每格长度与宽度之比不小于4,长度与有效水深的比值不小于8;

②一般采用机械排泥,排泥机械的行进速度为0.3～1.2 m/min;

③缓冲层高度,非机械排泥时为0.5 L/(s·m),机械排泥时,缓冲层上缘宜高出刮泥板0.3 m;

④池底纵坡不小于0.01。

11)竖流沉淀池的设计,应符合下列要求:

①池子直径(或正方形的一边)与有效水深的比值不大于3;

②中心管内流速不大于30 mm/s;

③中心管下口应设有喇叭口及反射板,板底面距泥面不小于0.3 m。

12)辐流沉淀池的设计,应符合下列要求:

①池子直径(或正方形的一边)与有效水深的比值宜为6～12;

②一般采用机械排泥,当池子直径(或正方形的一边)较小时也可采用多斗排泥,排泥机械旋转速度宜为1～3 r/h,刮泥板的外缘线速度不宜大于3 m/min;

③缓冲层高度,非机械排泥时宜为0.5 m;机械排泥时,缓冲层上缘宜高出刮泥板0.3 m;

④坡向泥斗的底坡不宜小于0.05。

13)当需要挖掘原有沉淀池潜力或建造沉淀池面积受限制时,通过技术经济比较,可采用斜板(管)沉淀池。

14)升流式异向流斜板(管)沉淀池的设计表面水力负荷,一般可按比普通沉淀池的设计表面水力负荷提高一倍考虑;但对于二次沉淀池,尚应以固体负荷核算。

15)升流式异向流斜板(管)沉淀池的设计,应符合下列要求:

①斜板净距(或斜管孔径)为80～100 mm;

②斜板(管)斜长为1 m;

③斜板(管)倾角为60°;

④斜板(管)区上部水深为0.7～1.0 m;

⑤斜板(管)区底部缓冲层高度为1.0 m。

16)斜板(管)沉淀池应设冲洗设施。

17)双层沉淀池前应设沉砂池。

18)设计双层沉淀池时应符合下列要求:

①当双层沉淀池的消化室不少于2个时,沉淀槽内水流方向应能调换;

②沉淀槽内的污水沉淀时间、表面水力负荷、排泥所需静水头、进出水口结构及排泥管直径等,应符合平流沉淀池的有关规定;

③沉淀槽深度不宜大于2.0 m,沉淀槽斜壁与水平面的倾角不应小于55°,沉淀槽底部缝宽宜采用0.15 m;

④沉淀槽底部至消化室污泥表面,应保留有缓冲层,其高度宜为0.5 m;

⑤相邻的沉淀槽槽壁间净距不宜小于0.5 m;

⑥消化室底部斜壁与水平面的倾角不得小于30°;

⑦浮渣室的自由表面(扣除沉淀槽的面积)不得小于池子总面积的20%。

19)消化室的面积,可根据污水冬季平均温度按表13.9计算确定。

5. 生物膜法

1)生物膜法一般宜用于中小规模污水量的生物处理。

2)污水进行生物膜法处理前,一般宜经沉淀处理。

3)生物膜法的处理构筑物应根据当地气温和环境等条件,采取防挥发、防冻、防臭和灭蝇等措施。

4)生物滤池的填料应采用高强、耐腐蚀、颗粒匀称、比表面积大的材料,一般宜采用碎石、炉渣或塑料制品。

表13.9 消化室容积

污水冬季平均温度/℃	每人占有消化室容积/L
6	110
7	95
8.5	80
10	65
12	50
15	30
20	15

注:有曝气池剩余活性污泥或生物滤池后二次沉淀池污泥进入时,消化室增加的容积应由计算确定。

用做填料的塑料制品,尚应具有耐热、耐老化、耐生物性破坏并易于挂膜的性能。

5)生物滤池的构造应使全部填料能获得良好的通风,其底部空间的高度不应小于0.6 m,沿滤池池壁周边下部应设置自然通风孔,其总面积不应小于滤池表面积的1%。

6)生物滤池的布水设备应使污水能均匀分布在整个滤池表面上。布水设备可采用活动布水器,也可采用固定布水器。

7)生物滤池底板坡度应采用0.01且倾向于排水渠,并有冲洗底部排水渠的措施。

8)生物滤池出水的回流,应根据水质和工艺要求经计算确定。

9)低负荷生物滤池的设计当采用碎石类填料时,应符合下列要求:

①滤池上层填料的粒径宜为25～40 mm,厚度宜为1.3～1.8 m;下层填料的粒径为70～100 mm,厚度为0.2 m。

②处理城市污水时,在正常气温情况下,表面水力负荷以滤池面积计,宜为1～3 $m^3/(m^2 \cdot d)$;五日生化需氧量容积负荷以填料体积计,宜为0.15～0.30 $kg/(m^3 \cdot d)$。

③当采用固定喷嘴布水时,最大设计流量时的喷水周期宜为5～8 min,小型污水厂不应大于15 min。

10)高负荷生物滤池的设计宜采用碎石或塑料制品作填料。当采用碎石类填料时,应符合下列要求。

①滤池上层填料的粒径宜为40～70 mm,厚度为不宜大于1.8 m,下层填料的粒径宜为70～100 mm,厚度宜为0.2 m。

②处理城市污水时,在正常气温情况下。表面水力负荷以滤池面积计,宜为10～30 $m^3/(m^2 \cdot d)$;五日生化需氧量容积负荷以填料体积计,不宜大于1.2 $kg/(m^3 \cdot d)$。

当采用塑料等制品为填料时,滤层厚度、表面水力负荷和容积负荷可提高,具体设计数据应由试验或参照相似污水的实际运行资料确定;若污水按容积负荷计算确定的表面水力负荷小于本条数值时,应采取回流。

11)塔式生物滤池的设计,应符合下列要求:

①填料应采用塑料制品,滤层总厚度应由试验或参照相似污水的实际运行资料确定,一般宜为8～12 m;

②滤层应分层,每层滤层厚度由填料材料确定,一般不宜大于2.5 m,并应便于安装和养护;

③设计负荷应根据进水水质、要求处理程度和滤层总厚度,并通过试验或参照相似污水的实际运行资料确定。

12)生物转盘的盘体应轻质、高强、防腐蚀、防老化、易于挂膜、比表面积大以及方便安装、养护和运输。

13)生物转盘应分2～4段布置,盘片净距进水端宜为25～35 mm;出水端宜为10～20 mm。

14)生物转盘的水槽设计,应符合下列要求。

①盘体在槽内的浸没深度不应小于盘体直径的35%,但转轴中心在水位以上不应小于150 mm;

②盘体外缘与槽壁的净距不宜小于100 mm;

③每平方米盘片全部面积占有的水槽有效面积,一般宜为5～9 L。

15)盘体的外缘线速度宜采用15～18 m/min。

16)生物转盘的转轴强度和挠度必须满足盘体自重和运行过程中附加荷重的要求。

17)生物转盘的设计负荷,应按进水水质、要求处理程度、水温和停留时间,由试验或参照相似污水的实际运行资料确定,一般采用五日生化需氧量表面有机负荷,以盘片面积计,宜为10～20 $g/(m^2 \cdot d)$,表面水力负荷以盘片面积计,宜为50～100 $L/(m^2 \cdot d)$。

18)生物转盘宜有防雨、防风和保温的措施。

19)生物接触氧化池的填料应采用轻质、高强、防腐蚀、易于挂膜、比表面积大和空隙率高的组合体。

20）填料应分层，每层厚度由填料品种确定，一般不宜超过 1.5 m。

21）曝气强度应按供氧量、混合和养护的要求确定。

22）生物接触氧化池应根据进水水质和要求处理程度确定采用一段式或二段式，并不少于两个系列。设计负荷应由试验或参照相似污水的实际运行资料确定。

6. 活性污泥法

1）曝气池的布置，应根据普通曝气、阶段曝气、吸附再生曝气和完全混合曝气各自的工艺要求设计，并宜能调整为按两种或两种以上方式运行。

2）曝气池的容积，应按下列公式计算。

①按污泥负荷计算

$$V=\frac{24L_jQ}{1\ 000\ F_WN_W} \tag{13.1}$$

② 按容积负荷计算

$$V=\frac{24L_jQ}{1\ 000\ F_r} \tag{13.2}$$

式中　V—— 曝气池的容积（m^3）；

L_j—— 进水五日生化需氧量（mg/L）；

Q—— 曝气池的设计流量（m^3/h）；

F_W—— 曝气池的五日生化需氧量污泥负荷［kg/（kg · d）］；

N_W—— 曝气池内混合液悬浮固体平均质量浓度（g/L）；

F_r—— 曝气池的五日生化需氧量容积负荷［kg/（m^3 · d）］。

3）处理城市污水的曝气池主要设计数据，宜按表 13.10 采用。

表 13.10　曝气池主要设计数据

类　别	F_W ［kg/（kg · d）］	N_W （g/L）	F_r ［kg/（m^3 · d）］	污泥回流比 %	总处理效率 %
普遍曝气	0.2 ~ 0.4	1.5 ~ 2.5	0.4 ~ 0.9	25 ~ 75	90 ~ 95
阶段曝气	0.2 ~ 0.4	1.5 ~ 3.0	0.4 ~ 1.2	25 ~ 75	85 ~ 95
吸附再生曝气	0.2 ~ 0.4	2.5 ~ 6.0	0.9 ~ 1.8	50 ~ 100	80 ~ 90
合建式完全混合曝气	0.25 ~ 0.5	2.0 ~ 4.0	0.5 ~ 1.8	100 ~ 400	80 ~ 90
延时曝气（包括氧化沟）	0.05 ~ 0.1	2.5 ~ 5.0	0.15 ~ 0.3	60 ~ 200	95 以上
高负荷曝气	1.5 ~ 3.0	0.5 ~ 1.5	1.5 ~ 3	10 ~ 30	65 ~ 75

注：①本表根据回流污泥质量浓度为 4 ~ 8 g/L 的情况确定，如回流污泥浓度不在上述范围时，表列数值应相应修正。

②当处理效率可以降低时，负荷可适当增大。

③当进水五日生化需氧量低于一般城市污水时，负荷尚应适当减小。

④生产污水的负荷宜由试验确定。

4）曝气池的超高，当采用空气扩散曝气时为 0.5 ~ 1.0 m；当采用叶轮表面曝气时，其设备平台宜高出设计水面 0.8 ~ 1.2 m。

5）污水中含有产生大量泡沫的表面活性剂时，应有除泡沫措施。

6）每组曝气池在有效水深一半处宜设置放水管。

7）廊道式曝气池的池宽与有效水深比宜采用1：1～2：1。有效水深应结合流程设计、地质条件、供氧设施类型和选用风机压力等因素确定，一般可采用3.5～4.5 m。在条件许可时，水深尚可加大。

8）阶段曝气池一般宜采取在曝气池始端1/2～3/4的总长度内设置多个进水口配水的措施。

9）吸附再生曝气池的吸附区和再生区可在1个池子内，也可分别由2个池子组成，一般应符合下列要求：

①吸附区的容积，当处理城市污水时，应不小于曝气池总容积的1/4，吸附区的停留时间应不小于0.5 h。生产污水应由试验确定。

②当吸附区和再生区在一个池子内时，沿曝气池长度方向应设置多个进水口；进水口的位置应适应吸附区和再生区不同容积比例的需要；进水口的尺寸应按通过全部流量计算。

10）完全混合曝气池可分为合建式和分建式。合建式曝气池的设计，应符合下列要求：

①曝气池宜采用圆形，曝气区的有效容积应包括导流区部分；

②沉淀区的表面水力负荷宜为0.5～1.0 $m^3/(m^2 \cdot h)$。

11）氧化沟宜用于要求出水水质较严格或有脱氮要求的中小型污水处理厂，设计应符合下列要求：

①有效水深宜为1.0～3.0 m，沟内平均水平流速不宜小于0.25 m/s；

②曝气设备宜采用表面曝气叶轮、转刷等；

③剩余污泥量可按去除每公斤五日生化需氧量产生0.3 kg干污泥计算；

④氧化沟前可不设初次沉淀池；

⑤二次沉淀池的表面水力负荷应按表13.8的规定适当减小。

7. 供氧设施

1）曝气池的供氧，应满足污水需氧量、混合和处理效率等要求，一般宜采用空气扩散曝气和机械表面曝气等方式。

2）曝气池的污水需氧量应按去除的五日生化需氧量等计算确定，一般去除每公斤五日生化需氧量的需氧量，可采用0.7～1.2 kg。

3）当采用空气扩散曝气时，供气量应根据曝气池的设计需氧量、空气扩散装置的型式及位于水面下的深度、水温、污水的氧转移特性、当地的海拔高度以及预期的曝气池溶解氧浓度等因素，由试验或参照相似条件的运行资料确定，一般去除每公斤五日生化需氧量的供气量可采用40～80 m^3。

配置鼓风机时，其总容量（不包括备机）不得小于设计所需风量的95%，处理每立方米污水的供气量不应小于3 m^3。

4）当处理城市污水采用表面曝气器时，去除每公斤五日生化需氧量的供氧量（按标准工况计）可采用1.2～2.0 kg。每座氧化沟应至少有一台备用的曝气器。

曝气池混合全池污水体积所需功率（以表面曝气器配置功率表示），一般不宜小于25 W/m^3，氧化沟一般不宜小于15 W/m^3。

5）各种类型的曝气叶轮、转刷和射流曝气器的供氧能力应按实测数据或产品规格采用。

6) 采用表面曝气叶轮供氧时,应符合下列要求:

①叶轮的直径与曝气池(区)的直径(或正方形的一边)比,倒伞型或混流型为 1 : 3 ~ 1 : 5,泵型为 1 : 3.5 ~ 1 : 7;

②叶轮线速度采用 3.5 ~ 5 m/s;

③曝气池宜有调节叶轮速度或池内水深的控制设备。

7) 污水处理厂采用空气扩散曝气时,宜设置单独的鼓风机房。

鼓风机房内应设有操作人员的值班室、配电室和工具室,必要时尚应设水冷却系统和隔声的维修场所。值班室内应设机房主要设备工况的指示或报警装置,并应采取良好的隔声措施。

8) 鼓风机的选型应根据所使用的风机、单机容量、运行管理和维修等条件确定。在同一供气系统中,应选用同一类型的鼓风机。

在浅层曝气或风压大于等于 50 kPa,单机容量大于等于 80 m^3/min 时,设计宜选用离心鼓风机,但应详细核算各种工况条件时鼓风机的工作点,不得接近鼓风机的湍振区,并宜设有风量调节装置。

9) 鼓风机的设置台数,应根据气温、污水量和负荷变化等,对供气量的不同需要确定。

鼓风机房应设置备用鼓风机,工作鼓风机台数在 3 台或 3 台以下时,应设 1 台备用鼓风机;工作鼓风机台数在 4 台或 4 台以上时,应设 2 台备用鼓风机,备用鼓风机应按设计配置的最大机组考虑。

10) 鼓风机应根据产品本身和空气扩散器的要求,设置空气除尘设施。鼓风机进风管口的位置宜高于地面。大型鼓风机房宜采用风道进风。

11) 鼓风机应按产品要求设置供机组启闭、使用的回风管道和阀门,每台鼓风机出口管路宜有防止气水回流的完全保护措施。

12) 计算鼓风机的工作压力时,应考虑曝气器局部堵塞、进出风管路系统压力损失和实际使用时阻力增加等因素。

13) 鼓风机与输气管道连接处宜设置柔性连接管。空气管道应在最低点设置排除水分(或油分)的放泄口;必要时可设置排入大气的放泄口,并应采取消声措施。

鼓风机出口气温大于 60 ℃,输气管道宜采用焊接钢管,并应设温度补偿措施。

14) 大中型曝气池输气总管宜采用环状布置。

15) 大中型鼓风机应设置单独的基座,并不应与机房基础相连接。

16) 鼓风机机房内的起重设备和机组布置,可按有关规定执行;机组基础间通道宽度不应小于 1.5 m。

17) 鼓风机房内外的噪声应分别符合现行的《工业企业噪声卫生标准》和《城市区域环境噪声标准》的有关规定。

8. 污泥回流设施

1) 污泥回流设施宜采用螺旋泵、空气提升器和离心泵或混流泵等。

2) 污泥回流设施的最大设计回流比宜为 100%。污泥回流设备台数不宜少于 2 台,并应另有备用设备,但空气提升器可不设备用。

9. 稳定塘

1) 当有土地可供利用时,经技术经济比较合理时,可采用稳定塘。

2）当处理城市污水时，稳定塘的设计数据应由试验确定。当无试验资料时，根据污水水质、处理程度、当地气候和日照等条件确定，稳定塘的五日生化需氧量总平均表面有机负荷可采用1.5～10 g/(m^2·d)，总停留时间可采用20～120 d。

冰封期长的地区，其总停留时间应适当延长；曝气塘的有机负荷和停留时间不受上列规定限制。

3）稳定塘的设计应符合下列要求：

①污水进入稳定塘前，宜经过沉淀处理；

②经过沉淀处理的污水，稳定塘串联级数一般不少于3级；

③经过生物处理的污水，稳定塘串联级数可为1～3级。

4）稳定塘应采取防止污染地下水源和周围环境的措施，并应妥善处理积泥。

5）在多级稳定塘的后面可设养鱼塘，但进入养鱼塘的水质必须符合现行的《渔业水质标准》的规定。

10. 灌溉田

1）污水灌溉水质必须符合现行的《农田灌溉水质标准》的规定。

2）在给水水源卫生防护地带，含水层露出地面的地区，以及有裂隙性岩层和溶岩地区，不得使用污水灌溉。灌溉田与水源的防护要求，必须按现行的《生活饮用水卫生标准》中水源卫生防护的有关规定执行。

3）污水灌区地下水埋藏深度，不宜小于1.5 m。

4）污水的灌溉制度，应根据当地气候、作物种类、污水水质、土壤性质、地下水位等因素，与当地农林部门共同协商确定。

5）污水灌区应有处置每天高峰流量、湿润气候条件下流量以及非灌溉季节流量的措施。如需排入天然水体时，应按现行的《工业企业设计卫生标准》中的有关规定执行。

6）污水灌区宜备有清水水源。

7）污水预处理构筑物以及主要灌溉渠道、闸门、污水库等，应采取有效的防渗、防漏措施。

8）灌溉田距住宅及公共通道的距离，不宜小于50 m。

11. 消毒

1）污水消毒应根据污水性质和排放水体要求综合考虑确定，一般可加氯消毒。当污水出水口附近有鱼类养殖场时，应严格控制出水中的余氯量，必要时可设置脱氯设备。

2）污水的加氯量应符合下列要求：

①城市污水，沉淀处理后可为15～25 mg/L，生物处理后可为5～10 mg/L；

②生产污水，应由试验确定。

3）污水加氯后应进行混合和接触。城市污水接触时间（从混合开始起算）应采用30 min；生产污水，应由试验确定。

4）加氯设施和有关建筑物的设计，应符合现行的《室外给水设计规范》的有关规定。

三、污泥处理构筑物

1. 一般规定

1）城市污水污泥的处理流程应根据污泥的最终处置方法选定，首先应考虑用做农田肥料。

2）城市污水污泥用做农肥时，其处理流程宜采用初沉污泥与浓缩的剩余活性污泥合并消化，然后脱水；也可不经脱水，采用压力管道直接将湿污泥输送出去。污泥脱水宜采用机械脱水，有条件时，也可采用污泥干化场或湿污泥池。

3）农用污泥的有害物质含量应符合现行的《农用污泥中污染物控制标准》的规定，并经过无害化处理。

4）污泥处理构筑物个数不宜少于 2 个，按同时工作设计。污泥脱水机械可考虑一台备用。

5）污泥处理过程中产生的污泥水应送入污水处理构筑物处理。

2. 污泥浓缩池和湿污泥池

1）重力式污泥浓缩池的设计，当浓缩城市污水的活性污泥时，应符合下列要求：

①污泥固体负荷宜采用 30 ~ 60 kg/(m^2 · d)；

②浓缩时间采用不宜小于 12 h；

③由曝气池后二次沉淀池进入污泥浓缩池的污泥含水率，当采用 99.2% ~ 99.6% 时，浓缩后污泥含水率宜为 97% ~ 98%；

④有效水深一般宜为 4 m；

⑤采用刮泥机排泥时，其外缘线速度一般宜为 1 ~ 2 m/min，池底坡向泥斗的坡度不宜小于 0.05；

⑥在刮泥机上应设置浓集栅条。浓缩生产污水的活性污泥时，可由试验或参照相似污泥的实际运行数据确定。

2）污泥浓缩池一般宜有去除浮渣的装置。

3）当湿污泥用作肥料时，污泥的浓缩与贮存可采用湿污泥池。湿污泥池有效深度一般宜为 1.5 m，池底坡向排出口，坡度采用不宜小于 0.01。湿污泥池容积应根据污泥量和运输条件等确定。

4）间歇式污泥浓缩池和湿污泥池，应设置可排出深度不同的污泥水的设施。

3. 消化池

1）污泥消化可采用两级或单级中温消化。一级消化池温度应采用 33 ~ 35 ℃。

2）两级消化的一级消化池与二级消化池的容积比可采用 2∶1。一级消化池加热并搅拌；二级消化池可不加热、不搅拌，但应有排出上清液设施。单级消化池也宜设排出上清液设施。

3）消化池的有效容积（两级消化为总有效容积）应根据消化时间和容积负荷确定。消化时间宜采用 20 ~ 30 d，挥发性固体容积负荷宜为 0.6 ~ 1.5 kg/(m^3 · d)。

4）污泥加热宜采用池外热交换；也可采用喷射设备将蒸汽直接加到池内或投配泵的吸泥井内；也可利用投配污泥泵的吸泥管将蒸汽吸入。

5）池内搅拌宜采用污泥气循环，也可用水力提升器、螺旋桨搅拌器等。搅拌可采用连续的，也可采用间歇的，间歇搅拌设备的能力应至少在 5 ~ 10 h 内将全池污泥搅拌 1 次。

6）消化池应密封，并能承受污泥气的工作压力。固定盖式消化池应有防止池内产生负压的措施。

7）消化池宜设有测定气量、气压、泥量、泥温、泥位、pH值等的仪表和设施。

8）消化池及其辅助构筑物的（包括平面位置、间距等）设计应符合现行的《建筑设计防火规范》的规定。防爆器内电机、电器和照明均应符合防爆要求。控制室（包括污泥气压缩机房）应采取下列安全设施：

①设置沼气报警设备；

②设置通风设备。

9）消化池溢流管出口不得放在室内，并必须有水封。消化池和污泥气贮罐的出气管上均应设回火防止器。

10）贮气罐的容积应根据产气和用气情况经计算确定。

11）消化池的污泥气应尽量用作燃料。

4. 污泥干化场

1）污泥干化场的污泥固体负荷量，宜根据污泥性质、年平均气温、降雨量和蒸发量等因素，参照相似地区经验确定。

2）干化场分块数一般不少于3块；围堤高度采用0.5～1.0 m，顶宽采用0.5～0.7 m。

3）干化场宜设人工排水层，人工排水层填料可分为2层，每层厚度宜为0.2 m。下层应采用粗矿渣、砾石或碎石，上层宜采用细矿渣或砂等。

4）排水层下宜设不透水层。不透水层宜采用粘土，其厚度宜为0.2～0.4 m，亦可采取厚度为0.1～0.15 m的低标号混凝土或厚度为0.15～0.30 m的灰土。不透水层坡向排水设施，宜有0.01～0.02的坡度。

5）干化场宜有排除上层污泥水的设施。

5. 污泥机械脱水

1）设计污泥机械脱水时，应遵守下列规定：

①污泥脱水机械的类型，应按污泥的脱水性质和脱水要求，经技术经济比较后选用；

②污泥进入脱水机前的含水率一般不应大于98%；

③经消化后的污泥，可根据污水性质和经济效益，考虑在脱水前淘洗；

④机械脱水间的布置，应按有关规定执行，并应考虑泥饼运输设施和通道；

⑤脱水后的污泥应设置泥饼堆场贮存，堆场的容量应根据污泥出路和运输条件等确定；

⑥机械脱水间应考虑通风设施。

2）城市污水污泥在脱水前，应加药处理。污泥加药应符合下列要求：

①药剂种类应根据污泥的性质和出路等选用，投加量由试验或参照相似污泥的数据确定；

②污泥加药后，应立即混合反应，并进入脱水机。

生产污水污泥是否加药处理，由试验或参照相似污泥的数据确定。

3）真空过滤机宜采用折带式过滤机或盘式过滤机。

4）真空过滤机的泥饼产率和泥饼含水率应由试验或可按相似污泥的数据确定。如无上述数据时，其泥饼产率可按表13.11采用。泥饼含水率，活性污泥可为80%～85%，其余可为75%～80%。

表 13.11 真空过滤机的泥饼产率

污泥种类		泥饼产率 [kg/(m² · h)]
原污泥	初沉污泥	30 ~ 40
	初沉污泥和生物滤池污泥的混合污泥	30 ~ 40
	初沉污泥和活性污泥的混合污泥	15 ~ 25
	活性污泥	7 ~ 12
消化污泥（中温）	初沉污泥	25 ~ 35
	初沉污泥和生物滤池污泥的混合污泥	20 ~ 35
	初沉污泥和活性污泥的混合污泥	15 ~ 25

注：①泥饼质量系指在 100 ℃下烘干恒重的干污泥干质量。

②消化污泥未经过淘洗。

5）真空值的采用范围宜为 26 ~ 66 kPa，真空泵的抽气量宜为每平方米过滤面积 0.8 ~ 1.2 m^3/min。滤液排除应采用自动排液装置。

6）压滤机宜采用箱式压滤机、板框压滤机、带式压滤机或微孔挤压脱水机，其泥饼产率和泥饼含水率应由试验或参照相似污泥的数据确定。泥饼含水率一般可为 75% ~ 80%。

7）箱式压滤机和板框压滤机的设计，应符合下列要求：

①过滤压力为 400 ~ 600 kPa（约为 4 ~ 6 kgf/cm^2）；

②过滤周期不大于 5 h；

③每台过滤机可设污泥压入泵一台，泵宜选用柱塞式；

④压缩空气量为每立方米滤室不小于 2 m^3/min（按标准工况计）。

第三节　工程设计标准、规范及要求

一、工业给水排水设计规范

工业给水排水设计规范及要求见表 13.12。

表 13.12 工业给水排水设计规范一览表

序号	标准编号	标准名称	主编单位
1	GBJ 109—87	工业用水软化除盐设计规范	水利电力部西北电力设计院
2	GBJ 50—83	工业循环冷却水处理设计规范	化工部
3	GBJ 102—87	工业循环水冷却设计规范	水利电力部东北电力设计院
4	GBJ 136—90	电镀废水治理设计规范	机电部第七设计研究院
5	JB 16—88	机械工业环境保护设计规定	机电部第七设计研究院
6	TBJ 10—85	铁路给水排水设计规范	铁道部第四勘测设计院
7	SHJ 1052—84	炼油厂给水排水系统设计规定(试行)	中国石油化工总公司沈阳设计研究院

二、排水工程设计规范

排水工程设计规范见表13.13。

表13.13　排水工程设计规范一览表

序号	标准编号	标　准　名　称	主　编　单　位
1	GBJ 14—87	室外排水设计规范	上海市政工程设计院
2	GBJ 15—88	建筑给水排水设计规范	上海市民用建筑设计院
3	CJJ 31—89	城镇污水处理厂附属建筑和附属设备设计标准	中国市政工程西南设计院
4	CECS 07—88	医院污水处理设计规范	北京市建筑设计院
5	CECS 14—89	游泳池给水排水设计规范	建设部建筑设计院
6	CECS 30—91	建筑中水设计规范	中国人民解放军总后勤部建筑设计院
7	SHJ 1052—84	炼油厂给水排水系统设计技术规定(试行)	中国石油化工总公司
8	SHJ 1068—84	炼油厂雨水明沟设计技术规定(试行)	中国石油化工总公司沈阳设计研究院

三、给水排水工程施工和维护标准

给水排水工程施工和维护标准见表13.14。

表13.14　给水排水工程施工和维护标准一览表

序号	标准编号	标　准　名　称	主　编　单　位
1	GBJ 25—90	湿陷性黄土地区建筑规范	陕西省建筑科学研究设计院
2	GBJ 93—86	工业自动化仪表工程施工及验收规范	化工部第九化工建设公司
3	GBJ 131—90	自动化仪表安装工程质量检验评定标准	化工部施工技术研究所
4	GBJ 141—90	给水排水构筑物施工及验收规范	北京市市政工程局
5	GBJ 201—83	土方与爆破工程施工及验收规范	四川省建筑工程总公司
6	GBJ 202—83	地基与基础工程施工及验收规范	上海市建筑工程局
7	GBJ 242—82	采暖与卫生工程施工及验收规范	沈阳市建筑工程局
8	GB 4551—84	石棉水泥输水、输煤气管道铺设指南	苏州混凝土水泥制品研究所
9	CJJ 3—90	市政排水管渠工程质量检验评定标准	北京市市政工程局
10	CJJ 6—85	水管道维护安全技术规程	天津市市政工程局
11	CJJ 13—87	供水水文地质钻探与凿井操作规程	中国市政工程中南设计院
12	CJJ 18—88	市政工程施工、养护及污水处理工人技术等级标准	建设部劳动工资局
13	CJJ 30—89	建筑排水硬聚氯乙烯管道施工及验收规程	上海市建筑施工技术研究所
14	CECS 10—89	埋地给水钢管道水泥砂浆衬里技术标准	北京市市政设计研究院
15	CECS 18—90	室外硬聚氯乙烯给水管道施工规程	哈尔滨建筑工程学院
16	CECS 19—90	混凝土排水管道工程闭气试验标准	天津市市政工程局
17	TBJ 209—86	铁路给水排水施工规范	铁道部第四工程局

续表 13.14

序号	标准编号	标准名称	主编单位
18	TBJ 409—87	铁路给水排水施工技术安全规则	铁道部第四工程局
19	TBJ 422—87	铁路给水排水工程质量评定验收标准	铁道部第四工程局
20	GB 50268—97	给水排水管道工程施工及验收规范	北京市市政工程局
21	YSJ 401—89	土方与爆破工程施工操作规程	兰州有色金属建筑研究所
22	SYJ 7—84	钢质管道及储罐防腐蚀工程设计规范	大庆石油管理局油田建设设计
23	SYJ 28—87	埋地钢质管道环氧煤沥青防腐层标准	石油部规划设计总院
24	SYJ 4001—84	长输管道干线敷设工程施工及验收规范	石油部管道局工程处
25	SYJ 4013—87	埋地钢质管道包覆聚乙烯防腐层施工及验收规范	华北石油管理局油建一公司
26	SYJ 4014—87	埋地钢质管道聚乙烯胶带防腐层施工及验收规范	华北石油勘察设计研究院

四、给水排水管道标准

给水排水管道标准见表 13.15。

表 13.15　给水排水管道标准一览表

序号	标准编号	标准名称	主编单位
1	GB 3422—82	连续铸铁管	鞍山钢铁公司
2	GB 420—82	灰口铸铁管件	上海管件铸造厂
3	GB 8716—88	排水用灰口铸铁直管及管件	广州铸管厂
4	GB 13295—91	离心铸造球墨铸铁管	国营风雷机械厂
5	GB 13294—91	球墨铸铁管件	中国市政工程华北设计院
6	GB 3091—82	低压流体输送用镀锌焊接钢管	上海钢管厂
7	GB 3092—82	低压流体输送用焊接钢管	鞍山钢铁公司
8	GB 8163—87	输送流体用无缝钢管	鞍山钢铁公司
9	GB 2270—80	不锈钢无缝钢管	鞍山钢铁公司
10	GB 3090—82	不锈钢小直径钢管	天津冶金材料研究所
11	GB 4163—84	不锈钢管超声波探伤方法	上海第五钢铁厂
12	YB 238—63	钢制管接头	鞍山钢铁公司
13	GB 12465—90	管路松套伸缩接头	中华造船厂
14	GB 5836—86	建筑排水用硬聚氯乙烯管材和管件	上海市建筑科学研究所
15	HGJ 515—87	玻璃钢/聚氯乙烯(FRP/PVC)复合管和管件	中国环球化学工程公司

续表 13.15

序号	标准编号	标 准 名 称	主 编 单 位
16	GB 4219—84	化工用硬聚氯乙烯管材	山东烟台塑料工业公司
17	GB 4084—83	承插式自应力钢筋混凝土输水管	建材科研院水泥科研所
18	GB 3039—82	石棉水泥输水管	苏州水泥制品研究所
19	GB 1187—81	输水胶管	青岛第六橡胶厂
20	GB 1188—81	吸水胶管	湖北宜昌中南橡胶厂
21	GB 1001—88	给水用硬聚氯乙烯管材	中国建筑标准设计研究所
22	GB 1002—88	给水用硬聚氯乙烯管件	北京市塑料研究所

五、泵类产品标准

泵类产品标准见表 13.16。

表 13.16 泵类产品标准一览表

序号	标准编号	标 准 名 称	主 编 单 位
1	GB 3214—82	水泵流量的测定方法	沈阳水泵研究所
2	GB 10889—89	泵的振动测量与评价方法	沈阳水泵研究所
3	GB 10890—89	泵的噪声测量与评价方法	沈阳水泵研究所
4	GB 3216—89	离心泵、混流泵、轴流泵和旋涡泵试验方法	沈阳水泵研究所
5	ZB 891010—88	IB 型单级离心泵型式与基本参数	浙江省机械科研所
6	JB 1051—84	一般多级离心水泵型式与基本参数	沈阳水泵研究所
7	JB 3561—84	单级单吸耐腐蚀离心泵基本性能参数	沈阳水泵研究所
8	JB 3563—84	离心油泵和离心耐腐蚀泵效率	沈阳水泵研究所
9	JB 2975—81	离心式污水泵	石家庄杂质泵研究所
10	JB 2976—81	离心式泥浆泵	石家庄杂质泵研究所
11	GB 9481—88	中小型轴流泵型式与基本参数	中国农业机械化研究院
12	ZBJ 71007—88	旋涡泵技术条件	沈阳水泵研究所
13	GB 7782—87	计量泵基本参数	合肥通用机械研究所
14	GB 9236—88	计量泵技术条件	合肥通用机械研究所
15	ZBJ 78014—89	往复真空泵	合肥工业大学
16	ZBJ 78013—89	罗茨真空泵	沈阳真空技术研究所

六、阀门产品标准

阀门产品标准见表 13.17。

表 13.17　阀门产品标准目录

序号	标准编号	标 准 名 称	主 编 单 位
1	GB 12220—89	通用阀门标志	合肥通用机械研究所
2	GB 12221—89	法兰连接金属阀门结构长度	合肥通用机械研究所
3	GB 12232—89	通用阀门法兰连接铁制闸阀	合肥通用机械研究所
4	GB 12234—89	通用阀门法兰和对焊连接钢制闸阀	合肥通用机械研究所
5	GB 12233—89	通用阀门铁制截止阀与升降式止回阀	瓦房店阀门厂
6	GB 12236—89	通用阀门钢制旋启式止回阀	合肥通用机械研究所
7	ZBJ 16001—86	聚三氟氯乙烯塑料衬里截止阀	化工部化工机械研究院
8	GB 12238—89	通用阀门法兰和对夹连接蝶阀	合肥通用机械研究所
9	GB 12239—89	通用阀门隔膜阀	合肥通用机械研究所
10	GB 12244 ~ 12246—89	减压阀	沈阳阀门研究所
11	GB 12241 ~ 12243—89	安全阀	合肥通用机械研究所

七、给水排水专用设备标准

给水排水专用设备标准见表 13.18。

表 13.18　给水排水专用设备标准一览表

序号	标准编号	标 准 名 称	主 编 单 位
1	JB 2932—86	水处理设备制造技术条件	无锡锅炉厂
2	CJ/T 32 ~ 33—90	机械搅拌澄清池搅拌机刮泥机	北京市政设计研究院
3	GB 12176—90	次氯酸钠发生器	北京市政设计研究院
4	CJ/T 3007—92	螺旋提升泵	北京市政设计研究院
5	CJ/T 31—91	污泥脱水用带式压滤机	中国市政工程华北设计院
6	GB 10833—89	船用生活污水处理系统	中国船舶工业总公司 704 所
7	GB 8531—87	真空吸污车	长沙建筑机械研究所
8	JB 440—85	一般用途罗茨鼓风机型式与基本参数	机械工业部通用机械技术公司
9	ZBJ 72030—89	一般用途罗茨鼓风机性能试验方法	长沙鼓风机厂
10	CJ/T 3014—93	重力式污泥浓缩池悬挂式中心传动刮泥机	天津市海水淡化与综合利用研究所
11	CJ/T 3015.2—93	曝气器清水充氧性能测定	北京建筑工程学院
12	CJ/T 3015.1—93	污水处理用微孔曝气器	中国市政工程华北设计院
13	CJ/T 3028.1 ~ 2—94	臭氧发生器	清华大学

八、常用水质标准索引

1）地面水环境质量标准　GB 3838—88

2）农田灌溉水质标准　GB 5084—92

3）景观娱乐用水水质标准　GB 12941—91

4）渔业水质标准　GB 11607—89

5）海水水质标准　GB 3097—82

6）生活饮用水卫生标准　GB 5749—85

7)生活杂用水水质标准　CJ 25.1—89
8)工业循环冷却水水质标准　GB J50—83
9)农用污泥中污染物控制标准　GB 4284—84
10)污水综合排放标准　GB 8978—1996

九、常用标准图索引

1)圆形阀门井　S 141
2)矩形卧式阀门井　S 144
3)方形及圆形给水箱　S 151
4)管道和设备保温　87S 159
5)管道支架及吊架　S 161
6)冷热水混合器　S 156
7)小型排水构筑物　93S 217
8)圆形排水检查井　S 231
9)矩形排水检查井　S 232
10)扇形排水检查井　S 233
11)跌水井　S 234
12)锅炉排污降温池　88S 238
13)钢制管道零件　S 311
14)防水套管　S 312
15)套管式伸缩器　S 313
16)水塔水池浮漂水位标尺　S 318
17)水池通气管、吸水喇叭管及支架　90S 319
18)投药、消毒设备　S 346
19)小型投药设备　85S 347
20)深井泵房　S 651
21)压力滤器　S 738
22)脉冲澄清池　CS 772
23)虹吸滤池　S 773
24)重力式无阀滤池　S 775
25)斜管的组合安装　85SS 777
26)钢梯及钢栏杆通用图　HG/T 21613—96
27)平流式、竖流式沉淀池　S 711

十、劳动定员

污水厂人员包括生产人员、生产辅助人员和管理人员。生产人员指直接参加生产的人员，一般有运转工、机修工、电工及加药工等；生产辅助人员指非直接参加生产的人员，如维修、化验、司机、瓦木、绿化、食堂工作人员等；管理人员指党团工会、行政、技术、调度与财会等人员。

对污水厂的技术人员和生产人员(负责运转的生产技术工人)应进行技术培训,尤其是采用新工艺、新技术的污水处理厂。

城镇污水厂按常规工艺生产所需的人员进行编制。表 13.19 为污水处理厂制定劳动定员的参考标准。

表 13.19 污水厂劳动定员

处理规模/(万 $m^3 \cdot d^{-1}$)	污水厂人数	
	一级厂	二级厂
0.5 ~ 2.0	15 ~ 30	20 ~ 40
2.0 ~ 5.0	40 ~ 50	50 ~ 80
5.0 ~ 10.0	70 ~ 110	90 ~ 150
10.0 ~ 50.0	110 ~ 220	150 ~ 300
>50.0	每增加 10 万 m^3,人员递增 20%	

十一、附属建筑与设备

参见《城镇污水处理厂附属建筑和附属设备设计标准》(CJJ 31—89)。

十二、厂区道路与绿化

厂区主要车行道宽度:10.0 m^3/d 万以下的污水厂可采取 4.0 ~ 6.0 m,10.0 万 m^3/d 以上的污水厂可采取 5.0 ~ 8.0 m。次要车行道一般为 3.0 ~ 5.0 m,人行道宽度为 1.5 ~ 2.5 m。厂内车行道转弯半径不小于 6.0 ~ 8.0 m,道路纵坡一般不大于 3%。

污水处理厂的绿化面积应为污水厂总面积的 20% ~40%,尤其新建污水厂的绿化面积不宜小于 30% 的污水厂总面积。除预留绿化用地以外,主要道路两侧应有 0.5 ~ 1.5 m 的绿化带。

十三、各种管线允许距离

各种管线最小水平净距,见表 13.20。地下管线交叉时的最小垂直净距,参见表 13.21。

表 13.20 各种管线最小水平净距表

m

序号	管线名称	1	2	3	4				5	6	7	8	9	10	11	12
		建筑物	给水管	排水管	排气管				热力管	电力电缆	电信电缆	电信管道	乔木(中心)	灌木	地上柱杆(中心)	道路侧石边缘
					低	中	高	高								
1	建筑物		3.0	3.0①	2.0	3.0	4.0	15.0	3.0	0.6	0.6	1.5	3.0⑤	1.5	3.0	—
2	给水管	3.0		1.5②	1.0	1.0	1.0	5.0	1.5	0.5	1.0④	1.0④	1.5	—⑦	1.0	1.5⑧
3	排水管	3.0①	1.5②	1.0	1.0	1.0	1.0	5.0	1.5	0.5	1.0	1.0	1.0⑥	—⑦	1.0	1.5⑧
4	煤气管	2.0	1.0	1.0					1.0	1.0	1.0	1.0	1.5	1.5	1.0	1.0
	低压(压力不超过 4.9 kPa)	2.0	1.0	1.0					1.0	1.0	1.0	1.0	1.5	1.5	1.0	1.0
	中压(压力 5 ~ 98 kPa)	3.0	1.0	1.0					1.0	1.0	1.0	1.0	1.5	1.5	1.0	1.0
	高压(压力 99 ~ 294 kPa)	4.0	1.0	1.0					1.0	1.0	2.0	2.0	1.5	1.5	1.0	1.0
	高压(压力 295 ~ 1 176 kPa)	15.0	5.0	5.0					4.0	2.0	10.0	10.0	2.0	2.0	1.5	2.5
5	热力管	3.0	1.5	1.5	1.0	1.0	1.0	4.0		2.0	1.0	1.0	2.0	1.0	1.0	1.5⑧
6	电力电缆	0.6	0.5	0.5	1.0	1.0	1.0	2.0	2.0	—③	0.5	0.2	1.5		0.5	1.0⑧
7	电信电缆(直埋式)	0.6	1.0④	1.0	1.0	1.0	2.0	10.0	1.0	0.5	0.2	0.2	1.5		0.5	1.0⑧

续表 13.20

序号	管线名称	1	2	3	4				5	6	7	8	9	10	11	12
		建筑物	给水管	排水管	排气管				热力管	电力电缆	电信电缆	电信管道	乔木（中心）	灌木	地上柱杆（中心）	道路侧石边缘
					低	中	高	高								
8	电信管道	1.5	1.0④	1.0	1.0	1.0	2.0	10.0	1.0	0.2	0.2		1.5		1.0	1.0⑧
9	乔木（中心）	3.0⑤	1.5	1.0⑥	1.5	1.5	1.5	2.0	2.0	1.5	1.5	1.5		—	2.0	1.0
10	灌木	1.5	—⑦	—⑦	1.5	1.5	1.5	2.0	1.0				—		—⑦	0.5
11	地上柱杆（中心）	3.0	1.0	1.0	1.0	1.0	1.0	1.5	1.0	0.5	0.5	1.0	2.0	—⑦		0.5
12	道路侧石边缘	—	1.5⑧	1.5⑧	1.0	1.0	1.0	2.5	1.5⑨	1.0⑨	1.0⑨	1.0⑨	1.0	0.5	0.5	

注：表中所列数字，除指定外，均系管线与管线之间净距，所谓净距，系指管线与管线外壁间距离而言。

①排水管的埋深浅于建筑物基础时，其净距不小于2.5 m。排水管的埋深深于建筑物基础时，其净距不小于3.0 m。

②表中数值适用于给水管管径 $d \leqslant 200$ cm。如 $d>200$ cm 水平净距应不小于3.0 m。当污水管的埋深高于平行敷设的生活用给水管0.5 m以上时，其水平净距，在渗透性土壤地带不小于5.0 m，如不可能时，可采用表中数值，但给水管须用金属管。

③并列敷设的电力电缆互相间的净距不应小于下列数值：

a. 10 kV 及 10 kV 以上电缆与其他任何电压的电缆之间为0.25 m；

b. 10 kV 以下的电缆之间及 10 kV 以下电缆与控制电缆之间为0.10 m；

c. 控制电缆之间为0.05 m；

d. 非同一机构的电缆之间为0.50 m。

在上述a、d两项中，如将电缆加以可靠的保护（敷设在套管内或装置隔离板等），则净距可减为0.10 m。

④表中数值适用于给水管 $d \leqslant 200$ cm。如 $d=250\sim500$ cm 时，净距为1.5 m；$d>500$ cm 时净距为2.0 m。

⑤尽可能大于3.0 m。

⑥与现存活大树距离为2.0 m。

⑦不需间距。

⑧距道路边沟的边缘或路基边坡底均应小不于1.0 m。

⑨有关铁路与各种管线的最小水平净距可参考铁路部门有关规定。

表 13.21　地下管线交叉时最小垂直净距　m

埋设在下面的管线名称 ＼ 净距 ＼ 安设在上面的管线名称		给水管	排水管	热力管	煤气管	电信		电力电缆		明沟（沟底）	涵洞（基础底）	电力（轨底）	铁路（轨底）
						铠装电缆	管道	高压	低压				
给水管		0.1	0.1	0.1	0.1	0.2	0.1	0.2	0.2	0.5	0.15	1.0	1.0
排水管		0.1	0.1	0.1	0.1	0.2	0.1	0.2	0.2	0.5	0.15	1.0	1.0
热力管		0.1	0.1	—	0.1	0.2	0.1	0.2	0.2	0.5	0.15	1.0	1.0
煤气管		0.1	0.1	0.1	0.1	0.2	0.1	0.2	0.2	0.5	0.15	1.0	1.0
电信	铠装电缆	0.2	0.2	0.2	0.2	0.1	0.15	0.2	0.2	0.5	0.20	1.0	1.0
	管道	0.1	0.1	0.1	0.1	0.15	0.10	0.15	0.15	0.5	0.25	1.0	1.0
电力电缆		0.2	0.2	0.2	0.2	0.2	0.15	0.50	0.50	0.5	0.50	1.0	1.0

注：①表中所列为净距数字，如管线敷设在套管或地道中，或者管道有基础时，其净距自套管、地道的外边或基础的底边（如果有基础的管道在其他管线上越过时）算起。

②电信电缆或电信管道一般在其他管线上面越过。

③电力电缆一般在热力管道和电信管缆下面，但在其他管线上面越过。低压电缆应在高压电缆上面越过，如高压电缆用砖、混凝土块或把电缆装入管中加以保护时，则低压和高压电缆之间的最小净距可减至0.25 m。

④煤气管应尽可能在给水、排水管道上面越过。

⑤热力管一般在电缆、给水、排水、煤气管道上越过。

⑥排水管通常在其他管线下面越过。

十七、消防间距

厌氧消化池、沼气贮柜、沼气处理与利用设施、管廊及闸门间等，按照生产的火灾危险性分类,属于甲类生产建筑,电气防爆等级为 Q-2。厂房的耐火等级、防火间距、电力线路及设备选型与保护等,均应严格遵照《建筑设计防火规范》(GBJ 16—87)中的国家规范要求。

上述设施的排水管接入厂区下水道时,应设水封井。各个构筑物之间的管沟及电气管道等,不应互相直接连通,需要加隔绝措施。

在污泥泵间,不应敷设沼气管道。在配电间及仪表控制室,不应敷设沼气管道及污泥管等。

以上构筑物、建筑物及设施与厂(站)外其他建筑物或设施的防火间距应为 9 m 或 15 m,与厂内其他建筑物或设施的防火间距应为 6 m 或 9 m。

参 考 文 献

1 张自杰主编. 排水工程[M]. 北京:中国建筑出版社,2000.
2 张自杰主编. 环境工程手册. 水污染防治卷[M]. 北京:高等教育出版社,1996.
3 唐受印,戴友芝主编. 水处理工程师手册. 北京:化学工业出版社,2001.
4 王洪臣主编. 城市污水处理厂运行控制与维护管理[M]. 北京:科学出版社,1999.
5 曾科主编. 污水处理厂设计与运行[M]. 北京:化学工业出版社,2001.
6 唐受印,汪大翚等编. 废水处理工程[M]. 北京:化学工业出版社,1998.
7 谷霞,韩洪军主编. 给水排水工程师手册[M]. 哈尔滨:黑龙江科学技术出版社,2001.
8 胡大锵主编. 废水处理及回用工艺流程实用图例[M]. 北京:水利电力出版社,1992.
9 丁亚兰主编. 国内外废水处理工程设计实例[M]. 北京:化学工业出版社,2000.
10 魏先勋主编. 环境工程设计手册[M]. 长沙:湖南科学技术出版社,1992.
11 于尔捷,张杰主编. 给水排水工程快速设计手册. 第2册[M]. 北京:中国建筑工业出版社,1986.
12 上海市政工程设计院主编. 给水排水设计手册. 第3册[M]. 北京:中国建筑工业出版社,1986.
13 杨智宽,韦进宝主编. 污染控制化学[M]. 武汉:武汉大学出版社,1998.
14 北京市环境保护科学研究所主编. 水污染防治手册[M]. 上海:上海科学技术出版社,1989.
15 王宝贞主编. 水污染控制工程[M]. 北京:高等教育出版社,1990.
16 许保玖主编. 给水处理[M]. 北京:中国建筑工业出版社,1979.
17 钟淳昌主编. 净水厂设计[M]. 北京:中国建筑工业出版社,1986.
18 顾夏声,黄铭荣,王占生主编. 水处理工程[M]. 北京:清华大学出版社,1985.
19 崔玉川主编. 净水厂设计知识[M]. 北京:中国建筑工业出版社,1987.
20 刘灿生主编. 给水排水工程施工手册[M]. 北京:中国建筑工业出版社,1994.
21 高廷耀编. 水污染控制工程[M]. 北京:高等教育出版社,1989.
22 章非娟编著. 生物脱氮技术[M]. 北京:中国环境科学出版社,1992.
23 顾夏声编著. 水处理工程[M]. 北京:清华大学出版社,1985.
24 徐鼎文编. 给水排水工程施工[M]. 北京:中国建筑工业出版社,1983.
25 井出哲夫等编著. 水处理工程理论与应用[M]. 张自杰译. 北京:中国建筑工业出版社,1986.
26 申立贤编著. 高浓度有机废水厌氧处理技术[M]. 北京:中国环境科学出版社,1992.
27 张智,张勤主编. 给水排水工程专业毕业设计指南[M]. 北京:中国水利水电出版社,1999.
28 冯生华主编. 城市中小型污水处理厂的建设与管理[M]. 北京:化学工业出版社,2000.
29 张希衡主编. 废水治理工程[M]. 北京:冶金工业出版社,1984.
30 严煦世主编. 水和废水技术研究[M]. 北京:中国建筑工业出版社,1992.
31 王乃忠编著. 水处理理论基础[M]. 成都:西南交通大学出版社,1988.
32 钱易编. 现代废水处理新技术[M]. 北京:中国科学技术出版社,1993.
33 张自杰编. 活性污泥生物学与反应动力学[M]. 北京:中国环境科学出版社,1989.
34 郑元景主编. 污水厌氧生物处理[M]. 北京:中国建筑工业出版社,1988.
35 张希衡主编. 水污染控制工程[M]. 北京:冶金工业出版社,1993.
36 梅特卡夫和埃迪公司编. 废水处理、处置及回用[M]. 北京:中国建筑工业出版社,1989.
37 韩洪军主编,污水处理构筑物设计与计算[M]. 哈尔滨:哈尔滨工业大学出版社,2002.
38 周祺主编. 水污染控制工程[M]. 北京:高等教育出版社,2002.
39 维蓉. 我国小城镇污水处理设施建设与运行管理对策研究[D]. 重庆大学工程硕士学位论文,2003.
40 李亚峰,晋文学. 城市污水处理厂运行管理[M]. 北京:化学工业出版社,2010.
41 沈晓南,谢经良. 污水处理厂运行和管理问答[M]. 北京:化学工业出版社,2007.
42 国家环保总局科技标准司. 污废水处理设施运行管理[M]. 北京:北京出版社,2006.

43 李胜海.城市污水处理工程建设与运行[M].合肥:安徽科学技术出版社,2001.
44 许洲.污水处理厂规范化管理手册[M].上海:同济大学版社,2006.
45 王晓莲,彭永臻. A_2/O 污水生物脱氮除磷处理技术与应用[M].北京:科学出版社,2009.
46 沈耀良,王宝贞.废水生物处理新技术——理论与应用(第二版)[M].北京:中国环境科学出版社,2006.
47 孙力平.污水处理新工艺与设计计算实例[M].北京:科学出版社,2001.
48 李海,孙瑞征,陈振选.城市污水处理技术及工程实例[M].北京:化学工业出版社,2002.
49 吕炳南,陈志强.污水生物处理新技术[M].哈尔滨:哈尔滨工业大学出版社,2005.
50 陶俊杰,于军亭,陈振选.城市污水处理技术及工程实例(第二版)[M].北京:化学工业出版社,2005.
51 高俊发,王社平.污水处理厂工艺设计手册[M]. 北京:化学工业出版社,2003.
52 张自杰,林荣忱,金儒霖.排水工程(下)(第四版).北京:中国建筑工业出版社,2000.
53 郑俊,吴浩汀. 曝气生物滤池工艺的理论与工程应用[M]. 北京:化学工业出版社. 2005.
54 郑俊,吴浩汀,程寒飞. 曝气生物滤池污水处理新技术及工程实例[M]. 北京:化学工业出版社, 2002.